TOPOLOGY

위상수학 기초론

장영식 지음

KM 경문사

머리말

이 책은 토폴로지에 흥미를 갖고 있는 분들을 위한 입문서로 쓰인 것입니다. 처음 이 분야를 대하는 분들에게는 토폴로지의 기본개념을 이해하는 데 많은 도움을 줄 수 있을 것으로 생각합니다.

토폴로지의 개념은 일부분 오래전부터 전해 내려왔습니다. 19세기 말 푸앵카레에 의하여 수학의 한 분야로서 체계화되었고 20세기에 들어와서 급격하게 발전하였습니다. 최근의 수학의 새로운 분야로서 토폴로지의 발전은 수학 전반의 발전에 큰 영향을 주었고 사회과학, 자연계 분야의 발전에도 큰 도움을 주고 있습니다.

오늘날의 수학 분야의 가장 중심적인 위치를 차지하고 있는 토폴로지는 주로 연속적인 도형의 변환에 관계없이 변하지 않는 도형의 기하학적 성질을 연구하는 분야라고 할 수 있습니다.

이 책은 12개 장으로 구성되어 있는데 제1장에서는 수학의 일반적인 기초에 해당하는 개념을 설명하였으며, 제2장부터 제10장까지는 집합론적 위상수학의 기초개념을 다루었고, 제11장과 제12장에서는 데카르트 이후에 발전한, 도형의 기하학적 성질을 대수적인 방법으로 표현하는 경향에 따라서, 위상구조를 대수구조로 나타내는 방안으로 호모토피와 호몰로지의 기초개념을 소개하였습니다.

처음 토폴로지를 대하는 분들에게는 *표시가 있는 부분을 생략하는 것도 이 분야를 공부하고자 하는 초학자들에게 부담 없이 토폴로지의 기본개념을 이해하는 데 도움이 될 것으로 생각합니다.

앞으로 보다 좋은 저서를 내놓을 수 있도록 여러분의 기탄없는 충고를 부탁드리면서, 이 졸작을 출판해주신 경문사 조경희 사장님과 편집부 여러분에게 깊은 감사를 드리는 바입니다.

2021. 9.

저자 씀

차례

제7장
컴팩트공간

제8장
연결공간

제9장
거리공간

제10장
함수공간

제11장
호모토피론

제12장
호몰로지론

제1장

기초이론

이 장에서는 위상수학의 본론을 이해하기 위한 수학의 기초이론을 다루게 된다. 수리논리, 집합, 관계, 함수, 군론 등의 기본개념을 정확하게 이해함으로써 위상수학의 본질을 명확하게 파악할 수 있을 것으로 생각한다.

1.1 수리논리의 기초

여기에서 다루는 **명제**(命題, proposition)란 참(true)과 거짓(false)의 판단이 가능한 진술문(陳述文, statement)을 의미한다. 한 명제의 참, 거짓을 그 명제의 **진리값**(眞理値, truth value)이라 부르고 참인 경우 T로, 거짓인 경우 F로 나타낸다. 어떤 명제는 몇 개의 명제들의 합성으로 이루어지기도 한다.

다음에서 명제의 합성의 기본원리를 설명하자. 명제는 보통 p, q, r, $\cdots$ 등으로 나타낸다.

1.1.1 두 명제 p, q를 "그리고"(and)로 합성할 수 있다. 이것을 두 명제 p, q의 **합접**(合接, conjunction)이라 하고 $p \wedge q$로 나타낸다. 이 합성 명제의 진리값은 다음 표에서 정한다.

p	q	$p \wedge q$
T	T	T
T	F	F
F	T	F
F	F	F

이와 같은 표를 **진리표**(眞理表, truth table)라 부른다.

명제 p를 "그는 건강하다"로 하고 명제 q를 "그는 남자이다"로 하면 $p \wedge q$는 "그는 건강한 남자이다"로 되며 그 진리값은 위 표에 따라 정해진다.

1.1.2 두 명제 p, q를 "혹은"(or)로 합성할 수 있다. 이것을 두 명제 p, q의 **이접**(離接, disjunction)이라 하고 $p \vee q$로 나타낸다. 이 합성명제의 진리값은 다음 표에서 정한다.

p	q	$p \vee q$
T	T	T
T	F	T
F	T	T
F	F	F

명제 p를 "$2+2=5$"라 하고 명제 q를 "그는 한국인이다"로 하면 $p \vee q$는 "$2+2=5$이거나 그는 한국인 이거나 이다"로 된다. 흔히 쓰이는 명제는 아니지만 이 합성명제의 진리값은 위 표에서 정할 수 있다.

1.1.3 한 명제 p의 **부정명제**를 $\sim p$(not p)로 나타내고 그 진리값을 다음 표에서 정한다.

p	$\sim p$
T	F
F	T

명제 p를 "$2+1=3$"이라 하면 $\sim p$는 "$2+1 \neq 3$"이 되며 p는 T(true), $\sim p$는 F(false)인 경우가 된다.

1.1.4 수학에서 다루는 명제 중에는 "만일 p이면 q이다"라는 형태의 합성명제가 많다. 이와 같은 형의 합성명제를 **조건문**(條件文, conditional statement)이라 하고 $p \longrightarrow q$로 나타낸다. 이 합성명제의 진리값은 다음 표에서 정한다.

p	q	$p \longrightarrow q$
T	T	T
T	F	F
F	T	T
F	F	T

명제 p를 "서울은 한국의 수도이다", 명제 q를 "$2+1=4$"라 할 때 $p \longrightarrow q$는 "만일 서

울이 한국의 수도이면 $2+1=4$이다"로 된다. 흔히 쓰이는 명제는 아니지만 위 표에서 그 진리값을 구할 수 있다.

1.1.5 수학에서 흔히 쓰이는 합성명제 중에는 **쌍조건문**(雙條件文, biconditional statement)이라는 것이 있다. 이것을 $p \longleftrightarrow q$로 나타낸다. 그 진리값은 다음 표와 같다.

p	q	$p \longleftrightarrow q$
T	T	T
T	F	F
F	T	F
F	F	T

$(p \longrightarrow q) \wedge (q \longrightarrow p)$의 진리값을 찾아보자.

p	q	$(p \longrightarrow q)$	$\wedge$	$(q \longrightarrow p)$
T	T	T	T	T
T	F	F	F	T
F	T	T	F	F
F	F	T	T	T

따라서 $p \longleftrightarrow q$의 진리값은 $(p \longrightarrow q) \wedge (q \longrightarrow p)$의 진리값과 같은 것임을 알 수 있다.

1.1.6 $p,\ q,\ \cdots$ 명제들의 합성명제 $P(p,\ q,\ \cdots)$가 $p,\ q,\ r,\ \cdots$의 진리값에 관계없이 언제나 참(true)일 때 명제 $P(p,\ q,\ \cdots)$를 **토톨로지**(tautalogy)라 한다.

토톨로지인 명제에는

① $p \vee \sim p$

② $(p \wedge q) \longrightarrow (p \vee q)$

③ $[(p \longrightarrow q) \wedge (q \longrightarrow r)] \longrightarrow (p \longrightarrow r)$

등의 예가 있다.

1.1.7 $p, q, r, \cdots$ 명제들의 합성명제 $P(p, q, r, \cdots)$, $Q(p, q, r, \cdots)$에 대하여 $P(p, q, \cdots) \longrightarrow Q(p, q, \cdots)$가 토톨로지가 되는 경우

$$P(p, q, \cdots) \Longrightarrow Q(p, q, \cdots)$$

로 나타낸다.

$P(p, q, \cdots) \longleftrightarrow Q(p, q, \cdots)$이 토톨로지가 되는 경우

$$P(p, q, \cdots) \Longleftrightarrow Q(p, q, \cdots)$$

로 나타낸다.

$P(p, q, \cdots) \Longleftrightarrow Q(p, q, \cdots)$인 경우 두 합성명제 $P(p, q, \cdots)$와 $Q(p, q, \cdots)$은 항상 같은 진리값을 갖는다. 이 경우 두 명제는 **동치**(同値, equivalent)인 명제라 한다.

1.1.8 $P(p, q, \cdots) \Longrightarrow Q(p, q, \cdots)$일 때 $P(p, q, \cdots)$는 $Q(p, q, \cdots)$이기 위한 **충분조건**, $Q(p, q, \cdots)$는 $P(p, q, \cdots)$이기 위한 **필요조건**이라 한다.

$P(p, q, \cdots) \Longleftrightarrow Q(p, q, \cdots)$일 때 $P(p, q, \cdots)$는 $Q(p, q, \cdots)$이기 위한 **필요충분조건**이라고 한다. $Q(p, q, \cdots)$도 $P(p, q, \cdots)$이기 위한 필요충분조건이 된다.

1.1.9 $p, q, r, \cdots$ 명제들의 합성명제 $P(p, q, r, \cdots)$가 $p, q, r, \cdots$의 진리값에 관계없이 언제나 거짓(false)일 때 명제 $P(p, q, r, \cdots)$을 **모순**(contradiction)명제라 한다.

모순 명제에는

① $p \wedge \sim p$
② $[\sim(p \vee q)] \wedge (p \wedge q)$

등의 예가 있다.

합성명제 $P(p, q, r, \cdots)$가 토톨로지이면 그 부정명제 $\sim P(p, q, r, \cdots)$는 모순명제임을 알 수 있다.

연.습.문.제

1. 다음 명제들은 서로 동치이다. 증명하여라.

(1) $p \longrightarrow q,\ \sim p \vee q$

(2) $\sim(p \vee q),\ \sim p \wedge \sim q$

(3) $\sim(p \wedge q),\ \sim p \vee \sim q$

(4) $(p \vee q) \vee r,\ p \vee (g \vee r)$

(5) $(p \wedge q) \wedge r,\ p \wedge (q \wedge r)$

(6) $p \vee (q \wedge r),\ (p \vee q) \wedge (p \vee r)$

(7) $p \wedge (q \vee r),\ (p \wedge q) \vee (p \wedge r)$

(8) $p \longleftrightarrow q,\ \sim p \longleftrightarrow \sim q$

Hint 진리표를 만들어 비교하여라.

2. 다음 명제들의 진리표를 만들어라.

(1) $\sim(p \longrightarrow \sim q)$

(2) $\sim(p \wedge q) \vee \sim(q \longleftrightarrow p)$

(3) $\sim(\sim p \longleftrightarrow q)$

(4) $p \longrightarrow (\sim p \vee q)$

(5) $(p \wedge q) \vee (\sim p \wedge \sim q)$

(6) $(p \longrightarrow q) \wedge p \longrightarrow q$

(7) $(p \longrightarrow q) \wedge \sim q \longrightarrow \sim p$

(8) $(p \vee q) \wedge \sim p$

3. 다음을 증명하여라.

(1) $p \wedge (p \longrightarrow q) \Longrightarrow q$

(2) $\sim q \wedge (p \longrightarrow q) \Longrightarrow \sim p$

(3) $(p \longrightarrow q) \Longleftrightarrow (p \longrightarrow p \wedge q)$

(4) $(p \longrightarrow q) \Longleftrightarrow (p \vee q \longrightarrow q)$

(5) $(p \longrightarrow q) \wedge (p \longrightarrow \sim q) \Longleftrightarrow \sim p$

(6) $(p \longrightarrow r) \vee (q \longrightarrow r) \Longleftrightarrow (p \wedge q \longrightarrow r)$

1.2 집합

집합을 A, B, $\cdots$, X, Y, Z 등으로 나타내고 집합을 구성하는 수학적 대상을 원(元) 혹은 **원소**(元素, element) 혹은 **점**(點, point)이라 하고 a, b, c, $\cdots$, p, q, $\cdots$, x, y, z 등으로 나타낸다.

원소 p가 집합 A의 원소일 때, 즉 원소 p가 집합 A에 속할 때

$$p \in A \quad \text{혹은} \quad A \ni p$$

로 나타내고 $p \in A$가 아닐 때, 즉 p가 집합 A의 원소가 아닐 때

$$p \notin A \quad \text{혹은} \quad p \,\overline{\in}\, A$$

로 나타낸다.

변수 x를 포함하는 식이나 문장을 $p(x)$라 하자. x에 한 값을 주었을 때 $p(x)$가 참, 거짓의 판단이 가능한 명제가 된다면 $p(x)$를 **열린 문장**(open sentence) 혹은 **명제함수**(propositional function)라 한다. $p(x)$가 참이 되는 x 전체의 집합을 $p(x)$의 **진리집합**(眞理集合, truth set)이라 하고

$$\{x \mid p(x)\}$$

로 나타낸다.

예 1.2.1 $p(x)$를 "$x \le 3$이고 x는 자연수"라 하면 $p(x)$의 진리집합 A는

$$\begin{aligned} A &= \{x \mid p(x)\} \\ &= \{x \mid x \le 3\text{이고 } x\text{는 자연수}\} \\ &= \{1,\ 2,\ 3\} \end{aligned}$$

이다.

$p(x)$를 "$x^2-3x+2=0$"라 하면 $p(x)$의 진리집합 B는

$$\begin{aligned} B &= \{x \mid p(x)\} \\ &= \{x \mid x^2-3x+2=0\} \\ &= \{1,\ 2\} \end{aligned}$$

이다.

두 집합 A와 B에 대하여 $a\in A$인 모든 원소 a가 $a\in B$일 때 A를 B의 **부분집합**(部分集合, subset)이라 하고

$$A\subset B \text{ 혹은 } B\supset A$$

로 나타낸다. 기호로 나타내면 "$^{\forall}a\in A,\ a\in B \Longleftrightarrow A\subset B$"이다.

A가 B의 부분집합이 아닌 경우 $A\not\subset B$ 혹은 $B\not\supset A$로 나타낸다.

$A\subset B$인 경우 "A는 B에 포함된다" 혹은 "B는 A를 포함한다"라고 한다.

두 집합 A와 B에 대하여 $A\subset B$이고 $A\supset B$인 관계가 동시에 성립할 때 A와 B는 같은 집합이라 하고 $A=B$로 나타낸다. 즉

$$A=B \Longleftrightarrow A\subset B,\ A\supset B$$

로서 두 집합 A와 B의 등치관계를 정의한다. 따라서 두 집합 A와 B에 대하여 $A=B$임을 보이기 위해서는

$$a\in A\text{일 때 } a\in B\text{이고}$$
$$b\in B\text{일 때 } b\in A\text{이다}$$

를 보이면 충분하다.

두 집합 A와 B에 대하여 $A\subset B$이고 한 점 $p\in B$가 존재하여 $p\not\in A$일 때, 즉 $A\neq B$일 때 **A는 B의 진부분집합**(眞部分集合, propersubset)이라 하고

$$A\subsetneq B \text{ 혹은 } B\supsetneq A$$

로 나타낸다.

예 1.2.2 $\boldsymbol{N}$을 자연수 전체의 집합, $\boldsymbol{Z}$를 정수 전체의 집합, $\boldsymbol{Q}$를 유리수 전체의 집합, $\boldsymbol{R}$를 실수 전체의 집합이라 할 때

$$\boldsymbol{N} \subsetneq \boldsymbol{Z} \subsetneq \boldsymbol{Q} \subsetneq \boldsymbol{R}$$

가 성립한다.

임의의 집합 A에 대하여

$$A \subset A$$

이라 할 수 있다. $A \subset B$이고 $B \subset C$이면 $a \in A$일 때 $a \in B$이고, $a \in B$이므로 $a \in C$가 되어 $A \subset C$가 성립한다.

원소를 하나도 가지고 있지 않는 집합을 **공집합**(空集合, empty set or null set)이라 하고 $\varnothing$ 혹은 $\{ \ \}$ 등으로 나타낸다.

임의의 집합 A에 대하여 $\varnothing \subset A$라고 할 수 있다.

예 1.2.3 $A = \{x \mid x^2 + x + 1 = 0,\ x\text{는 실수}\}$일 때 $A = \varnothing$이다. $B = \{\varnothing\}$는 $\varnothing$를 원소로 가지므로 $B \neq \varnothing$이다.

집합을 원소로 갖는 집합을 생각해야 할 경우가 있다. 이런 경우 집합들의 집합이라는 말 대신에 집합들의 **족**(族, family or class or collection)이라는 용어를 쓰게 된다.

한 집합 A의 모든 부분집합들의 족을 2^A 혹은 $\mathcal{P}(A)$로 나타내고 **집합 A의 멱집합**(冪集合, powerset of A)이라 한다. 즉

$$2^A = \mathcal{P}(A) = \{B \mid B \subset A\}$$

이다.

예 1.2.4 $X = \{1,\ 2\}$일 때 $2^X = \{\{1,\ 2\},\ \{1\},\ \{2\},\ \varnothing\}$이다. 만일 집합 X의 원소의 개수가 n개이면, X의 모든 부분집합의 개수는 2^n개이다.

집합에 관한 이론을 논할 때, 모든 집합을 한 고정된 집합의 부분집합으로 생각해야 할 경우가 있다. 이 고정된 집합을 **전집합**(全集合, whole set or universal set)이라 부른다.

X를 전집합이라 하자. 모든 집합을 X의 부분집합으로 생각하고 집합 사이의 여러 가지 연산을 정의하자.

$$\{A_\lambda \mid \lambda \in \Lambda\}$$

를 X의 한 부분집합족이라 하자.

Λ를 첨자집합(添字集合, index set), $\lambda = \Lambda$를 첨자(添字, index)라 한다.

1.2.1 (1) $\bigcup_{\lambda \in \Lambda} A_\lambda = \{x \mid x \in A_\lambda$가 되는 $\lambda = \Lambda$가 존재한다$\}$

(2) $\bigcap_{\lambda \in a} A_\lambda = \{x \mid$ 임의의 $\lambda \in \Lambda$에 대하여 $x \in A_\lambda$이다$\}$

(3) $\bigcup_{\lambda \in A} A_\lambda = \cup \{A_\lambda \mid \lambda \in \Lambda\}$, $\bigcap_{\lambda \in A} A_\lambda = \cap \{A_\lambda \mid \lambda \in \Lambda\}$

인 것으로 약속한다. 이 기호들은 앞으로 자주 사용될 것이다.

주의 X를 전집합이라 하자. $\mathscr{B}_\lambda \subset 2^X (\lambda \in \Lambda)$일 때 위 기호의 약속에 의하여 $\cup \mathscr{B}_\lambda \subset X$이고 $\bigcup_{\lambda \in \Lambda} \mathscr{B}_\lambda \subset 2^X$이다.

$\Lambda = \{1, 2\}$인 경우,

$$\bigcup_{\lambda \in \Lambda} A_\lambda = \bigcup_{\lambda \in \{1, 2\}} A_\lambda = A_1 \cup A_2 = \{x \mid x \in A_1 \text{ 혹은 } x \in A_2\}$$

$$\bigcap_{\lambda \in \Lambda} A_\lambda = \bigcap_{\lambda \in \{1, 2\}} A_\lambda = A_1 \cap A_2 = \{x \mid x \in A_1,\ x \in A_2\}$$

가 된다.

$\bigcup_{\lambda \in \Lambda} A_\lambda$를 $\{A_\lambda \mid \lambda \in \Lambda\}$의 **합집합**(合集合, union)이라 하고

$\bigcap_{\lambda \in \Lambda} A_\lambda$를 $\{A_\lambda \mid \lambda \in \Lambda\}$의 **교집합**(交集合, intersection)이라 한다.

1.2.2 두 집합 A와 B에 대하여

(1) $A-B=\{x \mid x\in A,\ x\notin B\}$로 정의하고 A와 B의 **차집합**(差集合, difference of A and B)이라 한다.

B가 전집합 X의 부분집합일 때

(2) $X-B=B^c=\{x \mid x\notin B\}$이고 B^c을 집합 B의 **여집합**(餘集合, complement of B)이라 한다.

X를 전집합이라 하고 A_λ, $B_\lambda\,(\lambda\in\Lambda)$를 X의 부분집합들이라 하자. 드 모르간의 법칙(De Morgan's law)을 다음에서 증명하도록 한다.

1.2.3 (1) $(\bigcup_{\lambda\in\Lambda} A_\lambda)^c = \bigcap_{\lambda\in\Lambda} A_\lambda^c$

•증명• $x\in(\bigcup_{\lambda\in\Lambda} A_\lambda)^c$

$\Longleftrightarrow$ $x\notin\bigcup_\lambda A_\lambda$

$\Longleftrightarrow$ 임의의 λ에 대하여 $x\notin A_\lambda$

$\Longleftrightarrow$ 임의의 λ에 대하여 $x\in A_\lambda^c$

$\Longleftrightarrow$ $x\in\bigcap_{\lambda\in\Lambda} A_\lambda^c$ ■

(2) $(\bigcap_{\lambda\in\Lambda} A_\lambda)^c = \bigcup_{\lambda\in\Lambda} A_\lambda^c$

•증명• $x\in(\bigcap_{\lambda\in\Lambda} A_\lambda)^c$

$\Longleftrightarrow$ $x\notin\bigcap_\lambda A_\lambda$

$\Longleftrightarrow$ $x\notin A_\lambda$가 되는 λ가 존재한다.

$\Longleftrightarrow$ $x\in A_\lambda^c$가 되는 λ가 존재한다.

$\Longleftrightarrow$ $x\in\bigcup_{\lambda\in\Lambda} A_\lambda^c$ ■

1.2.1에서 $\Lambda = \varnothing$라 하면

$$\bigcup_{\lambda \in \Lambda} A_\lambda = \bigcup_{\lambda \in \varnothing} A_\lambda = \{x \in X \mid x \in A_\lambda \text{되는 } \lambda \in \varnothing \text{가 존재한다}\}$$

이다. $x \in A_\lambda$인 $\lambda \in \varnothing$는 존재하지 않으므로

$$\bigcup_{\lambda \in \varnothing} A_\lambda = \varnothing$$

이다. $\bigcap_{\lambda \in \varnothing} B_\lambda$를 구하자. $B_\lambda^c = A_\lambda$라 하면 $B_\lambda = A_\lambda^c$이다. 1.2.3에 의하여

$$\bigcap_{\lambda \in \varnothing} B_\lambda = \bigcap_{\lambda \in \varnothing} A_\lambda^c = (\bigcup_{\lambda \in \varnothing} A_\lambda)^c = \varnothing^c = X$$

이므로

$$\bigcap_{\lambda \in \varnothing} B_\lambda = X$$

이다.

드 모르간의 법칙에서 $\Lambda = \{1, 2\}$인 경우

$$(A_1 \cup A_2)^c = (\bigcup_{\lambda \in \{1, 2\}} A_\lambda)^c = \bigcap_{\lambda \in \{1, 2\}} A_\lambda^c = A_1^c \cap A_2^c$$

$$(A_1 \cap A_2)^c = (\bigcap_{\lambda \in \{1, 2\}} A_\lambda)^c = \bigcup_{\lambda \in \{1, 2\}} A_\lambda^c = A_1^c \cup A_2^c$$

이다.

예 1.2.5 $A_n = \left(0, \dfrac{n-1}{n}\right]$, $n = 1, 2, \cdots$이라 하면 $\bigcup_{n=1}^{\infty} A_n = (0, 1)$이다. $B_n = \left(0, \dfrac{1}{n}\right)$, $n = 1, 2, \cdots$이라면 $\bigcap_{n=1}^{\infty} B_n = \varnothing$이다.

예 1.2.6 전집합 $X = \{1, 2, 3, 4, 5\}$에서 부분집합 $A = \{1, 2, 3\}$, $B = \{3, 4\}$를 취하자. $A - B = \{1, 2, 3\} - \{3, 4\} = \{1, 2\}$이고 $A^c = \{4, 5\}$, $B^c = \{1, 2, 5\}$이다.

전집합을 X라 하고 그의 부분집합을 A, B라 할 때

1.2.4 $A-B=A\cap B^c$

•증명•
$$\begin{aligned} A-B &= \{x\in X \mid x\in A,\ x\not\in B\} \\ &= \{x\in X \mid x\in A,\ x\in B^c\} \\ &= \{x\in X \mid x\in A\}\cap\{x\in X \mid x\in B^c\} \\ &= A\cap B^c \end{aligned}$$
■

집합 A, B, C에 대하여

1.2.5 (1) $A\cup(B\cap C)=(A\cup B)\cap(A\cup C)$

(2) $A\cap(B\cup C)=(A\cap B)\cup(A\cap C)$

•증명•
$$\begin{aligned} A\cup(B\cap C) &= \{x \mid x\in A \text{ 혹은 } x\in B\cap C\} \\ &= \{x \mid x\in A \text{ 혹은 } (x\in B,\ x\in C)\} \\ &= \{x \mid (x\in A \text{ 혹은 } x\in B),\ (x\in A \text{ 혹은 } x\in C)\} \\ &= \{x \mid x\in A\cup B\}\cap\{x \mid x\in A\cup C\} \\ &= (A\cup B)\cap(A\cup C) \end{aligned}$$

후반부도 같은 방법으로 증명할 수 있다. ■

적집합의 정의는 다음과 같다.

집합 A와 B에 대하여 A와 B의 **적집합**(積集合, product set)(혹은 곱집합) $A\times B$를 다음과 같이 정의한다.

1.2.6 (1) $A\times B=\{(a,\ b) \mid a\in A,\ b\in B\}$

$A\times A$는 A^2으로 나타낸다. 즉 $A\times A=A^2$이다.

예 1.2.7 $A=\{1,\ 2\}$, $B=\{a,\ b\}$인 경우

$$A\times B=\{(1,\ a),\ (1,\ b),\ (2,\ a),\ (2,\ b)\}$$

이다. $\boldsymbol{R}$을 실수집합이라 할 때

$$\boldsymbol{R}\times\boldsymbol{R}=\boldsymbol{R}^2=\{(x,\ y)\mid x,\ y\in\boldsymbol{R}\}$$

이고 좌표평면을 나타낸다.

집합 $A_1,\ \cdots,\ A_n$의 적집합 $A_1\times\cdots\times A_n=\prod_{i=1}^{n}A_i$은

(2) $A_1\times\cdots\times A_n=\prod_{i=1}^{n}A_i=\{(a_1,\ \cdots,\ a_n)\mid a_i\in A_i,\ i=1,\ 2,\ \cdots,\ n\}$

인 것으로 정의한다.

$\prod_{i=1}^{n}A_i$에서 두 원소 $(a_1,\ \cdots,\ a_n)$, $(b_1,\ \cdots,\ b_n)$을 취하였을 때

$$(a_1,\ \cdots,\ a_n)=(b_1,\ \cdots,\ b_n)\iff a_i=b_i(i=1,\ 2,\ \cdots,\ n)$$

로 등치관계를 정의한다.

보다 일반적인 적집합의 정의는 제3장에서 다룬다.

연.습.문.제

1. $X=\{0,\ 1,\ 2\}$일 때 2^X를 구하여라.

2. $X=\{a,\ \{b,\ c\}\}$일 때 2^X를 구하여라.

3. $X=\{0, 1, 2, \cdots, 9\}$라 하고 $A=\{0, 1, 2, 3\}$, $B=\{0, 2, 4, 6, 8\}$, $C=\{2, 3, 4, 5\}$라 할 때, 다음을 구하여라.

(1) A^c (2) $(A\cap B)^c$

(3) $A-C$ (4) $(B\cup C)^c$

4. $A-B^c=A\cap B$임을 증명하여라.

5. $A\subset B \Longleftrightarrow A\cap B=A$임을 증명하여라.

6. $A=\{1,\ 2\}$, $B=\{a,\ b\}$, $C=\{b,\ c\}$일 때, 다음을 구하여라.

(1) $A\times(B\cup C)$ (2) $(A\times B)\cup(A\times C)$

7. $A\times(B\cap C)=(A\times B)\cap(A\times C)$임을 증명하여라.

8. A와 C가 공집합이 아닐 때 다음을 증명하여라.

$$A\subset B,\ C\subset D \Longleftrightarrow (A\times C)\subset(B\times D)$$

9. 임의의 집합 A, B, C, D에 대하여 다음을 증명하여라.

(1) $(A\times B)\cap(A^c\times C)=\varnothing$ (2) $(B\times A)\cap(C\times A^c)=\varnothing$

10. $A\times B=\varnothing \Longleftrightarrow A=\varnothing$ 혹은 $B=\varnothing$임을 증명하여라.

1.3 관계와 사상

집합 A로부터 집합 B로의 이항관계(二項關係, binary relation) R이라는 것은 $A \times B$의 각 원소 (a, b)에 대하여 다음 두 가지 (1), (2) 명제 중 꼭 하나가 성립하는 것을 의미한다.

(1) a는 b와 관계 R을 갖는다.
(2) a는 b와 관계 R을 갖지 않는다.

이항관계는 보통 관계라고 부르기도 한다. a와 b가 관계를 갖는 경우 aRb로 나타내고 a와 b가 관계를 갖지 않는 경우 $a\overline{R}b$로 나타낸다.

예 1.3.1 한 마을에 사는 남자 전체의 집합을 A, 여자 전체의 집합을 B로 나타내자. A로부터 B로의 한 관계 R을 부부관계로 하면 임의의 $(a, b) \in A \times B$에 대하여

(1) a와 b는 부부관계에 있다.
(2) a와 b는 부부관계에 있지 않다.

의 둘 중에 꼭 하나가 성립한다. a와 b가 부부관계에 있을 때 aRb이고 부부관계가 아닐 때 $a\overline{R}b$이다.

집합 A로부터 A로의 관계를 A상의 관계(a relation on A)라고 부른다.

예 1.3.2 집합 X에 대하여 X의 멱집합 2^X는

$$2^X = \{A \mid A \subset X\}$$

이었다. 포함된다라는 관계 R은 2^X상의 한 관계이다. 왜냐하면 $(A, B) \in 2^X \times 2^X$일 때 $A \subset B$이거나 $A \not\subset B$이다. 따라서 ARB이거나 $A\overline{R}B$이다.

집합 A로부터 집합 B로의 한 관계 R이 주어졌을 때 $A\times B$의 한 부분집합

$$R^* = \{(a,\ b) \mid aRb\} \subset A \times B$$

가 결정된다.

역으로 $R^* \subset A\times B$인 R^*가 정해지면

$$(a,\ b) \in R^* \Longleftrightarrow aRb$$

에 의하여 A로부터 B로의 한 관계 R을 정할 수 있다. 따라서 A로부터 B로의 관계 R을 다음과 같이 정의할 수 있다.

1.3.1 $R\subset A\times B$인 R을 A로부터 B로의 한 관계라 한다.

$R\subset A\times B$인 관계 R에 대하여 $\{a \mid (a,\ b)\in R\}$을 관계 R의 **정의역**(domain of R)이라 하고 $\{b \mid (a,\ b)\in R\}$을 관계 R의 **치역**(range of R)이라 한다. 관계 R의 **역**(inverse of R)을 R^{-1}로 나타내고

$$R^{-1} = \{(b,\ a) \mid (a,\ b) \in R\}$$

로 정의한다. R^{-1}는 B로부터 A로의 한 관계이다.

예 1.3.3 $A=\{1,\ 2,\ 3\}$이라 하자. $a,\ b\in A$인 $a,\ b$에 대하여

$$a\text{는 } b\text{의 약수이다} \Longleftrightarrow aRb \Longleftrightarrow (a,\ b)\in R$$

로 A상의 한 관계 R을 정하면 $R\subset A\times A$인 R은

$$R=\{(1,\ 1),\ (1,\ 2),\ (1,\ 3),\ (2,\ 2),\ (3,\ 3)\} \subset A\times A$$

이다. R의 정의역은 $A=\{1,\ 2,\ 3\}$이고 치역은 $A=\{1,\ 2,\ 3\}$이다.

1.3.2 $R\subset A\times A$인 R가 다음 (1), (2), (3)을 만족할 때 R을 A상에서 **동치관계**(同値關係, equivalence relation on A)라 한다.

(1) 임의의 $a\in A$에 대하여 $(a,\ a)\in R$

(2) $(a,\ b)\in R$이면 $(b,\ a)\in R$이다.

(3) $(a,\ b)\in R,\ (b,\ c)\in R$이면 $(a,\ c)\in R$이다.

A상의 관계 R이 (1)을 만족할 때 R은 반사율(反射律, reflexive law)을 만족한다고 하고 (2)를 만족하는 경우 R은 대칭률(對稱律, symmetric law)을 만족한다고 한다. 또 (3)을 만족하는 경우 R은 추이율(推移律, transitive law)을 만족한다고 한다.

R이 집합 A상에서 동치관계일 때, $a\in A$에 대하여

1.3.3 $[a]=\{x\in A \mid (a,\ x)\in R\}$

을 a의 **동치류**(同値類, equivalence class of a)라 한다.

집합 A에서의 한 동치관계 R에 의한 동치류 전체의 집합을

1.3.4 $A/R=\{[a]\mid a\in A\}$

로 나타내고 동치관계 R에 의한 집합 A의 **상**(商, quotient)이라 한다.

상집합 A/R은 다음과 같은 성질을 갖는다.

1.3.5 R이 집합 A상에서 동치관계일 때 상집합 A/R에서 다음 (1), (2), (3)이 성립한다.

(1) 임의의 $a\in A$에 대하여 $a\in[a]\in A/R$이다.

(2) $[a]=[b]\iff(a,\ b)\in R$

(3) $[a]\neq[b]$이면 $[a]\cap[b]=\varnothing$이다.

•증명• (1) 임의의 $a\in A$에 대하여 $(a,\ a)\in R$이므로

$$a\in[a]=\{x\in A\mid (a,\ x)\in R\}$$

이다.

(2) $[a]=[b]$라 하자. (1)에 의하여 $b\in[b]$이므로

$$b\in[a]=\{x\in A \mid (a,\ x)\in R\}$$

가 되어 $(a,\ b)\in R$이다.

역으로 $(a,\ b)\in R$이라 하자. 임의의 $x\in[b]$를 취하면 $(b,\ x)\in R$이다. 추이율에 의하여 $(a,\ x)\in R$이 되어 $x\in[a]$이다. 따라서 $[b]\subset[a]$가 성립한다. 같은 방법으로 $[a]\subset[b]$도 증명된다. 그러므로 $[a]=[b]$이다.

(3) $[a]\cap[b]\neq\varnothing$라 하자. $x\in[a]\cap[b]$인 $x\in A$가 존재한다면 $x\in[a]$이므로 $(a,\ x)\in R$이고 $x\in[b]$이므로 $(b,\ x)\in R$이다. 대칭률에 의하여 $(x,\ b)\in R$이므로 추이율에 의하여 $(a,\ b)\in R$이 성립한다. (2)에 의하여 $[a]=[b]$가 된다. 따라서 (3)이 성립한다. ■

1.3.6 집합 A의 공집합이 아닌 부분집합들의 한 족을 $\{B_\lambda \mid \lambda\in\Lambda\}$라 하자. 임의의 $a\in A$에 대하여 적당한 B_λ가 존재해서 $a\in B_\lambda$이고 임의의 $B_\mu,\ B_\nu\in\{B_\lambda \mid \lambda\in\Lambda\}$에 대하여 $B_\mu=B_\nu$이거나 $B_\mu\cap B_\nu=\varnothing$이면 $\{B_\lambda \mid \lambda\in\Lambda\}$을 A의 한 **분할**(分割, partition)이라 한다.

1.3.5의 (1), (2), (3)에 의하여 A/R은 A상의 한 분할이다. 역으로 1.3.6에 의하여 집합 A상의 한 분할 $\{B_\lambda \mid \lambda\in\Lambda\}$가 주어졌을 때 $a,\ b\in A$에 대하여

$$a,\ b\in B_\lambda\text{인 }\lambda\in\Lambda\text{가 존재한다} \Longleftrightarrow (a,\ b)\in R(\Longleftrightarrow aRb)$$

로서 A상에 관계 R을 정하면 R은 동치관계가 된다. 또 이 동치관계 R에 의한 집합 A의 상 $A/R=\{B_\lambda \mid \lambda\in\Lambda\}$가 된다. 따라서 A상의 동치관계와 분할은 같은 개념으로 볼 수 있다.

예 1.3.4 정수집합 $\boldsymbol{Z}$의 두 정수 $x,\ y$에 대하여

$$x\equiv y(\text{mod } 3) \Longleftrightarrow (x,\ y)\in R(\Longleftrightarrow xRy)$$

으로 $\boldsymbol{Z}$상의 한 관계 R을 정하자.

(1) 임의의 $x \in \boldsymbol{Z}$에 대하여 $x \equiv x \pmod 3$이다.

(2) $x \equiv y \pmod 3$이면 $y \equiv x \pmod 3$이다.

(3) $x \equiv y \pmod 3$, $y \equiv z \pmod 3$이면 $x \equiv z \pmod 3$이다.

따라서 $\boldsymbol{Z}$상의 관계 R을 써서 나타내면

(1′) 임의의 $x \in \boldsymbol{Z}$에 대하여 $(x, x) \in R$이다.

(2′) $(x, y) \in R$이면 $(y, x) \in R$이다.

(3′) $(x, y) \in R$, $(y, z) \in R$이면 $(x, z) \in R$이다.

가 된다. 그러므로 R은 $\boldsymbol{Z}$상의 동치관계가 되고 R에 의한 $\boldsymbol{Z}$의 상 $\boldsymbol{Z}/R$은

$$\boldsymbol{Z}/R = \{[0], [1], [2]\}$$

이다. $[0]$, $[1]$, $[2]$는 다음과 같다.

$$[0] = [3] = [-3] = \cdots = \{\cdots, -6, -3, 0, 3, 6, \cdots\}$$
$$[1] = [4] = [-2] = \cdots = \{\cdots, -5, -2, 1, 4, 7, \cdots\}$$
$$[2] = [5] = [-1] = \cdots = \{\cdots, -4, -1, 2, 5, 8, \cdots\}$$

1.3.7 두 집합 A와 B에서, A의 임의의 원소 a가 B의 단, 하나의 원소 b에 대응될 때 이 대응 관계 f를 A에서 B로의 **함수**(函數, function) 혹은 **사상**(寫象, map or mapping)이라 하고

$$f: A \longrightarrow B$$
$$(a \longmapsto f(a) = b)$$

와 같이 나타낸다.

$f: A \longrightarrow B$일 때, B가 수집합이면 f를 보통 **함수**라 부르고, 그렇지 않은 경우 **사상**이라고 하기도 한다.

사상 f에 의해 $a \in A$에 대응되는 $b \in B$를 $f(a) = b$로 나타내고 $f(a)$를 a에 대한 f의 함수값 또는 f에 의한 a의 **상**(像, image)이라 한다.

사상 $f: A \longrightarrow B$가 에 대하여 A로부터 B로의 한 관계

$$R_f = \{(a,\ f(a)) \mid a \in A\} \subset A \times B$$

가 주어진다. 이 R_f를 함수 f의 **그래프**(graph)라 부른다.

역으로 $R \subset A \times B$인 A로부터 B로의 한 관계 R이

(i) $A = \{a \mid (a,\ b) \in R\}$이고

(ii) 임의의 $a \in A$에 대하여 $(a,\ b) \in R$인 $(a,\ b)$가 단 하나만 존재하면 R은

$$f:\ A \longrightarrow B$$
$$(a \longmapsto f(a) = b)$$

로 정해지는 유일한 사상 f의 그래프가 된다. 즉 위의 (i), (ii)를 만족하는 A로부터 B로의 한 관계 R은 사상 f로 볼 수 있다.

두 사상 $f:\ A \longrightarrow B$와 $g:\ A \longrightarrow B$가 정의되었을 때

1.3.8 $f = g \Longleftrightarrow$ 임의의 $a \in A$에 대하여 $f(a) = g(a)$이다.

따라서 $f \neq g$이기 위해서는 적당한 $a \in A$가 존재해서 $f(a) \neq g(a)$가 되는 것이다.

예 1.3.5

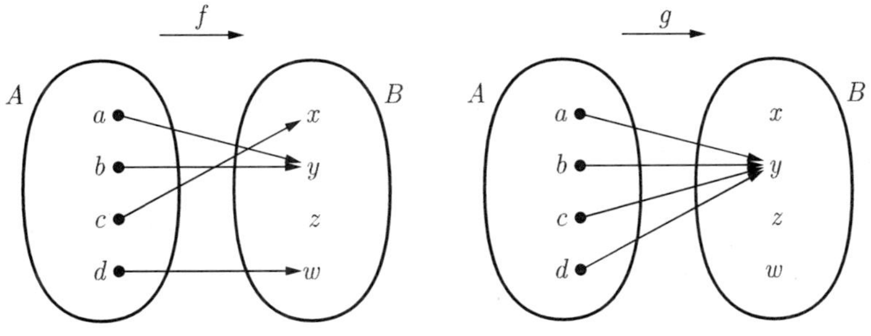

그림 1-1

$A = \{a,\ b,\ c,\ d\}$, $B = \{x,\ y,\ z,\ w\}$라 하자. 그림 1-1에 의하여 $f:\ A \longrightarrow B$는 한 사상이고 $f[A] = \{x,\ y,\ w\} \subsetneq B$이고 f의 그래프 R_f는

$$R_f = \{(a,\ y),\ (b,\ y),\ (c,\ x),\ (d,\ w)\}$$

이다. 사상 $g: A \longrightarrow B$가 $g[A]=\{y\}$일 경우 사상 g를 **상수사상**(常數寫像, constant map)이라 한다.

두 사상 $f: A \longrightarrow B$와 $g: B \longrightarrow C$가 정의되었을 때

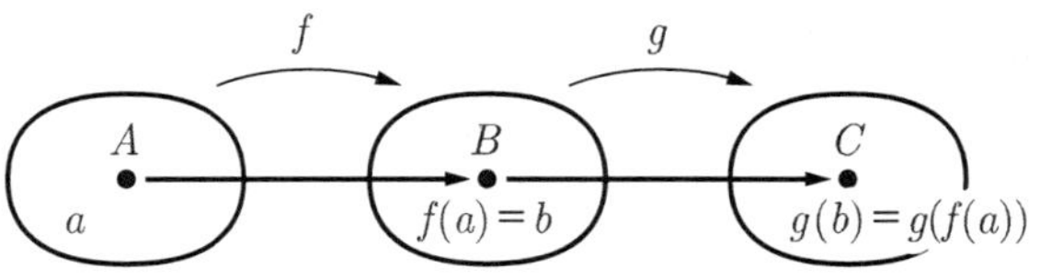

임의의 $a \in A$에 대하여 $(g \circ f)(a)=g(f(a))$로 정하고 사상 $g \circ f$는

$$g \circ f: A \longrightarrow C$$
$$(a \longmapsto (g \circ f)(a))$$

이다. $g \circ f$를 f와 g의 **합성사상**(合成寫象, composition map)이라 한다.

$f: X \longrightarrow Y$이고 $A \subset X$일 때, 사상 f의 A로의 **제한사상**(制限寫像, restriction of f to A)을 $f|_A$로 나타내고

$$f|_A: A \longrightarrow Y$$
$$(a \longmapsto f|_A(a)=f(a))$$

로 정한다.

$X \subset \widehat{X}$이고 $g: \widehat{X} \longrightarrow Y$가 $g|_X = f: X \longrightarrow Y$일 때 g를 f의 **확장사상**(擴張寫像, extension of f)이라 한다.

사상 $f: A \longrightarrow B$가 $f[A]=B$일 때 f를 A로부터 B**위로의 사상**(onto map) 혹은 **전사**(全射, surjection)라 한다.

사상 $f: A \longrightarrow B$가 $a_1, a_2 \in A$에 대하여

$$a_1 \neq a_2 \Longrightarrow f(a_1) \neq f(a_2)$$

일 때 f를 **일대일 사상**(one to one map) 혹은 **단사**(單射, injection)라 한다.

일대일 사상의 조건 $a_1 \neq a_2 \Longrightarrow f(a_1) \neq f(a_2)$는 대우명제

$$f(a_1) = f(a_2) \Longrightarrow a_1 = a_2$$

로 대치할 수도 있다.

사상 $f: A \longrightarrow B$와 $G \subset B$가 주어졌을 때 $f^{-1}[G]$를

$$f^{-1}[G] = \{a \in A \mid f(a) \in G\}$$

로 정한다. $b \in B$일 경우

$$f^{-1}(b) = \{a \in A \mid f(a) = b\}$$

로 정한다.

일반적으로 f^{-1}는 사상은 아니다. 그러나 $f: A \longrightarrow B$가 전단사일 때 f^{-1}는 사상이 된다.

$f^{-1}: B \longrightarrow A$가 사상일 경우 f의 **역사상**(逆寫像, inverse map)이라 한다.

A에서 A로의 사상 1_A은

$$1_A: A \longrightarrow A$$
$$(a \longmapsto a)$$

로 정하고 A상에서의 **항등사상**(恒等寫像, identity map on A)이라 한다.

$f: A \longrightarrow B$일 때 $1_B \circ f = f = f \circ 1_A$가 성립한다. 또 f^{-1}가 f의 역사상인 경우 $f^{-1} \circ f = 1_A$이고 $f \circ f^{-1} = 1_B$이다.

1.3.9 두 사상 $f: A \longrightarrow B$, $g: B \longrightarrow A$가 $g \circ f = 1_A$이고 $f \circ g = 1_B$일 때 f의 역사상 $f^{-1}: B \longrightarrow A$가 존재하여 $f^{-1} = g$이다.

•증명• $g \circ f = 1_A$이므로 사상 f가 단사가 아니면 항등사상 1_A도 단사가 아니다. 이것은 모순이므로 사상 f는 단사이어야 한다(그림 1-2).

$f \circ g = 1_B$이므로 f가 전사가 아니면 1_B도 전사가 아니다. 이것은 모순이므로 f는 전사이어야 한다. 따라서 f의 역사상 $f^{-1}: B \longrightarrow A$가 존재한다(그림 1-3).

$$g = 1_A \circ g = (f^{-1} \circ f) \circ g = f^{-1} \circ (f \circ g) = f^{-1} \circ 1_B = f^{-1}$$

이므로 $g = f^{-1}$이다. ■

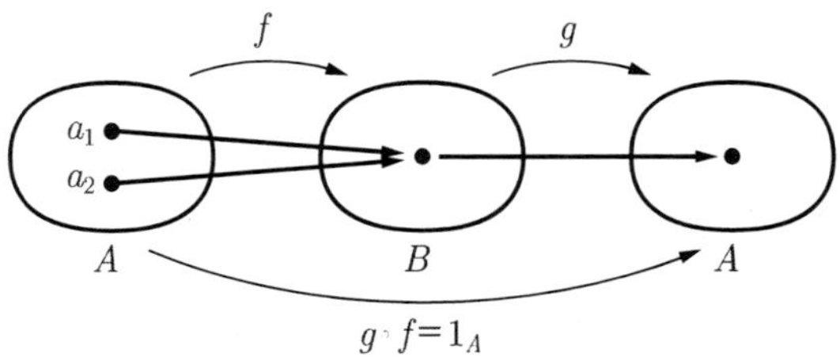

그림 1-2

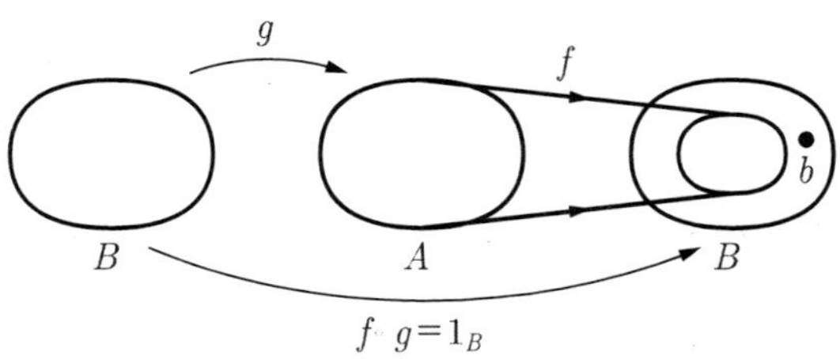

그림 1-3

1.3.10 $f: X \longrightarrow Y$이라 하고 A와 B를 X의 부분집합들이라 하자. 다음 (1)~(4)가 성립한다.

(1) $f[A \cup B] = f[A] \cup f[B]$

(2) $f[A \cap B] \subset f[A] \cap f[B]$

(3) $f[A - B] \supset f[A] - f[B]$

(4) $f[A \subset B] \Longrightarrow f[A] \subset f[B]$

$\{A_\lambda \mid \lambda \in \Lambda\}$을 X의 한 부분집합족이라 할 때

(1′) $f[\bigcup_{\lambda\in\Lambda} A_\lambda] = \bigcup_{\lambda\in\Lambda} f[A_\lambda]$

(2′) $f[\bigcap_{\lambda\in\Lambda} A_\lambda] = \bigcap_{\lambda\in\Lambda} f[A_\lambda]$

이다.

(2)식과 (3)식에서, 일반적으로 포함관계를 등호로 대치할 수 없다.

예 1.3.6 $X = \{a, b, c, d\}$, $Y = \{x, y, z\}$라 하자.

그림 1-4에 의하여 사상 $f: X \longrightarrow Y$를 정하자. $A = \{a, b\}$, $B = \{c, d\}$라

하면

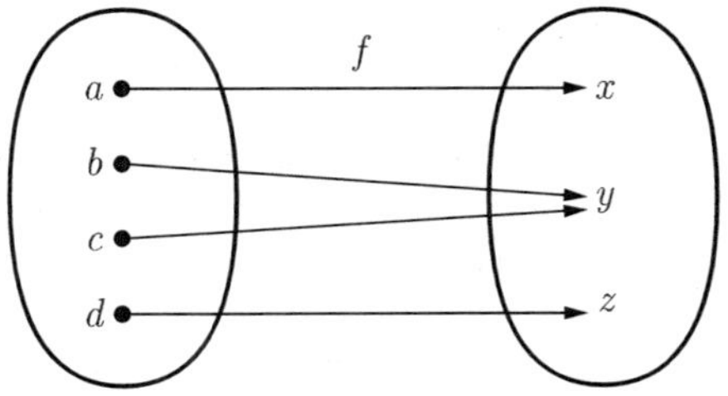

그림 1-4

$$f[A \cap B] = f[\varnothing] = \varnothing \subsetneq \{y\} = \{x, y\} \cap \{y, z\} = f[A] \cap f[B]$$
$$f[A - B] = f[A] = \{x, y\} \supsetneq \{x\} = \{x, y\} - \{y, z\} = f[A] - f[B]$$

이다.

1.3.11 $f: X \longrightarrow Y$라 하고 A와 B를 Y의 부분집합이라 하자. 다음 (1)~(4)가 성립한다.

(1) $f^{-1}[A \cup B] = f^{-1}[A] \cup f^{-1}[B]$

(2) $f^{-1}[A \cap B] = f^{-1}[A] \cap f^{-1}[B]$

(3) $f^{-1}[A - B] = f^{-1}[A] - f^{-1}[B]$

(4) $A \subset B \Longrightarrow f^{-1}[A] \subset f^{-1}[B]$

$\{A_\lambda \mid \lambda \in \Lambda\}$을 Y의 한 부분집합족이라 할 때

(1′) $f^{-1}[\bigcup_{\lambda \in \Lambda} A_\lambda] = \bigcup_{\lambda \in \Lambda} f^{-1}[A_\lambda]$

(2′) $f^{-1}[\bigcap_{\lambda \in \Lambda} A_\lambda] = \bigcap_{\lambda \in \Lambda} f^{-1}[A_\lambda]$

이다. $f^{-1}[Y] = X$이므로 (3)으로부터 $f^{-1}[A^c] = (f^{-1}[A])^c$임을 알 수 있다.

1.3.12 $f: X \longrightarrow Y$라 하고 $A \subset X$, $B \subset Y$라 하자.

(1) $A \subset f^{-1}[f[A]]$

(2) $B \subset f[f^{-1}[B]]$

가 성립한다.

•증명• (1) 임의의 $a \in A$에 대하여

$$a \in f^{-1}[f(a)] = \{x \in X \mid f(x) = f(a)\} \subset f^{-1}[f[A]]$$

이다. 따라서 $A \subset f^{-1}[f[A]]$이다.

(2) 임의의 $y \in f[f^{-1}[B]]$에 대하여

$$y \in f[f^{-1}[B]] = \{f(x) \mid x \in f^{-1}[B]\}$$

이므로 적당한 $x \in f^{-1}[B]$가 존재하여 $y = f(x)$이다. $x \in f^{-1}[B]$이므로 $y = f(x) \in B$가 되어 $f[f^{-1}[B]] \subset B$이다. ■

주의 (1)과 (2)에서 포함관계는 등호로 대치될 수 없다. 그러나 만일 사상 f가 전사(onto map)이면 (2)식의 포함관계는 등호로 대치될 수 있다. 또한 사상 f가 단사(one to one map)이면 (1)식의 포함관계는 등호로 대치될 수 있다.

전단사 함수를 이용하여 다음과 같이 무한집합을 정의할 수 있다.

1.3.13 집합 A가 **무한집합**이 되기 위한 필요충분조건은 집합 A의 한 진부분집합 B가 존재해서 A와 B 사이에 전단사함수가 존재하는 것이다.

정수 전체의 집합 $\boldsymbol{Z}$는 짝수 전체의 한 집합 $2\boldsymbol{Z}$와

$$f: \boldsymbol{Z} \longrightarrow 2\boldsymbol{Z}$$
$$(n \longmapsto f(x) = 2n)$$

에 의하여 전단사함수가 존재한다. 위 정의에 따르면 $\boldsymbol{Z}$는 무한집합이다.

무한집합이 아닌 경우 유한집합으로 정의한다.

연.습.문.제

1. $A=\{0,\ 1,\ 2,\ 3\}$이고 $B=\{0,\ 2,\ 4\}$일 때 A로부터 B로의 관계 R이 $(x,\ y)\in R \Longleftrightarrow x<y$이라 하자.

(i) $R(\subset A\times B)$을 구하여라.

(ii) R의 정의역과 치역을 구하여라.

(iii) R^{-1}의 정의역과 치역을 구하여라.

2. $\boldsymbol{N}$을 자연수 전체의 집합이라 하자. $\boldsymbol{N}\times\boldsymbol{N}$상의 관계 R을

$$(a,\ b)\,R(c,\ d) \Longleftrightarrow ad=bc$$

로 정의하자(단, $(a,\ b),\ (c,\ d)\in\boldsymbol{N}\times\boldsymbol{N}$). R이 $\boldsymbol{N}\times\boldsymbol{N}$상의 동치관계임을 증명하여라.

3. $f:A\longrightarrow B,\ g:A\longrightarrow B,\ R_f\subset R_g$이면 $f=g$이다. 증명하여라.

4. $f:A\longrightarrow B,\ g:B\longrightarrow C$라 하자. $g\circ f:A\longrightarrow C$가 전단사이면 f는 단사이고 g는 전사이다. 증명하여라.

5. $g:B\longrightarrow C,\ h:B\longrightarrow C$라 하자. 임의의 사상 $f:A\longrightarrow B$에 대해서 $g\circ f=h\circ f$이면 $g=h$이다. 증명하여라.

6. $g:A\longrightarrow B,\ h:A\longrightarrow B$라 하자. C를 두 개 이상의 원을 갖는 집합이라 할 때 임의의 사상 $f:B\longrightarrow C$에 대해서 $f\circ g=f\circ h$이면 $g=h$이다. 증명하여라.

7. $f:B\longrightarrow C$라 하자. f가 단사이기 위한 필요충분조건은 임의의 $g:A\longrightarrow B$와 $h:A\longrightarrow B$에 대해서 $f\circ g=f\circ h$일 때 $g=h$가 되는 것이다. 증명하여라.

8. 무한집합 정의 1.3.13에 의하여 실수집합 R이 무한집합임을 보여라.

Hint $\tan x$ 함수는 $\left(-\frac{\pi}{2}, \frac{\pi}{2}\right)$와 R 사이에서 전단사함수가 된다.

9. $f : X \longrightarrow Y$가 전단사이기 위한 필요충분조건은 임의의 $A \subset X$에 대하여 $f[A^c] = (f[A])^c$가 되는 것이다. 증명하여라.

1.4 순서집합

이 절에서는 순서집합에 관한 여러 가지 성질들을 소개하고자 한다. 우리가 취급하는 수학의 대상에서 순서집합은 매우 중요한 부분을 차지한다. 순서집합은 실수의 대소관계, 집합의 포함관계 등에 의한 순서개념을 일반화하여 얻어진 개념이다.

1.4.1 한 집합 A상의 한 관계 $\precsim$가, 임의의 $a,\ b,\ c \in A$에 대하여

(1) $a \precsim a$

(2) $a \precsim b,\ b \precsim a \Longrightarrow a = b$

(3) $a \precsim b,\ b \precsim c \Longrightarrow a \precsim c$

을 만족할 때, $\precsim$을 A상의 **순서관계** 또는 **부분순서관계**(順序關係 또는 部分順序關係, order relation or partial order relation on A)라 하고 이 $(A,\ \precsim)$을 **순서집합** 또는 **부분순서집합**(順序集合 또는 部分順序集合, ordered set or partially ordered set)이라 한다.

앞 절에서 설명한 바와 같이, (1)에 의하여 관계 $\precsim$은 반사율을 만족함을 알 수 있고 (3)에 의하여 추이율도 만족됨을 알 수 있다. (2)의 조건을 만족하는 경우 반대칭률(反對稱律, antisymmetric law)을 만족한다고 한다.

예 1.4.1 전집합 X의 한 부분 집합족 $\mathscr{A}$는 포함관계 $\subset$에 관하여 순서집합이다. 왜냐하면 임의의 $A,\ B,\ C \in \mathscr{A}$에 대하여

(1) $A \subset A$

(2) $A \subset B,\ B \subset A \Longrightarrow A = B$

(3) $A \subset B,\ B \subset C \Longrightarrow A \subset C$

이기 때문이다.

예 1.4.2 A를 실수들의 한 집합이라면 대소관계 $\leq$는 A상의 순서관계가 된다.

예 1.4.3 $X=\{a,\ b,\ c,\ d,\ e,\ f\}$라 하자.

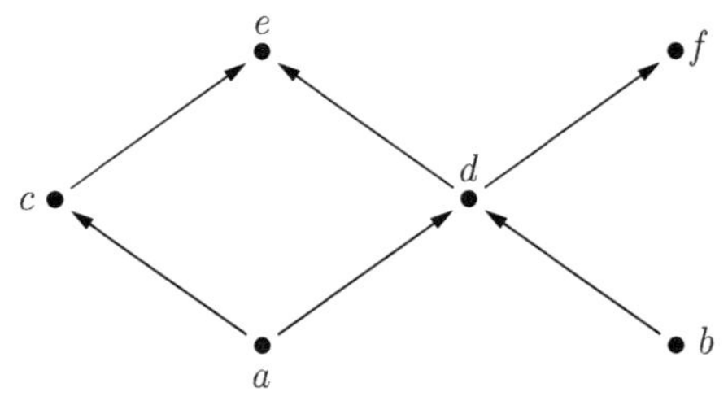

그림 1-5

임의의 두 원소 $x,\ y \in X$에 대하여

$$x \lesssim y \iff \begin{cases} x=y\text{이거나} \\ y\text{는 } x\text{로부터 화살 표시를 따라 위로 연결됨} \end{cases}$$

으로 X상의 관계 $\lesssim$을 정하면 $\lesssim$는 X상의 한 순서관계가 되고 $(X,\ \lesssim)$은 순서집합이 된다.

1.4.2 $(A,\ \lesssim)$가 순서집합이고 임의의 $a,\ b \in A$에 대하여

$$a \lesssim b \text{ 혹은 } b \lesssim a$$

일 때 $(A,\ \lesssim)$을 **전순서집합**(全順序集合, totally ordered set or linearly ordered set)이라 한다.

예 1.4.4 $\leq$을 실수집합 $\boldsymbol{R}$상에서 대소관계라 하면 $(\boldsymbol{R},\ \leq)$은 전순서집합이다.

A_0를 순서집합 $(A,\ \lesssim)$의 한 부분집합이라 하자. $a_0,\ b_0 \in A_0$에 대하여 $a_0,\ b_0 \in A$이므로

$$A_0\text{에서 } a_0 \lesssim b_0 \iff A\text{에서 } a_0 \lesssim b_0$$

로 A_0에 순서관계를 도입하면 A_0도 순서관계 $\lesssim$에 의하여 순서집합이 된다.

순서집합 $(A, \lesssim)$에서 부분집합 A_0을 적당히 취하여 $(A_0, \lesssim)$가 전순서집합이 되게 할 수 있다.

예 1.4.5 예 1.4.3에서 $\{a, d\}$, $\{a, d, e\}$, $\{a, c, e\}$ 등은 전순서집합이다. 그러나 $\{a, d, c\}$, $\{a, b, d\}$ 등은 주어진 순서관계에 의하여 순서집합은 되지만 전순서집합은 아니다.

1.4.3 A를 한 순서집합이라 하자. 한 원소 $a_0 \in A$가 임의의 원소 $a \in A$에 대하여 $a_0 \lesssim a$일 때 a_0를 A의 **최소의 원소**(first or smallest element of A)라 한다. 한 원소 $b_0 \in A$가 임의의 원소 $a \in A$에 대하여 $a \lesssim b_0$일 때 b_0를 A의 **최대의 원소**(last or largest element of A)라 한다.

순서집합 A에는 최소 혹은 최대의 원소가 없는 경우도 있다. 최소 혹은 최대의 원소가 존재한다면 각각 오직 하나만 존재한다.

예 1.4.6 (a) 개구간 $(0, 1)$에 대소관계에 의하여 순서를 주면 최소의 원소와 최대의 원소가 존재하지 않는다.

(b) 집합 X의 멱집합 $2^X = \{A \mid A \subset X\}$에 포함관계 $\subset$에 의하여 순서관계를 정하면 최소의 원소는 $\varnothing$이고 최대의 원소는 X이다.

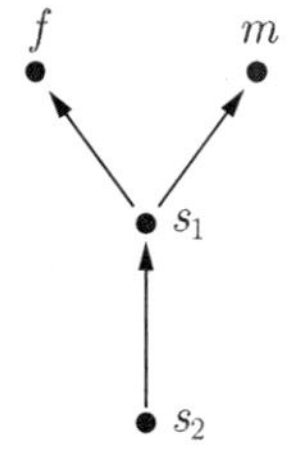

그림 1-6

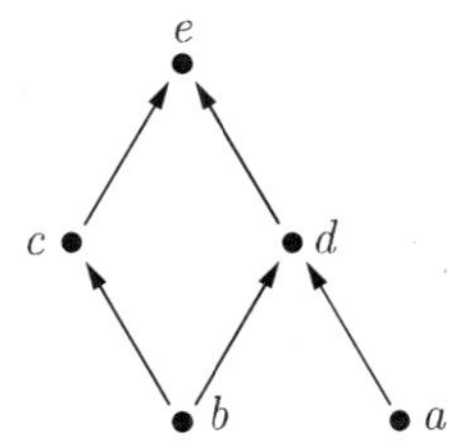

그림 1-7

그림 1-6에서 아버지를 f, 어머니를 m, 두 자녀를 나이 차례에 따라 각각 s_1, s_2라 하면 한 가족 $X = \{f, m, s_1, s_2\}$에는 그림 1-6과 같이 자연스러운 순서관계가 정해진다. 이 경우 최소의 원소는 s_2이고 최대의 원소는 없다. 그림 1-7

과 같은 순서집합에서는 최소의 원소는 없고 최대의 원소는 e이다.

1.4.4 $(A, \lesssim)$을 순서집합이라 하자. 한 원 $a_0 \in A$가

$$a_0 \lesssim x,\ x \in A \Longrightarrow a_0 = x$$

을 만족할 때 a_0를 순서집합 A의 **극대원소**(極大元素, maximal element of A)라 한다. 또 한 원소 $b_0 \in A$가

$$x \lesssim b_0,\ x \in A \Longrightarrow b_0 = x$$

를 만족할 때 b_0를 순서집합 A의 **극소원소**(極小元素, minimal element of A)라 한다.

최소원은 극소원이고 최대원은 극대원이다. 극소, 극대원들은 여러 개가 존재할 수 있다.

예 1.4.7 그림 1-6의 순서집합에서 극대원은 f와 m이고 극소원은 최소원 s_2와 일치한다. 그림 1-7의 순서집합에서 극대원은 최대원 e와 일치하고 극소원은 a, b이다.

1.4.5 B를 순서집합 $(A, \lesssim)$의 한 부분집합이라 하자. 한 원소 $l \in A$가

임의의 원소 $b \in B$에 대하여 $l \lesssim b$

일 때 l을 집합 B의 **하계**(下界, lower bound of B)라 한다.

집합 B의 하계들 중에서 최대의 원소가 있다면 그 원소를 B의 **최대하계**(最大下界, greatest lower bound of B) 혹은 B의 **하한**(下限, infimum of B)이라 하고 $\inf B$로 나타낸다.

한 원소 $u \in A$가 임의의 원소 $b \in B$에 대하여 $b \lesssim u$일 때 u를 집합 B의 **상계**(上界, upper bound of B)라 한다.

집합 B의 상계들 중에서 최소의 원소가 있다면 그 원소를 B의 **최소상계**(最小上界, least upper bound of B) 혹은 B의 **상한**(上限, supremum of B)이라 하고 $\sup B$로 나타낸다.

집합 B가 상계를 가질 때 **위로 유계**(bounded above)하다고 하고 하계를 갖는 경우 **아래로 유계**(bounded below)하다고 한다. 상계와 하계를 모두 갖는 경우 B를 **유계집합**(有界集合, bounded set)이라 한다.

예 1.4.8 $A=\{a,\ b,\ c,\ d,\ e,\ f,\ g\}$라 하고 그림 1-8과 같이 순서를 주자.

$B_1=\{c,\ d,\ e\}$라 하면 B_1의 상계는 f와 g이고 최소상계는 f이다. B_1의 하계는 $a,\ b,\ c$이고 최대하계는 c이다.

$B_2=\{a,\ b,\ c,\ d\}$라 하면 B_2의 하계는 존재하지 않는다. $\sup B_2=d$이다.

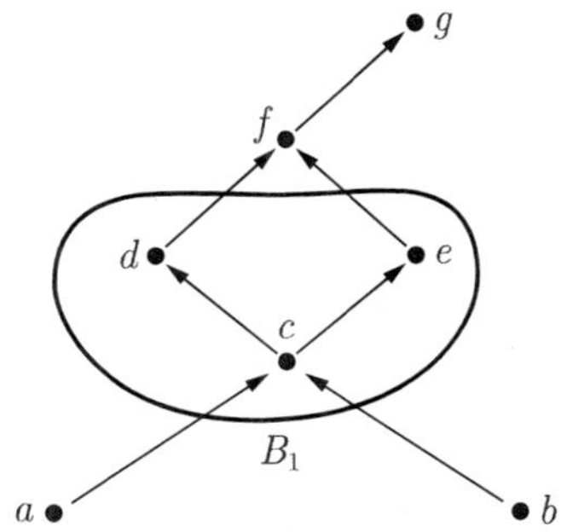

그림 1-8

예 1.4.9 실수집합 $\boldsymbol{R}$은 대소관계 $\le$에 의하여 전순서집합이다. $B(\neq\varnothing)$를 $\boldsymbol{R}$에서 유계집합이라 하면 실수에 관한 기본정리에 의하여 $\inf B$와 $\sup B$가 존재한다.

예 1.4.10 유리수 전체의 집합을 $\boldsymbol{Q}$라 하자. $\boldsymbol{Q}$는 대소관계 $\le$에 의하여 전순서집합이 된다. $\boldsymbol{Q}$의 부분집합 B를

$$B=\{x\in\boldsymbol{Q}\mid 1<x^2<2,\ 0<x\}$$

라 하자. B는 1과 $\sqrt{2}$ 사이의 모든 유리수의 집합이다. 따라서 B는 무한히 많은 하계와 상계를 갖는다.

$\sqrt{2}$는 무리수이므로 $\sup B=\sqrt{2}\notin\boldsymbol{Q}$가 되어 B에는 최소상계가 존재하지 않는다. 그러나 $\inf B=1\in\boldsymbol{Q}$이므로 최대하계는 존재한다.

1.4.6 **Zorn의 보조정리** A를 공집합이 아닌 순서집합이라 하자. A의 모든 전순서 부분집합들이 항상 상계를 가지면 A에는 적어도 하나의 극대원이 존재한다.

조른(Zorn)의 보조정리는 수학에서 매우 중요한 도구로 활용된다. 조른의 보조정리는 집

합론에서의 선택공리와 그리고 정렬공리 등과 동치인 명제이다. 1.4.6을 증명하기 위해서는 순서수(順序數, ordinal number)의 개념을 써야 하기 때문에 여기서는 증명을 생략한다.

1.4.7 실직선 $\boldsymbol{R}$에서 유계폐구간 $[a_n, b_n]$ $(n=1, 2, \cdots)$을

$$[a_1, b_1] \supset [a_2, b_2] \supset \cdots \supset [a_n, b_n] \supset \cdots$$

이 되게 취하였을 때 $\bigcap_{n=1}^{\infty} [a_n, b_n] \neq \varnothing$ 이다. 특히 $\lim_{n \to \infty} (b_n - a_n) = 0$이면 적당한 한 실수 $p \in \boldsymbol{R}$이 존재하여 $\bigcap_{n=1}^{\infty} [a_n, b_n] = \{p\}$ 이다.

위와 같은 실직선 $\boldsymbol{R}$이 갖는 성질을 **축소구간의 성질**(nested interval property)이라 부른다. 실직선 $\boldsymbol{R}$의 완비성(完備性, 9장 참조), 유계실수집합의 상한과 하한의 존재성, 축소구간의 성질 등은 모두 실수 $\boldsymbol{R}$에서 동치인 성질들이다.

연.습.문.제

1. 그림의 순서집합을 A라 하자. A의 극대원소와 극소원소는 어느 것인가? 또 최소의 원소와 최대의 원소가 있다면 어느 것인가?

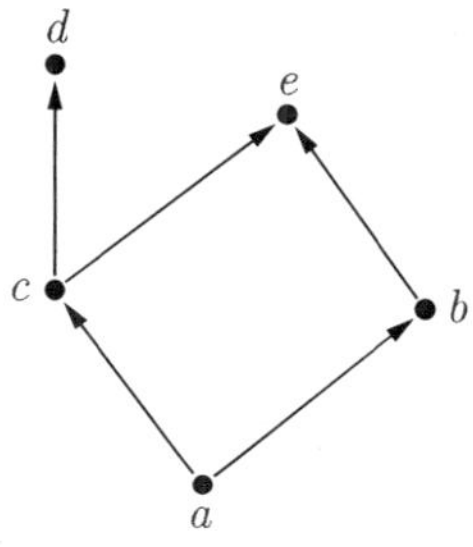

2. A를 순서집합이라 하자. $C \subset B$, $B \subset A$이면 $\sup_A C \leq \sup_B C$이다. (단, $\sup_A C$는 A에서의 C의 최소상계이다) 증명하여라.

3. A를 순서집합이라 하자. 다음 (i), (ii)를 밝혀라.

(i) A의 임의의 부분집합이 최소상계와 최대하계를 갖는다면 A는 최소의 원과 최대의 원을 갖는다.

(ii) A의 임의의 부분집합이 최소상계를 갖기 위한 필요충분조건은 A의 임의의 부분집합이 최대하계를 갖는 것이다.

4. 순서집합 X의 모든 전순서 부분집합이 하계를 가지면 X는 극소원소를 갖는다. 증명하여라.

5. 자연수집합 $\boldsymbol{N}$에

$$x\text{는 } y\text{를 나눈다.} \Longleftrightarrow x \precsim y \, (x, \ y \in \boldsymbol{N})$$

에 의한 순서관계를 주면 $\{\boldsymbol{N}, \precsim\}$는 한 순서집합이다.

$A \subset \boldsymbol{N}$일 때

(i) $A \neq \varnothing$ 이면 $\inf A$가 존재함을 증명하여라.

(ii) A가 공집합이 아닌 유한집합이면 $\sup A$가 존재함을 밝혀라.

6. 모든 유한 순서집합은 극대원이 존재함을 밝혀라.

7. 유리수집합 $\boldsymbol{Q}$에 대소관계에 의한 순서를 주자.

$A = \{x \mid x \in \boldsymbol{Q},\ x^3 < 2\}$일 때

(i) A는 위로 유계인가? $\sup A$는 존재하는가?

(ii) A는 아래로 유계인가? $\sup A$는 존재하는가?

8. $(A,\ \precsim)$를 한 순서집합이라 하자. A의 공집합이 아닌 임의의 부분집합이 항상 최소의 원소를 갖는다면 순서집합 $(A,\ \precsim)$를 **정렬집합**(well ordered set)이라 한다. 정렬집합이 전순서집합임을 보여라.

1.5 군론 요약

대수학에서의 군의 정의는 다음과 같다.

1.5.1 공집합이 아닌 집합 G상에 한 연산이 정의되어 있고(즉 임의의 $a,\ b \in G$에 대하여 $a \circ b \in G$이다), 이 연산 $\circ$에 관하여 다음 (1), (2), (3)이 성립할 때 $(G,\ \circ)$을 **군**(群, group)이라 한다.

(1) 임의의 $a,\ b,\ c \in G$에 대하여 $(a \circ b) \circ c = a \circ (b \circ c)$가 성립한다.

(2) 원 $e \in G$가 존재하며, 임의의 $a \in G$에 대해서 $a \circ e = e \circ a = a$이다. e를 **항등원**(恒等元, identity element)이라 한다.

(3) 임의의 $a \in G$에 대하여 원 $x \in G$가 존재해서 $a \circ x = x \circ a = e$이다. x를 a^{-1}로 나타내고 a의 **역원**(逆元, inverse element)이라 한다.

군 연산이 곱셈표기인 경우 항등원 e를 1로 나타내기로 한다.

1.5.2 $(G,\ \circ)$을 군이라 하고 임의의 $a,\ b \in G$에 대해서 $a \circ b = b \circ a$일 때 $(G,\ \circ)$을 **아벨군**(abelian group) 혹은 **가환군**(可換群, commutative group)이라 한다.

아벨군의 연산기호로는 덧셈기호 $+$를 흔히 사용한다. 연산을 $+$로 표시한 아벨군을 덧셈군이라 한다. 덧셈군은 $(G,\ +)$로 나타내고 항등원을 0, a의 역원은 $-a$로 나타낸다.

1.5.3 군 $(G,\ \circ)$에서 군 $(H,\ *)$로의 사상 $f:\ G \longrightarrow H$가 임의의 $a,\ b \in G$에 대하여 $f(a \circ b) = f(a) * f(b)$일 때 f를 G에서 H로의 **군준동형사상**(群準同型寫像, group homomorphism)이라 한다.

1.5.4 군준동형사상 $f: G \longrightarrow H$가 전단사일 때 f를 G에서 H로의 **군동형사상**(群同型寫像, group isomorphism)이라 한다.

군 G와 군 H 사이에 군준동형사상이 존재하는 경우 G와 H는 군준동형이라 한다. 군동형사상이 존재하는 경우 G와 H는 군동형이라 하고 $G \cong H$로 나타낸다.

1.5.5 $f: G \longrightarrow H$가 군준동형사상이고 e'을 H에서의 항등원이라 할 때

$$\ker f = \{x \in G \mid f(x) = e'\} = f^{-1}(e')$$

를 f의 **핵**(核, kernel)이라 한다.

1.5.6 N을 군 G의 부분군이라 하자. 임의의 $g \in G$에 대해서 $Ng = gN$, 즉 $N = gNg^{-1}$일 때 N을 G의 **정규부분군**(正規部分群, normal subgroup)이라 한다.

1.5.5에서의 준동형사상 f의 $\ker f$는 G의 정규부분군이다.

1.5.7 N을 군 G의 정규부분군이라 할 때 $G/N = \{N_a \mid a \in G\}$는 2항 연산 $N_a \cdot N_b = N_{ab}$에 관한여 군을 이룬다. 군 $(G/N, \ \cdot\ )$을 N에 관한 G의 **상군**(商群, quotient group) 혹은 **잉여군**(剩餘群) 혹은 **인자군**(因子群, factor group)이라 한다.

군론에서의 제1동형 정리에 의하면 다음이 성립한다.

1.5.8 $f: G \longrightarrow H$가 군준동형사상일 때

$$G/\ker f \cong \operatorname{Im} f = f[G]$$

가 성립한다.

특히 $\ker f = \{e\}$(단, e는 G에서의 항등원)이면 f는 단사가 되고

$$G \cong G/\ker f \cong \operatorname{Im} f = f[G] \subset H$$

가 성립한다.

1.5.9 $(G, +)$를 한 가환군이라 하고 $S = \{g_\lambda \mid \lambda \in \Lambda\} \subset G$라 하자. 임의의 $g \in G$가

$$g = \sum_\lambda n_\lambda g_\lambda$$

(단, n_λ는 정수 $\sum_\lambda n_\lambda g_\lambda$는 유한합)

로 유일하게 표시되는 경우 S를 가환군 $(G, +)$의 **기저**(基底, basis)라 하고 G를 **자유가환군**(free abelian group)이라 한다.

정수집합 $\boldsymbol{Z}$의 곱집합 $\boldsymbol{Z} \times \boldsymbol{Z}$에 보통 덧셈연산을 주면 $(\boldsymbol{Z} \times \boldsymbol{Z}, +)$는 가환군이다. $S = \{(1, 0), (0, 1)\}$라 놓으면 $(\boldsymbol{Z} \times \boldsymbol{Z}, +)$는 S를 기저로 갖는 자유가환군임을 알 수 있다.

자유가환군을 만드는 특별한 방법을 다음에서 설명하자.

1.5.10 공집합이 아닌 한 집합을 S라 하자.

$G = \{\varphi \mid \varphi : S \longrightarrow \boldsymbol{Z},\ \varphi$는 S의 유한개의 원소 x에서만 $\varphi(x) \neq 0\}$라 하고 임의의 두 원소 $\varphi_1, \varphi_2 \in G$데 대하여

$$(\varphi_1 + \varphi_2)(x) = \varphi_1(x) + \varphi_2(x)$$

로 정의하면 $(G, +)$는 가환군이 된다.

이 경우 $(G, +)$을 S에 의하여 생성된 자유가환군이라 한다.

임의의 $x \in S$에 대하여 x에 대한 특성함수(characteristic function) φ_x를

$$\varphi_x(y) = \begin{cases} 0 & (y \neq x) \\ 1 & (y = x) \end{cases}$$

로 정의하면 $\{\varphi_x \mid x \in S\}$는 자유가환군 G의 기저를 형성한다. 왜냐하면 임의의 $\varphi \in G$는

$$\varphi = \sum_x n_x \varphi_x \qquad \cdots (*)$$

으로 유일하게 표시되기 때문이다. 단, $n_x = \varphi(x)$이고 $\sum_x n_x \varphi_x$는 $\varphi(x) \neq 0$인 x에 관한 유한합이다. $x \in S$에 의하여 유일하게 정해지는 φ_x를 x와 동일시하면 (*)식은

$$\varphi = \sum_x n_x x \ \text{(유한합)}$$

로 나타낼 수 있고 따라서 φ는 집합 S의 원소들의 형식적인 일차결합의 형태로 유일하게 나타낼 수 있다. 다시 말하면 공집합이 아닌 집합 S에 의하여 생성된 자유가환군 G는

$$G = \{\sum_{\lambda} n_{\lambda} x_{\lambda} \mid n_{\lambda} \in Z,\ x_{\lambda} \in S,\ \sum_{\lambda} \text{는 형식적인 유한합}\}$$

이다.

1.5.11 G를 군이라 할 때 임의의 $x,\ y \in G$에 대하여 $x^{-1}y^{-1}xy$를 x와 y의 **교환자**(交換子, commutator)라 하고

$$[x,\ y] = x^{-1}y^{-1}xy$$

로 나타낸다.

1.5.12 G를 군이라 할 때 집합 $S = \{[x,\ y] \mid x,\ y \in G\}$에 의하여 생성된 G의 부분군을 G의 **교환자군**(交換子群, commutator group)이라 한다.

G'을 G의 교환자군이라 하면

$$G' = \{[x_1,\ y_1] \cdots [x_n,\ y_n] \mid x_1,\ y_1,\ \cdots,\ x_n,\ y_n \in G,\ n = 1,\ 2,\ \cdots\}$$

으로 나타난다.

다음 명제는 교환자의 정의로부터 명백히 성립한다.

1.5.13 G가 아벨군이기 위해 필요충분조건은 $G' = \{e\}$이다.

다음은 G의 교환자군 G'이 갖는 특별한 성질이다.

1.5.14 G를 군이라 하고 G'을 G의 교환자군이라 할 때

(1) G'은 G의 정규부분군이다.

(2) G/G'은 아벨군, 즉 가환군이다.

연.습.문.제

1. 군 $(G, \circ)$에서 한 원 a가 $a \circ a = a$이면 a는 군 G에서 항등원임을 보여라.

2. N이 군 G의 정규부분군이고 H가 G의 부분군일 때 $N \subset H$이면 N은 H의 정규부분군임을 보여라.

3. $\boldsymbol{R}$은 실수집합이고 $\boldsymbol{R}^+$는 양의 실수의 집합이다. $(\boldsymbol{R}, +)$는 덧셈군, $(\boldsymbol{R}^+, \cdot)$은 곱셈군이다. 함수

$$f: (\boldsymbol{R}, +) \longrightarrow (\boldsymbol{R}^+, \cdot)$$
$$(x \longmapsto e^x)$$

는 군동형사상임을 밝혀라(단, e는 Napier의 상수(혹은 Euler의 수)이다).

4. 군 $(\boldsymbol{R} \times \boldsymbol{R}, +)$에서 $(\boldsymbol{R}, +)$ 위로의 함수

$$f: (\boldsymbol{R} \times \boldsymbol{R}, +) \longrightarrow (\boldsymbol{R}, +)$$
$$((x, y) \longmapsto x)$$

가 준동형사상임을 보이고 $\ker f$를 구하여라.

5. G, H를 군이라 할 때 $G \times H \cong H \times G$임을 보여라.

6. 군 G가 부분군 A, B의 직적이면 $G/A \cong B$, $G/B \cong A$임을 밝혀라.

7. 군 G에서 가환군 H로의 군준동형사상을 f라 하면 $\ker f$를 포함하는 G의 부분군은 G의 정규부분군임을 보여라.

8. G를 군이라 하고 $x,\ y \in G$일 때 다음을 밝혀라.

(i) $[x,\ y]$가 항등원이기 위한 필요충분조건은 $xy = yx$이다.

(ii) $[x,\ y]^{-1} = [y,\ x]$이다.

제2장 위상공간

이 장에서는 가깝다, 멀다라고 하는 의미가 성립할 수 있는 보다 추상화된 근접성의 개념인 위상을 한 집합상에 도입하여 위상공간을 만들고 이 공간에서 성립하는 기초개념들을 소개하고자 한다.

2.1 위상공간

위상과 위상공간의 정의는 다음과 같다.

2.1.1 정의 X를 공집합이 아닌 집합이라 하자. $\mathcal{T}$를 X의 한 부분집합족 ($\mathcal{T} \subset 2^X$)이라 할 때 $\mathcal{T}$가 다음 G-1, G-2, G-3 조건을 만족하면 $\mathcal{T}$를 X상의 한 **위상**(位相, topology)이라 한다.

G-1 $X \in \mathcal{T}$, $\varnothing \in \mathcal{T}$.

G-2 $\mathcal{T}_0 \subset \mathcal{T}$이면 $\cup \mathcal{T}_0 = \cup \{G \mid G \in \mathcal{T}_0\} \in \mathcal{T}$이다.

G-3 $G_1 \in \mathcal{T}$, $G_2 \in \mathcal{T}$이면 $G_1 \cap G_2 \in \mathcal{T}$이다.

주의 수학적 귀납법에 의하면 G-3 조건은 임의의 $n \in \boldsymbol{N}$과 $G_i \in \mathcal{T}\,(i = 1,\ 2,\ \cdots,\ n)$에 대하여 $G_1 \cap \cdots \cap G_n \in \mathcal{T}$임을 의미한다.

2.1.2 정의 $\mathcal{T}$가 X상의 한 위상일 때 $\mathcal{T}$의 원소를 **$\mathcal{T}$−개집합**($\mathcal{T}$-開集合, $\mathcal{T}$-open set)이라 부른다. X상에 한 위상 $\mathcal{T}$가 도입되었을 때, X를 **위상공간**(位相空間, topological space)이라 하고 $(X,\ \mathcal{T})$로 나타낸다.

집합 X사아에 한 위상 $\mathcal{T}$가 고정되었을 때에는 $\mathcal{T}$-개집합을 간단히 개집합이라 하고, 위상공간 $(X,\ \mathcal{T})$ 대신에 X로 나타내기도 한다.

위상공간 X에 대해서는 보통 $X \neq \varnothing$인 것으로 생각한다. 그러나 아주 특별한 경우에 $X = \varnothing$인 경우도 생각해야 할 때가 있다.

예 2.1.1 $X = \{a,\ b,\ c,\ d\}$라 할 때

$$\mathcal{T} = \{X,\ \varnothing,\ \{a,\ b\},\ \{b,\ c\},\ \{a,\ b,\ c\},\ \{b\}\}$$

은 X상의 한 위상이다.

예 2.1.2 한 집합 X의 멱집합 2^X를 $\mathcal{D} = 2^X$라 놓자. $\mathcal{D}$는 X상의 한 위상이다. 이 $\mathcal{D}$를 X상의 **이산위상**(離散位相, discrete topology)이라 하고 $(X,\ \mathcal{D})$를 **이산위상공간**(離散位相空間, discrete topological space)라 부른다.

예 2.1.3 X를 한 집합이라 하고 $\mathcal{I} = \{X,\ \varnothing\}$이라 놓으면 $\mathcal{I}$는 X상의 한 위상이다. $\mathcal{I}$를 X상의 **비이산위상** 혹은 **밀착위상**(非離散位相 혹은 密着位相, indiscrete topology)이라 하고 $(X,\ \mathcal{I})$를 **비이산위상공간** 혹은 **밀착위상공간**(非離散位相空間 혹은 密着位相空間, indiscrete topological space)이라 부른다.

예 2.1.4 X를 한 집합이라 하고

$$\mathcal{T} = \{G \mid X - G\text{는 유한집합}\} \cup \{\varnothing\}$$

이라 하면 이 $\mathcal{T}$는 X상의 한 위상이다. 그 이유는 다음과 같다.
$X - X = \varnothing$은 유한집합이므로 $X \in \mathcal{T}$이다. $\varnothing = \mathcal{T}$이므로 $\mathcal{T}$는 G-1 조건을 만족한다. $\mathcal{T}_0 = \{G_\lambda \mid \lambda \in \Lambda\} \subset \mathcal{T}$라 하면, $X - (\bigcup_\lambda G_\lambda) = \bigcap_\lambda (X - G_\lambda)$에서 각 $X - G_\lambda$가 유한집합이거나 X이므로 $\bigcap_\lambda (X - G_\lambda)$도 유한집합이거나 X가 되어 $\cup \mathcal{T}_0 = \bigcup_\lambda G_\lambda \in \mathcal{T}$가 성립한다. 따라서 $\mathcal{T}$는 G-2 조건을 만족한다. $G_1 \in \mathcal{T}$, $G_2 \in \mathcal{T}$라 하면 $X - (G_1 \cap G_2) = (X - G_1) \cup (X - G_2)$이고 $X - G_1$과 $X - G_2$가 유한집합이거나 X이므로 $X - (G_1 \cap G_2)$도 유한집합이거나 X가 되어 $G_1 \cap G_2 \in \mathcal{T}$가 성립하므로 $\mathcal{T}$는 G-3 조건을 만족한다. 위의 X상의 위상 $\mathcal{T}$를 **여유한위상**(余有限位相, cofinite topology)이라 부른다.

예 2.1.5 $\boldsymbol{R}$을 실수 전체의 집합이라 하고

$$\mathcal{U} = \{G \mid G \subset \boldsymbol{R},\ {}^\forall x \in G,\ {}^\exists \varepsilon > 0 \text{ s.t. } (x - \varepsilon,\ x + \varepsilon) \subset G\}$$

라 하자. $\mathcal{U}$가 $\boldsymbol{R}$상의 한 위상임을 보이자.

$$^{\forall}x \in \boldsymbol{R},\ ^{\exists}1 > 0 \text{ s.t. } (x-1,\ x+1) \subset \boldsymbol{R}$$

이므로 $\boldsymbol{R} \in \mathcal{U}$이다.

$$^{\forall}x \in \varnothing,\ ^{\exists}\varepsilon > 0 \text{ s.t. } (x-\varepsilon,\ x+\varepsilon) \subset \varnothing$$

은 참인 명제가 되므로 $\varnothing \in \mathcal{U}$이다. 따라서 $\mathcal{U}$는 G-1 조건을 만족한다.

$$\mathcal{U}_0 = \{G_\lambda \mid \lambda \in \Lambda\} \subset \mathcal{U}$$

라 하자.

$$^{\forall}x \in \cup\,\mathcal{U}_0 = \bigcup_\lambda G_\lambda,\ ^{\exists}\lambda_0 \in \Lambda \text{ s.t. } x \in G_{\lambda 0}.$$

$G_{\lambda 0} \in \mathcal{U}$이므로 $^{\exists}\varepsilon > 0$ s.t. $(x-\varepsilon,\ x+\varepsilon) \subset G_{\lambda 0}$이다. 따라서

$$^{\forall}x \in \cup\,\mathcal{U}_0 = \bigcup_\lambda G_\lambda,\ ^{\exists}\varepsilon > 0 \text{ s.t. } (x-\varepsilon,\ x+\varepsilon) \subset G_{\lambda 0} \subset \bigcup_\lambda G_\lambda$$

가 성립하므로 $\cup\,\mathcal{U}_0 = \bigcup_\lambda G_\lambda \in \mathcal{U}$가 되어 $\mathcal{U}$는 G-2 조건을 만족한다. $G_1 \in \mathcal{U}$, $G_2 \in \mathcal{U}$일 때 임의의 $x \in G_1 \cap G_2$에 대하여 $x \in G_1$, $x \in G_2$이므로

$$^{\exists}\varepsilon_1 > 0 \text{ s.t. } (x-\varepsilon_1,\ x+\varepsilon_1) \subset G_1$$
$$^{\exists}\varepsilon_2 > 0 \text{ s.t. } (x-\varepsilon_2,\ x+\varepsilon_2) \subset G_2$$

이 성립한다. $\varepsilon = \min\{\varepsilon_1,\ \varepsilon_2\}$이라 하면

$$(x-\varepsilon,\ x+\varepsilon) \subset G_1 \cap G_2$$

이다. 따라서 $G_1 \cap G_2 \in \mathcal{U}$가 되어 $\mathcal{U}$는 G-3 조건을 만족한다. 위의 $\boldsymbol{R}$상의 위상 $\mathcal{U}$를 **보통위상**(usual topology)라 부른다. 위상공간 $(\boldsymbol{R},\ \mathcal{U})$를 **보통위상공간** 혹은 **보통공간**(usual topological space or usual space)이라 한다. $(\boldsymbol{R},\ \mathcal{U})$을 일차원 유클리드 공간 $\boldsymbol{R}$ 혹은 실직선 $\boldsymbol{R}$ 등으로 나타내기도 한다. 이 경우 개구간 $(a,\ b)$는 $(a,\ b) \in \mathcal{U}$가 되어, $\mathcal{U}$-개집합이다.

집합 X상에서 한 위상 $\mathcal{T}$를 정의할 때 쓰이는 조건 G-1, G-2, G-3는 실직선상의 보통위상 $\mathcal{U}$가 갖는 기본성질을 추상화하여 공리로 만든 것이라고 할 수 있다.

2.1.3 정의 한 위상공간 $(X, \mathcal{T})$에서 임의의 $G \in \mathcal{T}$에 대하여 $G^c = X - G$를 $\mathcal{T}$-**폐집합**($\mathcal{T}$-閉集合, $\mathcal{T}$-closed set)이라 한다.

위상공간 $(X, \mathcal{T})$에서 $\mathcal{T}$가 고정되어 있을 때에는 $\mathcal{T}$-폐집합을 간단히 폐집합이라고 한다.

예 2.1.6 $X = \{a, b, c, d\}$라 하고

$$\mathcal{T} = \{X, \varnothing, \{a, b\}, \{b, c\}, \{a, b, c\}, \{b\}\}$$

라 하면 $(X, \mathcal{T})$는 한 위상공간이다. 이 경우 $\mathcal{T}$-폐집합은

$$X, \varnothing, \{c, d\}, \{a, d\}, \{d\}, \{a, c, d\}$$

이다.

예 2.1.7 위상공간 $(\boldsymbol{R}, \mathcal{U})$에서 폐구간 $[a, b]$는,

$$[a, b] = ((-\infty, a) \cup (b, \infty))^c$$

이고 $(-\infty, a) \cup (b, \infty) \in \mathcal{U}$이므로, $\mathcal{U}$-폐집합이다.

한 위상공간 X상의 폐집합들에 대하여 다음과 같은 기본성질이 성립한다.

2.1.4 정리 한 위상공간 $(X, \mathcal{T})$에서

$$\mathcal{F} = \{G^c \mid G \in \mathcal{T}\}$$

라 하자. 다음 명제가 성립한다.

F-1 $X \in \mathcal{F}$, $\varnothing \in \mathcal{F}$

F-2 $\mathcal{F}_0 \subset \mathcal{F}$이면 $\cap \mathcal{F}_0 = \cap \{F \mid F \in \mathcal{F}_0\} \in \mathcal{F}$이다.

F-3 $F_1 \in \mathcal{F}$, $F_2 \in \mathcal{F}$이면 $F_1 \cup F_2 \in \mathcal{F}$이다.

•증명• F-1 $\varnothing \in \mathcal{T}$, $X \in \mathcal{T}$이므로 $X \in \mathcal{F}$, $\varnothing \in \mathcal{F}$이다.

F-2 임의의 $F \in \mathcal{F}$에 대하여 적당한 $G \in \mathcal{T}$가 존재하여 $F = G^c$이다. 따라서 $F^c = G \in \mathcal{T}$이다. $\mathcal{F}_0 \subset \mathcal{F}$이라 하자.

$$(\cap \mathcal{F}_0)^c = (\cap \{F \mid F \in \mathcal{F}_0\})^c = \cup \{F^c \mid F \in \mathcal{F}_0\}$$

이고, G-2에 의하여 $\cup \{F^c \mid F \in \mathcal{F}_0\} \in \mathcal{T}$이므로 $\cap \mathcal{F}_0 \in \mathcal{F}$가 성립한다.

F-3 $F_1 \in \mathcal{F}$, $F_2 \in \mathcal{F}$이라 하자.

$$F_1 \cup F_2 = (F_1^c \cap F_2^c)^c$$

이고 F_1^c, $F_2^c \in \mathcal{T}$이다. G-3에 의하여 $F_1^c \cap F_2^c \in \mathcal{T}$이므로 $F_1 \cup F_2 \in \mathcal{F}$이다.

■

위의 F-1, F-2, F-3는 G-1, G-2, G-3와 쌍대적인 명제(雙代的 命題)로 볼 수 있다. $A \subset X$일 때 위상공간 $(X, \mathcal{T})$의 부분공간 $(A, \mathcal{T}_A)$를 다음과 같이 정의한다.

2.1.5 정의 A를 위상공간 $(X, \mathcal{T})$의 한 부분집합이라 하자.

$$\mathcal{T}_A = \{G \cap A \mid G \in \mathcal{T}\}$$

라 할 때 $(A, \mathcal{T}_A)$를 $(X, \mathcal{T})$의 **부분공간**(部分空間, subspace)이라 한다. $\mathcal{T}_A$를 A상의 $\mathcal{T}$의 **상대위상**(相對位相, relative topology)이라 부른다.

$\mathcal{T}_A$가 A상에서 한 위상이 됨을 보이자. $X \in \mathcal{T}$이므로 $A \cap X = A \in \mathcal{T}_A$이다. $\varnothing \in \mathcal{T}$이므로 $\varnothing \cap A = \varnothing \in \mathcal{T}_A$이다. 따라서 $\mathcal{T}_A$는 G-1 조건을 만족한다. $G_\lambda \cap A \in \mathcal{T}_A (\lambda \in \Lambda)$라 하자. $G_\lambda \in \mathcal{T}$이므로 $\bigcup_\lambda G_\lambda \in \mathcal{T}$이다. 따라서 $\bigcup_\lambda (G_\lambda \cap A) = (\bigcup_\lambda G_\lambda) \cap A \in \mathcal{T}_A$이다. 그러므로 $\mathcal{T}_A$는 G-2 조건을 만족한다. $G_1 \cap A \in \mathcal{T}_A$, $G_2 \cap A \in \mathcal{T}_A$이라 하자. $G_1 \in \mathcal{T}$, $G_2 \in \mathcal{T}$이므로 $G_1 \cap G_2 \in \mathcal{T}$가 되어 $(G_1 \cap A) \cap (G_2 \cap A) = (G_1 \cap G_2) \cap A \in \mathcal{T}_A$이다. 그러기 때문에 $\mathcal{T}_A$는 G-3 조건을 만족한다. 그러므로 $\mathcal{T}_A$는 A상의 한 위상이다.

예 2.1.8 $X=\{a,\ b,\ c,\ d\}$이고

$$\mathcal{T}=\{X,\ \varnothing,\ \{a,\ b\},\ \{b,\ c\},\ \{a,\ b,\ c\},\ \{b\}\}$$

이라 하자. $A=\{a,\ b,\ d\}$라 하면

$$\mathcal{T}_A=\{A,\ \varnothing,\ \{a,\ b\},\ \{b\}\}$$

이고 $(A,\ \mathcal{T}_A)$는 $(X,\ \mathcal{T})$의 부분공간이다.

예 2.1.9 일차원 유클리드 공간 $(\boldsymbol{R},\ \mathcal{U})$에서 $A=[0,\ 1]$이라 하자.
$\left(-\frac{1}{2},\ \frac{1}{2}\right)\in\mathcal{U}$이고 $\left(\frac{1}{3},\ 2\right)\in\mathcal{U}$이므로

$$\left(-\frac{1}{2},\ \frac{1}{2}\right)\cap[0,\ 1]=\left[0,\ \frac{1}{2}\right)\in\mathcal{U}_A,$$
$$\left(\frac{1}{3},\ 2\right)\cap[0,\ 1]=\left(\frac{1}{3},\ 1\right]\in\mathcal{U}_A$$

이다. 따라서 $\left[0,\ \frac{1}{2}\right)$과 $\left(\frac{1}{3},\ 1\right]$은 $A=[0,\ 1]$에서 $\mathcal{U}_A$-개집합이다.

$\left[0,\ \frac{1}{2}\right)$과 $\left(\frac{1}{3},\ 1\right]$은 실직선 $\boldsymbol{R}$에서는 개집합이 아니지만 부분공간 A에서는 모두 개집합이 된다.

$\mathcal{T}_1$과 $\mathcal{T}_2$를 X상의 위상들이라 하자. 만일 $\mathcal{T}_1\subset\mathcal{T}_2$이면 $\mathcal{T}_1$은 $\mathcal{T}_2$ 보다 작다(smaller) 혹은 약하다(weaker) 혹은 거칠다(coarser)라고 한다. 또 $\mathcal{T}_2$는 $\mathcal{T}_1$ 보다 크다(larger) 혹은 강하다(stronger) 혹은 섬세하다(finer)라고 한다.

2.1.6 $\{\mathcal{T}_\lambda\mid\lambda\in\Lambda\}$를 집합 X상의 위상들의 한 집합이라 하면 $\mathcal{T}=\cap\{\mathcal{T}_\lambda\mid\lambda\in\Lambda\}=\bigcap_{\lambda\in\Lambda}\mathcal{T}_\lambda$도 X상의 한 위상이다.

•증명• (1) 임의의 $\lambda\in\Lambda$에 대하여 $X,\ \varnothing\in\mathcal{T}_\lambda$이므로 $X,\ \varnothing\in\bigcap_{\lambda\in\Lambda}\mathcal{T}_A$이다.

(2) $\mathcal{T}_0 \subset \mathcal{T} = \cap \{\mathcal{T}_\lambda \mid \lambda \in \Lambda\}$이라면 임의의 $\lambda \in \Lambda$에 대하여 $\mathcal{T}_0 \subset \mathcal{T}_\lambda$이다. $\mathcal{T}_\lambda$는 위상이므로 $\cup \mathcal{T}_0 \in \mathcal{T}_\lambda (\lambda \in \Lambda)$이고 따라서

$$\cup \mathcal{T}_0 \in \mathcal{T} = \bigcap_{\lambda \in \Lambda} \mathcal{T}_\lambda$$

이다.

(3) G_1, $G_2 \in \mathcal{T}$라 하면 임의의 $\lambda \in \Lambda$에 대하여 G_1, $G_2 \in \mathcal{T}_\lambda$이고 따라서 $G_1 \cap G_2 \in \mathcal{T}_\lambda$이다. 그러므로 $G_1 \cap G_2 \in \mathcal{T} = \bigcap_{\lambda \in \Lambda} \mathcal{T}_\lambda$이다.

(1), (2), (3)에 의하여 $\mathcal{T}$는 X상의 한 위상이다. ■

집합 X상의 모든 위상들의 집합 $\{\mathcal{T} \mid \mathcal{T}$는 X상의 위상$\}$에 대하여

$$\mathcal{I} = \{X, \varnothing\} = \cap \{\mathcal{T} \mid \mathcal{T}\text{는 } X\text{상의 위상}\}$$

이다. X상의 임의의 위상 $\mathcal{T}$에 대하여

$$\mathcal{I} \subset \mathcal{T} \subset \mathcal{D}$$

인 관계가 성립한다. 따라서 비이산위상 $\mathcal{I}$는 X상의 위상 중 가장 작은 위상이고 가장 큰 위상은 이산위상 $\mathcal{D}$이다.

연.습.문.제

1. 집합 $X=\{a,\ b\}$상에 도입될 수 있는 위상은 모두 몇 가지인가?

2. 실수집합 $\boldsymbol{R}$에서

$$\mathcal{T}=\{\boldsymbol{R},\ \varnothing\}\cup\{(-a,\ a)\mid a>0\}$$

는 $\boldsymbol{R}$상의 한 위상이다. 밝혀라.

3. $(\boldsymbol{R},\ \mathcal{U})$의 부분공간 $\boldsymbol{Q}$에서 집합 $A=\{x\mid x\in\boldsymbol{Q},\ x^2<2\}$는 개집합인 동시에 폐집합이다. 이것을 증명하여라. (단, $\boldsymbol{Q}$는 유리수집합이다.)

Hint $A=\boldsymbol{Q}\cap[-\sqrt{2},\ \sqrt{2}]=\boldsymbol{Q}\cap(-\sqrt{2},\ \sqrt{2})$

4. X를 무한집합이라 하고 X상의 위상 $\mathcal{T}$은 X의 모든 무한 부분집합을 포함한다고 하자. 이 경우 $(X,\ \mathcal{T})$는 이산위상공간(discrete topological space)이다. 증명하여라.

Hint X의 유한부분집합은 두 개의 무한집합의 교집합으로 나타낼 수 있다.

5. $\boldsymbol{R}^*=\boldsymbol{R}\cup\{\infty\}$이라 하고 $\boldsymbol{R}^*$상의 위상 $\mathcal{T}$를

$$\mathcal{T}=\mathcal{U}\cup\{\boldsymbol{R}^*-A\mid A\text{는 }\boldsymbol{R}\text{에서 유계폐집합}\}$$
$$(\text{단, }\mathcal{U}\text{는 }\boldsymbol{R}\text{상의 보통위상})$$

이라 하면 $\mathcal{T}$는 $\boldsymbol{R}^*$상의 한 위상이다. 이것을 밝혀라.

6. $\boldsymbol{R}^*=\boldsymbol{R}\cup\{\infty\}$이라 하자. $\boldsymbol{R}^*$상의 위상 $\mathcal{T}^*$를

$$\mathcal{T}^*=2^{\boldsymbol{R}}\cup\{\boldsymbol{R}^*-F\mid F\text{는 }\boldsymbol{R}\text{의 유한부분집합}\}$$

이라 하면 $\mathcal{T}^*$는 $\boldsymbol{R}^*$상의 위상이 되는가?

7. 한 집합 X상의 두 개의 위상 $\mathcal{T}_1$, $\mathcal{T}_2$의 합, $\mathcal{T}_1 \cup \mathcal{T}_2$는 일반적으로 X상의 위상이 아니다. 보기를 들어라.

8. 집합 X상에서 $\mathcal{T}$를

$$\mathcal{T} = \{ G \mid G^c \text{는 } X\text{의 가산부분집합} \} \cup \{ \varnothing \}$$

이라 할 때 X상의 위상이 되는가? ($\mathcal{T}$를 여가산위상(余可算位相, cocountable topology)이라 부른다.)

9. 한 사상 $f : X \longrightarrow Y$ (단, $(Y, \mathcal{T})$는 위상공간)에 대하여
$\mathcal{T}^* = \{ f^{-1}[G] \mid G \in \mathcal{T} \}$는 X상의 한 위상인가?

10. 자연수집합 $\boldsymbol{N}$에서

$$\mathcal{T} = \{ U \mid U \subset \boldsymbol{N},\ n \in U\text{일 때 } m \mid n\text{이면 } m \in U \}$$

라 하면 $\mathcal{T}$는 $\boldsymbol{N}$상의 한 위상인가?

11. 정수집합 $\boldsymbol{Z}$상에서 $[n, \infty) = \{n, n+1, \cdots\} \subset \boldsymbol{Z}$라 할 때
$\mathcal{T} = \{ \boldsymbol{Z}, \varnothing \} \cup \{ [n, \infty) \mid n \in \boldsymbol{Z} \}$는 $\boldsymbol{Z}$상에서 한 위상인가?

12. 실수집합 $\boldsymbol{R}$상에서 $\mathcal{T}_1$과 $\mathcal{T}_2$를

$$\mathcal{T}_1 = \{ \boldsymbol{R}, \varnothing \} \cup \{ (a, \infty) \mid a \in \boldsymbol{R} \}$$
$$\mathcal{T}_2 = \{ \boldsymbol{R}, \varnothing \} \cup \{ [a, \infty) \mid a \in \boldsymbol{R} \}$$

라 하면 $\boldsymbol{R}$상의 위상이 되는 것은?

Hint $\bigcup_{n=1}^{\infty} \left[\frac{1}{n}, \infty \right) = (0, \infty)$이다.

2.2 근방, 집적점, 폐포

근방, 집적점, 폐포 등 위상공간에서의 기초적인 개념들을 도입하려고 한다.

2.2.1 정의 X를 한 위상공간이라 하고 $U \subset X$이고 $x \in X$라 하자. X상에 적당한 개집합 G가 존재하여

$$x \in G \subset U$$

일 때 U를 x의 **근방**(近傍, neighborhood of x)이라 한다. U가 x의 근방이고 동시에 개집합이면 U를 x의 **개근방**(開近傍, open neighborhood of x)이라 한다. 점 x의 근방 전체의 집합

$$\mathcal{N}_x = \{U \mid U \subset X,\ U\text{는 } x\text{의 근방}\}$$

을 x의 **근방계**(近傍系, neighborhood system of x)라 한다.

예 2.2.1 예 2.1.1의 $(X, \mathcal{T})$에서

$$c \in \{b, c\} \subset \{b, c, d\}$$

이고 $\{b, c\} \in \mathcal{T}$이므로 $\{b, c, d\}$는 c의 한 근방이다. 그러나 개근방은 아니다. c의 근방계 $\mathcal{N}_c$는

$$\mathcal{N}_c = \{\{b, c\}, \{a, b, c\}, \{b, c, d\}, X\}$$

이다.

예 2.2.2 $(\boldsymbol{R}, \mathcal{U})$에서 한 점 $x \in \boldsymbol{R}$을 취하자. 한 실수 $\varepsilon > 0$에 대응하는 개구간 $(x-\varepsilon,$

$x+\varepsilon)$은 $(x-\varepsilon,\ x+\varepsilon) \in \mathcal{U}$이므로 x의 개근방이다. $(x-\varepsilon,\ x+\varepsilon)$을 한 점 x의 ε-근방 혹은 ε-개근방이라 한다. x의 근방계 $\mathcal{N}_x$는

$$\mathcal{N}_x = \{ U \mid U \subset \boldsymbol{R},\ ^\exists \varepsilon > 0 \text{ s.t. } (x-\varepsilon,\ x+\varepsilon) \subset U \}$$

이다.

2.2.2 정리 한 위상공간 X의 한 점 x의 근방계 $\mathcal{N}_x$는 다음과 같은 성질을 갖는다.

(1) $\mathcal{N}_x \neq \varnothing$이고 $\mathcal{N}_x$의 각 원소는 x를 포함한다.

(2) $U_1 \in \mathcal{N}_x$, $U_2 \in \mathcal{N}_x$일 때 $U_1 \cap U_2 \in \mathcal{N}_x$이다.

(3) $U \in \mathcal{N}_x$이고 $V \subset X$에 대하여 $U \subset V$이면 $V \in \mathcal{N}_x$이다.

(4) $\mathcal{N}_x$의 임의의 원소 U에 대하여 적당한 $G \in \mathcal{N}_x$가 존재하여 $G \subset U$이고 임의의 $y \in G$에 대하여 $G \in \mathcal{N}_y$이다.

•증명• (1) $X \in \mathcal{N}_x$이므로 $\mathcal{N}_x \neq \varnothing$이다. $U \in \mathcal{N}_x$이면 U는 x의 근방이므로 $x \in U$이다.

(2) $U_1 \in \mathcal{N}_x$, $U_2 \in \mathcal{N}_x$이라 하자. U_1과 U_2는 x의 근방이므로 적당한 개집합 G_1과 G_2가 존재하여

$$x \in G_1 \subset U_1,\ x \in G_2 \subset U_2$$

가 성립한다. 따라서

$$x \in G_1 \cap G_2 \subset U_1 \cap U_2$$

이고 $G_1 \cap G_2$가 개집합이므로 $U_1 \cap U_2$는 x의 근방이다. 그러므로 $U_1 \cap U_2 \in \mathcal{N}_x$이다.

(3) $U \in \mathcal{N}_x$이고 $U \subset V$이라 하자. U가 x의 근방이므로 적당한 개집합 G가 존재하여

$$x \in G \subset U \subset V$$

이므로 V도 x의 한 근방이다. 따라서 $V \in \mathcal{N}_x$이다.

(4) $U \in \mathcal{N}_x$라 하자. U는 x의 근방이므로 적당한 개집합 G가 존재하여 $x \in G \subset U$이다. G는 개집합이므로 임의의 $y \in G$에 대하여 G는 y의 개근방이

다. 그러므로 $G \in \mathcal{N}_y$이다. ■

다음 명제에서 개집합이기 위한 필요충분조건은 가끔 잘 이용한다.

2.2.3 정리 U를 위상공간 X에서의 한 부분집합이라 하자. U가 개집합이기 위한 필요충분조건은 임의의 $x \in U$에 대하여 U가 x의 근방이 되는 것이다. 즉, 적당한 개집합 G_x가 존재하여 $x \in G_x \subset U$가 되는 것이다.

•증명• U가 개집합이면 임의의 $x \in U$에 대하여 U는 x의 개근방이다. 역으로 임의의 $x \in U$에 대하여 U가 x의 근방이라 하자. U가 x의 근방이므로 적당한 개집합 G_x가 존재하여 $x \in G_x \subset U$이다. 따라서 $\bigcup_{x \in U} G_x \subset U$이다. 한편 임의의 $x \in U$에 대하여 $x \in G_x$이므로 $U \subset \bigcup_{x \in U} G_x$이기도 하다. 그러므로 $\bigcup_{x \in U} G_x = U$이므로 G-2 조건에 의하여 U는 개집합이다. ■

근방의 개념을 이용하여 집적점을 다음과 같이 정의한다. 집적점을 극한점(極限點, limit point)이라고도 한다.

2.2.4 정의 X를 위상공간이라 하고 x를 X상의 한 점, A를 X의 한 부분집합이라 하자. x의 임의의 근방 U에 대하여

$$(U - \{x\}) \cap A \neq \varnothing$$

일 때 x를 집합 A의 **집적점**(集積點, accumulation point, cluster point)이라 한다.

A의 집적점 전체를 A'로 나타내고 A의 **도집합**(導集合, derived set of A)이라 한다.

위 정의로부터, x의 임의의 개근방 G에 대하여

$$(G - \{x\}) \cap A \neq \varnothing$$

일 때에도 x는 A의 집적점이 됨을 알 수 있다.

예 2.2.3 예 2.1.1의 $(X, \mathcal{T})$에서 $A=\{a, b, c\}$라 하면

$$A'=\{a, c, d\}$$

이고 $b \notin A'$이다.

예 2.2.4 위상공간 $(\boldsymbol{R}, \mathcal{U})$에서 $A=(0, 1)$의 도집합 $A'=[0, 1]$이다. 그 이유를 밝혀보자. $[0, 1]^c=(-\infty, 0)\cup(1, \infty)$이므로 $[0, 1]^c \in \mathcal{U}$이다. 따라서 임의의 $x \in [0, 1]^c$에 대하여 $[0, 1]^c \cap A=\varnothing$이므로 $x \notin A'$이다. 고로 $A' \subset [0, 1]$이다. 한편 임의의 $a \in [0, 1]$에 대하여 a의 임의의 ε-근방 $(a-\varepsilon, a+\varepsilon)$은

$$((a-\varepsilon, a+\varepsilon)-\{a\})\cap(0, 1)\neq\varnothing$$

이므로 $a \in A'$이다. 따라서 $A'=[0, 1]$이 성립한다.

위 예에서 알 수 있는 것과 같이 $(\boldsymbol{R}, \mathcal{U})$에서 $x \in \boldsymbol{R}$이 $A \subset \boldsymbol{R}$인 A의 집적점이라면 x점의 가까운 주위에 A의 점들이 많이 집적(集積)되어 있음을 알 수 있다. 그러나 일반적인 위상공간에서는 그렇지 않은 경우도 있다.

예 2.2.5 이산공간 $(X, \mathcal{D})$에서 임의의 부분집합 A의 도집합 $A'=\varnothing$이다. 왜냐하면 임의의 $x \in X$에 대하여 $\{x\}\in\mathcal{D}$이므로 $\{x\}$는 x의 개근방이고 $(\{x\}-\{x\})\cap A=\varnothing$이기 때문이다.

비이산공간 $(X, \mathcal{I})$에서는 두 개 이상의 원소를 갖는 X의 부분집합 A의 도집합 A'은 $A'=X$이다. 왜냐하면 임의의 $x \in X$에 대하여 x의 근방은 X 하나뿐이고 $(X-\{x\})\cap A\neq\varnothing$이므로 $x \in A'$이 되어 $A'=X$가 된다.

2.2.5 정리 F를 한 위상공간 X의 한 부분집합이라 하자. F가 폐집합이기 위한 필요충분조건은 $F' \subset F$이다.

•증명• F를 폐집합이라 하자. 임의의 $x \in F^c$에 대하여 F^c는 x의 개근방이 되고

$$(F^c-\{x\})\cap F \subset F^c \cap F=\varnothing$$

이므로 $x \notin F'$이다. 따라서 F^c에는 F의 집적점이 존재하지 않으므로 $F' \subset F$이다.

역으로 $F' \subset F$라 하자. 임의의 $x \in F^c$에 대하여 $x \notin F'$이므로 적당한 x의 근방 U_x가 존재하여

$$(U_x - \{x\}) \cap F = \varnothing$$

이다. $x \notin F$이므로 $U_x \cap F = \varnothing$가 되어

$$x \in U_x \subset F^c$$

이 성립한다. F^c는 x의 근방이므로 2.2.3 정리에 의하여 F^c는 개집합이다. 따라서 F는 폐집합이다. ■

2.2.6 정리 A와 B를 한 위상공간 X의 부분집합들이라 하자. $A \subset B$이면 $A' \subset B'$이다.

•증명• $A \subset B$이고 $x \in A'$라 하자. x는 A의 집적점이므로 x의 임의의 근방 U에 대하여

$$\varnothing \neq (U - \{x\}) \cap A \subset (U - \{x\}) \cap B$$

이다. 따라서 $x \in B'$이다. ■

다음 위상공간 X의 부분집합 A의 폐포 $\overline{A}$를 정의하고 A의 도집합 A'와의 관계를 조사하자.

2.2.7 정의 A를 위상공간 $(X, \mathcal{T})$의 부분집합이라 하자. $\overline{A}$를

$$\overline{A} = \cap \{F \mid A \subset F,\ F^c \in \mathcal{T}\}$$

로 정의하고 A의 **폐포**(閉包, closure of A)라 한다.

$\overline{A}$는 A를 포함하는 모든 폐집합들의 교집합으로 정의하였다. 폐집합들의 교집합은 2.1.4 정리 F-2에 의하여 폐집합이므로 $\overline{A}$는 폐집합이다. 따라서 $\overline{A}$는 A를 포함하는 가장 작은

폐집합이라 할 수 있다. $\overline{A}$를 $\mathrm{cl}(A)$로 나타내기도 한다.

$\overline{A}$의 성질을 다음에서 정리하자.

2.2.8 정리 위상공간 X의 한 부분집합 A에 대하여

(1) $\overline{A}$는 폐집합이다.

(2) F가 A를 포함하는 폐집합이면 $A \subset \overline{A} \subset F$이다.

(3) A가 폐집합이기 위한 필요충분조건은 $A = \overline{A}$ 이다.

•증명• (1)과 (2)는 정의로부터 명백하다. 명제 (3)을 확인하자. A가 폐집합이면 (2)에 의하여 $A \subset \overline{A} \subset A$이므로 $A = \overline{A}$ 이다. 또 $A = \overline{A}$ 이면 $\overline{A}$가 폐집합이므로 A도 폐집합이다. ■

예 2.2.6 예 2.1.1의 $(X, \mathcal{T})$에서, $A = \{a, c\}$라 하자. $(X, \mathcal{T})$에서 폐집합들은

$$\varnothing, X, \{c, d\}, \{a, d\}, \{d\}, \{a, c, d\}$$

이므로 A를 포함하는 폐집합은 $\{a, c, d\}$와 X뿐이다. 따라서

$$\overline{A} = \cap \{\{a, c, d\}, X\} = \{a, c, d\} \cap X = \{a, c, d\}$$

이다.

2.2.9 정리 A를 위상공간 X의 한 부분집합이라 하자. $x \in \overline{A}$ 이기 위한 필요충분조건은 x의 임의의 근방 U에 대하여 $U \cap A \neq \varnothing$가 되는 것이다.

•증명• 위 정리의 대우명제를 증명하자. 만일 $x \notin \overline{A}$ 라면 $x \in (\overline{A})^c$이다. $(\overline{A})^c = U$는 x의 한 개근방이 되고

$$(U \cap A) \subset (U \cap \overline{A}) = (\overline{A})^c \cap \overline{A} = \varnothing$$

이다. 역으로 x의 적당한 근방 U가 존재해서 $U \cap A = \varnothing$ 이라면 $x \in G \subset U$인 개집합 G가 존재하여

$$A \subset U^c \subset G^c$$

이다. G^c가 폐집합이므로 $A \subset \overline{A} \subset G^c$가 되고 따라서 $x \notin \overline{A}$ 이다. ■

주의 $x \in \overline{A} \Longleftrightarrow x$의 임의의 개근방 G에 대하여 $G \cap A \neq \varnothing$.

2.2.10 정리 A를 위상공간 X의 한 부분집합이라 하자.

$$\overline{A} = A \cup A'$$

가 성립한다.

•증명• $A \cup A'$가 폐집합임을 보이자. $x \in (A \cup A')^c$를 취하면 $x \notin A'$이므로 x의 적당한 근방 U가 존재하여 $(U - \{x\}) \cap A = \varnothing$ 이다. 또 $x \notin A$이므로 $U \cap A = \varnothing$가 된다. U는 x의 근방이므로 적당한 개집합 G가 존재하여 $x \in G \subset U$이고

$$(G \cap A) \subset (U \cap A) = \varnothing$$

이므로 $G \cap A = \varnothing$ 이다. 만일 $G \cap A' \neq \varnothing$ 이라면 $y \in G \cap A' \neq \varnothing$ 인 A의 한 집적점 y가 존재하여 y의 개근방 G는 $G \cap A \neq \varnothing$ 이다. 이 결과는 $(G \cap A) \subset (U \cap A) = \varnothing$ 에 모순이다. 따라서 $G \cap A' = \varnothing$ 이어야 한다. $G \cap (A \cup A') = \varnothing$ 이므로

$$x \in G \subset (A \cup A')^c$$

가 되어 $(A \cup A')^c$는 x의 근방이다. 2.2.3 정리에 의하여 $(A \cup A')^c$는 개집합이 되고 따라서 $A \cup A'$는 폐집합이다. $A \cup A'$이 A를 포함하는 폐집합이므로 $\overline{A} \subset (A \cup A')$이 성립한다.

한편 $A \subset \overline{A}$ 이므로 $A' \subset (\overline{A})'$이고 $\overline{A}$는 폐집합이므로 $(\overline{A})' \subset \overline{A}$ 이다. 따라서 $A' \subset \overline{A}$ 이므로 $(A \cup A') \subset \overline{A}$ 이다. 그러므로 $\overline{A} = (A \cup A')$이다. ■

폐포의 기본적인 성질은 다음과 같다.

2.2.11 정리 A, B를 위상공간 X에서 부분집합들이라 하자. 다음 (1)~(4)가 성립한다.

(1) $\overline{\varnothing} = \varnothing$

(2) $A \subset \overline{A}$

(3) $\overline{A \cup B} = \overline{A} \cup \overline{B}$

(4) $\overline{A} = \overline{\overline{A}}$

•증명• (1)과 (2)는 폐포의 정의로부터 명백하다.

(3) $A \subset \overline{A}$, $B \subset \overline{B}$이므로 $A \cup B \subset \overline{A} \cup \overline{B}$이다. $\overline{A}$와 $\overline{B}$가 폐집합이므로 2.1.4 정리 F-3에 의하여 $\overline{A} \cup \overline{B}$도 폐집합이다. 따라서

$$A \cup B \subset \overline{A \cup B} \subset \overline{A} \cup \overline{B}$$

이다.

한편 $A \subset \overline{A \cup B}$, $B \subset \overline{A \cup B}$이므로 $A \subset \overline{A} \subset \overline{A \cup B}$, $B \subset \overline{B} \subset \overline{A \cup B}$이다. 고로 $\overline{A} \cup \overline{B} \subset \overline{A \cup B}$가 성립한다. 따라서 $\overline{A} \cup \overline{B} = \overline{A \cup B}$이다.

(4) $\overline{A}$가 폐집합이므로 2.2.8 정리, (3)에 의하여 $\overline{A} = \overline{\overline{A}}$ 이다. ■

위 정리에서의 폐포가 갖는 기본성질을 공리화하여 이로부터 집합 X상에 한 위상을 정의할 수 있다. 다음 정리에서 이것을 보이자.

2.2.12 정리 X를 공집합 아닌 한 집합이라 하고 사상

$$\kappa : 2^X \longrightarrow 2^X$$

가 다음 (1)~(4)를 만족한다고 하자.

임의의 A, $B \in 2^X$에 대하여

(1) $\kappa(\varnothing) = \varnothing$

(2) $A \subset \kappa(A)$

(3) $\kappa(A \cup B) = \kappa(A) \cup \kappa(B)$

(4) $(\kappa \circ \kappa)(A) = \kappa(A)$

이 경우 $\mathcal{T} = \{\kappa(A)^c \mid A \in 2^X\}$는 X상의 한 위상이고 임의의 $A \subset X$에 대하여 $\overline{A} = \kappa(A)$이다.

•증명•

$$A \subset B \Longrightarrow \kappa(A) \subset \kappa(B) \qquad \cdots (*)$$

을 보이자.

$$A \subset B \text{이면 } B = A \cup B$$

이므로 (3)에 의하여

$$\kappa(B) = \kappa(A \cup B) = \kappa(A) \cup \kappa(B)$$

가 되어 $\kappa(A) \subset \kappa(B)$이다.

$$\mathcal{J} = \{\kappa(A)^c \mid A \in 2^X\}$$

가 X상의 한 위상임을 보이자.

(1)에 의하여 $\kappa(\varnothing) = \varnothing$ 이므로

$$\kappa(\varnothing)^c = \varnothing^c = X \in \mathcal{J}$$

이다. (2)로부터 $X \subset \kappa(X)$이고 따라서 $X = \kappa(X)$이다. 그러므로

$$\kappa(X)^c = X^c = \varnothing \in \mathcal{J}$$

이다.

$\mathcal{J}_0 = \{\kappa(A_\lambda)^c \mid \lambda \in \Lambda\}$라 하자. $V = \cup \mathcal{J}_0 = \bigcup_\lambda \kappa(A_\lambda)^c$라 하면 $V = (\bigcap_\lambda \kappa(A_\lambda))^c$이다. 따라서 $V^c = \bigcap_\lambda \kappa(A_\lambda)$이고 각 $\lambda \in \Lambda$에 대하여 $V^c = \bigcap_\lambda \kappa(A_\lambda) \subset \kappa(A_\lambda)$가 성립한다. (*)와 (4)에 의하여, 각 $\lambda \in \Lambda$에 대해서 $\kappa(V^c) \subset \kappa(A_\lambda)$이다. 그러므로

$$\kappa(V^c) \subset \bigcap_\lambda \kappa(A_\lambda) = V^c$$

이다. (2)에 의하여 $V^c \subset \kappa(V^c)$이므로 $\kappa(V^c) = V^c$를 얻는다. 따라서 $V = \cup \mathcal{J}_0 = \kappa(V^c)^c \in \mathcal{J}$가 성립한다.

$\kappa(A)^c \in \mathcal{J}$, $\kappa(B)^c \in \mathcal{J}$라 하자.

$$\kappa(A)^c \cap \kappa(B)^c = (\kappa(A) \cup \kappa(B))^c = \kappa(A \cup B)^c \in \mathcal{J}$$

이다.

위의 결과에 의하여 $\mathfrak{I}$는 X상의 한 위상이고 $(X, \mathfrak{I})$는 한 위상공간이 된다.

임의의 $A \subset X$에 대하여 위상공간 $(X, \mathfrak{I})$에서의 $\overline{A}$는 $\overline{A} = \kappa(A)$임을 보이자.

$\kappa(A)^c \in \mathfrak{I}$이므로 $\kappa(A)$는 폐집합이다.

$A \subset \kappa(A)$이므로 $\overline{A} \subset \overline{\kappa(A)} = \kappa(A)$이다. $(\overline{A})^c \in \mathfrak{I}$이므로 적당한 $B \in 2^X$가 존재하여 $(\overline{A})^c = \kappa(B)^c$이어야 한다. 따라서 $\overline{A} = \kappa(B)$이다. $A \subset \overline{A}$이므로 (*)와 (4)에 의하여

$$\kappa(A) \subset \kappa(\overline{A}) = \kappa(\kappa(B)) = \kappa(B) = \overline{A}$$

를 얻는다. 따라서 $\overline{A} = \kappa(A)$가 된다. ■

위 정리의 (1)~(4) 공리를 Kuratowski closure axioms라고 부른다. 이 공리계를 이용하여 위상공간을 정의하는 경우도 있다.

2.2.13 정리 위상공간 $(X, \mathfrak{I})$의 한 부분공간을 $(A, \mathfrak{I}_A)$라 하고 $B \subset A$라 하자. B의 X에서의 폐포를 $\overline{B}^X$, A에서의 폐포를 $\overline{B}^A$이라 하면 $\overline{B}^X \cap A = \overline{B}^A$이다.

•증명• 상대위상 $\mathfrak{I}_A$는 $\mathfrak{I}_A = \{G \cap A \mid G \in \mathfrak{I}\}$이었다.

$$A - (G \cap A) = A \cap (G \cap A)^c = G^c \cap A$$

이므로 $(A, \mathfrak{I}_A)$에서의 폐집합 전체는

$$\{G^c \cap A \mid G \in \mathfrak{I}\} = \{F \cap A \mid F^c \in \mathfrak{I}\}$$

이다. 따라서

$$\begin{aligned}\overline{B}^X \cap A &= (\cap \{F \mid B \subset F,\ F^c \in \mathfrak{I}\}) \cap A \\ &= \cap \{F \cap A \mid B \subset F,\ F^c \in \mathfrak{I}\} \\ &= \cap \{F \cap A \mid B \subset (F \cap A),\ F^c \in \mathfrak{I}\} = \overline{B}^A\end{aligned}$$

이다. ■

2.2.14 정의 D를 위상공간 X의 한 부분집합이라 하자. $\overline{D}=X$일 때 D를 X의 **조밀부분집합**(組密部分集合, dense subset of X)이라 한다.

예 2.2.7 예 2.1.1의 $(X,\ \mathcal{T})$에서 $D=\{a,\ b\}$라 하면 D를 포함하는 폐집합은 X뿐이다. 따라서 $\overline{D}=X$가 되며 D는 X에서 조밀한 부분집합이다. $\{b,\ c\}$, $\{b,\ d\}$, $\{a,\ b,\ c\}$ 등은 모두 X에서 조밀부분집합이다.

예 2.2.8 위상공간 $(\boldsymbol{R},\ \mathcal{U})$에서 유리수 전체의 집합 $\boldsymbol{Q}$는 $\boldsymbol{Q}'=\boldsymbol{R}$이다. 이것을 보이자. 임의의 $x\in\boldsymbol{R}$을 취하자. U를 x의 임의의 근방이라 하면 적당한 $\varepsilon>0$이 존재하여

$$x\in(x-\varepsilon,\ x+\varepsilon)\subset U$$

이다. 개구간 $(x-\varepsilon,\ x+\varepsilon)$에는 유리수가 무한히 포함되어 있으므로

$$\varnothing\neq((x-\varepsilon,\ x+\varepsilon)-\{x\})\cap\boldsymbol{Q}\subset(U-\{x\})\cap\boldsymbol{Q}$$

가 성립한다. 따라서 $x\in\boldsymbol{Q}'$이므로 $\boldsymbol{R}\subset\boldsymbol{Q}'$이 성립한다. 즉 $\boldsymbol{R}=\boldsymbol{Q}'$이므로 $\overline{\boldsymbol{Q}}=\boldsymbol{Q}\cup\boldsymbol{Q}'=\boldsymbol{R}$이다. 그러므로 $\boldsymbol{Q}$는 $\boldsymbol{R}$에서 조밀부분집합이다.

예 2.2.9 비이산공간 $(X,\ \mathcal{I})$에서 공집합이 아닌 부분집합은 모두 조밀부분집합이다.

주의 D가 위상공간 X에서 조밀부분집합이고 G가 X에서 공집합이 아닌 개집합일 때 $D\cap G\neq\varnothing$이다.

위 주의사항을 활용하면 다음 명제를 밝힐 수 있다.

2.2.15 X를 한 위상공간이라 하고 D를 X의 조밀부분집합, G를 X에서 개집합이라 하면 $\overline{G\cap D}=\overline{G}$가 성립한다.

•증명• $G\cap D\subset G$이므로 $\overline{G\cap D}\subset\overline{G}$이다. 임의의 $x\in\overline{G}$를 취하면 x의 임의의 개근방 U_x에 대해서 $U_x\cap G\neq\varnothing$이다. D는 X의 조밀부분집합이고 $U_x\cap G$는 공집

합이 아닌 개집합이므로

$$\varnothing \neq (U_x \cap G) \cap D = U_x \cap (G \cap D)$$

가 성립한다. 따라서 $x \in \overline{G \cap D}$ (2.2.9 정리, 주의)이다. 그러므로 $\overline{G} \subset \overline{G \cap D}$ 이다. ■

연.습.문.제

1. A, B를 한 위상공간 X의 부분집합들이라 하자. 다음을 증명하여라.

(1) $A' \cup B' = (A \cup B)'$

(2) $(A \cap B)' \subset A' \cap B'$

(3) (2)에서 $(A \cap B)' \neq A' \cap B'$인 예를 들어라.

Hint (3) $(\boldsymbol{R}, \mathcal{U})$에서 $A = \boldsymbol{Q}$, $B = \boldsymbol{Q}^c$라 하면 $\boldsymbol{Q}' = \boldsymbol{R}$, $(\boldsymbol{Q}^c)' = \boldsymbol{R}$이다.

2. X를 여유한위상공간(cofinite topological space)라 하자. X의 임의의 부분집합 A에 대하여 A'은 X에서 폐집합이다.

Hint A가 유한부분집합인 경우 $A' = \varnothing$이다.

A가 무한부분집합인 경우 $A' = X$이다.

3. 실수집합 $\boldsymbol{R}$상에 한 위상

$$\mathcal{T} = \{\boldsymbol{R},\ \varnothing\} \cup \{(a,\ +\infty) \mid a \in \boldsymbol{R}\}$$

을 주자. 다음에 답하여라.

(1) $A = [0,\ 1)$일 때 A'는?

(2) 자연수 집합 $\boldsymbol{N}$에 대하여 $\boldsymbol{N}'$은?

Hint (1) $^{\forall}x \le 1$, $x \in A'$

(2) $\boldsymbol{N}' = \boldsymbol{R}$

4. $(\boldsymbol{R}, \mathcal{U})$에서 $A = \left\{\frac{1}{2},\ \frac{2}{3},\ \cdots,\ \frac{n-1}{n},\ \cdots\right\}$일 때 A'과 $\overline{A}$를 구하여라.

5. 집합 $X(\neq \varnothing)$상의 임의의 점 x에 대하여 X의 한 부분집합족 $\mathcal{N}_x$가 정해지고 다음 공리계 ①~④를 만족한다고 하자.

① $\mathcal{N}_x \neq \varnothing$ 이고 $\mathcal{N}_x$의 임의의 원소는 x를 포함한다.

② $A_1 \in \mathcal{N}_x$이고 $A_2 \in \mathcal{N}_x$이면 $A_1 \cap A_2 \in \mathcal{N}_x$이다.

③ $A \in \mathcal{N}_x$이고 $A \subset B$이면 $B \in \mathcal{N}_x$이다.

④ 임의의 $A \in \mathcal{N}_x$에 대하여 적당한 $G \in \mathcal{N}_x$가 존재하여 임의의 $y \in G$에 대하여 $G \in \mathcal{N}_y$이다.

$$\mathcal{T} = \{G \mid G \subset X,\ \text{임의의 } y \in G \text{에 대하여 } G \in \mathcal{N}_y\}$$

이라 하면 $\mathcal{T}$는 $\mathcal{N}_x$를 x점의 근방계로 갖는 X상의 유일한 위상임을 증명하여라.

6. 한 위상공간 $(X, \mathcal{T})$상의 한 점 x가 $\{x\} \in \mathcal{T}$일 때 x를 **고립점**(isolated point)이라 한다.

$(A, \mathcal{T}_A)$가 위상공간 $(X, \mathcal{T})$의 한 부분공간일 때 한 점 $a \in A$가 A에서 고립점이기 위한 필요충분조건은 $a \in A - A'$이다. 증명하여라.

Hint $a \in A - A'$인 경우 X에서의 a의 적당한 근방 U가 존재해서 $(U - \{a\}) \cap A = \varnothing$이다. 따라서 $U \cap A = \{a\}$이다.

2.3 내점, 외점, 경계점

위상공간 X의 한 부분집합 A에서의 내점, 외점, 경계점을 정의하고 상호간의 관계를 조사하자.

2.3.1 정의 A의 위상공간 X의 한 부분집합이라 하자.

$$\mathrm{Int}(A) = \cup \{G \mid G \subset A,\ G\text{는 개집합}\}$$

로 정의하고 $x \in \mathrm{Int}(A)$인 x를 A의 **내점**(內點, interior point of A), $\mathrm{Int}(A)$를 A의 **내부**(內部, interior of A)라 한다.

위 정의로부터

$$\begin{aligned} & x \in \mathrm{Int}(A) \\ \Longleftrightarrow\ & x \in G \subset A\text{인 개집합 } G\text{가 존재한다.} \\ \Longleftrightarrow\ & A\text{는 } x\text{의 근방이다.} \end{aligned}$$

임을 알 수 있다.

$\mathrm{Int}(A)$는 A에 포함되는 모든 개집합들의 합집합으로 정의하였다. 개집합들의 합집합은 2.1.1 정의, G-2에 의하여 개집합이므로 $\mathrm{Int}(A)$는 개집합이다. 따라서 $\mathrm{Int}(A)$는 A에 포함되는 가장 큰 개집합이라 할 수 있다. $\mathrm{Int}(A)$를 A^o로 나타내는 경우도 있다.

$\mathrm{Int}(A)$의 성질을 다음에서 정리하자.

2.3.2 위상공간 X의 한 부분집합 A에 대하여

(1) $\mathrm{Int}(A)$는 개집합이다.

(2) G가 A에 포함되는 개집합이면 $G \subset \mathrm{Int}(A) \subset A$이다.

(3) A가 개집합이기 위한 필요충분조건은 $A = \mathrm{Int}(A)$이다.

(4) $\mathrm{Int}(A) = (\overline{A^c})^c$

•증명• (1)과 (2)는 정의로부터 명백하다. (3)을 확인하자. A가 개집합이면 (2)에 의하여 $A \subset \mathrm{Int}(A) \subset A$이므로 $A = \mathrm{Int}(A)$이다. 또 $A = \mathrm{Int}(A)$이면 $\mathrm{Int}(A)$가 개집합이므로 A도 개집합이다. (4)는 $\mathrm{Int}(A)$의 정의로부터 다음과 같이 유도할 수 있다.

$$\begin{aligned}\mathrm{Int}(A) &= \cup\{G \mid G \subset A,\ G\text{는 개집합}\}\\ &= (\cap\{G^c \mid G \subset A,\ G\text{는 개집합}\})^c\\ &= (\cap\{G^c \mid A^c \subset G^c,\ G^c\text{는 폐집합}\})^c\\ &= (\cap\{F \mid A^c \subset F,\ F\text{는 폐집합}\})^c\\ &= (\overline{A^c})^c\end{aligned}$$

■

예 2.3.1 예 2.1.1의 $(X, \mathcal{J})$에서 $A = \{a, b, d\}$라 하자. A에 포함되는 개집합은 $\varnothing$, $\{a, b\}$뿐이다. 따라서

$$\mathrm{Int}(A) = \cup\{\varnothing, \{a, b\}\} = \varnothing \cup \{a, b\} = \{a, b\}$$

이다. $B = \{a, c, d\}$이면 $\mathrm{Int}(B) = \varnothing$이다.

예 2.3.2 위상공간 $(\boldsymbol{R}, \mathcal{U})$에서 $A = [0, 1]$이라 하면 $\mathrm{Int}(A) = (0, 1)$이다. $B = \left\{0, \frac{1}{2}, \cdots, \frac{1}{n}, \cdots\right\}$인 경우 $\mathrm{Int}(B) = \varnothing$이다.

주의 $A \subset B$인 경우 $\mathrm{Int}(A) \subset \mathrm{Int}(B)$이다.

Int가 갖는 기본성질은 다음과 같다.

2.3.3 정리 A, B를 위상공간 X에서 부분집합들이라 하자. 다음 (1)~(4)가 성립한다.

(1) $\mathrm{Int}(X) = X$

(2) $\mathrm{Int}(A) \subset A$

(3) $\mathrm{Int}(A \cap B) = \mathrm{Int}(\mathrm{A}) \cap \mathrm{Int}(\mathrm{B})$

(4) $\mathrm{Int}(\mathrm{Int}(A)) = \mathrm{Int}(A)$

•증명• (1)과 (2)는 Int의 정의로부터 명백하다.

(3) $\mathrm{Int}(A) \subset A$, $\mathrm{Int}(B) \subset B$이므로 $\mathrm{Int}(A) \cap \mathrm{Int}(B) \subset (A \cap B)$이다. $\mathrm{Int}(A)$와 $\mathrm{Int}(B)$가 개집합이므로 2.1.1, G-3에 의하여 $\mathrm{Int}(A) \cap \mathrm{Int}(B)$도 개집합이다. 따라서

$$\mathrm{Int}(A) \cap \mathrm{Int}(B) \subset \mathrm{Int}(A \cap B) \subset A \cap B$$

이다. 한편 $\mathrm{Int}(A \cap B) \subset A \cap B \subset A$이고 $\mathrm{Int}(A \cap B) \subset B$이므로 $\mathrm{Int}(A \cap B) \subset \mathrm{Int}(A)$, $\mathrm{Int}(A \cap B) \subset \mathrm{Int}(B)$이다. 그러므로

$$\mathrm{Int}(A \cap B) \subset \mathrm{Int}(A) \cap \mathrm{Int}(B)$$

이다. 따라서 $\mathrm{Int}(A) \cap \mathrm{Int}(B) = \mathrm{Int}(A \cap B)$이다.

(4) $\mathrm{Int}(A)$가 개집합이므로 2.3.2, (3)에 의하여 $\mathrm{Int}(A) = \mathrm{Int}(\mathrm{Int}(A))$이다. ■

폐포와 Int의 정의와 성질들을 비교해보면 서로 대조적인 성질을 가지고 있음을 알 수 있다. 이 경우 폐포연산자와 Int연산자는 서로 쌍대적(雙代的)인 성질을 가지고 있다고 말한다.

2.3.4 정의 A를 위상공간 X의 한 부분집합이라 하자.

$\mathrm{Ext}(A)$를 $\mathrm{Ext}(A) = \mathrm{Int}(A^c)$로 정의하고 $x \in \mathrm{Ext}(A)$인 x를 A의 **외점**(外點, exterior point of A), $\mathrm{Ext}(A)$를 A의 **외부**(外部, exterior of A)라 한다.

A의 **경계**(境界, boundary or frontier) $\mathrm{Fr}(A)$는

$$\mathrm{Fr}(A) = X - (\mathrm{Int}(A) \cup \mathrm{Ext}(A))$$

로 정의한다. $x \in \mathrm{Fr}(A)$인 x점을 A의 **경계점**(境界點, boundary point or frontier point)이

라 한다. $\mathrm{Fr}(A)$는 $\mathrm{Bd}(A)$로 나타내는 경우도 있다.

$\mathrm{Int}(A) \subset A$이고 $\mathrm{Ext}(A) = \mathrm{Int}(A^c) \subset A^c$이므로 $\mathrm{Int}(A) \cap \mathrm{Ext}(A) = \varnothing$이 성립한다. 따라서 $\mathrm{Fr}(A)$의 정의로부터

$$\{\mathrm{Int}(A),\ \mathrm{Ext}(A),\ \mathrm{Fr}(A)\}$$

는 위상공간 X의 한 분할(分割, partition)임을 알 수 있다.
다음 성질이 성립한다.

2.3.5 A가 위상공간 X의 한 부분집합일 때

(1) $\mathrm{Fr}(A) = \overline{A} \cap \overline{A^c} = \overline{A} - \mathrm{Int}(A) = \overline{A^c} - \mathrm{Ext}(A)$

(2) $\overline{A} = \mathrm{Fr}(A) \cup \mathrm{Int}(A)$

가 성립한다.

•증명• (1)
$$\begin{aligned}\mathrm{Fr}(A) &= X - (\mathrm{Int}(A) \cup \mathrm{Ext}(A))\\ &= X \cap (\mathrm{Int}(A) \cup \mathrm{Ext}(A))^c\\ &= X \cap \mathrm{Int}(A)^c \cap \mathrm{Ext}(A)^c\end{aligned}$$

이다.

$$\begin{aligned}\mathrm{Int}(A)^c &= (\cup\{G \mid G \subset A,\ G\text{는 개집합}\})^c\\ &= \cap\{G^c \mid G \subset A,\ G\text{는 개집합}\}\\ &= \cap\{G^c \mid G^c \supset A^c,\ G^c\text{는 폐집합}\}\\ &= \cap\{F \mid A^c \subset F,\ F\text{는 폐집합}\} = \overline{A^c}\end{aligned}$$

같은 방법으로 $\mathrm{Ext}(A)^c = \mathrm{Int}(A^c)^c = \overline{A}$임을 알 수 있다. 그러므로

$$\mathrm{Fr}(A) = X \cap \overline{A^c} \cap \overline{A} = \overline{A} \cap \overline{A^c}$$

$$\begin{aligned}\mathrm{Fr}(A) &= X \cap \mathrm{Int}(A)^c \cap \overline{A}\\ &= \overline{A} \cap \mathrm{Int}(A)^c = \overline{A} - \mathrm{Int}(A)\end{aligned}$$

이 성립한다. 따라서

$$\mathrm{Fr}(A) = \overline{A^c} \cap \overline{A} = \overline{A^c} - \mathrm{Int}(A^c) = \overline{A^c} - \mathrm{Ext}(A)$$

이다.

(2) $\mathrm{Int}(A) \subset A \subset \overline{A}$에 주의하면 (1)로부터

$$\begin{aligned}\mathrm{Fr}(A) \cup \mathrm{Int}(A) &= (\overline{A} - \mathrm{Int}(A)) \cup \mathrm{Int}(A) \\ &= (\overline{A} \cap \mathrm{Int}(A)^c) \cup \mathrm{Int}(A) = \overline{A}\end{aligned}$$

를 얻는다. ■

예 2.3.3 예제 2.1.1의 $(X, \mathcal{J})$에서 $A = \{b, c, d\}$라 하면 $\mathrm{Int}(A) = \{b, c\}$, $\mathrm{Ext}(A) = \varnothing$, $\mathrm{Fr}(A) = \{a, d\}$이다.

예 2.3.4 위상공간 $(\boldsymbol{R}, \mathcal{U})$에서 $A = [0, 1] \cup (2, 3)$이라 하면

$$\begin{aligned}&\mathrm{Int}(A) = (0, 1) \cup (2, 3), \\ &\mathrm{Ext}(A) = (-\infty, 0) \cup (1, 2) \cup (3, \infty), \\ &\mathrm{Fr}(A) = \{0, 1, 2, 3\}\end{aligned}$$

이다.

연.습.문.제

1. $X=\{a,\ b,\ c,\ d,\ e\}$라 하고 X상의 한 위상 $\mathfrak{T}$를

$$\mathfrak{T}=\{X,\ \varnothing,\ \{a,\ b\},\ \{c,\ d\},\ \{a,\ b,\ c,\ d\},\ \{c,\ d,\ e\}\}$$

라 하자. $A=\{a,\ b,\ c\}$라 할 때 다음 집합을 구하여라.

① $\mathrm{Int}(A)$ ② $\mathrm{Ext}(A)$ ③ $\mathrm{Fr}(A)$ ④ 세 개의 원소로 된 조밀부분집합

2. 실수 집합 $\boldsymbol{R}$상의 한 위상 $\mathfrak{T}$를

$$\mathfrak{T}=\{\boldsymbol{R},\ \varnothing\}\cup\{(a,\ \infty)\mid a\in\boldsymbol{R}\}$$

이라 하자. $A=[0,\ \infty)$라 할 때 다음을 구하여라.

① $\mathrm{Int}(A)$ ② $\mathrm{Ext}(A)$ ③ $\mathrm{Fr}(A)$

Hint $\mathrm{Ext}(A)=\varnothing$

3. $(\boldsymbol{R},\ \mathcal{U})$에서 유리수집합 $\boldsymbol{Q}$의 $\mathrm{Int}(\boldsymbol{Q})$, $\mathrm{Ext}(\boldsymbol{Q})$, $\mathrm{Fr}(\boldsymbol{Q})$를 구하여라.

4. 집합 $X(\neq\varnothing)$에 대하여

$$\tau:\ 2^X\longrightarrow 2^X$$

가 다음 공리계 ①~④를 만족한다고 하자.

임의의 $A,\ B\subset X$에 대하여

① $\tau(X)=X$ ② $\tau(A)\subset A$

③ $\tau(A\cap B)=\tau(A)\cap\tau(B)$ ④ $\tau(\tau(A))=\tau(A)$

$\mathfrak{T}=\{A\mid A\subset X,\ \tau(A)=A\}$라 하면 $\mathfrak{T}$는 X상의 한 위상이 되고 $A\subset X$에 대하여 $\mathrm{Int}A=\tau(A)$가 성립한다.

Hint 2.2.12 정리 증명 참조.

2.4 기저, 부분기저

위상공간론에서 기저와 부분기저는 매우 중요한 역할을 한다. 이 절에서는 이에 관하여 상세하게 논하고자 한다.

2.4.1 정의 $(X, \mathcal{T})$를 위상공간이라 하고 $\mathcal{B} \subset \mathcal{T}$라 하자.
임의의 $G \in \mathcal{T}$에 대하여 적당한 $B_\lambda \in \mathcal{B}(\lambda \in \Lambda)$가 존재하여

$$G = \bigcup_{\lambda \in \Lambda} B_\lambda$$

일 때 $\mathcal{B}$를 위상 $\mathcal{T}$에 대한 **기저**(基底, basis)라 하고 $\mathcal{T} = \mathcal{T}(\mathcal{B})$로 나타낸다.

위 정의는 다음과 같이 변형될 수 있다.

2.4.2 $(X, \mathcal{T})$를 위상공간이라 하고 $\mathcal{B} \subset \mathcal{T}$라 하자. $\mathcal{B}$가 위상 $\mathcal{T}$에 대한 기저이기 위한 필요충분조건은 임의의 $G \in \mathcal{T}$와 임의의 $x \in G$에 대하여 적당한 $B_x \in \mathcal{B}$가 존재하여

$$x \in B_x \subset G$$

가 되는 것이다.

•증명• $\mathcal{B}$를 위상 $\mathcal{T}$에 대한 기저라 하면 2.4.1 정의에 의하여, 임의의 $G \in \mathcal{T}$에 대하여 적당한 $B_\lambda \in \mathcal{B}(\lambda \in \Lambda)$가 존재해서 $G = \bigcup_{\lambda \in \Lambda} B_\lambda$이다. 임의의 $x \in G$를 취하면

$$x \in G = \bigcup_{\lambda \in \Lambda} B_\lambda$$

이므로

$$x \in B_\lambda \subset G$$

인 $B_\lambda \in \mathscr{B}$가 존재한다.

역으로 임의의 $G \in \mathscr{T}$와 임의의 $x \in G$에 대하여 적당한 $B_x \in \mathscr{B}$가 존재해서 $x \in B_x \subset G$라 하자. 따라서

$$\bigcup_{x \in G} B_x \subset G$$

이다. 임의의 $x \in G$에 대하여

$$x \subset B_x \subset \bigcup_{x \in G} B_x$$

이므로 $G \subset \bigcup_{x \in G} B_x$가 되어 $G = \bigcup_{x \in G} B_x$가 성립한다. 그러므로 $\mathscr{B}$는 $\mathscr{T}$에 대한 기저이다. ■

예 2.4.1 예 2.1.1의 $(X,\ \mathscr{T})$에서

$$\mathscr{B} = \{X,\ \{a,\ b\},\ \{b,\ c\},\ \{b\}\}$$

는 $\mathscr{T}$에 대한 한 기저이다. 즉 $\mathscr{T} = \mathscr{T}(\mathscr{B})$이다.

예 2.4.2 이산공간 $(X,\ \mathscr{D})$에서 $\mathscr{B} = \{\{x\} \mid x \in X\}$는 한 기저이다. 또 다른 기저 $\mathscr{B}^*$가 있다면 $\mathscr{B} \subset \mathscr{B}^*$이다. 그 이유를 밝히자. 임의의 $\{x\} \in \mathscr{B}$를 취하면 $\{x\}$는 $\mathscr{D}$-개집합이다. $\mathscr{B}^*$는 $\mathscr{D}$에 대한 기저이므로 적당한 $B_\lambda \in \mathscr{B}^*$가 존재하여

$$\{x\} = \bigcup_\lambda B_\lambda$$

이다. 따라서 $x \in B_\lambda \subset \{x\}$인 $B_\lambda \in \mathscr{B}^*$가 존재한다. $B_\lambda = \{x\}$이므로

$$\{x\} \in \mathscr{B}^*$$

가 되어 $\mathscr{B} \subset \mathscr{B}^*$가 성립한다.

예 2.4.3 위상공간 $(\boldsymbol{R},\ \mathcal{U})$에서

$$\mathcal{B}_1 = \{(x,\ y) \mid x < y,\ x,\ y \in \boldsymbol{R}\}$$
$$\mathcal{B}_2 = \{(a,\ b) \mid a < b,\ a,\ b \in \boldsymbol{Q}\}$$

라 하면 $\mathcal{B}_1 \subset \mathcal{U}$, $\mathcal{B}_2 \subset \mathcal{U}$이고 $\mathcal{U}$의 정의와 2.4.2 명제에 의하여 $\mathcal{B}_1$과 $\mathcal{B}_2$는 $\mathcal{U}$의 기저임을 알 수 있다. $\mathcal{B}_2 \subset \mathcal{B}_1$이고 $\mathcal{B}_2$는 가산기저이다. $\mathcal{U} = \mathcal{T}(\mathcal{B}_1) - \mathcal{T}(\mathcal{B}_2)$가 성립한다.

X에서 한 부분집합족 $\mathcal{B}$를 취하였을 때 $\mathcal{B}$가 X상의 어떤 한 위상의 기저가 되기 위해서는 어떤 조건을 만족해야 하는가를 다음 정리에서 살펴보자.

2.4.3 정리 $\mathcal{B}$를 공집합이 아닌 집합 X의 한 부분집합족이라 하자. $\mathcal{B}$가 X상의 어떤 한 위상 $\mathcal{T}$의 기저이기 위한 필요충분조건은

(1) $X = \cup \mathcal{B} = \cup \{B \mid B \in \mathcal{B}\}$이고

(2) 임의의 $B_1,\ B_2 \in \mathcal{B}$에 대하여 $B_1 \cap B_2$가 $\mathcal{B}$의 적당한 원소들의 합집합이 되는 것이다.

•증명• $\mathcal{B}$를 X상의 한 위상 $\mathcal{T}$에 대한 기저라 하자. $X \in \mathcal{T}$이므로 2.4.1 정의에 의하여 적당한 $B_\lambda \in \mathcal{B}\ (\lambda \in \Lambda)$가 존재하여

$$X = \bigcup_{\lambda \in \Lambda} B_\lambda \subset \cup \mathcal{B}$$

이므로 $X = \cup \mathcal{B}$이다.

$B_1,\ B_2 \in \mathcal{B}$이면 $\mathcal{B} \subset \mathcal{T}$이므로 $B_1 \cap B_2 \in \mathcal{T}$이다. 따라서 2.4.1 정의에 의하여 $B_1 \cap B_2$는 $\mathcal{B}$의 적당한 원소들의 합집합이다.

역으로 X의 한 부분집합족 $\mathcal{B}$가 2.4.3의 (1)과 (2)를 만족한다고 하자. $\mathcal{T}$를

$$(*) \qquad \mathcal{T} = \{\cup \mathcal{B}_0 \mid \mathcal{B}_0 \subset \mathcal{B}\}$$

즉 $\mathcal{B}$에 속하는 임의개의 원소들의 합집합을 원소로 하는 X의 한 집합족을 $\mathcal{T}$라 하자. 이때, $\mathcal{T}$가 X상의 한 위상임을 보이자. 가정 (1)에 의하여

$$X = \cup \mathscr{B} \in \mathscr{T}$$

이다. $\{B_\lambda \mid \lambda \in \varnothing\} \subset \mathscr{B}$ 이므로

$$\varnothing = \cup \{B_\lambda \mid \lambda \in \varnothing\} \in \mathscr{T}$$

이다. 따라서 $\mathscr{T}$는 2.1.1 정의의, G-1을 만족한다.

$$\mathscr{T}_0 = \{G_\mu \mid \mu \in M\} \subset \mathscr{T}$$

라 하자. (*) 식에 의하여 적당한 $\mathscr{B}_\mu \subset \mathscr{B}$가 존재하여

$$G_\mu = \cup \mathscr{B}_\mu \, (\mu \in M)$$

이다. 따라서

$$\cup \mathscr{T}_0 = \cup \{G_\mu \mid \mu \in M\} = \bigcup_{\mu \in M} G_\mu = \bigcup_{\mu \in M} (\cup \mathscr{B}_\mu) = \cup (\bigcup_{\mu \in M} \mathscr{B}_\mu)$$

이다. $\bigcup_{\mu \in M} \mathscr{B}_\mu = \mathscr{B}_0$ 라 하면 $\mathscr{B}_0 \subset \mathscr{B}$ 이고, 따라서

$$\cup \mathscr{T}_0 = \cup (\bigcup_{\mu \in M} \mathscr{B}_\mu) = \cup \mathscr{B}_0 \in \mathscr{T}$$

이다. 그러므로 $\mathscr{T}$는 2.1.1 정의, G-2 조건을 만족한다.

$G_1, G_2 \in \mathscr{T}$라 하자. (*)에 의하여 적당한 $\mathscr{B}_1 \subset \mathscr{B}$, $\mathscr{B}_2 \subset \mathscr{B}$가 존재하여

$$G_1 = \cup \mathscr{B}_1, \quad G_2 = \cup \mathscr{B}_2$$

이다. $\mathscr{B}_1 = \{B_i \mid i \in I\}$, $\mathscr{B}_2 = \{B_j \mid j \in J\}$ 이라 놓자.

$$\begin{aligned} G_1 \cap G_2 &= (\bigcup_{i \in I} B_i) \cap (\bigcup_{j \in J} B_j) \\ &= \cup \{B_i \cap B_j \mid (i, j) \in I \times J\} = \bigcup_{(i, j) \in I \times J} B_i \cap B_j \end{aligned}$$

$B_i, B_j \in \mathscr{B}$이므로 가정 (2)에 의하여 적당한 $\mathscr{B}_{ij} \subset \mathscr{B}$가 존재하여 $B_i \cap B_j =$

$\cup \mathscr{B}_{ij}$ 이다. 따라서

$$G_1 \cap G_2 = \bigcup_{(i,\, j) \in I \times J} B_i \cap B_j = \bigcup_{(i,\, j) \in I \times J} (\cup \mathscr{B}_{ij})$$
$$= \cup \left(\bigcup_{(i,\, j) \in I \times J} \mathscr{B}_{ij} \right)$$

이다. $\bigcup_{(i,\, j) \in I \times J} \mathscr{B}_{ij} = \mathscr{B}_0$ 라 놓으면 $\mathscr{B}_0 \subset \mathscr{B}$ 이고, 그러므로

$$G_1 \cap G_2 = \cup \mathscr{B}_0 \in \mathscr{T}$$

가 성립한다. 따라서 $\mathscr{T}$는 2.1.1 정의, G-3 조건을 만족한다.

(*)로부터 $\mathscr{B}$가 X상의 위상 $\mathscr{T}$의 기저가 된다는 것은 명백하다. ■

2.4.3 정리의 내용일부를 다음과 같이 변형할 수도 있다.

2.4.4 정리 $\mathscr{B}$를 공집합이 아닌 집합 X의 한 부분집합족이라 하자. $\mathscr{B}$가 X상의 어떤 한 위상 $\mathscr{T}$의 기저이기 위한 필요충분조건은

(1) $X = \cup \mathscr{B} = \cup \{B \mid B \in \mathscr{B}\}$ 이고,

(2) 임의의 $B_1,\ B_2 \in \mathscr{B}$와 임의의 $x \in B_1 \cap B_2$에 대하여 적당한 $B_x \in \mathscr{B}$가 존재하여 $x \in B_x \subset B_1 \cap B_2$가 되는 것이다.

•증명• 2.4.3 정리, (2)와 2.4.4 정리, (2)는 동치인 명제이므로 정리는 성립한다. ■

예 2.4.4 실수집합 $\boldsymbol{R}$의 한 부분집합족 $\mathscr{B}$를

$$\mathscr{B} = \{(a,\ b] \mid a,\ b \in \boldsymbol{R},\ a < b\}$$

이라 하자. $\boldsymbol{R} = \cup \mathscr{B}$이고 $(a,\ b] \cap (c,\ d]$는 $\varnothing$ 이거나

$$(a,\ b] \cap (c,\ d] = (a_0,\ b_0]$$

(단, a_0는 a와 c 중에 큰 수, b_0는 b와 d 중에 작은 수)

이거나이다. 따라서 $\mathscr{B}$는 2.4.3 정리의 (1), (2)를 만족하므로 $\boldsymbol{R}$상의 한 위상 $\mathscr{T}_u$

의 기저가 된다. 이 $\mathcal{T}_u$를 $\boldsymbol{R}$상의 **상한위상**(上限位相, upper limit topology)이라 한다.

또 $\mathcal{B}^*$를

$$\mathcal{B}^* = \{[a,\ b) \mid a,\ b \in \boldsymbol{R},\ a < b\}$$

라 하면 $\mathcal{B}^*$도 위와 같은 방법으로 $\boldsymbol{R}$상의 한 위상 $\mathcal{T}_l$의 기저가 됨을 보일 수 있다. 이 위상 $\mathcal{T}_l$을 **하한위상**(下限位相, lower limit topology)이라 한다.

$\boldsymbol{R}$상의 보통위상 $\mathcal{U}$는, $\boldsymbol{R}$상의 상한위상 $\mathcal{T}_u$와 하한위상 $\mathcal{T}_l$과의 사이에 $\mathcal{U} \subsetneq \mathcal{T}_u$, $\mathcal{U} \subsetneq \mathcal{T}_l$의 관계를 갖는다.

2.4.5 정리 집합 X상에서 $\mathcal{B}_i$를 기저로 갖는 위상을 $\mathcal{T}(\mathcal{B}_i)$라 하자$(i=1,\ 2)$. $\mathcal{T}(\mathcal{B}_2) \subset \mathcal{T}(\mathcal{B}_1)$이기 위한 필요충분조건은 임의의 $B \in \mathcal{B}_2$와 임의의 $x \in B$에 대하여 적당한 $B_x \in \mathcal{B}_1$이 존재해서 $x \in B_x \subset B$가 되는 것이다.

•증명• $\mathcal{T}(\mathcal{B}_2) \subset \mathcal{T}(\mathcal{B}_1)$이라 하자. $\mathcal{B}_2 \subset \mathcal{T}(\mathcal{B}_2)$이므로 $\mathcal{B}_2 \subset \mathcal{T}(\mathcal{B}_1)$이다. 2.4.2 명제에 의하여 임의의 $B \in \mathcal{B}_2 \subset \mathcal{T}(\mathcal{B}_1)$과 임의의 $x \in B$에 대하여 적당한 $B_x \in \mathcal{B}_1$이 존재해서 $x \in B_x \subset B$가 성립한다.

역을 증명하자. 가정으로부터 임의의 $B \in \mathcal{B}_2$와 임의의 $x \in B$에 대하여 적당한 $B_x \in \mathcal{B}_1$이 존재하여 $x \in B_x \subset B$이므로

$$B = \bigcup_{x \in B} B_x$$

가 성립한다. 따라서 $B \in \mathcal{T}(\mathcal{B}_1)$이므로 $\mathcal{B}_2 \subset \mathcal{T}(\mathcal{B}_1)$이 되어 $\mathcal{T}(\mathcal{B}_2) \subset \mathcal{T}(\mathcal{B}_1)$이 된다. ■

2.4.6 정의 $(X,\ \mathcal{T})$를 위상공간이라 하고 $\mathcal{S} \subset \mathcal{T}$라 하자.

$$\mathcal{B} = \{\cap \mathcal{S}_0 \mid \mathcal{S}_0\text{는 } \mathcal{S}\text{의 유한부분족}\}$$

이 $\mathcal{T}$에 대한 기저일 때 $\mathcal{S}$를 $\mathcal{T}$에 대한 **부분기저**(部分基底, subbase)라 하고 $\mathcal{T} = \mathcal{T}(\mathcal{S})$

로 나타낸다.

예 2.4.5 위상공간 $(\boldsymbol{R}, \mathcal{U})$에서

$$\mathcal{S}=\{(a, \infty) \mid a \in \boldsymbol{R}\} \cup \{(-\infty, b) \mid b \in \boldsymbol{R}\}$$

이라 하면 $\mathcal{S} \subset \mathcal{U}$이고 $(a, b)=(-\infty, b) \cap (a, \infty)$(단, $a<b$)이므로 $\mathcal{S}$는 $\mathcal{U}$의 한 부분기저이다. 따라서 $\mathcal{U}=\mathcal{U}(\mathcal{S})$이다.

예 2.4.6 예 2.1.1의 $(X, \mathcal{T})$에서

$$\mathcal{S}=\{\{a, b\}, \{b, c\}\}$$

라 하면 $\mathcal{S} \subset \mathcal{T}$이고

$$\begin{aligned}\mathcal{B}&=\{\cap \mathcal{S}_0 \mid \mathcal{S}_0\text{는 } \mathcal{S}\text{의 유한부분족}\}\\ &=\{X, \{a, b\}, \{b, c\}, \{b\}\}\end{aligned}$$

이다. $\mathcal{B}$는 위상 $\mathcal{T}$의 기저이므로 $\mathcal{S}$는 위상 $\mathcal{T}$에 대한 부분기저가 된다. $\mathcal{T}=\mathcal{T}(\mathcal{B})=\mathcal{T}(\mathcal{S})$가 성립한다.

X를 공집합이 아닌 집합이라 하고 $\mathcal{S}$를 X의 한 부분집합족이라 하자. $\mathcal{S}$를 부분기저로 갖는 X상의 위상 $\mathcal{T}(\mathcal{S})$가 유일하게 존재하며 이 위상 $\mathcal{T}(\mathcal{S})$를 $\mathcal{S}$에 의하여 생성된 X상의 위상이라 한다. 또 이 위상 $\mathcal{T}(\mathcal{S})$는 $\mathcal{S}$를 포함하는 모든 위상 중에서 가장 작은 것이다. 다음 정리에서 이것을 보이자.

2.4.7 정리 $\mathcal{S}$를 $X(\neq \varnothing)$의 한 부분집합족이라 하자.

$$\mathcal{T}^*=\cap\{\mathcal{T} \mid \mathcal{S} \subset \mathcal{T}, \mathcal{T}\text{는 } X\text{상의 위상}\}$$

은 $\mathcal{S}$를 부분기저로 갖는 X상의 한 위상이다. 즉 $\mathcal{T}^*=\mathcal{T}(\mathcal{S})$이다.

•증명• (*) $\mathcal{T}^*=\cap\{\mathcal{T} \mid \mathcal{S} \subset \mathcal{T}, \mathcal{T}\text{는 } X\text{상의 위상}\}$
는 2.1.6에 의하여 X상의 한 위상이다. $\mathcal{S}$를 부분기저로 갖는 위상 $\mathcal{T}(\mathcal{S})$가 존

재하여 $\mathcal{T}^* = \mathcal{T}(\mathcal{S})$임을 보이면 충분하다.

집합 X의 부분집합족 $\mathcal{S}$에 대하여

$$\mathcal{B} = \{\cap \mathcal{S}_0 \mid \mathcal{S}_0\text{는 } \mathcal{S}\text{의 유한부분족}\}$$

이라 하자. $\varnothing$는 $\mathcal{S}$의 유한부분족이라 할 수 있으므로

$$\cap \varnothing = \cap \{S \mid S \in \varnothing\} = X \in \mathcal{B}$$

이다. 따라서

① $$X = \cup \mathcal{B}$$

이다.

임의의 $B_1, B_2 \in \mathcal{B}$에 대하여 적당한 $\mathcal{S}$의 유한부분족 $\mathcal{S}_1$과 $\mathcal{S}_2$가 존재하여

$$B_1 = \cap \mathcal{S}_1, \quad B_2 = \cap \mathcal{S}_2$$

이다. 따라서

$$B_1 \cap B_2 = (\cap \mathcal{S}_1) \cap (\mathcal{S}_2) = \cap (\mathcal{S}_1 \cup \mathcal{S}_2)$$

$\mathcal{S}_1 \cup \mathcal{S}_2$는 $\mathcal{S}$의 유한부분족이므로

② $$B_1 \cap B_2 = \cap (\mathcal{S}_1 \cup \mathcal{S}_2) \in \mathcal{B}$$

이다. ①과 ②에 의하여 $\mathcal{B}$는 2.4.3 정리의 (1)과 (2)을 만족하였으므로 $\mathcal{B}$를 기저로 갖는 X상의 한 위상 $\mathcal{T}(\mathcal{B})$가 존재한다. 2.4.6 정의에 의하여 $\mathcal{S}$는 위상 $\mathcal{T}(\mathcal{B})$의 부분기저가 되어 $\mathcal{T}(\mathcal{B}) = \mathcal{T}(\mathcal{S})$이다. $\mathcal{S} \subset \mathcal{T}(\mathcal{S})$이고 $\mathcal{T}(\mathcal{S})$는 X상의 위상이므로 (*)에 의하여

③ $$\mathcal{T}^* \subset \mathcal{T}(\mathcal{S})$$

이다. 한편 임의의 $G \in \mathcal{T}(\mathcal{S})$에 대하여 적당한 $B_\lambda \in \mathcal{B}(\lambda \in \Lambda)$가 존재하여 $G = \bigcup_\lambda B_\lambda$이다.

$B_\lambda = \cap \mathcal{S}_\lambda (\lambda \in \Lambda)$인 $\mathcal{S}$의 유한부분족 $\mathcal{S}_\lambda$가 존재하므로

$$G = \bigcup_\lambda B_\lambda = \bigcup_\lambda (\cap \mathcal{S}_\lambda)$$

가 된다. 임의의 $\mathcal{T} \in \{\mathcal{T} \mid \mathcal{S} \subset \mathcal{T},\ \mathcal{T}$는 X상의 위상$\}$에 대하여 $\mathcal{S}_\lambda \subset \mathcal{S} \subset \mathcal{T}$이고 $\mathcal{S}_\lambda$가 유한부분족이므로 2.1.1 정의, G-3을 이용하여 $\cap \mathcal{S}_\lambda \in \mathcal{T}$임을 보일 수 있다. 2.1.1 정의, G-2에 의하여

$$G = \bigcup_\lambda (\cap \mathcal{S}_\lambda) \in \mathcal{T}$$

임을 알 수 있다. 따라서 $\mathcal{T}(\mathcal{S}) \subset \mathcal{T}$가 성립한다. 그러므로

④ $\qquad \mathcal{T}(\mathcal{S}) \subset \mathcal{T}^* = \cap \{\mathcal{T} \mid \mathcal{S} \subset \mathcal{T},\ \mathcal{T}$는 X상의 위상$\}$

이다. ③, ④에 의하여 $\mathcal{T}^* = \mathcal{T}(\mathcal{S})$이다. ■

위 정리에 의하여 X의 임의의 부분집합족 $\mathcal{S}$를 부분기저로 갖는 위상은 X상에 유일하게 존재함을 알 수 있다.

예 2.4.7 $X = \{a, b, c, d\}$, $\mathcal{S} = \{\{a\}, \{b, c\}, \{c, d\}\}$라 하자. $\mathcal{S}$의 유한부분족들의 각 교집합 전체 $\mathcal{B}$는

$$\mathcal{B} = \{X, \{a\}, \{b, c\}, \{c, d\}, \{c\}, \varnothing\}$$

이다. $\mathcal{B}$의 임의의 부분족들의 각 합집합 전체 $\mathcal{T}$는

$$\mathcal{T} = \{X, \varnothing, \{a\}, \{c\}, \{a, c\}, \{b, c\}, \{c, d\}, \{a, b, c\}, \{b, c, d\}, \{a, c, d\}\}$$

이다. $\mathcal{T}$는 X상의 위상이고 $\mathcal{S}$는 $\mathcal{T}$에 대한 부분기저, $\mathcal{B}$는 $\mathcal{T}$에 대한 기저가 되므로 $\mathcal{T} = \mathcal{T}(\mathcal{S}) = \mathcal{T}(\mathcal{B})$이다. $\mathcal{T}$는 $\mathcal{S}$에 의하여 생성된 X상의 위상이고 $\mathcal{T}$는 $\mathcal{S}$를 포함하는 X상의 가장 작은 위상이다.

2.2절에서 근방의 개념에 관하여 논하였다. 여기서는 근방과 관련된 개념으로서 국소기저를 생각해보자.

2.4.8 정의 위상공간 X의 한 점을 x라 하고, x의 근방계 $\mathcal{N}_x$에 대하여 $\mathcal{V}_x \subset \mathcal{N}_x$라 하자. 임의의 $U \in \mathcal{N}_x$에 대하여 적당한 $V_x \in \mathcal{V}_x$가 존재해서 $x \in V_x \subset U$일 때 $\mathcal{V}_x$를 x에서의 **국소기저** 혹은 **근방기저**(局所基底 혹은 近傍基底, local base at x or neighborhood base of x)라 한다.

예 2.4.8 이산공간 $(X, \mathcal{D})$ 상의 한 점을 x라 할 때 $\mathcal{V}_x = \{\{x\}\}$는 x에서의 국소기저가 된다.

예 2.4.9 위상공간 $(\boldsymbol{R}, \mathcal{U})$에서 $x \in \boldsymbol{R}$이라 하자.

$$\mathcal{V}_x = \left\{\left(x - \frac{1}{n},\ x + \frac{1}{n}\right) \middle| \, n = 1,\ 2,\ \cdots\right\}$$

라 놓으면 $\mathcal{V}_x$는 위상공간 $(\boldsymbol{R}, \mathcal{U})$ 상에서 x에서의 한 가산국소기저이다. 그 이유를 밝히자. U를 x의 임의의 근방이라 하면 적당한 $\varepsilon > 0$이 존재해서 $x \in (x - \varepsilon,\ x + \varepsilon) \subset U$이다. $\varepsilon > 0$이므로 $\varepsilon > \dfrac{1}{n} > 0$되는 자연수 n이 존재한다. 따라서

$$x \in \left(x - \frac{1}{n},\ x + \frac{1}{n}\right) \subset (x - \varepsilon,\ x + \varepsilon) \subset U$$

이다. $\left(x - \dfrac{1}{n},\ x + \dfrac{1}{n}\right) \in \mathcal{V}_x$이므로 $\mathcal{V}_x$는 x에서 국소기저이다.

$$\mathcal{V}_x^{(1)} = \left\{\left[x - \frac{1}{n},\ x + \frac{1}{n}\right] \middle| \, n \in \boldsymbol{N}\right]$$

$$\mathcal{V}_x^{(2)} = \{(x - \varepsilon,\ x + \varepsilon) \mid \varepsilon > 0\}$$

등도 x에서의 국소기저임을 알 수 있다.

예 2.4.10 위상공간 X상의 한 점을 x라 하자.

$$\mathcal{V}_x = \{G \mid G\text{는 } x\text{의 개근방}\}$$

은 x에서의 국소기저이다.

2.4.9 정리 A를 위상공간 X의 한 부분집합이라 하고 $\mathcal{V}_x$를 x의 국소기저라 하자.

(1) x가 A의 집적점이기 위한 필요충분조건은 임의의 $V \in \mathcal{V}_x$에 대하여

$$(V - \{x\}) \cap A \neq \varnothing$$

가 되는 것이다.

(2) $x \in \overline{A}$이기 위한 필요충분조건은 임의의 $V \in \mathcal{V}_x$에 대하여

$$V \cap A \neq \varnothing$$

가 되는 것이다.

•증명• (1) x가 A의 집적점이라면 임의의 $V \in \mathcal{V}_x$에 대하여 V가 x의 근방이므로 $(V - \{x\}) \cap A \neq \varnothing$ 이어야 한다.

역으로 임의의 $V \in \mathcal{V}_x$에 대하여 $(V - \{x\}) \cap A \neq \varnothing$ 이라 하자. $\mathcal{N}_x$를 x에서의 근방계라 하면 임의의 $U \in \mathcal{N}_x$에 대하여 적당한 $V \in \mathcal{V}_x$가 존재하여 $x \in V \subset U$이다. 따라서

$$\varnothing \neq (V - \{x\}) \cap A \subset (U - \{x\}) \cap A$$

이므로 x는 A의 집적점이다.

(2) 2.2.9 정리를 이용하자. $x \in \overline{A}$이라면 임의의 $V \in \mathcal{V}_x$에 대하여 V가 x의 근방이므로 $V \cap A \neq \varnothing$ 이어야 한다.

역으로 임의의 $V \in \mathcal{V}_x$에 대하여 $V \cap A \neq \varnothing$ 이라 하자. x의 근방계 $\mathcal{N}_x$에서 임의의 $U \in \mathcal{N}_x$를 취하면 적당한 $V \in \mathcal{V}_x$가 존재하여 $x \in V \subset U$이다. 따라서

$$\varnothing \neq (V \cap A) \subset (U \cup A)$$

이므로 $x \in \overline{A}$이다. ■

2.4.10 위상공간 $(X, \mathcal{T})$에서 $\mathcal{B}$를 $\mathcal{T}$에 대한 기저라 하자. 임의의 $x \in X$에 대하여

$$\mathcal{B}_x = \{B \mid B \in \mathcal{B},\ x \in B\}$$

는 x에서의 한 국소기저이다.

•증명• $x \in X$라 하고 U를 x의 한 근방이라 하자. 근방의 정의에 의하여 적당한 개집합 G가 존재하여 $x \in G \subset U$이다. $\mathscr{B}$를 $\mathcal{T}$에 대한 기저라 하면 적당한 $B_\lambda \in \mathscr{B}$ $(\lambda \in \Lambda)$가 존재하여

$$G = \bigcup_{\lambda \in \Lambda} B_\lambda$$

이다(2.4.1 정의).

$x \in G = \bigcup_{\lambda \in \Lambda} B_\lambda$이므로 적당한 $B_\lambda \in \mathscr{B}$가 존재하여

$$x \in B_\lambda \subset G \subset U$$

이다. $B_\lambda \in \mathscr{B}_x$이므로 $\mathscr{B}_x$는 x에서의 국소기저이다. ■

2.4.9 정리와 2.4.10의 결과를 이용하여 다음 따름정리를 얻을 수 있다.

2.4.11 따름정리 위상공간 $(X, \mathcal{T})$에서 $\mathscr{B}$를 $\mathcal{T}$에 대한 기저라 하자. $x \in X$, $A \subset X$이고

$$\mathscr{B}_x = \{B \mid B \in \mathscr{B},\ x \in B\}$$

이라면

(1) x가 A의 집적점이기 위한 필요충분조건은 임의의 $B \in \mathscr{B}_x$에 대하여 $(B - \{x\}) \cap A \neq \varnothing$가 되는 것이다.

(2) $x \in \overline{A}$이기 위한 필요충분조건은 임의의 $B \in \mathscr{B}_x$에 대하여 $B \cap A \neq \varnothing$가 되는 것이다.

연.습.문.제

1. $X=\{a, b, c\}$, $\mathcal{S}=\{\{a\}, \{a, b\}\}$일 때 $\mathcal{T}(\mathcal{S})$를 구하여라.

2. $X=\{a, b, c, d, e\}$이고 $\mathcal{S}=\{\{a, b\}, \{b, c, d\}\}$일 때 $\mathcal{T}(\mathcal{S})$를 구하여라.

3. $\boldsymbol{R}$를 실수집합이라 하고 $\mathcal{S}=\{(a, \infty) \mid a \in \boldsymbol{R}\}$이라 하자. 위상공간 $(\boldsymbol{R}, \mathcal{T}(\mathcal{S}))$에서 $A=[-1, 1)$에 대한 $\overline{A}$, $\text{Int}(A)$, $\text{Ext}(A)$, $\text{Fr}(A)$를 각각 구하여라.

4. $X=\{a, b, c\}$라 하고 X상의 두 개의 위상을 각각

$$\mathcal{T}_1=\{X, \varnothing, \{a\}, \{a, b\}\}, \quad \mathcal{T}_2=\{X, \varnothing, \{a, b\}, \{c\}\}$$

라 하자.

① $\mathcal{T}_1$과 $\mathcal{T}_2$를 포함하는 가장 작은 위상은?

Hint $S=\mathcal{T}_1 \cup \mathcal{T}_2$라 할 때 $\mathcal{T}(\mathcal{S})$을 구한다.

② $\mathcal{T}_1$과 $\mathcal{T}_2$에 포함되는 가장 큰 위상은?

5. $\boldsymbol{N}$을 자연수 집합이라 하고 $A_n=\{n, n+1, \cdots\} \subset \boldsymbol{N}$, $\mathcal{S}=\{A_n \mid n \in \boldsymbol{N}\}$라 할 때 위상공간 $(\boldsymbol{N}, \mathcal{T}(\mathcal{S}))$에서 $E_1=\{2, 3, 4\}$, $E_2=\{2n \mid n \in \boldsymbol{N}\}$에 대한 $\overline{E_i}$, $\text{Int}(E_i)$, $\text{Fr}(E_i)$, (단, $i=1, 2$)을 각각 구하여라.

6. 한 위상공간 X가 개집합이면서 동시에 폐집합인 것들로 한 기저를 가질 때 X를 **영차원공간**(零次元空間, zero dimensional space)이라 한다.

① 이상공간과 비이산공간은 영차원공간임을 보여라.

② $(\boldsymbol{R}, \mathcal{U})$의 부분공간 $\boldsymbol{Q}$는 영차원공간임을 보여라.

(단, $\boldsymbol{R}$은 실수 전체집합, $\boldsymbol{Q}$는 유리수 전체의 집합)

③ $(\boldsymbol{R}, \mathcal{U})$는 영차원공간이 아니다. 이것을 밝혀라.

Hint ② x, y가 무리수이고 $x<y$일 때 $[x, y]\cap \boldsymbol{Q}=(x, y)\cap \boldsymbol{Q}$이다.

③ $(\boldsymbol{R}, \mathcal{U})$에서는 유계집합으로서 개집합인 동시에 폐집합이 되는 것은 존재하지 않는다.

7. $(X, \lesssim)$를 최대원소(last or largest element)가 존재하는 한 비가산 정열집합(uncountable well ordered set)이라 하자(연습문제 1-4, 8. 참조). X의 최소의 원소(first or smallest element)를 0이라 하고, $\omega_1\in X$를 $[0, \omega_1]=\{x\in X\mid x\lesssim\omega_1\}$이 비가산인 X의 최소의 원이라 하자. 이 경우 $\omega_1\in X$를 **첫 번째 비가산 순서수**(first uncountable ordinal number)라 한다.

W를 $W=[0, \omega_1)=\{x\in X\mid x<\omega_1\}\subset X$라 하고 W^*을 $W^*=[0, \omega_1]=\{x\in X\mid x\lesssim\omega_1\}\subset X$라 하자. W^* 상에

$$\mathcal{S}=\{[0, x)\mid 0<x\lesssim\omega_1\}\cup\{(x, \omega_1]\mid 0\lesssim x<\omega_1\}$$

을 부분기저로 하는 위상 τ를 도입하자.

임의의 $x<\omega_1$에 대하여 $x+1$을 $(x, \omega_1]$의 최소의 원소라 하자. W^*는 다음과 같은 구조를 갖는다.

$$\begin{aligned} W^*=\{&0, 1, 2, \cdots, \omega, \omega+1, \omega+2, \cdots, \omega+\omega(=\omega2), \omega2+1, \omega2+2, \cdots,\\ &\omega2+\omega(=\omega3), \cdots, \omega\omega(\omega^2), \omega^2+1, \cdots, \omega^2+\omega, \omega^2+\omega+1, \cdots,\\ &\omega^3+\omega2, \cdots, \omega^2+\omega^2(=\omega^2 2), \cdots, \omega^2 3, \cdots, \omega^2\omega(=\omega^3), \cdots,\\ &\omega^4, \cdots, \omega^\omega, \cdots, (\omega^\omega)^\omega, \cdots, \omega_1\}\end{aligned}$$

위상공간 (W^*, τ)에서 다음을 밝혀라(①~③).

① $a, b\in W^*$, $a<b$일 때, $(a, b)\in\tau$, $(a, b]\in\tau$이다.

주의 $a<b$인 경우 a를 b의 전자(predecessor), b를 a의 후자(successor)라 한다. $a+1$을 a의 바로 후자(immediate successor)라 하고 a를 $a+1$의 바로 전자(immediate predecessor)라 한다.

② 0을 제외하고 바로 전자가 없는 원소 x는 $\{y\in W^*\mid y<x\}$의 집적점이다.

주의 ②에서의 x를 극한원(limit element or limit ordinal number)이라 한다.

③ 극한원을 제외한 모든 원소는 고립점이다(연습문제 2-2, 6. 참조).

8. 한 위상공간 $(X, \mathscr{T})$에 대하여 $\mathscr{B}$를 $\mathscr{T}$에 대한 기저, $\mathscr{S}$를 $\mathscr{T}$에 대한 부분기저, $(A, \mathscr{T}_A)$를 $(X, \mathscr{T})$의 한 부분공간이라 하자.

① $\mathscr{B}_A = \{B \cap A \mid B \in \mathscr{B}\}$는 $\mathscr{T}_A$에 대한 한 기저이다.

② $\mathscr{S}_A = \{S \cap A \mid S \in \mathscr{S}\}$는 $\mathscr{T}_A$에 대한 한 부분기저이다.

Hint 2.1.5 정의, 2.4.1 정의, 2.4.6 정의 등을 활용한다.

제3장 연속사상

위상공간론에서의 핵심부분은 연속사상에 관한 성질연구라고 할 수 있다. 여기서는 일반적인 연속사상의 의미와 이와 관련된 여러 성질들을 밝히고자 한다.

3.1 연속사상

위상공간상에서의 일반적인 연속사상의 개념은 실직선상에서 실수치를 갖는 연속함수의 기본성질을 추상화하여 얻어진다.

3.1.1 정의 $(X, \mathcal{T})$와 $(Y, \mathcal{T}^*)$를 위상공간이라 하고 $f: X \longrightarrow Y$를 한 사상이라 하자. 임의의 $G \in \mathcal{T}^*$에 대하여 $f^{-1}[G] \in \mathcal{T}$일 때 f를 $(X, \mathcal{T})$에서 $(Y, \mathcal{T}^*)$로의 **연속함수** 혹은 **연속사상**(連續函數 혹은 連續寫像, continuous function or continuous map from X into Y)이라 한다.

예 3.1.1 $(X, \mathcal{D})$를 이상공간, $(Y, \mathcal{T})$를 임의의 위상공간이라 할 때 임의의 사상 $f: X \longrightarrow Y$는 언제나 연속이다. 왜냐하면 임의의 $G \in \mathcal{T}$에 대하여 $\mathcal{D} = 2^X$이므로 $f^{-1}[G] \in \mathcal{D}$이기 때문이다.

예 3.1.2 $(X, \mathcal{T})$를 임의의 위상공간이라 하고 $(Y, \mathcal{T})$를 비이산공간이라 하면 임의의 사상 $f: X \longrightarrow Y$는 언제나 연속이다. 왜냐하면 $Y \in \mathcal{I} = \{Y, \varnothing\}$이고 $f^{-1}[Y] = X \in \mathcal{T}$이기 때문이다.

예 3.1.3 실직선 $\boldsymbol{R}$상에 보통위상 $\mathcal{U}$를 고정하자. 함수 $f: \boldsymbol{R} \longrightarrow \boldsymbol{R}$를

$$f(x) = \begin{cases} x & (x \in (-\infty, 0)) \\ x+1 & (x \in [0, \infty)) \end{cases}$$

이라 하자. 한 개구간 $G = (0, 2)$을 취하면 $f^{-1}[G]$는

$$f^{-1}[G] = [0, 1)$$

이므로 개집합이 아니다. 따라서 f는 불연속이다.

기저나 부분기저를 이용하여 연속사상이기 위한 조건을 다음과 같이 구할 수도 있다.

3.1.2 정리 X와 Y를 위상공간이라 하고 $\mathscr{B}$를 위상공간 Y에 대한 기저라 하자. 한 사상 $f: X \longrightarrow Y$가 연속이기 위한 필요충분조건은 임의의 $B \in \mathscr{B}$에 대하여 $f^{-1}[B]$가 X에서 개집합이 되는 것이다.

•증명• 위상공간 $(X, \mathcal{T})$, $(Y, \mathcal{T}^*)$에 대하여 $f: X \longrightarrow Y$가 연속사상이고 $\mathscr{B}$가 $\mathcal{T}^*$에 대한 기저라 하자. $\mathscr{B} \subset \mathcal{T}^*$이고 f가 연속이므로 임의의 $B \in \mathscr{B}$에 대하여 $f^{-1}[B] \in \mathcal{T}$이다. 따라서 $f^{-1}[B]$는 X에서 개집합이다.

역으로 임의의 $B \in \mathscr{B}$에 대하여 $f^{-1}[B]$가 $f^{-1}[B] \in \mathcal{T}$라 하자. 임의의 $G \in \mathcal{T}^*$에 대하여 적당한 $B_\lambda \in \mathscr{B} (\lambda \in \Lambda)$가 존재하여

$$G = \bigcup_\lambda B_\lambda$$

이다. 각 λ에 대하여 $f^{-1}[B_\lambda] \in \mathcal{T}$이므로

$$f^{-1}[G] = f^{-1}[\bigcup_\lambda B_\lambda] = \bigcup_\lambda f^{-1}[B_\lambda] \in \mathcal{T}$$

가 성립한다. 3.1.1 정의에 의하여 f는 연속사상이다. ■

3.1.3 정리 X와 Y를 위상공간이라 하고 $\mathcal{S}$를 위상공간 Y에 대한 부분기저라 하자. 한 사상 $f: X \longrightarrow Y$가 연속이기 위한 필요충분조건은 임의의 $S \in \mathcal{S}$에 대하여 $f^{-1}[S]$가 X에서 개집합이 되는 것이다.

•증명• 위상공간 $(X, \mathcal{T})$, $(Y, \mathcal{T}^*)$에 대하여 $f: X \longrightarrow Y$가 연속사상이고 $\mathcal{S}$가 $\mathcal{T}^*$에 대한 부분기저라 하자. $\mathcal{S} \subset \mathcal{T}^*$이고 f가 연속이므로 임의의 $S \in \mathcal{S}$에 대하여 $f^{-1}[S] \in \mathcal{T}$이다. 따라서 $f^{-1}[S]$는 X에서 개집합이다.

역으로 임의의 $S \in \mathcal{S}$에 대하여 $f^{-1}[S] \in \mathcal{T}$라 하자. $\mathcal{S}$가 $\mathcal{T}^*$에 대한 부분기

저이므로 임의의 $G \in \mathcal{J}^*$에 대하여 적당한 $\mathcal{S}$의 유한부분족 $\mathcal{S}_\lambda (\lambda \in \Lambda)$가 존재하여

$$G = \bigcup_{\lambda \in \Lambda} (\cap \mathcal{S}_\lambda)$$

이다. $\mathcal{S}_\lambda$는 $\mathcal{S}$의 유한부분족이므로 $\mathcal{S}_\lambda = \{S_{1(\lambda)}, \cdots, S_{n(\lambda)}\} \subset \mathcal{S}$이라 놓을 수 있다. 따라서 $\cap \mathcal{S}_\lambda = S_{1(\lambda)} \cap \cdots \cap S_{n(\lambda)}$이다. $f^{-1}[S_{i(\lambda)}] \in \mathcal{J} (i = 1, 2, \cdots, n)$이므로

$$f^{-1}[\cap \mathcal{S}_\lambda] = f^{-1}[S_{1(\lambda)}] \cap \cdots \cap f^{-1}[S_{n(\lambda)}] \in \mathcal{J}$$

이다. 고로

$$f^{-1}[G] = f^{-1}[\bigcup_{\lambda \in \Lambda} (\cap \mathcal{S}_\lambda)] = \bigcup_{\lambda \in \Lambda} f^{-1}[\cap \mathcal{S}_\lambda] \in \mathcal{J}$$

가 성립한다. 3.1.1 정의에 의하여 f는 연속사상이다. ■

사상 $f : X \longrightarrow Y$의 한 점에서의 연속성은 다음과 같이 정의된다.

3.1.4 정의 X, Y를 위상공간이라 하고 $f : X \longrightarrow Y$를 한 사상, $x \in X$라 하자. $f(X)$의 임의의 근방 U에 대하여 $f^{-1}[U]$가 x의 근방일 때, $f : X \longrightarrow Y$는 **x에서 연속**(continuous at x)이라 한다.

3.1.4 정의는 다음과 같이 변형될 수도 있다.

3.1.4' 정의 $f(X)$의 임의의 근방 U에 대하여 적당한 x의 근방 V가 존재해서 $f[V] \subset U$이면 f는 x에서 연속이다.

주의 $x_0 \in \boldsymbol{R}$이고 $f : \boldsymbol{R} \longrightarrow \boldsymbol{R}$를 한 함수라 하자. x_0에서의 f의 연속성을 $\varepsilon - \delta$용법을 써서 보통 다음과 같이 정의한다는 것은 잘 알려져 있다.

정의 $x_0 \in \boldsymbol{R}$이고 $f : \boldsymbol{R} \longrightarrow \boldsymbol{R}$를 한 함수라 하자. 임의의 $\varepsilon > 0$에 대하여 적당한 $\delta > 0$가 존재하여

(*) $$|x - x_0| < \delta \Longrightarrow |f(x) - f(x_0)| < \varepsilon$$

이면 f는 x_0에서 연속이라 한다.

(*)식을 변형하면

$$U = (f(x_0) - \varepsilon,\ f(x_0) + \varepsilon), \quad V = (x_0 - \delta,\ x_0 + \delta)$$

라 할 때

(**) $$f[V] \subset U$$

가 된다. (**)가 $f : \boldsymbol{R} \longrightarrow \boldsymbol{R}$가 x_0에서 연속이 될 필요충분조건이다. 이러한 것을 근거로 하여 일반적인 위상공간에서의 한 사상의 연속성을 3.1.4 정의에서와 같이 정의하게 된다.

3.1.5 정리 사상 $f : X \longrightarrow Y$가 연속이기 위한 필요충분조건은 f가 X상의 각 점에서 연속이 되는 것이다.

•증명• 사상 $f : X \longrightarrow Y$가 연속이라 하자. X상의 한 점을 x라 하면 $f(x)$의 임의의 근방 U에 대하여 적당한 개집합 G가 존재하여

$$f(x) \in G \subset U$$

가 성립한다. 따라서

$$x \in f^{-1}[G] \subset f^{-1}[U]$$

이다. f가 연속이므로 $f^{-1}[G]$는 x를 품는 개집합이고 따라서 $f^{-1}[U]$는 x의 근방이 되어 f는 x에서 연속이다.

역으로 각 점 $x \in X$에서 연속이라 하자. Y에서 임의의 개집합 G를 취하면 임의의 $x \in f^{-1}[G]$에 대하여 $f(x) \in G$가 되고 G는 $f(x)$의 개근방이므로 가정에 의하여 $f^{-1}[G]$는 x의 근방이 되어야 한다. 2.2.3 정리에 의해 $f^{-1}[G]$는 X에서 개집합이다. 그러므로 f는 연속이다. ■

3.1.6 정리 X와 Y를 위상공간이라 하고 $f : X \longrightarrow Y$를 한 사상이라 하자. 다음 (1)~(4)는 동치인 명제이다.

(1) $f : X \longrightarrow Y$는 연속이다.

(2) F를 Y에서의 임의의 폐집합이라 하면 $f^{-1}[F]$도 X에서 폐집합이다.

(3) 임의의 $A \subset X$에 대하여 $f[\overline{A}] \subset \overline{f[A]}$이다.

(4) 임의의 $B \subset Y$에 대하여 $\overline{f^{-1}[B]} \subset f^{-1}[\overline{B}]$이다.

•증명• (1) ⇒ (2) 사상 $f : X \longrightarrow Y$는 연속이라 하자. Y상에서 임의의 폐집합 F를 취하면 F^c는 Y에서 개집합이다. f가 연속이므로 $f^{-1}[F^c] = (f^{-1}[F])^c$는 X에서 개집합이다. 따라서 $f^{-1}[F]$는 X상에서 폐집합이다.

(2) ⇒ (3) A를 X의 임의의 부분집합이라 하면 사상의 성질로부터

$$A \subset f^{-1}[f[A]]$$

이다. 폐포의 성질로부터 $f[A] \subset \overline{f[A]}$이므로

$$A \subset f^{-1}[f[A]] \subset f^{-1}[\overline{f[A]}]$$

이다. 한편 $\overline{f[A]}$는 Y에서 폐집합이므로 가정으로부터 $f^{-1}[\overline{f[A]}]$는 X에서 폐집합이 되고, 따라서

$$\overline{A} \subset f^{-1}[\overline{f[A]}]$$

이다. 양변에 f를 취하면

$$f[\overline{A}] \subset f[f^{-1}[\overline{f[A]}]] \subset \overline{f[A]}$$

가 성립한다.

(3) ⇒ (4) $B \subset Y$라 하자. $A = f^{-1}[B]$라 놓자.

$$f[\overline{A}] \subset \overline{f[A]} = \overline{f[f^{-1}[B]]} \subset \overline{B}$$

이다. 따라서 $\overline{A} = \overline{f^{-1}[B]} \subset f^{-1}[\overline{B}]$이다.

(4) ⇒ (1) G를 Y에서의 임의의 개집합이라 하자. $B=G^c$라 하면 B는 Y에서 폐집합이다. 가정에 의하여

$$\overline{f^{-1}[B]} \subset f^{-1}[\overline{B}] = f^{-1}[B]$$

이고 $f^{-1}[B] \subset \overline{f^{-1}[B]}$이므로 $f^{-1}[B] = \overline{f^{-1}[B]}$가 되어 $f^{-1}[B] = f^{-1}[G^c]$ $= (f^{-1}[G])^c$는 X에서 폐집합이다. 따라서 $f^{-1}[G]$는 X에서 개집합이다. 3.1.1 정의로부터 f는 연속사상이 된다. ■

위 정리의 (3)은 집합 A에 아주 근접하고 있고 $x \in \overline{A}$가 사상 f에 의하여 $f[A]$에 근접하고 있는 점 $f(x) \in \overline{f[A]}$가 될 때 f는 연속사상이 된다는 뜻이다.

3.1.7 정리 사상 $f: X \longrightarrow Y$와 $g: Y \longrightarrow Z$가 모두 연속일 때 합성함수 $g \circ f: X \longrightarrow Z$도 연속이다.

•증명• 위상공간 Z에서의 임의의 개집합을 G라 하자.

$$(g \circ f)^{-1}[G] = f^{-1}[g^{-1}[G]]$$

이다. g가 연속이므로 $g^{-1}[G]$는 Y에서 개집합이고 f도 연속이므로 $f^{-1}[g^{-1}[G]]$도 X에서 개집합이다. 따라서 $g \circ f$는 연속사상이다. ■

3.1.8 $(X, \mathcal{T})$, $(Y, \mathcal{T}^*)$를 위상공간이라 하자. 다음 (1), (2), (3) 명제들이 성립한다.

(1) $f: X \longrightarrow Y$를 연속사상이라 하고 $(A, \mathcal{T}_A)$를 $(X, \mathcal{T})$의 부분공간이라 하면 f의 A상으로의 제한사상 $f|_A : A \longrightarrow Y$도 연속사상이다.

(2) 사상 $f: X \longrightarrow Y$를 한 점 $x \in X$에서 연속이라 할 때 x를 품는 X의 부분공간 A에 대한 f의 제한사상 $f|_A : A \longrightarrow Y$도 x에서 연속이다.

(3) $f: X \longrightarrow Y$가 연속일 때 공변역을 $f[X]$로 제한한 사상

$$f: X \longrightarrow f[X]$$

도 연속이다.

•증명• (1) $G \in \mathcal{J}^*$라 하자. $(f|_A)^{-1}[G] = A \cap f^{-1}[G] \in \mathcal{J}_A$이므로 $f|_A$도 연속사상이다.

(2) $f|_A : A \longrightarrow Y$가 $x \in A$에서 연속임을 보이자. $f(x) = f|_A(x)$를 품는 Y에서의 임의의 근방을 U라 하자. $f : X \longrightarrow Y$는 x에서 연속이므로 $f^{-1}[U]$는 X에서 x의 근방이 된다. 따라서 X에서의 개집합 G가 존재하여 $x \in G \subset f^{-1}[U]$가 성립한다. $x \in A$이므로

$$x \in A \cap G \subset A \cap f^{-1}[U] = (f|_A)^{-1}[U]$$

이다. 따라서 $(f|_A)^{-1}[U]$는 A에서의 x의 근방이므로 $f|_A$는 x에서의 연속이다.

(3) G를 $f[X]$에서 개집합이라 하면 Y에서의 개집합 H가 존재하여

$$G = f[X] \cap H$$

이다. $f^{-1}[G] = f^{-1}[H]$이고, $f^{-1}[H]$는 $f : X \longrightarrow Y$연속이므로 X에서 개집합이 되고 따라서 $f^{-1}[G]$는 X에서 개집합이다. 그러므로 $f : X \longrightarrow f[X]$는 연속이다. ■

3.1.9 정리 X와 Y를 위상공간이라 하고 X의 두 폐집합 A와 B에 대하여 $X = A \cup B$라 하자. 만일 $f : A \longrightarrow Y$와 $g : B \longrightarrow Y$가 연속이고 $x \in A \cap B$에 대하여 $f(x) = g(x)$이면

$$h(x) = \begin{cases} f(x), & (x \in A) \\ g(x), & (x \in B) \end{cases}$$

로 정의된 사상 $h : X \longrightarrow Y$도 연속이다.

•증명• 임의의 $x \in X$에 대해서 $h(x) \in Y$가 유일하게 결정되므로 $h : X \longrightarrow Y$는 잘 정의된 사상이다. h가 연속임을 보이자. F를 Y에서의 임의의 폐집합이라 하자.

$h^{-1}[F]$는 X의 부분집합이므로

$$\begin{aligned} h^{-1}[F] &= h^{-1}[F] \cap X = h^{-1}[F] \cap (A \cup B) \\ &= (h^{-1}[F] \cap A) \cup (h^{-1}[F] \cap B) \\ &= f^{-1}[F] \cup g^{-1}[F] \end{aligned}$$

가 성립한다. f가 연속이므로 $f^{-1}[F]$는 A에서 폐집합이고 A는 X에서 폐집합이므로 $f^{-1}[F]$는 X에서 폐집합이다. 같은 방법으로 $g^{-1}[F]$도 X에서 폐집합임을 보일 수 있다. 따라서

$$h^{-1}[F] = f^{-1}[F] \cup g^{-1}[F]$$

는 X에서 폐집합이 되고 h는 연속이다. ■

3.1.10 정의 X와 Y를 위상공간이라 하고 $f : X \longrightarrow Y$를 한 사상이라 하자.

(1) X에서의 임의의 개집합 G의 f에 의한 상 $f[G]$가 Y에서 개집합일 때 f를 **개사상**(開寫像, open map)이라 한다.

(2) X에서의 임의의 폐집합 F의 f에 의한 상 $f[F]$가 Y에서 폐집합일 때 f를 **폐사상**(閉寫像, closed map)이라 한다.

3.1.11 개사상과 폐사상에 관하여 다음 명제들이 성립한다.

(1) X와 Y가 위상공간들이고 $f : X \longrightarrow Y$가 전단사일 때 f가 개사상이기 위한 필요충분조건은 f가 폐사상이 되는 것이다.

(2) A를 위상공간 X의 부분공간이라 하자. 포함사상

$$\begin{aligned} i : A &\longrightarrow X \\ (a &\longmapsto i(a) = a) \end{aligned}$$

가 개사상이기 위한 필요충분조건은 A가 개집합이 되는 것이다. i가 폐사상이기 위한 필요충분조건은 A가 폐집합이 되는 것이다.

•증명• (1) $A \subset X$인 경우 $f[A^c] = (f[A])^c$이므로 명백하다.

(2) 포함사상 i가 개사상이라면 X의 부분공간으로서 A는 A에서 개집합이므로 $i[A] = A \subset X$인 $i[A]$는 X에서 개집합이다.

역으로 A를 X에서 개집합이라 하자. A에서 개집합 G를 취하면 A는 X의 부분공간이므로 X에 적당한 개집합 H가 존재하여 $G = A \cap H$이다.

$$i[G] = G = A \cap H \subset X$$

이고 A와 H가 X에서 개집합이므로 $i[G]$는 X에서 개집합이다. 따라서 포함사상 $i : A \longrightarrow X$는 개사상이다. 후반부의 증명도 같은 방법이다. ■

3.1.12 정리 X와 Y를 위상공간들이라 하고 $f : X \longrightarrow Y$를 한 사상이라 하자. 다음 명제들이 성립한다.

(1) f가 개사상이기 위한 필요충분조건은 임의의 $A \subset X$에 대하여 $f[\mathrm{Int}(A)] \subset \mathrm{Int}(f[A])$가 되는 것이다.

(2) f가 폐사상이기 위한 필요충분조건은 임의의 $A \subset X$에 대하여 $\overline{f[A]} \subset f[\overline{A}]$가 되는 것이다.

•증명• (1) f를 개사상이라 하자. 임의의 $A \subset X$에 대하여 $\mathrm{Int}(A) \subset A$이고 따라서 $f[\mathrm{Int}(A)] \subset f[A]$이다. $f[\mathrm{Int}(A)]$가 개집합이므로 $f[\mathrm{Int}(A)] \subset \mathrm{Int}(f[A])$이어야 한다.

역으로 임의의 $A \subset X$에 대하여 $f[\mathrm{Int}(A)] \subset \mathrm{Int}(f[A])$이라 하자. G를 X에서 개집합이라 하면 $G = \mathrm{Int}(G)$이고

$$f[G] = f[\mathrm{Int}(G)] \subset \mathrm{Int}(f[G])$$

이다. $\mathrm{Int}(f[G]) \subset f[G]$이므로 $f[G] = \mathrm{Int}(f[G])$가 되어 $f[G]$는 Y에서 개집합이다. 따라서 f는 개사상이다.

(2) (1)의 쌍대명제라 할 수 있다. 그 증명은 다음과 같다.

f를 폐사상이라 하자. 임의의 $A \subset X$에 대하여 $A \subset \overline{A}$이므로 $f[A] \subset f[\overline{A}]$이고 f가 폐사상이므로 $f[\overline{A}]$는 폐집합이다. 따라서

$$\overline{f[A]} \subset f[\overline{A}]$$

가 성립한다.

역으로 임의의 $A \subset X$에 대하여 $\overline{f[A]} \subset f[\overline{A}]$라 하자. F가 X에서 폐집합이면 $F = \overline{F}$이다. 따라서

$$f[F] = f[\overline{F}] \supset \overline{f[F]}$$

이다. $f[F] \subset \overline{f[F]}$이므로 $f[F] = \overline{f[F]}$가 되어 $f[F]$는 Y에서 폐집합이다. 그러므로 f는 폐사상이다. ■

위상공간론에서 가장 중요한 위상동형사상을 다음에서 정의하자.

3.1.13 정의 X와 Y를 위상공간이라 하고 $f: X \longrightarrow Y$를 한 사상이라 하자.
$f: X \longrightarrow Y$가 전단사이고 f와 f^{-1}가 각각 연속일 때 f를 **위상동형사상**(位相同型寫像, homeomorphism)이라 한다.
X와 Y 사이에 위상동형사상이 존재할 때 X와 Y를 **위상동형**(位相同型, homeomorphism)이라 하고 $X \approx Y$로 나타낸다.

$f: X \longrightarrow Y$가 위상동형사상이면 $f^{-1}: Y \longrightarrow X$도 위상동형사상이다.

예 3.1.4 $X = \left(-\frac{\pi}{2}, \frac{\pi}{2}\right)$를 위상공간 $(\boldsymbol{R}, \mathcal{U})$의 부분공간이라 하자.

$$f: X \longrightarrow \boldsymbol{R}$$
$$(x \longmapsto f(x) = \tan x)$$

라 하면 f는 전단사이고 f와 f^{-1}가 연속이므로 위상동형사상이다. 따라서 $\left(-\frac{\pi}{2}, \frac{\pi}{2}\right) \approx \boldsymbol{R}$이다.

$g(x) = \pi x - \frac{\pi}{2}$라면 함수 g에 의하여 $(0, 1) \approx \left(-\frac{\pi}{2}, \frac{\pi}{2}\right)$이고 합성함수 $f \circ g$

에 의하여 $(0, 1) \approx \boldsymbol{R}$임을 알 수 있다.

3.1.14 위상공간 X, Y에 대하여

$$X \approx Y \Longleftrightarrow XRY$$

라 하면 관계 R은 동치관계이다.

•증명• (1) 임의의 위상공간 X에 대하여 $1_X : X \longrightarrow X$는 위상동형사상이므로 $X \approx X$이다. 따라서 XRX가 성립한다.

(2) 위상공간 X, Y에 대하여 XRY, 즉 $X \approx Y$라 하자. 그러면 적당한 위상동형사상 $f : X \longrightarrow Y$가 존재해야 한다. 따라서 $f^{-1} : Y \longrightarrow X$도 위상동형사상이다. 그러므로 $Y \approx X$이고 YRX이다.

(3) 위상공간 X, Y, Z에 대하여 XRY, YRZ라 하자. 즉 $X \approx Y$, $Y \approx Z$라 하자. 그러면 적당한 위상동형사상인 $f : X \longrightarrow Y$, $g : Y \longrightarrow Y$가 존재해야 한다. 따라서 $g \circ f : X \longrightarrow Z$도 위상동형사상이므로 $X \approx Y$이고 XRZ가 성립한다.

(1), (2), (3)에 의하여 관계 R은 동치관계를 이룬다. ■

위상동형사상에 관하여 다음 정리가 성립하다.

3.1.15 정리 X와 Y를 위상공간이라 하고 $f : X \longrightarrow Y$를 전단사라 하자. 다음 (1)~(4)는 동치인 명제이다.

(1) f는 위상동형사상이다.

(2) f는 연속이고 개사상이다.

(3) f는 연속이고 폐사상이다.

(4) 임의의 $A \subset X$에 대하여 $\overline{f[A]} = f[\overline{A}]$이다.

•증명• (1) ⇔ (2)는 f^{-1}의 연속성과 f의 개사상의 성질은 동치이므로 명백히 성립한다.

(2) ⇔ (3)은 3.1.11의 (1)에 의하여 명백하다.

(3) ⇔ (4)는 3.1.6 정리의 (1), (3)과 3.1.12 정리의 (2)에 의하여 성립한다. ■

$f: X \longrightarrow Y$를 위상동형사상이라 하자. $f: X \longrightarrow Y$는 전단사이고 f에 의하여 유도된 집합함수

$$f: 2^X \longrightarrow 2^Y$$
$$(A \longmapsto f[A])$$

도 전단사가 된다. 따라서 X상에서 개집합들과 집합연산들에 의하여 표현되는 성질은 f에 의하여 Y상에 그대로 옮겨진다. 이 성질을 위상적 불변성 혹은 위상적 성질이라 한다. 보다 일반적인 위상적 불변성에 관한 정의는 다음과 같다.

3.1.16 정의 한 위상공간 X에서 성립하는 성질 P가 X와 위상동형인 Y에서도 성립할 때 그 성질 P를 **위상적 불변성**(位相的 不變性, topological invariant) 혹은 **위상적 성질**(位相的 性質, topological property)이라 한다.

위상공간 X상에서 한 성질 P가 성립하고 $f: X \longrightarrow Y$가 위상동형사상일 때 Y에서도 성질 P가 성립한다는 것이 증명되면 사상 f는 성질 P를 보존한다고 말한다.

3.1.14에서의 위상동형이라는 동치관계에 의해 한 동치류에 속하는 각 위상공간들이 갖는 공통성질을 위상적 성질이라 할 수 있다. 위상수학은 이러한 위상적 성질을 연구하는 분야이다.

예 3.1.5 위상공간 $(X, \mathcal{T})$에서 X의 원소의 개수, $\mathcal{T}$의 원소의 개수는 위상적 성질에 해당된다.

예 3.1.6 예 3.1.4에서 $(0, 1) \approx \boldsymbol{R}$이었다. $(0, 1)$이 갖는 유계성(有界性, boundedness)은 $\boldsymbol{R}$에서 성립하지 않으므로 유계성은 위상적 성질이 아니다.

3.1.17 정의 X와 Y를 위상공간이라 하고 $f: X \longrightarrow Y$를 한 사상이라 하자. 공변역 Y를 $f[X]$로 제한하였을 때 사상

$$f: X \longrightarrow f[X]$$

가 위상동형사상이면, 즉 $X \approx f[X] \subset Y$이면 f를 X에서 Y로의 **매입사상**(埋入寫像,

embedding map)이라 한다.

예 3.1.7 A를 X의 부분공간이라 하면 포함사상 $i: A \longrightarrow X$는 매입사상이다.

3.1.18 정리 $f: (X, \mathcal{T}) \longrightarrow (\boldsymbol{R}, \mathcal{U})$가 연속이기 위한 필요충분조건은 임의의 $a \in \boldsymbol{R}$에 대하여

$$\{x \mid f(x) > a\} \in \mathcal{T}, \ \{x \mid f(x) < a\} \in \mathcal{T}$$

가 되는 것이다.

•증명• $\mathcal{S} = \{(a, \infty) \mid a \in \boldsymbol{R}\} \cup \{(-\infty, a) \mid a \in \boldsymbol{R}\}$는 $\boldsymbol{R}$상의 보통위상 $\mathcal{U}$의 부분기저이다. 따라서 3.1.3 정리에 의하여 f가 연속이기 위한 필요충분조건은 임의의 $a \in \boldsymbol{R}$에 대하여

$$f^{-1}[(a, \infty)] = \{x \mid f(x) > a\} \in \mathcal{T}$$
$$f^{-1}[(-\infty, a)] = \{x \mid f(x) < a\} \in \mathcal{T}$$

가 되는 것이다. ■

$f, g: X \longrightarrow \boldsymbol{R}$일 때

$$|f|^r: X \longrightarrow \boldsymbol{R} \quad (|f|^r(x) = |f(x)|^r) \text{ 단, } r > 0$$
$$cf: X \longrightarrow \boldsymbol{R} \quad ((cf)(x) = cf(x)) \text{ 단, } c \neq 0$$
$$f+g: X \longrightarrow \boldsymbol{R} \quad ((f+g)(x) = f(x) + g(x))$$
$$f \cdot g: X \longrightarrow \boldsymbol{R} \quad ((f \cdot g)(x) = f(x) \cdot g(x))$$
$$\frac{1}{f}: X \longrightarrow \boldsymbol{R} \quad \left(\left(\frac{1}{f}\right)(x) = \frac{1}{f(x)}\right) \text{ 단, } f(x) \neq 0, \ x \in X$$

라고 정의하자.

3.1.19 정리 $f, g: X \longrightarrow \boldsymbol{R}$가 연속일 때

(1) $|f|^r$ (단, $r > 0$)　　(2) cf (단, $c \neq 0$)

(3) $f + g$　　(4) $f \cdot g$

(5) $\dfrac{1}{f}$ (단, $f(x) \neq 0,\ x \in X$)

은 모두 연속이다.

•증명• (1) $a \in \boldsymbol{R}$이라 하자. $a < 0$인 경우

$$\{x \mid |f|^r(x) = |f(x)|^r < a\} = \varnothing,\ \{x \mid |f|^r(x) > a\} = X$$

가 성립한다. $a \geq 0$인 경우

$$\{x \mid |f|^r(x) = |f(x)|^r > a\} = \{x \mid f(x) > a^{\frac{1}{r}}\} \cup \{x \mid f(x) < -a^{\frac{1}{r}}\}$$

$$\{x \mid |f|^r(x) = |f(x)|^r < a\} = \{x \mid f(x) < a^{\frac{1}{r}}\} \cap \{x \mid f(x) > -a^{\frac{1}{r}}\}$$

가 성립한다. f가 연속이므로 3.1.18 정리에 의하여 모두 X에서 개집합이 되어 $|f|^r$은 연속이다.

(2) $a \in \boldsymbol{R}$이라 하자. 임의의 $c \in \boldsymbol{R}$(단, $c \neq 0$)에 대하여

$$\{x \mid (cf)(x) = cf(x) > a\} = \begin{cases} \left\{x \,\middle|\, f(x) > \dfrac{a}{c}\right\} & (c > 0) \\ \left\{x \,\middle|\, f(x) < \dfrac{a}{c}\right\} & (c < 0) \end{cases}$$

이다. $\{x \mid (cf)(x) < a\}$인 경우도 위와 같은 모양이 되어 3.1.18 정리에 의하여 모두 X에서 개집합이 된다. 따라서 cf는 연속이다.

(3) $a \in \boldsymbol{R}$라 하자.

$$\begin{aligned} &\{x \mid (f+g)(x) = f(x) + g(x) > a\} \\ &= \cup\{\{x \mid f(x) > a - r\} \cap \{x \mid g(x) > r\} \mid r \in \boldsymbol{R}\} \end{aligned}$$

이고, 개집합들의 합집합이다.

$$\begin{aligned} &\{x \mid (f+g)(x) = f(x) + g(x) < a\} \\ &= \cup\{\{x \mid f(x) < a - r\} \cap \{x \mid g(x) < r\} \mid r \in \boldsymbol{R}\} \end{aligned}$$

(4) $f \cdot g = \dfrac{1}{4}(|f+g|^2 - |f-g|^2)$이므로 (1), (2), (3)에 의하여 $f \cdot g$는 연속이다.

(5) $f(x) \neq 0\,(x \in X)$라 하자. $a \in \boldsymbol{R}$에 대하여

$$\left\{x \,\middle|\, \left(\frac{1}{f}\right)(x) = \frac{1}{f(x)} > a\right\}$$
$$= [\{x \mid f(x) > 0\} \cap \{x \mid af(x) < 1\}] \cup [\{x \mid f(x) < 0\} \cap \{x \mid af(x) > 1\}]$$

$\left\{x \,\middle|\, \left(\frac{1}{f}\right)(x) = \frac{1}{f(x)} < a\right\}$인 경우도 위와 같은 모양이 되어 3.1.18 정리에 의해 모두 개집합이 된다. 따라서 $\frac{1}{f}$(단, $f(x) \neq 0,\ x \in X$)은 연속이다. ■

3.1.20 정리 $f,\ g: X \longrightarrow \boldsymbol{R}$가 연속일 때

(1) $M(x) = \max\{f(x),\ g(x)\}$는 연속이다.

(2) $m(x) = \min\{f(x),\ g(x)\}$는 연속이다.

•증명• (1) 임의의 한 점 $x \in X$에서 $M(x)$가 연속인 것을 보이기 위하여 임의의 $\varepsilon > 0$을 취하고 $a = M(x) + \varepsilon,\ b = M(x) - \varepsilon$이라 놓자.

$$G_1 = \{y \in X \mid f(y) < a\} \cap \{y \in X \mid g(y) < a\}$$
$$G_2 = \{y \in X \mid f(y) > b\} \cup \{y \in X \mid g(y) > b\}$$

이라 하고 $G = G_1 \cap G_2$라 하면 $f,\ g$가 연속이므로 G_1과 G_2는 X에서 개집합이고 G는 x의 한 개근방이다. 임의의 $y \in G$에 대해서 $M(y) \in (b,\ a)$이므로 $M(x)$는 x에서 연속이고 따라서 $M(x)$는 연속함수이다.

(2) $m(x) = \min\{f(x),\ g(x)\}$
$= -\max\{-f(x),\ -g(x)\}$

이므로 (1)에 의하여 $m(x)$도 연속함수이다. ■

$$C(X) = \{f \mid f: X \longrightarrow \boldsymbol{R}\text{은 연속}\}$$

라 할 때 3.1.19 정리에 의하여 $C(X)$는 대수적으로 환(環, ring)의 구조를 갖는다는 것을 알 수 있다. $C(X)$의 대수적 성질과 위상공간 X의 위상적 성질과의 상호 관계를 그 동안 다양하게 연구해 왔으며 훌륭한 결과가 많이 알려져 있다.

연.습.문.제

1. $f: X \longrightarrow Y$가 상수사상(constant map)일 때 f는 연속이다. 이것을 밝혀라.

2. $1_X: (X, \mathcal{T}_1) \longrightarrow (X, \mathcal{T}_2)$가 연속이기 위한필요충분조건은 $\mathcal{T}_2 \subset \mathcal{T}_1$이다. 이것을 증명하여라.

3. A를 한 위상공간 X의 공집합 아닌 부분집합이라 하자. A에서의 특성함수 $\chi_A: X \longrightarrow \boldsymbol{R}$ ($x \in A$일 때 $\chi_A(x) = 1$, $x \in A^c$일 때 $\chi_A(x) = 0$)이 연속이기 위한 필요충분조건은 A가 개집합인 동시에 폐집합이 되는 것이다. 이것을 증명하여라.

   Hint $\chi_A^{-1}(1) = A$, $\chi_A^{-1}(0) = A^c$이고 $\{1\}$, $\{0\}$은 $\boldsymbol{R}$에서 모두 폐집합이다.

4. $f: X \longrightarrow Y$를 한 사상이라 하고 $\varnothing \neq A \subsetneq X$라 하자. $f|_A$는 연속이고 f는 A의 각 점에서 불연속이 되는 예를 들어라.

   Hint $X = Y = \boldsymbol{R}$, $A = \boldsymbol{Q}$라 하고 $f = \chi_Q$라 놓으면 된다.

5. A를 위상공간 X에서 조밀부분집합이라 하고 $f: X \longrightarrow Y$를 전사연속이라 하면 $f[A]$는 Y에서 조밀하다. 이것을 증명하여라.

   Hint $f[\overline{A}] \subset \overline{f[A]}$.

6. $(\boldsymbol{R}, \mathcal{U})$에서 다음을 밝혀라.
   (1) 두 개의 유계 폐구간은 위상동형이다.
   (2) 두 개의 개구간은 위상동형이다.

7. $f: X \longrightarrow Y$와 $g: Y \longrightarrow X$가 연속이고 $g \circ f = 1_X$, $f \circ g = 1_Y$일 때 f는 위상동형사상임을 보여라.

Hint 1.3.9 명제에 의하여 f는 전단사이고 $g = f^{-1}$이므로 f^{-1}도 연속이다.

8. 무한집합 X가 여유한위상을 갖는다고 하자. $f : X \longrightarrow X$가 연속일 필요충분조건을 구하여라.

Hint 임의의 $x \in X$에 대하여 $f^{-1}(x)$가 유한집합 혹은 X가 되는 것이다.

9. $f : X \longrightarrow Y$가 연속일 필요충분조건은 임의의 $A \subset X$에 대하여 $f[A'] \subset \overline{f[A]}$가 되는 것이다. 증명하여라.

Hint $\overline{A} = A \cup A'$와 3.1.6 정리 (3)을 이용한다.

10. $W = [0, \omega_1)$을 $W^* = [0, \omega_1]$의 부분공간이라 하자(연습문제 2-4 7. 참조). 이 경우 연속함수 $f : W \longrightarrow \boldsymbol{R}$는, 적당한 $b \in W$가 존재해서 $[b, \omega_1)$상에서 상수함수가 됨을 보여라.

Hint $[D]$, p.81, 연습문제 7 참조.

3.2 적공간

$\{(Y_\lambda, \mathcal{T}_\lambda) \mid \lambda \in \Lambda$을 위상공간들의 한 집합이라 하자. 각 $\lambda \in \Lambda$에 대하여 집합 $X(\neq \varnothing)$로부터 Y_λ로의 사상

$$f_\lambda : X \longrightarrow Y_\lambda$$

가 주어졌을 때 모든 사상 $f_\lambda(\lambda \in \Lambda)$가 연속이 되도록 X상에 한 위상을 도입하자.

$$\mathcal{S} = \bigcup_{\lambda \in \Lambda} \{f_\lambda^{-1}[G] \mid G \in \mathcal{T}_\lambda\} = \{f_\lambda^{-1}[G] \mid G \in \mathcal{T}_\lambda,\ \lambda \in \Lambda\}$$

라 놓을 때 $\mathcal{S}$를 부분기저로 하는 X상의 위상 $\mathcal{T}(\mathcal{S})$를 $f_\lambda(\lambda \in \Lambda)$에 의하여 유도된 위상이라 부르고 $f_\lambda(\lambda \in \Lambda)$에 의한 X상에 **약위상**(弱位相, weak topology)이라 한다. 이 X상의 약위상 $\mathcal{T}(\mathcal{S})$에 관하여 다음 성질이 성립한다.

3.2.1 정리 위상공간 $(X, \mathcal{T}(\mathcal{S}))$의 $\mathcal{T}(\mathcal{S})$가 $f_\lambda : X \longrightarrow Y_\lambda(\lambda \in \Lambda)$에 의한 X상의 약위상이라 하자. 다음 (1)~(4)가 성립한다.

(1) 임의의 $\lambda \in \Lambda$에 대하여 $f_\lambda : (X, \mathcal{T}(\mathcal{S})) \longrightarrow (Y_\lambda, \mathcal{T}_\lambda)$는 연속이다.

(2) $f_\lambda(\lambda \in \Lambda)$들을 모두 연속이 되게 하는 X상의 모든 위상들의 교집합을 $\mathcal{T}^*$라 하면 $\mathcal{T}^* = \mathcal{T}(\mathcal{S})$이다.

(3) $f_\lambda(\lambda \in \Lambda)$를 연속이 되게 하는 X상의 가장 작은 위상이 $\mathcal{T}(\mathcal{S})$이다.

(4) $\mathcal{S}$는 위상 $\mathcal{T}(\mathcal{S})$의 한 부분기저이다.

•증명• (1) 각 $\lambda \in \Lambda$에 대하여 $f_\lambda : (X, \mathcal{T}(\mathcal{S})) \longrightarrow (Y_\lambda, \mathcal{T}_\lambda)$가 연속임을 보이자. 임의의 $G \in \mathcal{T}_\lambda$에 대하여

$$f_\lambda^{-1}[G] \in \{f_\lambda^{-1}[G] \mid G \in \mathcal{T}_\lambda\} \subset \mathcal{S} \subset \mathcal{T}(\mathcal{S})$$

이므로 f_λ는 연속이다.

(2) 위상공간 $(X, \mathcal{T})$, $(Y_\lambda, \mathcal{T}_\lambda)$에 대하여 모든 $f_\lambda : X \longrightarrow Y_\lambda (\lambda \in \Lambda)$가 연속일 경우 임의의 $G \in \mathcal{T}_\lambda$에 대하여 $f_\lambda^{-1}[G] \in \mathcal{T}$이므로 $\mathcal{S} \subset \mathcal{T}$이다. $\mathcal{T}(\mathcal{S})$는 $\mathcal{S}$에 의하여 생성된 위상이므로 $\mathcal{T}(\mathcal{S}) \subset \mathcal{T}$가 성립한다. 따라서

$$\mathcal{T}(\mathcal{S}) \subset \cap \{\mathcal{T} \mid f_\lambda : (X, \mathcal{T}) \longrightarrow (Y_\lambda, \mathcal{T}_\lambda)\text{는 연속, } \lambda \in \Lambda\} = \mathcal{T}^*$$

이다. 한편 (1)에 의하여

$$\mathcal{T}(\mathcal{S}) \in \{\mathcal{T} \mid f_\lambda : (X, \mathcal{T}) \longrightarrow (Y_\lambda, \mathcal{T}_\lambda)\text{는 연속, } \lambda \in \Lambda\}$$

이므로 $\mathcal{T}^* \subset \mathcal{T}(\mathcal{S})$가 되어 $\mathcal{T}(\mathcal{S}) = \mathcal{T}^*$이다.

(3)은 (2)에 의하여 분명하다.

(4) $\mathcal{T}(\mathcal{S})$는 $\mathcal{S}$에 의하여 생성된 위상이므로 $\mathcal{S}$는 $\mathcal{T}(\mathcal{S})$의 부분기저이다. ■

X_1과 X_2를 집합이라 하자. X_1과 X_2의 적집합(혹은 곱집합) $X_1 \times X_2$는

$$X_1 \times X_2 = \{(x_1, x_2) \mid x_1 \in X_1, x_2 \in X_2\}$$

로 정의된다. 순서쌍 (x_1, x_2)는

$$(x_1, x_2) : \{1, 2\} \longrightarrow X_1 \cup X_2$$
$$\begin{pmatrix} 1 \longmapsto x_1 \in X_1 \\ 2 \longmapsto x_2 \in X_2 \end{pmatrix}$$

와 같은 사상의 뜻을 갖는다. 이러한 성질을 일반화하여 일반적인 적집합의 정의를 다음과 같이 내릴 수 있다.

한 집합족 $\{X_\lambda \mid \lambda \in \Lambda\}$의 **적집합**(積集合, product set) $\prod_{\lambda \in \Lambda} X_\lambda$를

$$\prod_{\lambda \in \Lambda} X_\lambda = \{x \mid x : \Lambda \longrightarrow \bigcup_{\lambda \in \Lambda} X_\lambda, \ x(\lambda) \in X_\lambda, \ \lambda \in \Lambda\}$$

으로 정의한다.

임의의 $\lambda \in \Lambda$에 대하여 **사영**(射影, projection) P_λ를

$$P_\lambda : \prod_\lambda X_\lambda \longrightarrow X_\lambda$$
$$(x \longmapsto P_\lambda(x) = x(\lambda))$$

으로 정의한다.

$x(\lambda) = x_\lambda$로 나타내고 이것을 이용하여 임의의 한 원 $x \in \prod_\lambda X_\lambda$를 $x = (x_\lambda \mid \lambda \in \Lambda) = (x_\lambda)_{\lambda \in \Lambda}$로 나타내기도 한다. 이 경우 x_λ를 $\prod_{\lambda \in \Lambda} X_\lambda$의 한 점 x의 λ번째 좌표(λ-th coordinate of x)라 부른다. 한 좌표공간 X_λ가 $X_\lambda = \varnothing$ 이면 $\prod_{\lambda \in \Lambda} X_\lambda = \varnothing$ 임을 적집합의 정의로부터 알 수 있다.

3.2.2 정의 $\{(X_\lambda, \mathcal{T}_\lambda) \mid \lambda \in \Lambda\}$을 위상공간들의 한 집합이라 하고 $X = \prod_{\lambda \in \Lambda} X_\lambda$라 하자. 사영 $P_\lambda : X \longrightarrow X_\lambda (\lambda \in \Lambda)$들에 의한 X상의 약위상 $\mathcal{T}$를 **적위상**(積位相, product topology)이라 하고, $(X, \mathcal{T})$를 $(X_\lambda, \mathcal{T}_\lambda)(\lambda \in \Lambda)$들의 **적공간**(積空間, product space)이라 한다. 각 $(X_\lambda, \mathcal{T}_\lambda)$를 적공간 X의 **좌표공간**(座標空間, coordinate space) 혹은 **인자공간**(因子空間, factor space)이라 부른다.

3.2.1 정리의 (3)에 의하여 적위상 $\mathcal{T}$는 각 사영 $P_\lambda : X \longrightarrow X_\lambda (\lambda \in \Lambda)$를 연속이 되게 하는 가장 작은 위상이다.

3.2.1 정리의 (4)에 의하여

$$\mathcal{S} = \{P_\lambda^{-1}[G] \mid G \in \mathcal{T}_\lambda, \lambda \in \Lambda\}$$

는 $X = \prod_{\lambda \in \Lambda} X_\lambda$상의 적위상 $\mathcal{T}$에 대한 부분기저이다.

사영의 정의로부터 $G \in \mathcal{T}_\lambda$에 대하여

$$P_\lambda^{-1}[G] = \prod\{X_\mu \mid \mu \neq \lambda, \mu \in \Lambda\} \times G = \prod_{\mu \neq \lambda} X_\mu \times G$$

이다. 따라서 $G_{\lambda_k} \in \mathcal{T}_{\lambda_k} (k = 1, 2, \cdots, m)$에 대하여

$$P_{\lambda_1}^{-1}[G_{\lambda_1}] \cap P_{\lambda_2}^{-1}[G_{\lambda_2}] \cap \cdots \cap P_{\lambda_m}^{-1}[G_{\lambda_m}]$$
$$= \prod\{X_\mu \mid \mu \neq \lambda_1, \cdots, \lambda_m, \mu \in \Lambda\} \times G_{\lambda_1} \times \cdots \times G_{\lambda_m}$$

와 같은 꼴 전체의 집합 $\mathscr{B}$는 적위상 $\mathscr{T}$의 한 기적이다.

예 3.2.1 $(\boldsymbol{R}, \mathscr{U})$와 $(\boldsymbol{R}, \mathscr{U})$의 적공간 $(\boldsymbol{R}^2, \mathscr{T})$에 대하여

$$P_1 : \boldsymbol{R}^2 \longrightarrow \boldsymbol{R}$$
$$((x_1, x_2) \longmapsto x_1)$$
$$P_2 : \boldsymbol{R}^2 \longrightarrow \boldsymbol{R}$$
$$((x_1, x_2) \longmapsto x_2)$$

이라 하자.

$$\begin{aligned} \mathscr{S} &= \{P_1^{-1}[G] \mid G \in \mathscr{U}\} \cup \{P_2^{-1}[H] \mid H \in \mathscr{U}\} \\ &= \{G \times \boldsymbol{R} \mid G \in \mathscr{U}\} \cup \{\boldsymbol{R} \times H \mid H \in \mathscr{U}\} \end{aligned}$$

는 적위상 $\mathscr{T}$의 한 부분기저이다. 따라서

$$\begin{aligned} \mathscr{B} &= \{P_1^{-1}[G] \cap P_2^{-1}[H] \mid G, H \in \mathscr{U}\} \\ &= \{G \times H \mid G, H \in \mathscr{U}\} \end{aligned}$$

는 적위상 $\mathscr{T}$의 한 기저이다(그림 3-1, 3-2 참조).

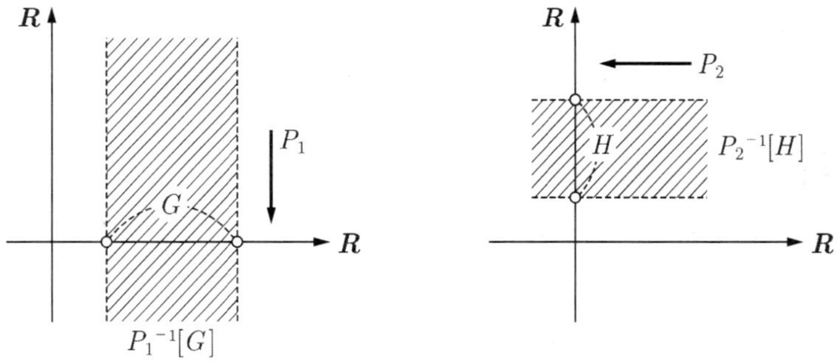

그림 3-1

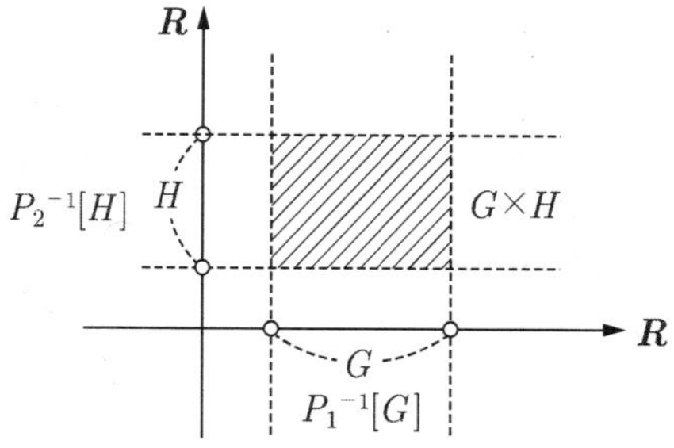

그림 3-2

예 2.4.3의 $\mathcal{B}_2 = \{(a, b) \mid a < b,\ a, b \in \boldsymbol{Q}\}$는 $\boldsymbol{R}$상의 보통위상 $\mathcal{U}$에 대한 기저이므로

$$\mathcal{B}^* = \{(a, b) \times (c, d) \mid a < b,\ c < d,\ a, b, c, d \in \boldsymbol{Q}\}$$

도 적위상 $\mathcal{T}$의 한 기저가 되며 $\mathcal{T} = \mathcal{T}(\mathcal{B}^*)$이고 $\mathcal{B}^* \subsetneq \mathcal{B}$이다. 따라서 적공간 $(\boldsymbol{R}^2, \mathcal{T})$에서의 개집합은 둘레가 없는 내부점만으로 된 직사각형

$$(a, b) \times (c, d) \text{ (단, } a < b,\ c < d,\ a, b, c, d \in \boldsymbol{Q})$$

들의 가산개의 합집합으로 나타난다(연습문제 3-2, 3. 참조). 적위상 $\mathcal{T}$ 대신에 $\mathcal{U}$를 쓰는 경우가 있다.

예 3.2.2 $I = [0, 1]$이라 놓고 임의의 $t \in I$에 대하여 $\boldsymbol{R}_t$를 $\boldsymbol{R}_t = \boldsymbol{R}$이라 놓자. 곱집합 $\prod_{t \in I} \boldsymbol{R}_t$는 정의에 의하여

$$\begin{aligned}\prod_{t \in I} \boldsymbol{R}_t &= \{f \mid f : I \longrightarrow \bigcup_t \boldsymbol{R}_t,\ f(t) \in \boldsymbol{R}_t = \boldsymbol{R}\} \\ &= \{f \mid f : I \longrightarrow \boldsymbol{R}\}\end{aligned}$$

이다. $t \in I$에 대하여 $(\boldsymbol{R}_t, \mathcal{U})$에서 개집합 $G \in \mathcal{U}$를 취하면

$$P_t^{-1}[G] = \prod \{\boldsymbol{R}_S \mid s \neq t,\ s \in I\} \times G \text{ (단, } \boldsymbol{R}_S = \boldsymbol{R},\ s \neq t)$$

는 $\prod_t \boldsymbol{R}_t$상의 적위상에 대한 부분기저 $\mathcal{S}$의 한 원이다(그림 3-3 참조).

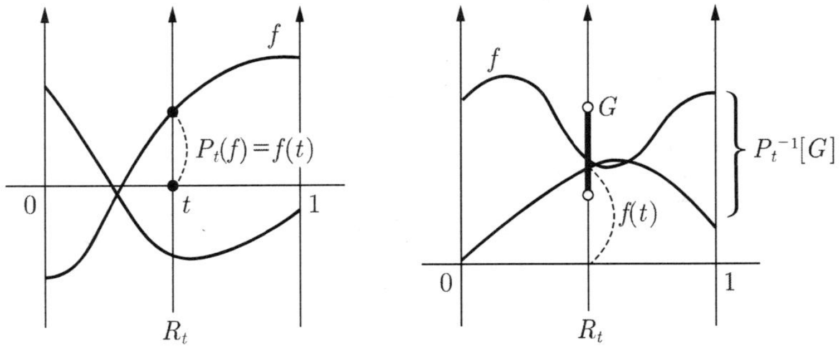

그림 3-3

$f \in P_t^{-1}[G]$는 $P_t(f) = f(t) \in G$이고 $s \neq t$인 $s \in I$에 대하여 $P_S(f) = f(s) \in \boldsymbol{R}$이다. 그러므로 $P_t^{-1}[G]$는

$$P_t^{-1}[G] = \{f \mid f : I \longrightarrow \boldsymbol{R},\ f(t) \in G\}$$

와 같다. 같은 이유로 기저 $\mathcal{B}$의 한 원 $P_{t_1}^{-1}[G_{t_1}] \cap \cdots \cap P_{t_n}^{-1}[G_{t_n}]$은

$$\begin{aligned} & P_{t_1}^{-1}[G_{t_1}] \cap \cdots \cap P_{t_n}^{-1}[G_{t_n}] \\ &= \prod\{\boldsymbol{R}_S \mid s \neq t_1, \cdots, t_n,\ s \in I\} \times G_{t_1} \times \cdots \times G_{t_n} \\ &= \{f \mid f : I \longrightarrow \boldsymbol{R},\ f(t_i) \in G_{t_i}\ (i = 1, 2, \cdots, n)\} \ (\text{단, } G_{t_i} \in \mathcal{U}) \end{aligned}$$

이다(그림 3-4 참조).

$f \in \prod_{i \in I} \boldsymbol{R}_t$는 $f = (f(t) \mid t \in I) = (f_t)_{t \in I}$와 같다.

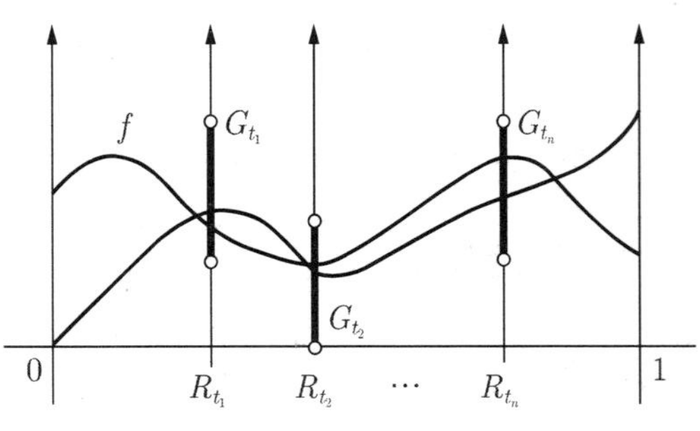

그림 3-4

3.2.3 정리 $X_\lambda(\lambda \in \Lambda)$와 Y를 위상공간이라 하고 $X = \prod_{\lambda \in \Lambda} X_\lambda$을 적공간이라 하자. 사상 $f : Y \longrightarrow X$가 연속이기 위한 필요충분조건은 임의의 $\lambda \in \Lambda$에 대하여 $P_\lambda \circ f : Y \longrightarrow X_\lambda$가 연속이 되는 것이다.

•증명• 사상 $f : Y \longrightarrow X$가 연속이라 하자. 임의의 $\lambda \in \Lambda$에 대하여 $P_\lambda : X \longrightarrow X_\lambda$가 연속이므로 $P_\lambda \circ f : Y \longrightarrow X_\lambda$도 연속이다.

역으로 임의의 $\lambda \in \Lambda$에 대하여 $P_\lambda \circ f$가 연속이라 하자. 적공간 $X = \prod_\lambda X_\lambda$는

$$\mathcal{S} = \{P_\lambda^{-1}[G] \mid G \in \mathcal{T}_\lambda,\ \lambda \in \Lambda\}$$

을 부분기저로 갖는다. 임의의 $P_\lambda^{-1}[G] \in \mathcal{S}$에 대하여

$$f^{-1}[P_\lambda^{-1}[G]] = (P_\lambda \circ f)^{-1}[G]$$

이고 가정에 의하여 $P_\lambda \circ f$가 연속이므로 $(P_\lambda \circ f)^{-1}[G]$는 Y에서 개집합이 되고 따라서 $f^{-1}[P_\lambda^{-1}[G]]$는 Y에서 개집합이다. 3.1.3 정리에 의하여 $f : Y \longrightarrow X$는 연속이다. ■

3.2.4 정리 위상공간 $X_\lambda(\lambda \in \Lambda)$의 적공간을 $X = \prod_\lambda X_\lambda$라 하자. 임의의 $\lambda \in \Lambda$에 대하여 사영 $P_\lambda : X \longrightarrow X_\lambda$는 개사상이다.

•증명• $X = \prod_\lambda X_\lambda$에서의 임의의 개집합을 G라 하고 $P_\lambda[G]$가 좌표공간 X_λ에서 개집합임을 보이자. 임의의 $x_\lambda \in P_\lambda[G]$를 취하면 적당한 점 $x \in G$가 존재하여 $P_\lambda(x) = x_\lambda \in P_\lambda[G]$이다. G는 적공간 X에서의 개집합이므로 적위상의 정의에 의하여, 좌표공간 X_{λ_k}상에 적당한 개집합 G_{λ_k}가 존재하여, 적위상의 기저의 한 원 $\bigcap_{k=1}^{n} P_{\lambda_k}^{-1}[G_{\lambda_k}] \subset G$에 대하여

$$(*) \qquad x \in P_{\lambda_1}^{-1}[G_{\lambda_1}] \cap \cdots \cap P_{\lambda_n}^{-1}[G_{\lambda_n}] \subset G$$

가 성립한다.

$$P_{\lambda_1}^{-1}[G_{\lambda_1}] \cap \cdots \cap P_{\lambda_n}^{-1}[G_{\lambda_n}] = \prod\{X_\mu \mid \mu \neq \lambda_1, \cdots, \lambda_n\} \times G_{\lambda_1} \times \cdots \times G_{\lambda_n}$$

이므로

$$P_\lambda[P_{\lambda_1}^{-1}[G_{\lambda_1}] \cap \cdots \cap P_{\lambda_n}^{-1}[G_{\lambda_n}]] = \begin{cases} X_\lambda, & \lambda \neq \lambda_1, \cdots, \lambda_n \\ G_\lambda, & \lambda \in \{\lambda_1, \cdots, \lambda_n\} \end{cases}$$

가 되며, 어느 경우이든 개집합이 된다. (*)식으로부터

$$P_\lambda(x) = x_\lambda \in P_\lambda[P_{\lambda_1}^{-1}[G_{\lambda_1}] \cap \cdots \cap P_{\lambda_n}^{-1}[G_{\lambda_n}]] \subset P_\lambda[G]$$

이므로 $P_\lambda[G]$는 x_λ의 근방이다. 2.2.3 정리에 의하여 $P_\lambda[G]$는 X_λ상에서 개집합이 된다. ■

사영 P_λ는 일반적으로 폐사상은 아니다. 다음 예에서 이것을 보이자.

예 3.2.3 위상공간 $(\boldsymbol{R}^2, \mathcal{U})$에서 $F = \{(x, y) \mid y = \dfrac{1}{x}, x > 0\}$는 폐집합이다. $P_1((x, y)) = x$, $P_2 = ((x, y)) = y$인 사영 P_1과 P_2에 대하여

$$P_1[F] = (0, \infty), \ P_2[F] = (0, \infty)$$

이므로 P_1과 P_2는 폐사상이 아니다(그림 3-5 참조).

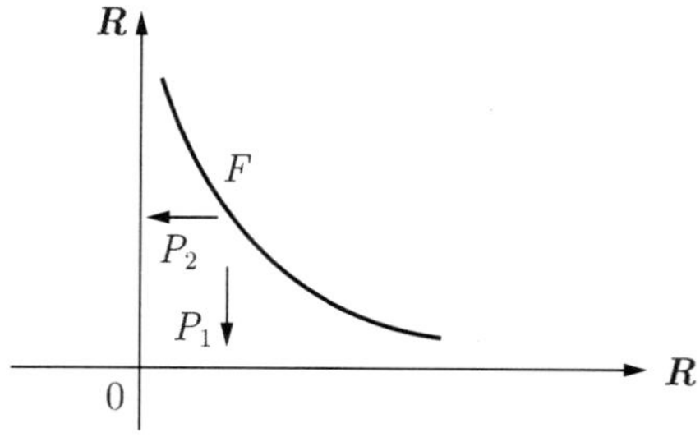

그림 3–5

3.2.5 $X_\lambda(\lambda \in \Lambda)$를 위상공간이라 하고, $A_\lambda \subset X_\lambda(\lambda \in \Lambda)$라 하자.

$$\prod_{\lambda \in \Lambda} \overline{A}_\lambda = \overline{\prod_{\lambda \in \Lambda} A_\lambda}$$

가 성립한다.

•증명• $\prod_\lambda A_\lambda \neq \varnothing$인 경우에 대하여 밝히면 충분하다.

$x = (x_\lambda \mid \lambda \in \Lambda) = (x_\lambda)_{\lambda \in \Lambda} \in \prod_\lambda \overline{A}_\lambda$라 하자. 임의의 $\lambda \in \Lambda$에 대하여 $x_\lambda \in \overline{A}_\lambda$이므로

$$\begin{aligned} x \in B_x &= P_{\lambda_1}^{-1}[G_{\lambda_1}] \cap \cdots \cap P_{\lambda_n}^{-1}[G_{\lambda_n}] \\ &= \prod \{X_\mu \mid \mu \neq \lambda_1, \cdots, \lambda_n\} \times G_{\lambda_1} \times \cdots \times G_{\lambda_n} \end{aligned}$$

인 $\prod_\lambda X_\lambda$에 대한 기저의 원 B_x에 대하여

$$X_\mu \cap A_\mu = A_\mu \neq \varnothing, \quad G_{\lambda_\kappa} \cap A_{\lambda_\kappa} \neq \varnothing \quad (k = 1, 2, \cdots, n)$$

이어야 한다. 그러므로

$$B_x \cap \prod_{\lambda \in \Lambda} A_\lambda \neq \varnothing$$

이다. 따라서 2.4.11 따름정리의 (2)에 의하여

$$x \in \overline{\prod_{\lambda \in \Lambda} A_\lambda}$$

가 성립한다.

역으로 $x = (x_\lambda \mid \lambda \in \Lambda) = (x_\lambda)_{\lambda \in \Lambda} \in \overline{\prod_{\lambda \in \Lambda} A_\lambda}$이라 하자. 임의의 $\lambda \in \Lambda$에 대하여 $x_\lambda \in \overline{A}_\lambda$임을 보이자. 이것을 보이면

$$x = (x_\lambda \mid \lambda \in \Lambda) = (x_\lambda)_{\lambda \in \Lambda} \in \prod_\lambda \overline{A}_\lambda$$

임을 알 수 있다.

x_λ에 대하여 G_λ를 x_λ의 임의의 개근방이라 하자. $x_\lambda \in G_\lambda$이므로

$$x = (x_\lambda \mid \lambda \in \Lambda) = (x_\lambda)_{\lambda \in \Lambda} \in P_\lambda^{-1}[G_\lambda] = \prod_{\mu \neq \lambda} X_\mu \times G_\lambda$$

이고 $x \in \overline{\prod_\lambda A_\lambda}$이므로

$$\left(\prod_{\mu \neq \lambda} X_\mu \times G_\lambda\right) \cap \prod_{\lambda \in \Lambda} A_\lambda \neq \varnothing$$

이다. 따라서 $G_\lambda \cap A_\lambda \neq \varnothing$이어야 한다. x_λ를 품는 개근방 전체는 x_λ의 한 국소 기저이므로 2.4.9 정리의 (2)에 의하여

$$x_\lambda \in \overline{A}_\lambda \, (\lambda \in \Lambda)$$

가 성립한다. ■

3.2.6 임의의 $\lambda \in \Lambda$에 대하여 F_λ를 위상공간 X_λ의 한 폐집합이라 하면 $\prod_{\lambda \in \Lambda} F_\lambda$도 적공간 $\prod_\lambda X_\lambda$에서 폐집합이다.

•증명• 3.2.5 명제를 사용하자. $F_\lambda = \overline{F}_\lambda \, (\lambda \in \Lambda)$이므로 $\prod_\lambda F_\lambda = \prod_\lambda \overline{F}_\lambda = \overline{\prod_\lambda F_\lambda}$가 되어 $\prod_\lambda F_\lambda$는 폐집합이다. ■

3.2.7 정리 $\prod_{\lambda \in \Lambda} X_\lambda$를 적공간이라 하고 $a = (a_\lambda \mid \lambda \in \Lambda) = (a_\lambda)_{\lambda \in \Lambda} \in \prod_\lambda X_\lambda$라 하자. 임의의 $\mu \in \Lambda$에 대하여

$$L(a, \mu) = X_\mu \times \prod \{\{a_\lambda\} \mid \lambda \neq \mu\} \subset \prod_\lambda X_\lambda$$

인 $L(a, \mu)$는 $\prod_\lambda X_\lambda$의 한 좌표공간 X_μ와 위상동형이다.

•증명•
$$f_\mu: X_\mu \longrightarrow L(a,\ \mu)$$
$$(x_\mu \longmapsto (y_\lambda \mid y_\mu = x_\mu,\ \lambda \neq \mu\text{일 때 } y_\lambda = a_\lambda)_{\lambda \in \Lambda})$$

이라 하자.

$\prod_\lambda X_\lambda$에서 $P_r^{-1}[G_r]$ (단, G_r은 좌표공간 X_r에서 개집합, $r \in \Lambda$)는 부분기저의 한 원이다. 따라서

$$P_r^{-1}[G_r] \cap L(a,\ \mu)$$

는 $\prod_\lambda X_\lambda$의 부분공간 $L(a,\ \mu)$의 부분기저의 원이다.

$$\begin{aligned}
&P_r^{-1}[G_r] \cap L(a,\ \mu)\\
&= \left(\prod_{v \neq r} X_v \times G_r\right) \cap \left(X_\mu \times \prod_{\lambda \neq \mu} \{a_\lambda\}\right)\\
&= \begin{cases} G_\mu \times \prod_{\lambda \neq \mu} \{a_\lambda\} & (r = \mu\text{인 경우, } G_\mu \subset X_\mu,\ a_\lambda \in X_\lambda\text{이므로})\\ L(a,\ \mu) & (r \neq \mu\text{인 경우, } a_r \in G_r\text{이면})\\ \varnothing & (r \neq \mu\text{인 경우, } a_r \notin G_r\text{이면}) \end{cases}
\end{aligned}$$

이므로

$$f_\mu^{-1}[P_r^{-1}[G_r] \cap L(a,\ \mu)] = \begin{cases} G_\mu & (r = \mu)\\ X_\mu & (r \neq \mu,\ a_r \in G_r)\\ \varnothing & (r \neq \mu,\ a_r \notin G_r) \end{cases}$$

가 되어, 3.1.3 정리에 의하여 f_μ는 연속사상이다.

사영 $P_\mu: \prod_\lambda X_\lambda \longrightarrow X_\mu$는 연속이므로 $L(a,\ \mu)$ 상의 제한사상 $P_\mu|_{L(a,\ \mu)}: L(a,\ \mu) \longrightarrow X_\mu$도 연속이다. $P = P_\mu|_{L(a,\ \mu)}$라 하자.

$$P \circ f_\mu: X_\mu \longrightarrow X_\mu$$
$$f_\mu \circ P: L(a,\ \mu) \longrightarrow L(a,\ \mu)$$

이고 모두 항등사상이다(그림 3-6 참조). 따라서 f_μ는 전단사이고 $f_\mu^{-1} = P$는 연속이므로 f_μ는 위상동형사상이 된다. 그러므로 $L(a,\ \mu)$와 X_μ는 위상동형이다. ■

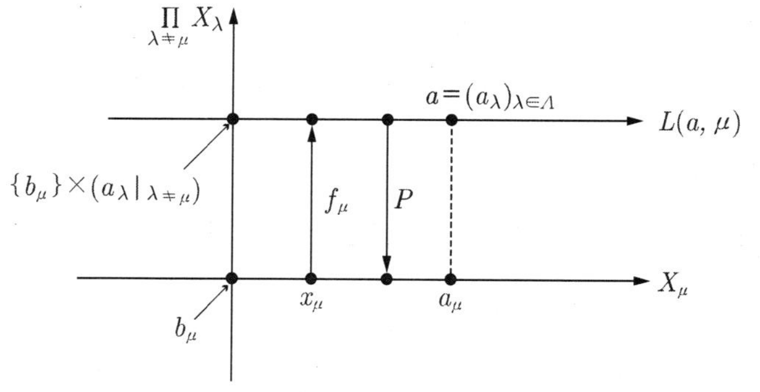
$\prod_{\lambda \neq \mu} X_\lambda$
$a=(a_\lambda)_{\lambda\in\Lambda}$
$L(a, \mu)$
$\{b_\mu\}\times(a_\lambda|_{\lambda\neq\mu})$
f_μ
P
X_μ
x_μ
a_μ
b_μ

그림 3-6

연.습.문.제

1. $X=\{a, b, c\}$, $Y=\{t, s\}$라 하고 X상의 위상 $\mathcal{J}$를 $\mathcal{J}=\{X, \varnothing, \{a\}, \{a, b\}\}$, Y상의 위상 $\mathcal{J}^*$를 $\mathcal{J}^*=\{Y, \varnothing, \{t\}\}$라 하자. 두 사영 $P_X: X\times Y \longrightarrow X$, $P_Y: X\times Y \longrightarrow Y$에 의한 $X\times Y$상의 약위상을 구하여라.

Hint $\mathcal{S}=\{P_X^{-1}[G] \mid G\in\mathcal{J}\}\cup\{P_Y^{-1}[H] \mid H\in\mathcal{J}^*\}$

$=\{X\times Y, \varnothing, \{a\}\times Y, \{a, b\}\times Y, X\times\{t\}\}$

에서 $\mathcal{J}(\mathcal{S})$를 구하면 된다. $\mathcal{J}(\mathcal{S})$는 적위상이 된다.

2. $(X, \mathcal{J})$를 위상공간이라 하자. 적공간 $X\times X$의 부분공간 $\Delta=\{(x, x) \mid x\in X\}$는 X와 위상동형이다.

Hint 사영 $P: X\times X \longrightarrow X(P(a, b)=a)$의 제한사상 $P|_\Delta$는 위상동형사상이 된다.

3. $\mathcal{B}$, $\mathcal{B}^*$를 각각 위상공간 X, Y의 위상들에 대한 기저라 할 때

$$\{G\times H \mid G\in\mathcal{B},\ H\in\mathcal{B}^*\}$$

는 X와 Y의 적공간의 적위상의 기저가 됨을 보여라.

Hint U, V를 각각 위상공간 X, Y에서의 임의의 개집합이라 할 때 $U\times V$가 $G\times H$의 합집합이 됨을 보이면 된다.

4. 적공간 $\prod_\lambda X_\lambda$에서 공집합 아닌 개집합 G를 취하면 유한개를 제외한 모든 $\lambda\in\Lambda$에 대하여 사영 P_λ에 의한 상 $P_\lambda[G]$는 $P_\lambda[G]=X_\lambda$임을 보여라.

Hint 개집합 $G_{\lambda_1}, \cdots, G_{\lambda_n}$이 존재하여

$$\prod\{X_\lambda \mid \lambda\neq\lambda_1, \cdots, \lambda_n\}\times G_{\lambda_1}\times\cdots\times G_{\lambda_n}\subset G$$

가 성립한다. 양변에 $P_\lambda(\lambda\neq\lambda_1, \cdots, \lambda_n)$를 취하면 $X_\lambda\subset P_\lambda[G]$이다.

5. $X\times Y$를 적공간이라 하고 임의의 한 점 $(a, b)\in X\times Y$를 취하자. 점 (a, b)를 품는 $X\times Y$의 부분공간 $\{a\}\times Y$는 Y와 위상동형이다.

Hint 3.2.7 정리 참조.

6. $(\boldsymbol{R}, \mathcal{U})$의 부분공간으로서 자연수집합 $\boldsymbol{N}$은 이산위상을 갖는다. 이산위상공간 $\boldsymbol{N}$은 적공간 $\boldsymbol{N}\times\boldsymbol{N}$과 위상동형이다. 이것을 보여라.

Hint $\boldsymbol{N}\times\boldsymbol{N}$도 이산공간이다. 전단사 $f: \boldsymbol{N}\longrightarrow\boldsymbol{N}\times\boldsymbol{N}$를 구하면 된다.

3.3 상공간

앞 절 서두에서 정의한 약위상의 쌍대개념이 강위상이다. 강위상은 다음과 같이 정의한다.

Y를 한 집합이라 하고 $Y_\lambda(\lambda \in \Lambda)$를 위상공간이라 할 때 주어진 전사함수

$$f_\lambda : Y_\lambda \longrightarrow Y(\lambda \in \Lambda)$$

를 연속이 되게 하는 Y상의 가장 큰 위상을 $f_\lambda(\lambda \in \Lambda)$에 의한 Y상의 **강위상**(强位相, strong topology)이라 한다.

X가 위상공간이고 Y가 집합일 때 전사함수

$$f : X \longrightarrow Y$$

를 연속이 되게 하는 Y상의 가장 큰 위상을 함수 f에 의한 Y상의 상위상이라 부른다. 그 정의는 다음과 같다.

3.3.1 정의 X를 위상공간 Y를 집합 그리고 $f : X \longrightarrow Y$를 전사라 할 때

$$\mathcal{T}_f = \{G \mid G \subset Y,\ f^{-1}[G]\text{는 } X\text{에서 개집합}\}$$

를 f에 의한 Y상의 **상위상**(商位相, quotient topology) 혹은 **등화위상**(等化位相, identification topology)이라 한다. 위상공간 $(Y, \mathcal{T}_f)$를 f에 의한 X의 **상공간**(商空間, quotient space), f를 **상함수**(商函數, quotient map)라 한다.

$\mathcal{T}_f$가 Y상의 한 위상임을 보이는 것은 어렵지 않다. 위상공간 $(X, \mathcal{T})$에 대하여 전사 $f : X \longrightarrow Y$를 연속이 되게 하는 Y상의 가장 큰 위상이 $\mathcal{T}_f$이다. 그 이유는 다음과 같다. $f : (X, \mathcal{T}) \longrightarrow (Y, \mathcal{T}_f)$가 연속인 것은 상위상 $\mathcal{T}_f$의 정의로부터 명백하다. Y상의 한 위상 $\mathcal{T}^*$에 대하여

$$f: (X, \mathcal{T}) \longrightarrow (Y, \mathcal{T}^*)$$

를 연속이라 할 때 임의의 $G \in \mathcal{T}^*$에 대하여 $f^{-1}[G] \in \mathcal{T}$이다. $f^{-1}[G]$가 X에서 개집합이므로 $\mathcal{T}_f$의 정의에 의하여 $G \in \mathcal{T}_f$이다. 따라서 $\mathcal{T}^* \subset \mathcal{T}_f$가 성립한다.

3.3.2 정리 사상 $f: X \longrightarrow Y$가 전사, 연속이고 개사상일 때 f는 상함수이다.

•증명• 사상 $f: (X, \mathcal{T}) \longrightarrow (Y, \mathcal{T}^*)$가 전사, 연속이고 개사상이라 하자. f에 의한 Y상의 상위상 $\mathcal{T}_f$는 f가 연속이 되는 가장 큰 위상이므로 $\mathcal{T}^* \subset \mathcal{T}_f$이다. 한편 임의의 $G \in \mathcal{T}_f$에 대하여 $f^{-1}[G]$는 X에서 개집합이고 $f: X \longrightarrow Y$가 전사, 개상이므로 $f[f^{-1}[G]] = G$는 $G \in \mathcal{T}^*$이다. 따라서 $\mathcal{T}_f \subset \mathcal{T}^*$가 성립한다. $\mathcal{T}^* = \mathcal{T}_f$이므로 f는 상함수이다. ■

3.3.3 정리 사상 $f: X \longrightarrow Y$가 전사, 연속이고 폐사상일 때 f는 상함수이다.

•증명• 사상 $f: (X, \mathcal{T}) \longrightarrow (Y, \mathcal{T}^*)$가 전사, 연속이고 폐사상이라 하자. f에 의한 Y상의 상위상 $\mathcal{T}_f$는 $\mathcal{T}^* \subset \mathcal{T}_f$이다. 한편 임의의 $G \in \mathcal{T}_f$에 대하여 $f^{-1}[G] \in \mathcal{T}$이고 $X - f^{-1}[G]$는 X에서 폐집합이므로, 가정에 의하여

$$f[X - f^{-1}[G]] = Y - G$$

는 Y에서 $\mathcal{T}^*$-폐집합이 되어 $G \in \mathcal{T}^*$이다. 따라서 $\mathcal{T}^* = \mathcal{T}_f$이므로 f는 상함수이다. ■

예 3.3.1 $X_\lambda (\lambda \in \Lambda)$를 위상공간이라 하고 $\prod_\lambda X_\lambda$을 적공간이라 하자. 사영 $P_\lambda: \prod_\lambda X_\lambda \longrightarrow X_\lambda$는 전사, 연속이고 개사상이므로 $P_\lambda (\lambda \in \Lambda)$는 상함수이다.

예 3.3.2 $X = [0, 1]$을 $(\boldsymbol{R}, \mathcal{U})$의 부분공간이라 하고

$$Y = \{(x, y) \mid x^2 + y^2 = 1, \ x, y \in \boldsymbol{R}\}$$

을 $(\boldsymbol{R}^2, \mathcal{U})$의 부분공간이라 하자. $f(t) = (\cos 2\pi t, \sin 2\pi t)$로 $f: X \longrightarrow Y$를

정의하면 f는 전사, 연속 폐사상이 되어 상함수이다. 즉 원은 폐구간의 상공간이다.

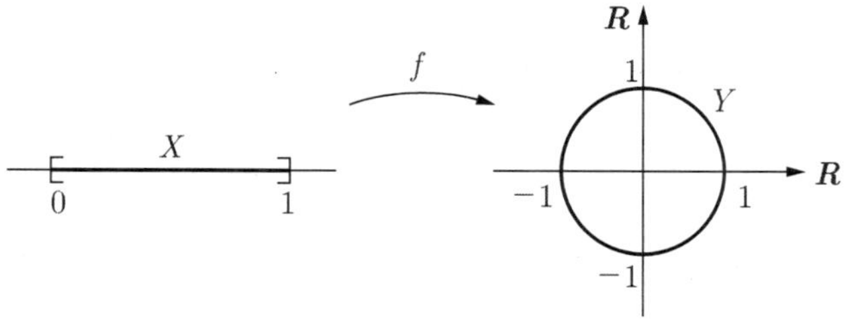

그림 3–7

3.3.4 정리 $f: X \longrightarrow Y$를 상함수라 하자. 임의의 사상 $g: Y \longrightarrow Z$가 연속이기 위한 필요충분조건은 $g \circ f: X \longrightarrow Z$가 연속이 되는 것이다.

•증명• $f: X \longrightarrow Y$를 상함수라 하고, $g: Y \longrightarrow Z$를 연속이라 하자. f가 연속이므로 $g \circ f$도 연속이다.

역으로 $g \circ f: Y \longrightarrow Z$를 연속이라 하자. Z에서 임의의 개집합 G를 취하면

$$(g \circ f)^{-1}[G] = f^{-1}[g^{-1}[G]]$$

는 X에서 개집합이 된다. f가 상함수이므로 $g^{-1}[G]$는 Y에서 개집합이어야 한다. 따라서 g는 연속이다. ■

3.3.5 정리 $f: X \longrightarrow Y$를 상함수라 하고 $h: X \longrightarrow Z$를 연속이라 하자. 만일 hf^{-1}가 한 사상이면 다음 (1), (2)가 성립한다.

(1) $hf^{-1}: Y \longrightarrow Z$는 연속이고 $h = (hf^{-1}) \circ f$이다.

(2) $hf^{-1}: Y \longrightarrow Z$가 개(폐)사상 이기 위한 필요충분조건은 $G = f^{-1}[f[G]]$인 개(폐)집합 G에 대하여 $h[G]$가 개(폐)집합이 되는 것이다.

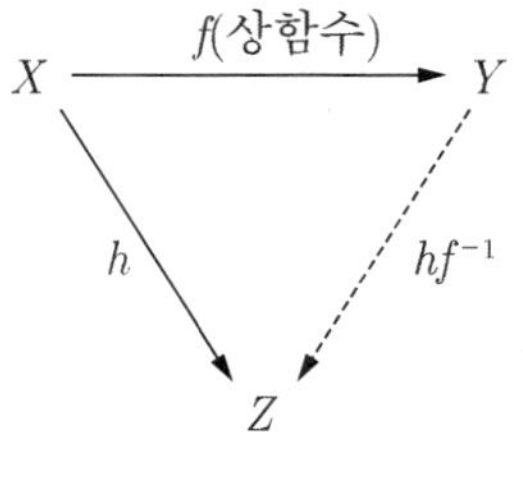

•증명• (1) 가정에 의하여 hf^{-1}가 한 사상이므로 임의의 $y \in Y$에 대하여 $(hf^{-1})(y) = h[f^{-1}(y)] \in Z$이어야 한다.

임의의 $x \in X$에 대하여 $f(x) = y \in Y$라 하자. $x \in f^{-1}(y)$이므로

$$h(x) = h[f^{-1}(y)] = (hf^{-1})(f(x)) = [(hf^{-1}) \circ f](x)$$

이다. 따라서 $h = (hf^{-1}) \circ f$가 성립한다. f가 상함수이고 $h = (hf^{-1}) \circ f$가 연속이므로 3.3.4 정리에 의하여 hf^{-1}는 연속이다.

(2) hf^{-1}는 개(폐)사상이다.

$\Longleftrightarrow$ 임의의 개(폐)집합 U에 대하여 $(hf^{-1})[U]$는 개(폐)집합이다.

$\Longleftrightarrow$ 임의의 개(폐)집합 $G = f^{-1}[U]$에 대하여 $h[G] = (hf^{-1})[U]$는 개(폐)집합이다.

$\Longleftrightarrow$ 임의의 개(폐)집합 $G = f^{-1}[f[G]] = f^{-1}[U]$에 대하여 $h[G] = (hf^{-1})[f[G]]$가 개(폐)집합이다. ■

주의 f가 상함수라는 데 유의하면 위 (2)의 증명 과정에서의 필요충분조건은 분명하다.

3.3.6 정리 $f: X \longrightarrow Y$를 상함수라 하고 Z를 한 집합, $g: Y \longrightarrow Z$를 전사라 하자. Z상에서 다음이 성립한다.

$$\mathfrak{J}_{g \circ f} = \mathfrak{J}_g$$

•증명• $g: Y \longrightarrow (Z, \mathfrak{J}_g)$가 연속이므로 $g \circ f: X \longrightarrow (Z, \mathfrak{J}_g)$도 연속이다. 따라서 임의의 $G \in \mathfrak{J}_g$에 대하여 $(g \circ f)^{-1}[G]$는 X에서 개집합이다. 그러므로 3.3.1 정의에 의하여 $G \in \mathfrak{J}_{g \circ f}$이고, $\mathfrak{J}_g \subset \mathfrak{J}_{g \circ f}$이다.

$g \circ f: X \longrightarrow (Z, \mathfrak{J}_{g \circ f})$도 연속이므로 3.3.4 정리에 의하여 $g: Y \longrightarrow (Z, \mathfrak{J}_{g \circ f})$도 연속이고 따라서 임의의 $H \in \mathfrak{J}_{g \circ f}$에 대하여 $g^{-1}[H]$는 Y에서 개집합이다. 그러므로 3.3.1 정의에 의하여 $H \in \mathfrak{J}_g$이고 $\mathfrak{J}_{g \circ f} \subset \mathfrak{J}_g$이다. 결국 $\mathfrak{J}_{g \circ f} = \mathfrak{J}_g$가 성립한다. ■

X를 한 집합이라 하고 R을 X상의 한 동치관계라 하자. 임의의 $x \in X$에 대하여 $[x] = \{y \mid y \in X,\ yRx\}$이고

$$X/R = \{[x] \mid x \in X\}$$

이다. X/R은 X의 한 분할이다.

$$q\colon X \longrightarrow X/R$$

을 $x \in X$에 대하여 $q(x) = [x]$로 정의하자. 만일 X가 위상공간이면 q가 상함수가 되도록 X/R에 q에 의한 상위상을 도입할 수 있다. 이 위상을 동치관계 R에 의한 상위상이라고도 한다. 또 q를 **자연사상**(自然寫像, natural map) 혹은 **표준사상**(標準寫像, canonical map)이라 부른다.

3.3.7 정리 전사 $f\colon X \longrightarrow Y$를 상함수라 하고 $f(x) = f(x')$일 때 xRx'이라 하자. R은 X상의 한 동치관계가 되고, 자연사상 $q\colon X \longrightarrow X/R$에 의한 상공간 X/R은 Y와 위상동형이다.

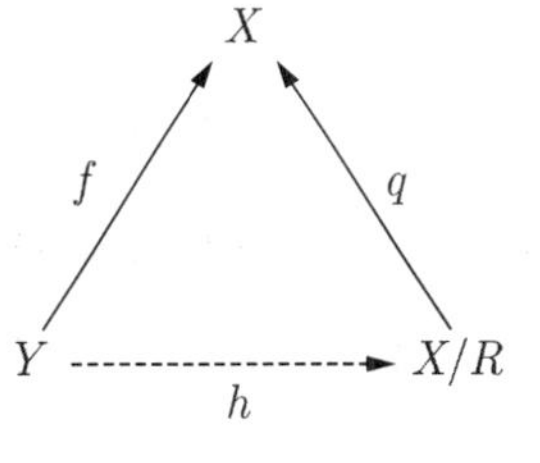

•증명• R이 X상에서 동치관계인 것은 명백하다. 임의의 $x \in X$에 대하여 적당한 $y \in Y$가 존재해서 $[x] = f^{-1}(y)$이다. 따라서 $X/R = \{f^{-1}(y) \mid y \in Y\}$이다.

$$h\colon Y \longrightarrow X/R$$
$$(y \longmapsto f^{-1}(y))$$

이라 하자. $y_1 \neq y_2$일 때 $f^{-1}(y_1) \neq f^{-1}(y_2)$이므로 h는 단사이고 또 전사인 것은 분명하다. f와 q는 상함수이고 $q = h \circ f$, $f = h^{-1} \circ q$이므로 3.3.4 정리에 의하여 h와 h^{-1}는 연속이다. 따라서 h는 위상동형사상이고 $Y \approx X/R$이다. ■

예 3.3.3 예 3.3.2에서 $Y=\{(x,\ y)\mid x^2+y^2=1\}$은 $X=[0,\ 1]$의 한 상공간임을 알았다. 상함수 $f: X \longrightarrow Y$는 $f(t)=(\cos 2\pi t,\ \sin 2\pi t)$이었다.

$$f(t)=f(t') \Longleftrightarrow tRt'$$

으로 X상에서 동치관계 R을 정의하면 $f(0)=f(1)$이므로 $0R1$이고, $0<t,\ t'<1$인 경우

$$f(t)=f(t') \Longleftrightarrow t=t' \quad (0<t,\ t'<1)$$

이므로

$$X/R=\{\{t\}\mid 0<t<1\}\cup\{\{0,\ 1\}\}$$

이다. $Y\approx X/R$이므로 단위원 Y는 $X=[0,\ 1]$에서 0과 1을 같은 점으로 볼 때 얻어질 수 있음을 알 수 있다.

예 3.3.4 $X=[0,\ 1]\times[0,\ 1]$이라 하고 $Y=S^1\times[0,\ 1]$이라 하자. $S^1=\{(x,\ y)\mid x^2+y^2=1\}$을 나타내고 있다. $f: X \longrightarrow Y$를

$$f(s,\ t)=((\cos 2\pi s,\ \sin 2\pi s),\ t)$$

로 정의하면 f는 전사, 연속, 폐사상이 되어 한 상함수이다. Y는 f에 의한 상공간으로서, X상에서 $(0,\ t)$, $(1,\ t)$을 같은 점으로 볼 때 얻어진 공간이다.

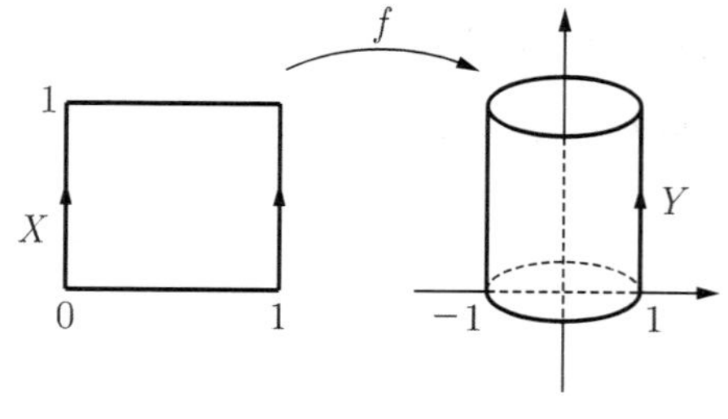

그림 3-8

예 3.3.5 $X=[0,\ 1]\times[0,\ 1]$이라 하고 $X=S^1\times S^1$이라 하자. 이 Z를 윤환면(輪環面, torus)이라 한다. $g: X \longrightarrow Z$를

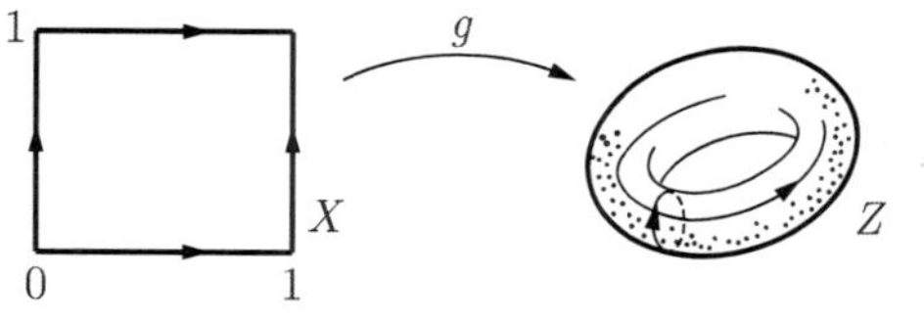

그림 3-9

$$g(s,\ t) = ((\cos 2\pi s,\ \sin 2\pi s),\ (\cos 2\pi t,\ \sin 2\pi t))$$

으로 정의하면 g는 전사, 연속, 폐사상이므로 상함수이다. 따라서 Z는 g에 의한 상공간으로 볼 수 있다. X상에서 $(s,\ 0)$과 $(s,\ 1)$을 같은 점으로 $(0,\ t)$와 $(1,\ t)$를 같은 점으로 본 공간이 윤환면 Z라 할 수 있다.

연.습.문.제

1. $(\boldsymbol{R}, \mathcal{U})$의 부분공간 $J=[-1, 1]$에 대하여 $f: \boldsymbol{R} \longrightarrow J$를 $x \in [1, \infty]$일 때 $f(x)=1$, $x \in (-\infty, -1]$일 때 $f(x)=-1$, $x \in (-1, 1)$일 때 $f(x)=x$라 하면 f는 상함수이다. 이것을 보여라.

   Hint f는 연속이고, $\mathcal{T}_f=\mathcal{U}_J$이다.

2. 보통위상을 갖는 유클리드 공간 $\boldsymbol{R} \times \boldsymbol{R}$상에 동치관계 R을

$$(x_1, y_1)R(x_2, y_2) \Longleftrightarrow x_1=x_2$$

   로 정하면 $(\boldsymbol{R} \times \boldsymbol{R})/R \approx \boldsymbol{R}$이 성립함을 보여라.

   Hint 사영 $P: \boldsymbol{R} \times \boldsymbol{R} \longrightarrow \boldsymbol{R}\,(P(x, y)=x)$하고 3.3.7 정리를 이용한다.

3. 적공간 $X=\prod_\lambda X_\lambda (\neq \varnothing)$에서 한 좌표공간 X_λ가 X의 한 상공간과 위상동형이 됨을 증명하여라.

   Hint 사영 $P_\lambda: \prod_\lambda X_\lambda \longrightarrow X_\lambda$를 이용한다(연습문제 2. 참조).

4. X를 위상공간이라 하고 $I=[0, 1]$이라 하자. 적공간 $X \times I$를 원기둥(혹은 주면, cylinder)이라 부른다. $X \times I$상에 한 관계 R을

$$R=\{(x_1, t_1), (x_2, t_2) \mid (x_1=x_2,\ t_1=t_2) \text{ 혹은 } (t_1=t_2=1)\}$$

   이라 하면 R은 동치관계이다. $X \times I$의 상공간 $(X \times I)/R$을 **원추**(혹은 원뿔, cone)이라 하고 $CX=(X \times I)/R$로 나타낸다.

   $S^1=\{(x_1, x_2) \mid x_1^2+x_2^2=1\}$일 때

   $CS^1=(S^1 \times I)/R \approx B^2=\{(x_1, x_2) \mid x_1^2+x_2^2 \leq 1\}$임을 보여라.

   Hint $p: S^1 \times I \longrightarrow B^2(p(x, t)=(1-t)x)$라 하고 3.3.7 정리를 이용한다.

5. X를 위상공간, $J=[-1,\ 1]$이라 하자. 적공간 $X\times J$를 동치관계

$$R=\{((x_1,\ t_1),\ (x_2,\ t_2))\mid (x_1=x_2,\ t_1=t_2)\ \text{혹은}\ (t_1=t_2=1)\ \text{혹은}\ (t_1=t_2=-1)\}$$

에 의하여 상공간 $(X\times J)/R$을 만들었을 때 $(X\times J)/R=SX$로 나타내고 위상공간 X의 **현수**(懸垂, suspension)라 부른다.

(1) $S^0=\{(1,\ 0),\ (-1,\ 0)\}$, $S^1=\{(x_1,\ x_2)\mid x_1^2+x_2^2=1\}$이라 하자.

$SS^0\cong S^1$을 보여라.

(2) 위상공간 X에 대하여 $SX\approx CX/X\times 0$가 성립함을 보여라.

주의 $A\subset X$라 할 때

$$R=A\times A\cup\{(x,\ x)\mid x\in X-A\}$$

는 X상의 한 동치관계이다. R에 의한 동치류들의 집합 X/R을 $X/R=X/A$로 나타내기로 한다.

Hint (1) $A=\{(x,\ y)\mid y^2=(1-x)^2,\ 0\leq x\leq 1\}\cup\{(x,\ y)\mid y^2=(1+x)^2,$ $-1\leq x\leq 0\}$이라 하자. $A\approx S^1$은 분명하다.

$$f: S^0\times J\longrightarrow A\quad \begin{pmatrix} f((1,\ 0),\ t)=(1-t,\ t) & \\ & t\geq 0 \\ f((-1,\ 0),\ t)=(-1+t,\ t) & \end{pmatrix}$$

$$\begin{pmatrix} f((1,\ 0),\ t)=(1+t,\ t) & \\ & t\leq 0 \\ f((-1,\ 0),\ t)=(-1-t,\ t) & \end{pmatrix}$$

라 하고 3.3.7 정리를 이용한다.

(2) $g: CX\longrightarrow SX(g(x,\ t)=(x,\ 2t-1)$이라 하고 3.3.7 정리를 이용한다.

제4장

거리공간

이 장에서는 유클리드공간에서 보통거리 개념이 갖고 있는 기본성질을 추상화하여 보다 일반적인 거리공간을 정의하고 위상공간으로서의 거리공간이 갖는 여러 가지 성질을 조사하고자 한다.

4.1 거리공간

집합 X상에 다음과 같이 추상화된 거리개념을 도입할 수 있다.

4.1.1 정의 X를 공집합이 아닌 집합이라 하자. 함수

$$d: X \times X \longrightarrow \boldsymbol{R}$$

이 다음 M-1 ~ M-4 조건을 만족할 때 d를 집합 X상의 **거리함수**(距離函數, metric function or distance function)라 한다.

임의의 $a, b, c \in X$에 대하여

M-1 $d(a, b) \geq 0, d(b, a) = 0$

M-2 $d(a, b) = d(b, a)$ (대칭률, symmetry)

M-3 $d(a, b) \leq d(a, c) + d(c, b)$ (삼각부등식, triangle inequality)

M-4 $a \neq b$이면 $d(a, b) > 0$

임의의 $a, b \in X$에 대하여 $d(a, b)$를 a로부터 b까지의 **거리**(距離, distance)라 부른다.

만일 $d: X \times X \longrightarrow \boldsymbol{R}$이 M-1, M-2, M-3 조건만을 만족할 때 d를 X상의 **반거리함수** 혹은 **의거리함수**(半距離函數 혹은 擬距離函數, semimetric function or pseudometric function)라 한다. 이 용어에 대한 정의는 저자에 따라서 조금씩 다르다.

예 4.1.1 X를 한 집합이라 한다. 임의의 $a, b \in X$에 대하여

$$d(a, b) = \begin{cases} 0 & (a = b) \\ 1 & (a \neq b) \end{cases}$$

로 정의하면 d는 M-1 ~ M-4 조건을 만족하므로 X상의 한 거리함수가 된다. 이

d를 **이산거리**(離散距離, discrete metric)함수라 한다.

예 4.1.2 실수집합 $\boldsymbol{R}$상의 거리함수 $d: \boldsymbol{R} \times \boldsymbol{R} \longrightarrow \boldsymbol{R}$를 $d(a, b) = |a-b|$로 정의하면 d는 M-1 ~ M-4을 만족한다. 이 d를 $\boldsymbol{R}$상의 **보통거리**(usual metric)함수라 한다.

예 4.1.3 이차원 유클리드 평면 $\boldsymbol{R}^2$에서 두 점 $p=(a_1, a_2)$, $q=(b_1, b_2)$를 임의로 취하자. d, d_1, d_2를

(1) $d(p, q) = \sqrt{(a_1-b_1)^2 + (a_2-b_2)^2}$

(2) $d_1(p, q) = \max\{|a_1-b_1|, |a_2-b_2|\}$

(3) $d_2(p, q) = |a_1-b_1| + |a_2-b_2|$

로 정의하면 모두 M-1 ~ M-4를 만족하므로 $\boldsymbol{R}^2$상의 거리함수가 된다. 특히 d를 $\boldsymbol{R}^2$상의 보통거리함수라 한다(단, max=maximum).

예 4.1.4 $C([0, 1]) = \{f \mid f: [0, 1] \longrightarrow \boldsymbol{R}$은 연속함수$\}$라 하자. 임의의 $f, g \in C([0, 1])$에 대하여 ρ_1과 ρ_2를

(1) $\rho_1(f, g) = \int_0^1 |f(x) - g(x)| dx$

(2) $\rho_2(f, g) = \max\{|f(x)-g(x)| \mid x \in [0, 1]\}$

로 정의하면 ρ_1과 ρ_2는 $C([0, 1])$상에서 서로 다른 두 개의 거리함수가 된다. $|f(x) - g(x)|$는 $[0, 1]$상에서 연속이므로 적분값

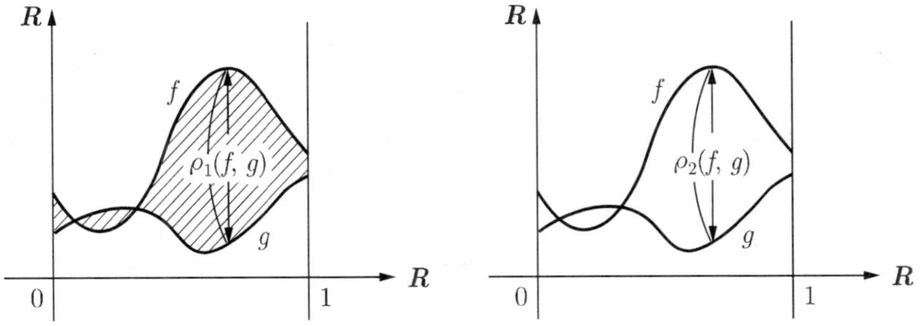

그림 4-1

$$\int_0^1 |f(x)-g(x)|\,dx$$

가 반드시 존재하고 또한 적당한 $x_0 \in [0,\ 1]$에서 최대치

$$\max\{|f(x)-g(x)|\ |\ x\in[0,\ 1]\} = |f(x_0)-g(x_0)|$$

가 반드시 존재한다.

4.1.2 정의 d를 집합 X상의 한 거리함수라 하자. 한 점 $a\in X$와 한 실수 $\varepsilon>0$에 대하여

$$S_d(a,\ \varepsilon) = \{x\ |\ x\in X,\ d(a,\ x)<\varepsilon\}$$

을 a의 **ε-개근방**(ε-開近傍, ε-open neighborhood or ε-open sphere)이라고 한다.

거리함수 d가 고정되었을 때에는 $S_d(a,\ \varepsilon)$에서 d를 생략하여 $S(a,\ \varepsilon)$으로 나타낸다.

예 4.1.5 예 4.1.3에서 정의된 $\boldsymbol{R}^2$상의 세 종류의 거리함수 $d,\ d_1,\ d_2$에 대하여 $p\in\boldsymbol{R}^2$, $\varepsilon>0$일 때

$$S_{d_2}(p,\ \varepsilon) \subsetneq S_d(p,\ \varepsilon) \subsetneq S_{d_1}(p,\ \varepsilon)$$

이 성립한다.

$S_{d_2}(p,\ \varepsilon)$은 한 변의 길이가 $\sqrt{2}\,\varepsilon$인 정사각형의 내부를, $S_d(p,\ \varepsilon)$은 p를 중심

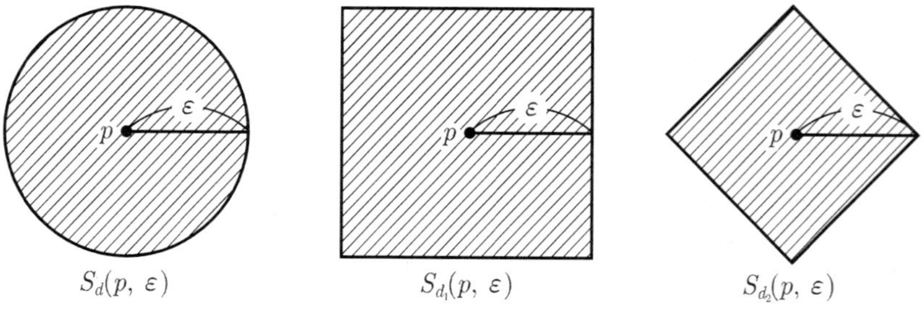

그림 4-2

으로 하는 반지름이 ε인 원의 내부를 $S_{d_1}(p,\ \varepsilon)$은 한 변의 길이가 2ε인 정사각형의 내부를 각각 나타낸다.

4.1.3 정리 d를 집합 X상의 한 거리함수라 하자.

$$\mathscr{B} = \{S(a,\ \varepsilon) \mid a \in X,\ \varepsilon > 0\}$$

라 하면 $\mathscr{B}$는 X상의 한 위상 $\mathscr{T}$의 기저이다.

•증명• $\mathscr{B} = \{S(a,\ \varepsilon) \mid a \in X,\ \varepsilon > 0\}$가 2.4.4 정리의 (1), (2)를 만족함을 보이면 충분하다. (1)이 성립한다는 것은 분명하다. (2) 조건을 만족함을 보이자.
$S(a,\ \varepsilon_1),\ S(b,\ \varepsilon_2) \in \mathscr{B}$이고 $x \in S(a,\ \varepsilon_1) \cap S(b,\ \varepsilon_2)$라 하자.

$$\varepsilon = \min\{\varepsilon_1 - d(a,\ x),\ \varepsilon_2 - d(b,\ x)\}$$

라 놓자(단, min=minmum).
임의의 $p \in S(x,\ \varepsilon)$을 취하면 $d(a,\ p)$는

$$d(a,\ p) \le d(a,\ x) + d(x,\ p) < d(a,\ x) + \varepsilon \le \varepsilon_1$$

이다. 따라서 $p \in S(a,\ \varepsilon_1)$, 같은 방법으로 $p \in S(b,\ \varepsilon_2)$임을 보일 수 있다. 따라서

$$x \in S(x,\ \varepsilon) \subset S(a,\ \varepsilon_1) \cap S(b,\ \varepsilon_2)$$

가 되어 (2) 조건을 만족한다. ■

위 정리를 이용하여 거리위상과 거리공간을 다음과 같이 정리할 수 있다.

4.1.4 정의 d를 집합 X상의 거리함수라 하자.

$$\mathscr{B} = \{S(x,\ \varepsilon) \mid x \in X,\ \varepsilon > 0\}$$

을 기저로 갖는 X상의 위상을 $\mathscr{T}(d)$로 나타내고 이 $\mathscr{T}(d)$를 거리함수 d에 의하여 유도된 **거리위상**(距離位相, metric topology)이라 한다. 거리함수 d와 거리위상 $\mathscr{T}(d)$가 주어진 위상공간 X를 $(X,\ d)$로 나타내고 **거리공간**(距離空間, metric space)이라 부른다.

예 4.1.6 실직선 $\boldsymbol{R}$상의 보통거리함수 d는 임의의 $a, b \in \boldsymbol{R}$에 대하여 $d(a, b) = |a-b|$로 정의하였다.

$$\begin{aligned} S_d(a, \varepsilon) &= \{x \mid d(a, x) < \varepsilon\} \\ &= \{x \mid |a-x| < \varepsilon\} \\ &= (a-\varepsilon, a+\varepsilon) \end{aligned}$$

이므로 $\boldsymbol{R}$상의 d에 의한 거리위상 $\mathcal{T}(d)$는 개구간 전체를 기저로 갖는 한 위상이다. 예 2.4.3에 의하여 $\boldsymbol{R}$상의 보통위상 $\mathcal{U}$도 개구간 전체를 기저로 갖고 있으므로 $\mathcal{T}(d) = \mathcal{U}$임을 알 수 있다.

예 4.1.7 좌표평면 $\boldsymbol{R}^2$상의 보통거리함수 d는 임의의 $\boldsymbol{R}^2$의 두 점 $p = (a_1, a_2)$, $q = (b_1, b_2)$에 대하여

$$d(p, q) = \sqrt{(a_1 - b_1)^2 + (a_2 - b_2)^2}$$

이었다.

$$\begin{aligned} S_d(p, \varepsilon) &= \{(x_1, x_2) \mid \sqrt{(a_1 - x_1)^2 + (a_2 - x_2)^2} < \varepsilon\} \\ &= \{(x_1, x_2) \mid (a_1 - x_1)^2 + (a_2 - x_2)^2 < \varepsilon^2\} \end{aligned}$$

이므로 $S_d(p, \varepsilon)$은 중심이 p이고 반지름이 ε인 원의 내부점 전체이다.

$\boldsymbol{R}^2$상에서 거리위상 $\mathcal{T}(d)$는

$$\mathcal{B} = \{S_d(p, \varepsilon) \mid p \in \boldsymbol{R}^2, \varepsilon > 0\}$$

을 기저로 하는 위상이다.

예 3.2.1에서

$$\mathcal{B}^* = \{(a, b) \times (c, d) \mid a < b, c < d, a, b, c, d \in \boldsymbol{Q}\}$$

는 적공간 $(\boldsymbol{R}^2, \mathcal{U})$의 한 기저이었다. 임의의 $P = (a_1, a_2) \in \boldsymbol{R}^2$와 임의의 $\varepsilon > 0$에 대하여

$$p \in S_d\left(p,\ \frac{1}{2}\varepsilon\right) \subset \left(a_1 - \frac{1}{2}\varepsilon,\ a_1 + \frac{1}{2}\varepsilon\right) \times \left(a_2 - \frac{1}{2}\varepsilon,\ a_2 + \frac{1}{2}\varepsilon\right) \subset S_d(p,\ \varepsilon)$$

이다. 따라서 2.4.5 정리를 활용하면 $\mathcal{T}(\mathcal{B}) = \mathcal{T}(\mathcal{B}^*)$를 얻을 수 있다.
즉 $\mathcal{T}(d) = \mathcal{T}(\mathcal{B}) = \mathcal{T}(\mathcal{B}^*) = \mathcal{U}$이다.

예 4.1.8 집합 X상에 예 4.1.1에서의 이산거리 함수 d가 주어졌을 때 $\varepsilon = \dfrac{1}{2}$이라 놓으면 $x \in X$에 대하여

$$S_d(x,\ \varepsilon) = S_d\left(x,\ \frac{1}{2}\right) = \{x\}$$

이므로, 거리위상 $\mathcal{T}(d)$에 대하여

$$S_d\left(x,\ \frac{1}{2}\right) = \{x\} \in \mathcal{T}(d)$$

이다. 한 점 집합(singleton set)이 모두 개집합이므로 $\mathcal{T}(d)$는 이산위상이 된다. 즉 $\mathcal{T}(d) = \mathcal{D}$이다. 이산거리공간 $(X,\ d)$는 이산공간이다.

집합 X상에 반거리함수가 주어졌을 때에도 위와 같은 방법으로 ε-개근방과 거리위상을 생각할 수 있다. 다음에서 그 예를 들자.

예 4.1.9 집합 X상의 임의의 두 점 $a,\ b \in X$에 대하여 $d(a,\ b) = 0$으로 d를 정의하면 $d\colon X \times X \longrightarrow \boldsymbol{R}$은 반거리함수이다. 이 경우

$$\mathcal{B} = \{S(x,\ \varepsilon) \mid x \in X,\ \varepsilon > 0\} = \{X\}$$

가 되고 $\mathcal{B}$를 기저로 하는 X상의 위상 $\mathcal{T}(d)$는 $\mathcal{T}(d) = \{X,\ \varnothing\}$이다. $\mathcal{T}(d)$는 반거리함수 d에 의하여 유도된 X상의 한 위상이다. $\mathcal{T}(d) = \mathcal{I}$인 비이산위상이다.

4.1.5 정리 $(X,\ d)$를 거리공간이라 하자. $G \in \mathcal{T}(d)$이기 위한 필요충분조건은 임의의 $x \in G$에 대하여 적당한 $\varepsilon_x > 0$가 존재해서 $x \in S_d(x,\ \varepsilon_x) \subset G$가 되는 것이다.

•증명• $G\in\mathcal{J}(d)$라 하고 $x\in G$라 하자. $G=\bigcup_y S_d(y,\ \varepsilon_y)$이므로 적당한 $S_d(y,\ \varepsilon_y)$가 존재해서 $x=S_d(y,\ \varepsilon_y)$이다. $\varepsilon_x=\varepsilon_y-d(y,\ x)$라 하면 $\varepsilon_x>0$이고 임의의 $z\in S_d(x,\ \varepsilon_x)$에 대하여

$$d(y,\ z)\le d(y,\ x)+d(x,\ z)<d(y,\ x)+\varepsilon_x=\varepsilon_y$$

이므로 $z\in S_d(y,\ \varepsilon_y)$이다. 따라서

$$x\in S_d(x,\ \varepsilon_x)\subset S_d(y,\ \varepsilon_y)\subset G$$

가 성립한다.

역으로 $x\in G$일 때 적당한 $\varepsilon_x>0$가 존재해서 $x\in S_d(x,\ \varepsilon_x)\subset G$라면 $G=\bigcup_{x\in G} S_d(x,\ \varepsilon_x)$이므로 $G\in\mathcal{J}(d)$이다. ■

집합 X상에 서로 다른 두 개의 거리함수 d_1과 d_2가 정의되었을 때 $\mathcal{J}(d_1)=\mathcal{J}(d_2)$가 되는 경우가 있다.

예 4.1.10 두 개 이상의 원소를 갖는 집합 X상에서 $a,\ b\in X$에 대하여

$$d_1(a,\ b)=\begin{cases}0 & (a=b)\\ 1 & (a\ne b)\end{cases},\quad d_2(a,\ b)=\begin{cases}0 & (a=b)\\ 2 & (a\ne b)\end{cases}$$

와 같이 $d_1,\ d_2$를 정의하면 d_1과 d_2는 서로 다른 거리함수이지만 $\mathcal{J}(d_1)$과 $\mathcal{J}(d_2)$는 X상의 이산위상으로 같은 거리위상이 된다.

4.1.6 정의 집합 X상에 두 개의 거리함수 $d_1,\ d_2$가 주어졌을 때 $\mathcal{J}(d_1)=\mathcal{J}(d_2)$이면 d_1과 d_2를 **동치거리**(同値距離, equivalent metric)함수라 한다.

예 4.1.11 예 4.1.3에서 $\boldsymbol{R}^2$상에 정의된 거리함수 $d,\ d_1,\ d_2$는 같은 거리위상 $\mathcal{U}=\mathcal{J}(d)=\mathcal{J}(d_1)=\mathcal{J}(d_2)$를 갖는다. 그 이유는 다음과 같다. 임의의 $p\in\boldsymbol{R}^2$와 임의의 $\varepsilon>0$에 대하여

$$p \in S_{d_2}\left(p,\ \frac{\varepsilon}{2}\right) \subset S_d\left(p,\ \frac{\varepsilon}{2}\right) \subset S_{d_1}\left(p,\ \frac{\varepsilon}{2}\right) \subset S_{d_2}(p,\ \varepsilon) \subset S_d(p,\ \varepsilon)$$

가 성립하므로 4.1.5 정리를 활용하여 $\mathfrak{J}(d) = \mathfrak{J}(d_1) = \mathfrak{J}(d_2)$를 얻을 수 있다. 따라서 $d,\ d_1,\ d_2$는 $\boldsymbol{R}^2$상의 동치거리함수들이다.

| 4.1.7 정리 | $(X,\ d)$와 $(Y,\ \rho)$를 거리공간이라 하자. 사상 $f: X \longrightarrow Y$가 연속이 되기 위한 필요충분조건은 임의의 $x \in X$와 임의의 $\varepsilon > 0$에 대하여 적당한 $\delta = \delta(x,\ \varepsilon) > 0$이 존재해서

$$f[S_d(x,\ \delta)] \subset S_\rho(f(x),\ \varepsilon)$$

가 성립하는 것이다.

•증명• 사상 $f: X \longrightarrow Y$가 연속이라 하자. 임의의 $x \in X$와 임의의 $\varepsilon > 0$에 대해서 $f(x)$의 ε-개근방의 f에 의한 역상

$$f^{-1}[S_\rho(f(x),\ \varepsilon)]$$

은 x의 개근방이다. 따라서 4.1.5 정리에 의하여 적당한

$$\delta = \delta(x,\ \varepsilon) > 0$$

이 존재해서 $S_d(x,\ \delta) \subset f^{-1}[S_\rho(f(x),\ \varepsilon)]$이여야 한다. 그러므로 $f[S_d(x,\ \delta)] \subset S_\rho(f(x),\ \varepsilon)$이 성립한다.

역으로 주어진 가정하에서 $f: X \longrightarrow Y$가 연속임을 보이자. 3.1.2 정리와 4.1.4 정의에 의하여 Y에서의 임의의 한 ε-개근방 $S_\rho(y,\ \varepsilon)$의 f에 의한 역상 $f^{-1}[S_\rho(y,\ \varepsilon)]$이 X에서 개집합임을 보이면 충분하다. 임의의 $x \in f^{-1}[S_\rho(y,\ \varepsilon)]$을 취하자. $f(x) \in S_\rho(y,\ \varepsilon)$이다.

$$\varepsilon_0 = \varepsilon - \rho(y,\ f(x))$$

라 하면 $\varepsilon_0 > 0$이다. $S_\rho(f(x),\ \varepsilon_0) \subset S_\rho(y,\ \varepsilon)$이 성립한다. 가정에 의하여 적당한 $\delta = \delta(x,\ \varepsilon_0) > 0$가 존재하여 $f[S_d(x,\ \delta)] \subset S_\rho(f(x),\ \varepsilon_0)$이어야 한다. 따라서

$$x \in S_d(x,\ \delta) \subset f^{-1}[S_\rho(f(x),\ \varepsilon_0)] \subset f^{-1}[S_\rho(y,\ \varepsilon)]$$

이므로 2.2.3 정리에 의하여 $f^{-1}[S_\rho(y,\ \varepsilon)]$은 X에서 개집합이다. ■

4.1.8 정의 $(X,\ d)$와 $(Y,\ \rho)$를 거리공간 $f: X \longrightarrow Y$라 하자. 임의의 $\varepsilon > 0$에 대하여 적당한 $\delta = \delta(\varepsilon) > 0$이 존재해서 임의의 $x \in X$에 대해서 $f[S_d(x,\ \delta)] \subset S_\rho(f(x),\ \varepsilon)$일 때 사상 f를 **평등연속**(uniformly continuous)이라 한다.

연.습.문.제

1. $d: X \times X \longrightarrow \boldsymbol{R}$가 거리함수이기 위한 필요충분조건은

① $d(x, y) = 0 \iff x = y$

② $^{\forall}x, y, z \in X,\ d(x, y) \leq d(z, x) + d(z, y)$

이다. 이것을 밝혀라.

Hint ①, ②로부터 다음을 얻는다.

$$0 = d(x, x) \leq d(y, x) + d(y, x) = 2d(y, x)$$
$$d(x, y) \leq d(y, x) + d(y, y) = d(y, x)$$

2. d를 한 집합 X상의 거리함수라 하면 $d'(x, y) = \min\{1, d(x, y)\}$(단, $x, y \in X$)도 X상의 한 거리함수가 됨을 보여라.

Hint $\min\{1, d(x, y) + d(z, y)\} \leq \min\{1, d(x, z)\} + \min\{1, d(z, y)\}$

3. $d: \boldsymbol{R} \times \boldsymbol{R} \longrightarrow \boldsymbol{R}$를 $d(x, y) = \dfrac{|x-y|}{1+|x-y|}$ $((x, y) \in \boldsymbol{R} \times \boldsymbol{R})$로 정의하자. d가 $\boldsymbol{R}$상의 한 거리함수임을 증명하여라.

Hint
$$\begin{aligned} d(x, y) &= (1+|x-y|^{-1})^{-1} \leq (1+(|x-z|+|z-y|)^{-1})^{-1} \\ &= |x-z|(1+|x-z|+|z-y|)^{-1} \\ &\quad + |z-y|(1+|x-z|+|z-y|)^{-1} \\ &\leq d(x, z) + d(y, z) \end{aligned}$$

4. 예 4.1.3에서 d, d_1, d_2는 모두 $\boldsymbol{R}$상에서 거리함수임을 보여라.

Hint (삼각부등식 공리의 증명) $p = (a_1, a_2)$, $q = (b_1, b_2)$, $x = (x_1, x_2)$라 하자.

$$\begin{aligned} d_1(p, q) &= \max\{|a_1 - b_1|, |a_2 - b_2|\} \\ &\leq \max\{|a_1 - x_1| + |x_1 - b_1|, |a_2 - x_2| + |x_2 - b_2|\} \\ &\leq d_1(p, x) + d_1(x, q) \end{aligned}$$

$$\begin{aligned} d_2(p, q) &= |a_1 - b_1| + |a_2 - b_2| \\ &\le |a_1 - x_1| + |x_1 - b_1| + |a_2 - x_2| + |x_2 - b_2| \\ &\le d_2(p, x) + d_2(x, q) \end{aligned}$$

5. 예 4.1.4에서 $X = C([0, 1])$이라 하자. 두 거리공간 (X, ρ_1), (X, ρ_2)에서 $\mathfrak{J}(\rho_1) \subset \mathfrak{J}(\rho_2)$임을 밝혀라.

Hint $g \in S_{\rho_2}(f, \varepsilon)$이라 하자.

$$\begin{aligned} \rho_1(f, g) &= \int_0^1 |f(x) - g(x)| dx \le \int_0^1 \max_{x \in [0, 1]} |f(x) - g(x)| dx \\ &= \int_0^1 \rho_2(f, g) dx \\ &= \rho_2(f, g) < \varepsilon \end{aligned}$$

$\therefore\ S_{\rho_2}(f, \varepsilon) \subset S_{\rho_1}(f, \varepsilon)$

6. 거리공간 (X, d)에서 $a \in X$, $\varepsilon > 0$에 대하여 $S(a, \varepsilon) = \{x \mid d(a, x) < \varepsilon\}$라 할 때 $\overline{S(a, \varepsilon)} \ne \{x \mid d(a, x) \le \varepsilon\}$인 예를 들어라.

Hint 일반적으로 $\overline{S(a, \varepsilon)} \subset \{x \mid d(a, x) \le \varepsilon\}$이다. 등호가 성립하지 않는 예를 들자. 예 4.1.1의 이산거리공간 (X, d)에서 $a \in X$일 때 $\{a\} = S(a, 1)$이고 따라서

$$\{a\} = \overline{S(a, 1)} \ne \{x \mid d(a, x) \le 1\} = X$$

이다.

7. $X = (0, 1) \subset \boldsymbol{R}$이라 하고 $d : X \times X \longrightarrow \boldsymbol{R}\left(d(x, y) = \left|\frac{1}{x} - \frac{1}{y}\right|, (x, y) \in X \times X\right)$ 이라 하면 d는 X상의 한 거리함수이고 보통 거리함수 $d'(x, y) = |x - y|$와 동치거리(equivalent metric)이다. 즉 $\mathfrak{J}(d) = \mathfrak{J}(d')$이다. 증명하여라.

Hint $x, y \in (0, 1) \subset \boldsymbol{R}$이라 하자.

$d'(x, y) = xyd(x, y) < d(x, y)$이므로

$d(x, y) < \varepsilon \Longrightarrow d'(x, y) < \varepsilon\ \therefore\ S_d(x, \varepsilon) \subset S_{d'}(x, \varepsilon)$

한편 $f:(0,\ 1) \longrightarrow \boldsymbol{R}\left(f(x)=\dfrac{1}{x}\right)$이 연속이므로

$^{\forall}\varepsilon>0,\ ^{\exists}\delta>0,$ s.t. $d'(x,\ y)<\delta \Longrightarrow d(x,\ y)<\varepsilon$이다.

$\therefore\ S_{d'}(x,\ \delta)\subset S_d(x,\ \varepsilon).$

4.2 거리공간의 성질

(X, d)를 거리공간이라 하자. $x \in X$이고 A와 B를 X의 공집합 아닌 부분집합이라 하자.

4.2.1 정의 (1) 점 $x \in X$와 집합 $A(\neq \varnothing)$ 사이의 거리 $d(x, A)$를

$$d(x, A) = \inf\{d(x, a) \mid a \in A\}$$

로 정의한다.

(2) 두 집합 A, B(단, $A \neq \varnothing \neq B$) 사이의 거리 $d(A, B)$를

$$d(A, B) = \inf\{d(a, b) \mid a \in A, b \in B\}$$

로 정의한다.

(3) 집합 $A(\neq \varnothing)$의 **지름**(diameter) $d(A)$를

$$d(A) = \sup\{d(a_1, a_2) \mid a_1, a_2 \in A\}$$

로 정의한다. 만일 $d(A) < \infty$일 경우 A를 **유계집합**(有界集合, bounded set)이라 한다.

거리함수의 정의와 위 정의로부터 다음 결과들을 쉽게 얻을 수 있다($A \neq \varnothing \neq B$).

(I) $d(x, A)$, $d(A, B)$, $d(A)$는 모두 음수가 아니다.

(II) $x \in A$이면 $d(x, A) = 0$이다.

(III) $A \cap B \neq \varnothing$이면 $d(A, B) = 0$이다.

공집합 $\varnothing$에 대해서는 $d(x, \varnothing) = \infty$, $d(A, \varnothing) = \infty$, $d(\varnothing) = 0$으로 약속한다.

일반적으로 한 거리공간 상의 각 점은 가산국소기저(可算局所基底, countable local base)를 갖는다. 다음 정리에서 이것을 밝히자.

4.2.2 정리 x를 거리공간 $(X,\ d)$의 한 점이라 하자.

$$\mathcal{U}_x = \left\{ S\left(x,\ \frac{1}{n}\right) \middle| \ n \in N \right\}$$

은 x점의 한 가산국소기저이다.

•증명• G를 x점의 임의의 개근방이라 하자. G는 거리공간 $(X,\ d)$에서 개집합이므로 4.1.5 정리에 의하여 적당한 $\varepsilon_x > 0$이 존재해서

$$x \in S(x,\ \varepsilon_x) \subset G$$

이다. 그런데 적당한 자연수 n이 존재해서 $0 < \dfrac{1}{n} < \varepsilon_x$가 성립하므로

$$x \in S\left(x,\ \frac{1}{n}\right) \subset S(x,\ \varepsilon_x) \subset G$$

가 성립한다. 따라서 $\mathcal{U}_x = \left\{ S\left(x,\ \frac{1}{n}\right) \middle| \ n \in N \right\}$는 x점에서의 가산국소기저가 된다. ■

예 4.2.1 이산거리공간 $(X,\ d)$에서 한 점 $x \in X$에 대하여

$$S\left(x,\ \frac{1}{n}\right) = \left\{ y \in X \ \middle| \ d(x,\ y) < \frac{1}{n} \right\} = \{x\} \quad (n \in N)$$

이다. 따라서

$$\mathcal{U}_x = \left\{ S\left(x,\ \frac{1}{n}\right) \middle| \ n \in N \right\} = \{\{x\}\}$$

은 x의 가산국소기저이다(예 2.4.8 참조).

4.2.3 A를 거리공간 $(X,\ d)$의 한 부분집합이라 하자.

$$\overline{A} = \{x \in X \mid d(x,\ A) = 0\}$$

이 성립한다.

•증명• $x \in \overline{A}$라 하자. 2.4.9 정리의 (2)와 4.2.2 정리에 의하여 임의의 자연수 n에 대하여 $S\left(x, \frac{1}{n}\right) \cap A \neq \varnothing$이다. 따라서

$$a_n \in S\left(x, \frac{1}{n}\right) \cap A$$

인 a_n을 취하면

$$0 \leq d(x, A) \leq d(x, a_n) < \frac{1}{n} \quad (n \in \boldsymbol{N})$$

이므로 $d(x, A) = 0$이다. 고로 $\overline{A} \subset \{x \in X \mid d(x, A) = 0\}$이다.

역으로 $d(x, A) = 0$인 x를 취하자.

$$d(x, A) = \inf\{d(x, a) \mid a \in A\} = 0$$

이므로 임의의 자연수 n에 대하여 적당한 $a_n \in A$가 존재해서 $d(x, a_n) < \frac{1}{n}$이어야 한다. 따라서

$$a_n \in S\left(x, \frac{1}{n}\right) \cap A \neq \varnothing \quad (n \in \boldsymbol{N})$$

이다. 그러므로 $x \in \overline{A}$이다. $\{x \in X \mid d(x, A) = 0\} \subset \overline{A}$이므로

$$\overline{A} = \{x \in X \mid d(x, A) = 0\}$$

이다. ■

4.2.4 거리공간 (X, d)에서 한 점 집합 $\{x\}$는 폐집합이다.

•증명• 4.2.3에 의하여

$$\overline{\{x\}} = \{y \in X \mid d(y, \{x\}) = d(y, x) = 0\} = \{x\}$$

이므로 $\{x\}$는 폐집합이다. ■

4.2.5 거리공간 $(X,\ d)$의 유한부분집합은 폐집합이다.

•증명• $\{x_1,\ \cdots,\ x_n\} = \bigcup_{k=1}^{n} \{x_k\}$이므로 4.2.4 명제와 2.1.4 정리의 F-3에 의하여 $\{x_1,\ \cdots,\ x_n\}$은 폐집합이다. ■

4.2.6 정리 $(X,\ d)$를 거리공간이라 하자. 거리함수

$$d : X \times X \longrightarrow \boldsymbol{R}$$

는 연속함수이다.

•증명• 임의의 한 점 $(a,\ b) \in X \times X$와 임의의 $\varepsilon > 0$을 취하자.

$S\left(a,\ \frac{\varepsilon}{2}\right) \times S\left(b,\ \frac{\varepsilon}{2}\right)$은 적공간 $X \times X$에서의 $(a,\ b)$의 한 개근방이다. 임의의 $(x,\ y) \in S\left(a,\ \frac{\varepsilon}{2}\right) \times S\left(b,\ \frac{\varepsilon}{2}\right)$에 대해서

$$d(x,\ y) \leq d(x,\ a) + d(a,\ b) + d(b,\ y) < d(a,\ b) + \varepsilon$$
$$d(a,\ b) \leq d(a,\ x) + d(x,\ y) + d(y,\ b) < d(x,\ y) + \varepsilon$$

이므로

$$|\, d(x,\ y) \leq d(a,\ b)\,| < \varepsilon$$

이 성립한다. 따라서 d는 $(a,\ b) \in X \times X$에서 연속이므로 $X \times X$에서 연속함수이다. ■

4.2.7 정리 $A(\neq \varnothing)$를 거리공간 $(X,\ d)$의 한 부분집합이라 하자. 함수

$$f : X \longrightarrow \boldsymbol{R}$$
$$(x \longmapsto f(x) = d(x,\ A))$$

는 연속이다.

•증명• 임의의 $x_0 \in X$와 임의의 $\varepsilon > 0$을 취하자.

$x \in S(x_0, \varepsilon)$과 $a \in A$에 대해서

$$d(x, a) \le d(x, x_0) + d(x_0, a)$$

이다. 따라서

$$d(x, A) = \inf_{a \in A} d(x, a) \le d(x, x_0) + \inf_{a \in A} d(x_0, a)$$

$$d(x, A) \le d(x, x_0) + d(x_0, A)$$

같은 방법으로

$$d(x_0, A) \le d(x, x_0) + d(x, A)$$

를 얻을 수 있다. $d(x, x_0) < \varepsilon$이므로

$$|f(x) - f(x_0)| = |d(x, A) - d(x_0, A)| \le d(x, x_0) < \varepsilon$$

이 되어 f는 $x_0 \in X$에서 연속이므로 f는 연속함수이다. ■

다음 정리에 나타나는 서로소인 폐집합들의 분리성은 매우 중요한 것이다. 이 성질은 일반적으로 위상공간론에서 공리로 채택된다.

4.2.8 정리 A와 B를 거리공간 (X, d)에서 서로소인 폐부분집합들이라 하면 서로소인 개집합 G, H가 존재하여 $A \subset G$, $B \subset H$가 성립한다.

•증명• A와 B 중에 어느 하나가 공집합인 경우, 만일 $A = \varnothing$이면 $G = \varnothing$, $H = X$로 놓으면 된다.

A, B 모두가 공집합이 아니라 하자. 임의의 $a \in A$에 대하여 $A \cap B = \varnothing$이므로 $a \notin B$이다. B가 폐집합이므로 4.2.3에 의하여 $d(a, B) = \varepsilon_a > 0$이다. 또 $b \in B$인 경우 $b \notin A$이므로 $d(b, A) = \varepsilon_b > 0$이 성립한다.

$$G = \cup\left\{S\left(a, \frac{1}{3}\varepsilon_a\right) \middle| a \in A\right\}, \quad H = \cup\left\{S\left(b, \frac{1}{3}\varepsilon_b\right) \middle| b \in B\right\}$$

라 하자. 거리위상의 정의에 의하여 G와 H는 (X, d)에서 개집합이고 $A \subset G$, $B \subset H$인 것은 명백하다. G, H가 서로소임을 보이자.

$G \cap H \neq \varnothing$이라 가정하면 $x \in G \cap H$인 x가 존재한다.

$$x \in G \cap H = \cup \left\{ S\left(a, \frac{1}{3}\varepsilon_a\right) \cap S\left(b, \frac{1}{3}\varepsilon_b\right) \middle| a \in A, b \in B \right\}$$

이므로 적당한 $a \in A$, $b \in B$가 존재하여

$$x \in S\left(a, \frac{1}{3}\varepsilon_a\right), \quad x \in S\left(b, \frac{1}{3}\varepsilon_b\right)$$

가 성립한다. $d(a, b) = \varepsilon > 0$이라 놓자.

$$d(a, B) = \varepsilon_a \leq \varepsilon, \quad d(b, A) = \varepsilon_b \leq \varepsilon$$

이고 $d(a, x) < \frac{1}{3}\varepsilon_a$, $d(b, x) < \frac{1}{3}\varepsilon_b$이므로

$$\varepsilon = d(a, b) \leq d(a, x) + d(x, b) < \frac{1}{3}\varepsilon_a + \frac{1}{3}\varepsilon_b \leq \frac{2}{3}\varepsilon$$

이 되어 모순이다. 따라서 $G \cap H = \varnothing$ 이어야 한다. ■

$(X, \mathcal{J})$를 위상공간이라 하자. 집합 X상에 한 거리함수 d를 도입하여, $\mathcal{J} = \mathcal{J}(d)$가 되기 위해서는 $\mathcal{J}$가 어떤 조건을 가져야 할 것인가 라는 문제를 **거리화 문제**(metrization problem)라 한다. 그간 많은 수학자들에 의하여 그 필요충분조건이 발견되었다.

4.2.9 정의 $(X, \mathcal{J})$를 위상공간이라 하자. 집합 X상에 한 거리함수 d를 도입하여 $\mathcal{J} = \mathcal{J}(d)$일 때 $(X, \mathcal{J})$를 **거리화가능**(metrizable)공간이라 한다.

예 4.2.2 이산공간 $(X, \mathcal{D})$는 거리화가능공간이다. 왜냐하면 이산거리공간 (X, d)에서 $\mathcal{D} = \mathcal{J}(d)$이기 때문이다.

예 4.2.3 $X = \{a, b, c\}$이고 $\mathcal{J} = \{X, \varnothing, \{a\}, \{a, b\}\}$이면 위상공간 $(X, \mathcal{J})$는 거리

화가능공간이 아니다. 왜냐하면 한 점 집합 $\{a\}$는 폐집합이 아니기 때문이다 (4.2.4 참조).

예 4.2.4 $(\boldsymbol{R},\ \mathcal{U})$, $(\boldsymbol{R}^2,\ \mathcal{U})$는 모두 거리화가능공간이다.

연.습.문.제

1. (X, d)를 거리공간, $A \subset X$라 하자. 다음을 증명하여라.

① $d(A)=0 \iff A=\varnothing$ 혹은 A는 한 점 집합

② $A \subset B \implies d(A) \le d(B)$

③ $d(\overline{A})=d(A)$

Hint ① $\implies$ 은 대우명제를 증명한다.

② $\{d(a_1, a_2) \mid a_1, a_2 \in A\} \subset \{d(b_1, b_2) \mid b_1, b_2 \in B\}$

③ $^\forall \varepsilon > 0$, $d(\overline{A}) < d(A)+\varepsilon$을 보이자. $x, y \in \overline{A}$일 때

$$d(x, y) \le d(x, a)+d(a, b)+d(b, y) < d(A)+\frac{2}{3}\varepsilon$$

단, $a, b \in A$, $d(x, a) < \frac{\varepsilon}{3}$, $d(b, y) < \frac{\varepsilon}{3}$

$\therefore\ d(\overline{A}) < d(A)+\varepsilon$

$\therefore\ d(\overline{A}) \le d(A)$

2. ρ를 한 집합 X상의 반거리함수(semimetric function)라 하자.
$a, b \in X$에 대하여

$$aRb \iff \rho(a, b)=0$$

① R은 X상의 한 동치관계이다.

② $X/R=\{[a] \mid a \in X\}$(단, $[a]=\{x \in X \mid aRx\}$)상의 임의의 원소 $[a], [b] \in X/R$에 대하여

$$d([a], [b])=\rho(a, b)$$

로 d 함수를 정의하면 d는 잘 정의된 함수이다.

③ d는 X/R상의 한 거리함수이다. 따라서 $(X/R, d)$는 한 거리공간이다.

Hint ② $[a]=[x]$, $[b]=[y]$라 하자.

$$d([a],\ [b]) = \rho(a,\ b) \le \rho(a,\ x) + \rho(x,\ y) + \rho(y,\ b)$$
$$= \rho(x,\ y) = d([x],\ [y])$$

같은 방법으로 $d([x],\ [y]) \le d([a],\ [b])$

③ $[a],\ [b],\ [c] \in X/R$에 대하여

$$d([a],\ [b]) = \rho(a,\ b) \le \rho(a,\ c) + \rho(c,\ b)$$
$$= d([a],\ [c]) + d([c],\ [b])$$

3. 한 거리공간 $(X,\ d)$가 한 위상공간 $(Y,\ \mathcal{J})$와 위상동형이면 $(Y,\ \mathcal{J})$는 거리화가능공간이다. 증명하여라.

Hint $f : (X,\ \mathcal{J}(d)) \longrightarrow (Y,\ \mathcal{J})$를 위상동형사상이라 하자. 임의의 $y_1,\ y_2 \in Y$에 대하여 $x_1,\ x_2 \in X$를 $f(x_1) = y_1,\ f(x_2) = y_2$라 하면

$$\rho(y_1,\ y_2) = d(x_1,\ x_2)$$

로 정의할 때 ρ는 Y상의 거리함수이고 $\mathcal{J} = \mathcal{J}(\rho)$이다.

4. 두 거리공간 $(X,\ d)$와 $(Y,\ \rho)$가 **등거리동형**(等距離同型, isometric)이라는 것은 전단사 $f : X \longrightarrow Y$가 존재해서 임의의 $a,\ b \in X$에 대하여 $d(a,\ b) = \rho(f(a),\ f(b))$를 만족한다는 것이다. 다음을 밝혀라.

① $(X,\ d)$와 $(Y,\ \rho)$가 등거리동형이면 위상동형이다.

② ① 명제의 역은 일반적으로 성립하지 않는다.

Hint ① 임의의 $a \in X$에 대하여 $f[S_d(a,\ \varepsilon)] = S_\rho(f(a),\ \varepsilon)$이다.

5. $(X,\ d)$를 한 거리공간이라 하고 $x_0 \in X$라 하면

$$f : X \longrightarrow \boldsymbol{R}\ \ (f(x) = d(x_0,\ x),\ x \in X)$$

는 연속이다. 이것을 밝혀라.

Hint $P : X \longrightarrow \{x_0\} \times X (P(x) = (x_0,\ x),\ x \in X)$는 3.2.7 정리에 의하여 위상동형이다. $\{x_0\} \times X \subset X \times X$이고 $d : X \times X \longrightarrow \boldsymbol{R}$이 연속이므로(4.2.6 정리) $f = d \circ P$도 연속이다.

4.3 노름공간

V를 실수체 $\boldsymbol{R}$상의 벡터공간이라 하자.

4.3.1 정의 임의의 $v \in V$에 대하여 한 실수 $\|v\|$를 대응시키는 함수

$$\| \ \|: V \longrightarrow \boldsymbol{R} \quad (\| \ \|(v) = \|v\| \in \boldsymbol{R})$$

가 다음 N_1, N_2, N_3 조건을 만족하면 이 함수를 V상의 **노름**(norm)이라 한다.

임의의 v, $w \in V$와 임의의 $r \in \boldsymbol{R}$에 대하여

N_1 $\|v\| \geq 0$, $\|v\| = 0 \Leftrightarrow v = 0$

N_2 $\|v + w\| \leq \|v\| + \|w\|$

N_3 $\|rv\| = |r| \cdot \|v\|$

벡터공간 V에 한 노름 $\| \ \|$이 주어졌을 때, V를 **노름벡터공간** 혹은 **노름공간**(normed space)이라 부르고 $(V, \| \ \|)$로 나타낸다. V상에 한 노름이 고정되었을 때에는 $(V, \| \ \|)$를 간단히 V로 나타내기도 한다.

예 4.3.1 $C([0, 1]) = \{f \mid f: [0, 1] \longrightarrow \boldsymbol{R}(\text{연속})\}$
이라 하자. 임의의 f, $g \in C([0, 1])$와 임의의 $r \in \boldsymbol{R}$에 대하여

$$(f+g)(x) = f(x) + g(x), \quad (rf)(x) = rf(x)$$

로 정의하면 $f+g \in C([0, 1])$, $rf \in C([0, 1])$이고, 이 두 연산에 관하여 $C([0, 1])$은 $\boldsymbol{R}$상의 한 벡터공간이다.

임의의 $f \in C([0, 1])$에 대하여

$$\|f\|_1 = \int_0^1 |f|\,dx$$

$$\|f\|_2 = \max\{|f(x)| \mid x \in [0, 1]\}$$

으로 정의하면 $\| \ \|_1$과 $\| \ \|_2$는 $C([0, 1])$상의 서로 다른 노름들이다.

예 4.3.2 X를 위상공간이라 하자.

$$B(X, \boldsymbol{R}) = \{f \mid f: X \longrightarrow \boldsymbol{R}(\text{유계연속})\}$$

이라 하면 예 4.3.1에서와 같은 방법으로 $\boldsymbol{R}$상의 한 벡터공간이 됨을 알 수 있다.

임의의 $f \in B(X, \boldsymbol{R})$에 대하여

$$\|f\| = \sup\{|f(x)| \mid x \in X\}$$

으로 정의하면 $\| \ \|$은 $B(X, \boldsymbol{R})$상의 한 노름이다.

4.3.2 정리 한 노름공간 $(V, \| \ \|)$의 임의의 $v, w \in V$에 대하여

$$d(v, w) = \|v - w\|$$

로 정의하면 d는 V상의 한 거리함수이다.

이 d를 V상의 노름 $\| \ \|$에 의하여 유도된 거리함수라 한다.

•증명• 임의의 $u, v, w \in V$에 대하여

(1) $d(u, v) = \|u - v\| \geq 0$, $d(u, u) = \|u - u\| = \|0\| = 0$

(2) $d(u, v) = \|u - v\| = \|(-1)(v - u)\|$

$= |-1| \cdot \|v - u\|$ (N_3에 의하여)

$= \|v - u\| = d(v, u)$

(3) $d(u, v) = \|u - v\| = \|u - w + w - v\|$,

$\leq \|u - w\| + \|w - v\|$ (N_2에 의하여)

$= d(u, w) + d(w, v)$

(4) $u \neq v$이면 $u - v \neq 0$이다. N_1에 의하여 $d(u, v) = \|u - v\| > 0$이 성립한다.

(1)~(4)에 의하여 (V, d)는 한 거리공간이다. ■

예 4.3.3 예 4.3.1에서 임의의 $f,\ g \in C([0,\ 1])$에 대하여

$$\rho_1(f,\ g) = \|f-g\|_1 = \int_0^1 |f(x)-g(x)|\,dx$$

$$\rho_2(f,\ g) = \|f-g\|_2 = \max\{|f(x)-g(x)| \mid x \in [0,\ 1]\}$$

인 ρ_1과 ρ_2는 각각 $\|\ \|_1$과 $\|\ \|_2$ 노름들에 의하여 유도된 $C([0,\ 1])$상의 서로 다른 거리함수들이다(예 4.1.4 참조).

$\boldsymbol{R}^n = \{(x_1,\ \cdots,\ x_n) \mid x_i \in \boldsymbol{R},\ i=1,\ 2,\ \cdots,\ n\}$이라 하자.

임의의 $(a_1,\ \cdots,\ a_n),\ (b_1,\ \cdots,\ b_n) \in \boldsymbol{R}^n,\ r \in \boldsymbol{R}$에 대하여

$$(a_1,\ \cdots,\ a_n) + (b_1,\ \cdots,\ b_n) = (a_1+b_1,\ \cdots,\ a_n+b_n)$$

$$r(a_1,\ \cdots,\ a_n) = (ra_1,\ \cdots,\ ra_n)$$

으로 덧셈연산과 스칼라 곱을 정의하면 위 두 연산에 관하여 $\boldsymbol{R}^n$은 $\boldsymbol{R}$상의 한 벡터공간이 된다.

4.3.3 정리 임의의 $(x_1,\ \cdots,\ x_n) \in \boldsymbol{R}^n$에 대하여

$$\|(x_1,\ \cdots,\ x_n)\| = \sqrt{x_1^2 + \cdots + x_n^2}$$

으로 정의하면 $\|\ \|: \boldsymbol{R}^n \longrightarrow \boldsymbol{R}$은 $\boldsymbol{R}^n$상의 노름이고 $\boldsymbol{R}^n$은 노름공간이 된다.

이 노름을 $\boldsymbol{R}^n$상의 **유클리드 노름**(Euclidean norm)이라 한다. 위 정리를 증명하기 위하여 다음 보조정리들을 먼저 증명하자.

4.3.4 보조정리 **Cauchy-Schwartz 부등식** 임의의 두 벡터 $p=(a_1,\cdots,a_n),\ q=(b_1,\ \cdots\ b_n) \in \boldsymbol{R}^n$에 대하여 다음 부등식이 성립한다.

$$\sum_{i=1}^{n}|a_ib_i| \le \|p\| \cdot \|q\| = \sqrt{\sum_{i=1}^{n}a_i^2} \cdot \sqrt{\sum_{i=1}^{n}b_i^2}$$

•증명• 만일 $p=0$ 혹은 $q=0$이면 위 부등식은 $0 \le 0$이 되어 참이다. $p \neq 0$이고 $q \neq 0$

이라 하자. 즉 $\|p\| \neq 0 \neq \|q\|$이라 하자.

$$0 \le \left(\frac{|a_i|}{\|p\|} - \frac{|b_i|}{\|q\|}\right)^2$$
$$= \frac{a_i^2}{\|p\|^2} - 2\frac{|a_i \cdot b_i|}{\|p\| \cdot \|q\|} + \frac{b_i^2}{\|q\|^2}$$

따라서

$$2\frac{|a_i \cdot b_i|}{\|p\| \cdot \|q\|} \le \frac{a_i^2}{\|p\|^2} + \frac{b_i^2}{\|q\|^2}$$

이다. $i \in \{1, 2, \cdots, n\}$에 관하여 양변을 더하면

$$2\frac{\sum_{i=1}^{n}|a_i \cdot b_i|}{\|p\| \cdot \|q\|} \le \frac{\sum_{i=1}^{n} a_i^2}{\|p\|^2} + \frac{\sum_{i=1}^{n} b_i^2}{\|q\|^2} = 2$$
$$\sum_{i=1}^{n}|a_i \cdot b_i| \le \|p\| \cdot \|q\|$$

을 얻는다. ■

4.3.5 보조정리 **Minkowski의 부등식** 임의의 $p = (a_1, \cdots, a_n)$, $q = (b_1, \cdots, b_n) \in \boldsymbol{R}^n$에 대하여

$$\|p+q\| \le \|p\| + \|q\|$$

이 성립한다.

•증명• 만일 $\|p+q\| = 0$이면 위 부등식이 성립하는 것은 명백하다. $\|p+q\| \neq 0$이라 하자.

$$\|p+q\|^2 = \sum_{i=1}^{n}(a_i+b_i)^2$$
$$= \sum |a_i+b_i| \cdot |a_i+b_i|$$
$$\le \sum |a_i+b_i| \cdot (|a_i|+|b_i|)$$

$$
\begin{aligned}
&= \sum(|a_i+b_i|\cdot|a_i|+|a_i+b_i|\cdot|b_i|) \\
&\le \sum|a_i+b_i|\cdot|a_i|+\sum|a_i+b_i|\cdot|b_i| \\
&\le \|p+q\|\cdot\|p\|+\|p+q\|\cdot\|q\| \quad \text{(4.3.4 보조정리)}
\end{aligned}
$$

양변을 $\|p+q\|$로 나누면

$$\|p+q\| \le \|p\|+\|q\|$$

을 얻는다. ■

이제 4.3.3 정리를 증명하자.

•증명• 임의의 $(x_1,\ \cdots,\ x_n)\in \boldsymbol{R}^n$에 대하여

$$\|(x_1,\ \cdots,\ x_n)\| = \sqrt{x_1^2+\ \cdots\ +x_n^2} \ge 0$$

이고

$$\|(x_1,\ \cdots,\ x_n)\| = \sqrt{x_1^2+\ \cdots\ +x_n^2} = 0 \Longleftrightarrow x_i=0 \ \ (i=1,\ 2,\ \cdots,\ n)$$

이므로 N_1 조건을 만족한다.

4.3.5 보조정리에 의하여 N_2 조건이 성립한다.

임의의 $(x_1,\ \cdots,\ x_n)\in \boldsymbol{R}^n$와 임의의 $r\in \boldsymbol{R}$에 대하여

$$
\begin{aligned}
\|r\cdot(x_1,\ \cdots,\ x_n)\| &= \|(rx_1,\ \cdots,\ rx_n)\| \\
&= \sqrt{(rx_1)^2+\ \cdots\ +(rx_n)^2} \\
&= |r|\cdot\sqrt{x_1^2+\ \cdots\ +x_n^2} \\
&= |r|\cdot\|(x_1,\ \cdots,\ x_n)\|
\end{aligned}
$$

이므로 N_3 조건을 만족한다. ■

4.3.6 정리 임의의 $p=(a_1,\ \cdots,\ a_n),\ q=(b_1,\ \cdots,\ b_n)\in \boldsymbol{R}^n$에 대하여

$$d(p,\ q) = \sqrt{(a_1 - b_1)^2 + \cdots + (a_n - b_n)^2}$$

으로 정의하면 $(\boldsymbol{R}^n,\ d)$는 거리공간이다.

•증명• 4.3.3 정리에 의하여 $\|(x_1,\ \cdots,\ x_n)\| = \sqrt{x_1^2 + \cdots + x_n^2}$ 으로 주어지는 $\|\ \|$은 $\boldsymbol{R}^n$ 상의 유클리드 노름이다.

$$\begin{aligned} d(p,\ q) &= \sqrt{(a_1 - b_1)^2 + \cdots + (a_n - b_n)^2} \\ &= \|p - q\| \end{aligned}$$

이므로 d는 $\boldsymbol{R}^n$상의 유클리드 노름에 의하여 유도된 거리함수이다. 따라서 $(\boldsymbol{R}^n,\ d)$는 거리공간이다. ■

$$\boldsymbol{R}^\infty = \left\{(x_1,\ x_2,\ \cdots,\ x_n,\ \cdots) \,\middle|\, x_i \in \boldsymbol{R},\ i = 1,\ 2,\ \cdots,\ n,\ \cdots,\ \sum_{n=1}^{\infty} a_n^2 < \infty \right\}$$

라 하자.

임의의 $p = (a_1,\ a_2,\ \cdots),\ q = (b_1,\ b_2,\ \cdots) \in \boldsymbol{R}^\infty,\ r \in \boldsymbol{R}$에 대하여

$$\begin{aligned} p + q &= (a_1 + b_1,\ a_2 + b_2,\ \cdots) \\ rp &= r(a_1,\ a_2,\ \cdots) = (ra_1,\ ra_2,\ \cdots) \end{aligned}$$

라 하면 이 두 연산은 $\boldsymbol{R}^\infty$에서 잘 정의된 연산이다. 그 이유는 다음과 같다.

$rp \in \boldsymbol{R}^\infty$인 것은 분명하다. $p + q \in \boldsymbol{R}^\infty$임을 보이자.

Minkowski의 부등식을 이용하면

$$(*) \qquad \begin{aligned} \sqrt{\sum_{n=1}^{k} (a_n + b_n)^2} &\le \sqrt{\sum_{n=1}^{k} a_n^2} + \sqrt{\sum_{n=1}^{k} b_n^2} \\ &\le \sqrt{\sum_{n=1}^{\infty} a_n^2} + \sqrt{\sum_{n=1}^{\infty} b_n^2} < \infty \end{aligned}$$

이 성립하고 모든 k에 대하여 상계 $\sqrt{\sum_{n=1}^{\infty} a_n^2} + \sqrt{\sum_{n=1}^{\infty} b_n^2}$ 가 존재하므로

$$\sqrt{\sum_{n=1}^{\infty}(a_n+b_n)^2} < \infty$$

가 되고 따라서 $p+q=(a_1+b_1,\ a_2+b_2,\ \cdots)\in \boldsymbol{R}^{\infty}$이다.

4.3.7 정리 임의의 $p=(a_1,\ a_2,\ \cdots),\ q=(b_1,\ b_2,\ \cdots)\in \boldsymbol{R}^{\infty}$에 대하여

$$d(p,\ q)=\sqrt{\sum_{n=1}^{\infty}(a_n-b_n)^2}$$

으로 d를 정의하면 d는 $\boldsymbol{R}^{\infty}$상에서 거리함수가 되고 $(\boldsymbol{R}^{\infty},\ d)$는 거리공간이다.

•증명• 임의의 $(x_1,\ x_2,\ \cdots)\in \boldsymbol{R}^{\infty}$에 대하여

$$\|(x_1,\ x_2,\ \cdots)\|=\sqrt{\sum_{n=1}^{\infty}x_n^2}$$

으로 정의하자. $\|\ \|$이 N_1 조건이 만족한다는 것은 명백하다.

임의의 $p=(a_1,\ a_2,\ \cdots),\ q=(b_1,\ b_2,\ \cdots)\in \boldsymbol{R}^{\infty}$에 대하여 위 (*) 식으로부터

$$\sqrt{\sum_{n=1}^{\infty}(a_n+b_n)^2} \le \sqrt{\sum_{n=1}^{\infty}a_n^2}+\sqrt{\sum_{n=1}^{\infty}b_n^2} < \infty$$

을 얻을 수 있으므로 $\|p+q\|\le\|p\|+\|q\|$이 성립함을 알 수 있다. 따라서 N_2 조건을 만족한다. N_3 조건을 만족한다는 것은 자명하다.

위 노름 $\|\ \|$에 의하여 $d(p,\ q)$는

$$d(p,\ q)=\sqrt{\sum_{n=1}^{\infty}(a_n-b_n)^2}=\|p-q\|$$

이므로 4.3.2 정리에 의하여 d는 $\boldsymbol{R}^{\infty}$상의 한 거리함수가 되고 $(\boldsymbol{R}^{\infty},\ d)$는 거리공간이다. ■

위 정리에서 정의된 $\boldsymbol{R}^{\infty}$상의 노름 $\|\ \|$을 l_2-**노름**(l_2-norm)이라 부른다. 이 노름에 의하

여 유도된 거리함수 d를 $\boldsymbol{R}^{\infty}$ 상에서의 l_2-**거리**(l_2-metric)함수라 하고 $(\boldsymbol{R}^{\infty},\ d)$를 힐베르트 공간(Hilbert space)이라 부르며

$$H=(\boldsymbol{R}^{\infty},\ d)$$

로 나타낸다.

연.습.문.제

1. $(V, \| \ \|)$를 노름공간이라 하면 덧셈 연산

$$+ : V \times V \longrightarrow V \quad (+(u, v) = u + v)$$

는 연속사상이다. 증명하여라.

Hint $\|(u_1 + u_2) - (v_1 + v_2)\| \leq \|u_1 - v_1\| + \|u_2 - v_2\|$

2. $(V, \| \ \|)$를 노름공간이라 하면 스칼라곱

$$\cdot : \boldsymbol{R} \times V \longrightarrow V \quad (\cdot\,(r, v) = rv)$$

는 연속사상이다. 증명하여라.

Hint $\|rv - r_0 v_0\| = \|r(v - v_0) + (r - r_0)v_0\|$

$$\leq |r| \cdot \|v - v_0\| + |r - r_0| \cdot \|v_0\|$$

3. $(V, \| \ \|)$를 노름공간이라 하면 노름

$$\| \ \| : V \longrightarrow \boldsymbol{R}$$

은 평등연속이다. 증명하여라.

Hint $|\|u\| - \|v\|| \leq \|u - v\| = d(u, v)$

4. X를 공집합이 아닌 한 집합이라 하자.

$$B(X) = \{f \mid f : X \longrightarrow \boldsymbol{R} \ (\text{유계함수})\}$$

$$\|f\| = \sup_{x \in X} |f(x)| \quad (f \in B(X))$$

이라면 $(B(X), \| \ \|)$은 노름공간임을 보여라.

Hint $B(X)$는 보통연산에 관하여 실수체 상의 한 벡터공간이다.

$$\|f + g\| = \sup_{x \in X} |f(x) + g(x)| \leq \sup |f(x)| + \sup |g(x)|$$

제5장 수렴성

이 장에서는 수렴성과 제1,2가산공간, 가분공간의 성질을 조사하고자 한다. 일반적으로 한 위상공간상에서 점열의 수렴성만 가지고 어느 한 점에 가깝게 접근한다는 것을 완벽하게 나타낼 수는 없다. 따라서 일반적인 수렴의 개념으로서 네트와 필터가 필요하게 된다. 그러나 제1, 제2가산공간에서는 점열의 수렴성만 가지고도 충분하다.

5.1 점열, 제1가산공간

한 집합 X상에서 점열은 다음과 같이 정의된다.

5.1.1 정의 X를 공집합이 아닌 한 집합이라 하고 $\boldsymbol{N}$을 자연수 전체의 집합이라 하자. 한 사상 $\varphi: \boldsymbol{N} \longrightarrow X$를 한 집합 X에서의 한 **점열**(點列, sequence) 혹은 **수열**이라 한다.

$$\varphi(1) = a_1, \cdots, \varphi(n) = a_n, \cdots$$

일 때 점열 φ를

$$\varphi = (a_1, a_2, \cdots, a_n, \cdots) = (a_n)_{n \in \boldsymbol{N}} = (a_n) = (a_n \mid n = 1, 2, \cdots)$$

와 같이 나타내기도 한다.

한 위상공간 X상에서 정의된 점열 $\varphi: \boldsymbol{N} \longrightarrow X$의 수렴성은 다음과 같이 정의한다.

5.1.2 정의 (a_n)을 한 위상공간 X에서의 한 점열이라 하고 $p \in X$라 하자. p점의 임의의 한 근방 U에 대하여 적당한 자연수 n_0가 존재하여 $n \geq n_0$인 모든 자연수 n에 대하여 $a_n \in U$일 때 점열 (a_n)은 p점에 **수렴**(收斂, convergence)한다고 하고 점열 (a_n)의 **극한**은 p라고 한다. p를 점열 (a_n)의 **극한점**(極限點, limit point)이라 부른다.

기호로는 $\lim\limits_{n \to \infty} a_n = p$ 혹은 $\lim a_n = p$ 혹은 $a_n \longrightarrow p$로 나타낸다. $(a_1, a_2, \cdots, a_n, \cdots) \longrightarrow p$로 나타내기도 한다.

예 5.1.1 실직선 $(\boldsymbol{R}, \mathcal{U})$에서 수열 $\left(1, \frac{1}{2}, \cdots, \frac{1}{n}, \cdots\right)$은 0에 수렴한다. 그 이유는 다음과 같다. 0의 임의의 근방 U에 대하여 0의 한 개 근방 G가 존재해서 $0 \in G \subset U$

이다. G가 개집합이므로 적당한 자연수 n_0가 존재하여 $0 \in \left(-\frac{1}{n_0}, \frac{1}{n_0}\right) \subset G$ $\subset U$이고 따라서 $n > n_0$인 모든 자연수 n에 대하여 $0 < \frac{1}{n} < \frac{1}{n_0}$이므로 $\frac{1}{n} \in U$이다. 위 정의로부터 $\lim_{n \to \infty} \frac{1}{n} = 0$가 성립한다.

예 5.1.2 (a_n)을 비이산공간(indiscrete space) $(X, \mathscr{I})$의 한 점열이라 하자. X상에서 임의의 점 p를 취하면 p를 품는 근방은 전공간 X뿐이다. X는 점열의 모든 항을 포함하고 있으므로 점열 (a_n)은 p에 수렴한다. 따라서 점열 (a_n)은 X상의 모든 점에 수렴한다.

예 5.1.3 (a_n)을 이산공간(discrete space) $(X, \mathscr{D})$상의 한 점열이라하고 X상의 한 점 p에 대하여 $a_n \longrightarrow p$라 하자. $\{p\}$는 p를 품는 개근방이다. 따라서 $\{p\}$는 점열 (a_n)의 유한개의 항을 제외한 나머지 모든 항을 포함해야 한다. 즉 적당한 n_0가 존재해서 $n \geq n_0$인 모든 자연수 n에 대하여 $a_n \in \{p\}$이어야 한다. 따라서 이산공간 $(X, \mathscr{D})$에서는 점열 (a_n)이 p에 수렴하기 위한 필요충분조건은 적당한 자연수 n_0가 존재하여

$$(a_n) = (a_1, a_2, \cdots, a_{n_0 - 1}, p, p, \cdots)$$

가 되는 것이다.

수렴점열에 관한 위 정의에서의 수렴조건을 다음과 같이 변형할 수도 있다.

5.1.3 정리 $\mathcal{V}_p$를 위상공간 X에서의 점 p의 국소기저라 하자. X상의 한 점열 (a_n)이 p에 수렴하기 위한 필요충분조건은 임의의 $V \in \mathcal{V}_p$에 대하여 적당한 자연수 n_0가 존재하여 $n \geq n_0$인 모든 자연수 n에 대하여 $a_n \in V$가 되는 것이다.

•증명• $\mathcal{V}_p$를 한 위상공간 X에서의 점 p의 국소기저(2.4.8 정의)이고 X상의 한 점열 (a_n)이 $a_n \longrightarrow p$라 하고 $V \in \mathcal{V}_p$이라 하자. V가 p의 근방이므로 수렴점열의

정의로부터 적당한 자연수 n_0가 존재하여 $n \geq n_0$인 모든 자연수 n에 대하여 $a_n \in V$가 성립한다.

역으로 주어진 가정을 만족하는 경우 $a_n \longrightarrow p$임을 보이자. p의 임의의 근방 U에 대하여 적당한 $V \in \mathcal{V}_p$가 존재하여 $p \in V \subset U$이다. 가정으로부터 적당한 자연수 n_0가 존재하여 $n \geq n_0$인 모든 n에 대하여 $a_n \in V$이므로 $a_n \in U$이다. 따라서 수렴점열의 정의로부터 $a_n \longrightarrow p$가 성립한다. ■

5.1.4 따름정리 $\mathcal{B}$를 위상공간 X에 대한 기저라 하자. X상의 한 점열 (a_n)가 $p \in X$에 수렴하기 위한 필요충분조건은 p점을 포함하는 $\mathcal{B}$의 임의의 원 B에 대하여 적당한 자연수 n_0가 존재하여 $n \geq n_0$인 모든 자연수 n에 대하여 $a_n \in B$가 되는 것이다.

•증명• $\mathcal{B}$가 위상공간 X상의 한 기저라면 $p \in X$에 대하여

$$\mathcal{B}_p = \{B \mid B \in \mathcal{B},\ p \in B\}$$

는 점 p에서의 국소기저가 된다(2.4.10). 따라서 5.1.3 정리에 의하여 5.1.4 명제도 성립한다. ■

부분기저를 이용하여 수렴점열의 조건을 다음과 같이 나타낼 수도 있다.

5.1.5 정리 $\mathcal{S}$를 위상공간 X에 대한 부분기저라 하자. X상의 한 점열 (a_n)이 한 점 $p \in X$에 수렴하기 위한 필요충분조건은 p를 포함하는 $\mathcal{S}$의 임의의 원 S에 대하여 적당한 자연수 n_0가 존재하여 $n \geq n_0$인 모든 자연수 n에 대하여 $a_n \in S$가 되는 것이다.

•증명• $\mathcal{S}$를 위상공간 X의 한 부분기저라 하자. $p \in X$를 포함하는 $\mathcal{S}$의 원 S는 p의 개근방이다. 따라서 $a_n \longrightarrow p$이면 수렴점열의 5.1.2 정의에 의하여 적당한 자연수 n_0가 존재하여 $n \geq n_0$인 모든 자연수 n에 대하여 $a_n \in S$이다.

역으로 주어진 가정을 만족한다고 하자. $\mathcal{S}$는 위상공간 X에 대한 부분기저이므로

$$\mathcal{B} = \{\cap \mathcal{S}_0 \mid \mathcal{S}_0\text{는 } \mathcal{S}\text{의 유한부분족}\}$$

는 $\mathcal{S}$에 의하여 생성된 X에 대한 기저이다. $B = \cap \mathcal{S}_0 \in \mathcal{B}$를 p를 포함하는 $\mathcal{B}$의 임의의 원이라 하고 $\mathcal{S}_0 = \{S_1, \cdots, S_m\}$이라 하자. $p \in B = \cap \mathcal{S}_0 = S_1 \cap \cdots \cap S_m$이므로 $p \in S_k\ (k = 1, 2, \cdots, m)$이다. 가정에 의하여 적당한 자연수 $n(k)$가 존재하여 $n \geq n(k)$인 모든 자연수 n에 대하여 $a_n \in S_k$이다.

$$n_0 = \max\{n(1), n(2), \cdots, n(k), \cdots, n(m)\}$$

이라 하면 $n \geq n_0 \geq n(k)\ (k = 1, 2, \cdots, m)$인 모든 자연수 n에 대하여 $a_n \in S_k$ $(k = 1, 2, \cdots, m)$이므로 $a_n \in B = S_1 \cap \cdots \cap S_m$이다. 5.1.4에 의하여 $a_n \longrightarrow p$이다. ■

5.1.6 정의 X, Y를 위상공간이라 하고 $f: X \longrightarrow Y$를 한 사상이라 하자. X상의 점열 (a_n)이 X상의 한 점 p에 수렴할 때 점열 $(f(a_n))$이 $f(p)$에 수렴하면 $f: X \longrightarrow Y$를 점 p에서 **점열연속**(點列連續, sequentially continuous at p)이라 한다.

사상 $f: X \longrightarrow Y$가 X상의 각 점에서 점열연속일 때 f를 **점열연속사상**(點列連續寫像, sequentially continuous map)이라 한다.

연속성과 점열연속성 사이의 관계는 다음과 같다.

5.1.7 정리 한 사상 $f: X \longrightarrow Y$가 연속이면 점열연속이다.

•증명• 사상 $f: X \longrightarrow Y$가 연속일 때 임의의 점 $p \in X$에서 f가 점열연속임을 보이면 충분하다. (a_n)을 X상의 임의의 한 점열이라 하고 $p \in X$에 대하여 $a_n \longrightarrow p$라 하자. f가 $p \in X$에서 연속이므로 $f(p) \in Y$의 임의의 근방 U에 대하여 $V = f^{-1}[U]$는 p의 한 근방이 된다. $a_n \longrightarrow p$이므로 적당한 자연수 n_0가 존재하여 $n \geq n_0$인 모든 자연수 n에 대하여 $a_n \in V$이어야 한다. 따라서 $f(a_n) \in f[V] \subset U$이므로 $f(a_n) \longrightarrow f(p)$이다. 그러므로 f는 p에서 점열연속이 되고 X에서 점열연속사상이다. ■

5.1.7 정리의 역은 일반적으로 성립하지 않는다. 다음 예에서 이것을 보이자.

예 5.1.3 실수집합 $\boldsymbol{R}$상에서 한 위상

$$\mathcal{T} = \{G \mid G^c\text{는 } \boldsymbol{R}\text{의 가산부분집합}\} \cup \{\varnothing\}$$

를 주자. 위상공간 $(\boldsymbol{R},\ \mathcal{T})$에서 한 점열 (a_n)을 취하고 $a_n \longrightarrow p\ (p \in \boldsymbol{R})$라 하자. $\{a_n \mid n = 1,\ 2,\ \cdots\} - \{p\}$는 가산집합이므로

$$G = (\{a_n \mid n = 1,\ 2,\ \cdots\} - \{p\})^c$$

는 p의 개근방이다. $a_n \longrightarrow p$이므로 적당한 자연수 n_0가 존재하여 $m \geq n_0$인 모든 자연수 m에 대하여 $a_m \in G$이다.

$$G = \{a_n \mid n = 1,\ 2,\ \cdots\}^c \cup \{p\}$$

이므로 $a_m = p$이어야 한다. 따라서

$$(a_n) = (a_1,\ a_2,\ \cdots,\ a_{n_0 - 1},\ p,\ p,\ \cdots)$$

이다. 즉 (a_n)이 $a_n \longrightarrow p$이면 $(a_n) = (a_1,\ a_2,\ \cdots,\ a_{n_0 - 1},\ p,\ p,\ \cdots)$가 된다. 이 경우 항등사상

$$1_R : (\boldsymbol{R},\ \mathcal{T}) \longrightarrow (\boldsymbol{R},\ \mathcal{D})$$

는 $\boldsymbol{R}$상의 임의의 점에서 점열 연속이지만 $(0,\ 1) \in \mathcal{D}$에 대하여

$$1_R^{-1}[(0,\ 1)] = (0,\ 1) \notin \mathcal{T}$$

이므로 1_R은 불연속 사상이다.

5.1.8 정의 자연수 집합 $\boldsymbol{N}$상에서의 한 수열 $(k_1,\ k_2,\ \cdots,\ k_n,\ \cdots)$이 $k_1 < k_2 < \cdots < k_n < \cdots$의 조건을 만족한다고 하자. X상의 한 점열 $(a_1,\ a_2,\ \cdots)$에 대하여 $(a_{k_1},\ a_{k_2},\ \cdots)$을 점열 (a_n)의 **부분점열**(部分點列, subsequence)이라 한다.

예 5.1.4 $(\boldsymbol{R},\ \mathcal{U})$에서 수열 $\left(\frac{1}{2},\ \frac{1}{3},\ \frac{2}{3},\ \frac{1}{4},\ \frac{3}{3},\ \cdots,\ \frac{1}{n},\ \frac{n-1}{n},\ \cdots\right)$은 0과 1에 각각 수

렴하는 부분수열

$$\left(\frac{1}{2},\ \frac{1}{3},\ \cdots,\ \frac{1}{n},\ \cdots\right),\quad \left(\frac{2}{3},\ \frac{3}{4},\ \cdots,\ \frac{n-1}{n},\ \cdots\right)$$

을 갖는다. 그러나 원래의 수열은 발산한다.

예 5.1.5 점열 $(a_1,\ a_2,\ \cdots,\ a_n,\ \cdots)$에 대하여 $(a_2,\ a_4,\ \cdots,\ a_{2n},\ \cdots)$은 부분점열이 된다.

예 5.1.6 $A=\{x \mid x\in[0,\ 1],\ x$는 유리수$\}$라 하면 A는 가산집합이므로 $A=\{a_1,\ a_2,\ \cdots,\ a_n,\ \cdots\}$로 나타낼 수 있다. 이 경우 수열 (a_n)은 수렴하지 않는다. 그러나 임의의 점 $a\in[0,\ 1]$을 취하면 임의의 자연수 n에 대하여 $a_{k_n}\in\left(a-\frac{1}{n},\ a+\frac{1}{n}\right)$인 a_{k_n}을 적당히 취하여 $(a_{k_n} \mid n=1,\ 2,\ \cdots)$가 (a_n)의 부분수열이 되게 할 수 있다. 이 경우 (a_n)의 부분수열 $(a_{k_n} \mid n=1,\ 2,\ \cdots)$은 a에 수렴한다.

5.1.9 정의 한 위상공간 X상의 임의의 점 x에 대하여 x점에서의 가산국소기저(可算局所基底, countable local base at x)가 항상 존재할 때 X를 **제1가산공간**(第1可算空間, first countable space)이라 한다.

위상공간 X상의 임의의 점 x에 대하여 x점에서의 가산국소기저가 항상 존재한다는 것을 **제1가산공리**(第1可算公理, first countable axiom)이라 한다. 따라서 X가 제1가산공리를 만족할 때 X를 제1가산공간이라 할 수 있다.

제1가산공리는 각 점 x의 근방들에 대하여 특별한 성질을 준 것이므로 제1가산공리를 위상공간 X의 국소적 성질(局所的性質, local property)이라 한다.

예 5.1.7 X를 한 거리공간이라 하고 $x\in X$라 하자. 4.2.2 정리에 의하여

$$\mathcal{U}_x=\left\{S(x,\ 1),\ S\left(x,\ \frac{1}{2}\right),\ \cdots,\ S\left(x,\ \frac{1}{n}\right),\ \cdots\right\}$$

은 점 x에서의 가산국소기저이므로, 거리공간 X는 제1가산공간이다.

예 5.1.8 X를 이산공간이라 하자. X상의 임의의 점 $x \in X$에 대하여 $\mathcal{V}_x = \{\{x\}\}$는 점 x의 가산국소기저이므로 이산공간 X는 제1가산공간이다.

5.1.10 정의 한 위상공간 X상의 한 점 x에 대하여

$$\mathcal{V}_x = \{G_1, G_2, \cdots, G_n, \cdots\}$$

가 x에서의 가산국소기저이고 $G_n \supset G_{n+1}\ (n = 1, 2, \cdots)$일 때 $\mathcal{V}_x$를 x에서의 **축소가산국소기저**(縮小可算局所基底, nested countable local base at x)라 한다.

$\mathcal{V}_x = \{G_n \mid n = 1, 2, \cdots\}$가 $x \in X$에서 축소가산국소기저인 경우 $a_n \in G_n\ (n = 1, 2, \cdots)$을 취하여 만든 점열 (a_n)은 x에 수렴한다. 즉 $a_n \longrightarrow x$가 성립한다. 왜냐하면 x의 임의의 근방 U에 대하여 $G_{n_0} \in \mathcal{V}_x$가 존재하여 $x \in G_{n_0} \subset U$이므로 $n \geq n_0$일 때 $a_n \in G_n \subset G_{n_0}$이기 때문이다.

주의 한 위상공간 X가 제1가산공간인 경우 임의의 점 $x \in X$에 대하여 x에서의 가산국소기저

$$\mathcal{V}_x = \{U_1, U_2, \cdots, U_n, \cdots\}$$

가 반드시 존재한다.

$$\begin{aligned} &G_1 = U_1 \\ &G_2 = U_1 \cap U_2 \\ &\vdots \\ &G_n = U_1 \cap U_2 \cap \cdots \cap U_n \\ &\vdots \end{aligned}$$

라 하면 $\{G_1, G_2, \cdots, G_n, \cdots\}$는 x에서의 축소가산국소기저가 된다. 따라서 제1가산공간에서는 각 점에 대하여 축소가산국소기저가 반드시 존재하게 된다.

5.1.11 정리 위상공간 X를 제1가산공간이라 하자. 사상 $f: X \longrightarrow Y$가 연속이기 위

한 필요충분조건은 f가 점열연속이 되는 것이다.

•증명• 위상공간 X를 제1가산공간이라 하자. $f: X \longrightarrow Y$가 연속일 경우, 점열연속이 된다는 것은 이미 5.1.7 정리에서 증명하였다. 그 역을 증명하기 위하여 $f: X \longrightarrow Y$가 연속이 아니라 하자. 그러면 한 점 $a \in X$가 존재하여 f는 a에서 불연속이어야 한다. 그러므로 적당한 $f(a)$의 근방 U가 Y상에 존재하여 $f^{-1}[U]$는 a의 근방이 아니다. X가 제1가산공간이므로 a에서의 축소가산국소기저

$$\mathcal{V}_a = \{ G_1,\ G_2,\ \cdots,\ G_n,\ \cdots \}$$

가 존재하고 $G_n \not\subset f^{-1}[U]\ (n=1,\ 2,\ \cdots)$가 성립한다.

$$a_n \in G_n - f^{-1}[U] \quad (n=1,\ 2,\ \cdots)$$

인 a_n을 취할 수 있고, $a_n \in G_n\ (n=1,\ 2,\ \cdots)$이므로 점열 (a_n)은

$$a_n \longrightarrow a$$

이다. 한편 $a_n \notin f^{-1}[U]$이므로 $f(a_n) \notin U\ (n=1,\ 2,\ \cdots)$이고, 따라서

$$f(a_n) \not\longrightarrow f(a)$$

가 되어 a에서 f는 점열연속이 아니다. 즉 f는 점열연속이 아니다. 따라서 정리는 성립한다. ■

예 5.1.9 실직선 $\boldsymbol{R}$에는 다른 언급이 없는 경우 보통위상 $\mathcal{U}$가 주어진 것으로 생각해야 한다. $\boldsymbol{R}$상의 보통거리함수 d에 의하여 유도된 거리위상 $\mathcal{T}(d) = \mathcal{U}$이다(예 4.1.6 참조). 따라서 $\boldsymbol{R}$은 제1가산공간이다. 그러므로

$$f: \boldsymbol{R} \longrightarrow \boldsymbol{R}(\text{연속}) \Longleftrightarrow f: \boldsymbol{R} \longrightarrow \boldsymbol{R}(\text{점열연속})$$

이 성립한다.

5.1.12 정리 한 위상공간 X를 제1가산공간이라 하고, $a \in X,\ A \subset X$라 하자. $a \in \overline{A}$

이기 위한 필요충분조건은 a에 수렴하는 한 점열이 A안에 존재하는 것이다.

•증명• $a \in \overline{A}$라 하자. X는 제1가산공간이므로 a점에서의 축소가산국소기저 $\mathcal{V}_a = \{G_1, G_2, \cdots, G_n, \cdots\}$가 존재한다. $a \in \overline{A}$이므로

$$G_n \cap A \neq \varnothing \quad (n = 1, 2, \cdots)$$

이고, 따라서

$$a_n \in G_n \cap A \quad (n = 1, 2, \cdots)$$

인 한 점 a_n을 선택할 수 있다. $\mathcal{V}_a$는 a에서의 축소가산국소기저이므로

$$a_n \longrightarrow a$$

가 성립하고 $a_n \in A\ (n = 1, 2, \cdots)$이다. 역으로 $a_n \longrightarrow a$이라 하고 $a_n \in A\ (n = 1, 2, \cdots)$이라면 점 a의 임의의 근방 U에 대하여 자연수 n_0가 존재하여 $n \geq n_0$인 모든 자연수 n에 대하여 $a_n \in U$이므로(5.1.2 정의) $a_n \in U \cap A \neq \varnothing$이 되어, $a \in \overline{A}$가 성립한다. ■

예 5.1.10 X가 제1가산공간이 아니라면 5.1.12 정리는 일반적으로 성립하지 않는다. X를 비가산집합이라 하고

$$\mathcal{T} = \{G \mid G^c \text{는 } X\text{의 가산부분집합}\} \cup \{\varnothing\}$$

이라면 위상공간 $(X, \mathcal{T})$는 제1가산공간이 아니다. 그 이유는 다음과 같다. 만일 $(X, \mathcal{T})$가 제1가산공간이라면 각 점 $a \in X$에 대하여 축소가산국소기저 $\mathcal{V}_a = \{G_1, G_2, \cdots, G_n, \cdots\}$가 존재한다. $a \neq b$이면 $\{b\}^c$는 a의 개근방이 되고, 따라서 $G_k \in \mathcal{V}_a$가 존재해서 $a \in G_k \subset \{b\}^c$이다. 그러므로 $\bigcap_{n=1}^{\infty} G_n = \{a\}$이다. $\left(\bigcap_{n=1}^{\infty} G_n\right)^c = \bigcup_{n=1}^{\infty} G_n^c = X - \{a\}$는 $\bigcup_{n=1}^{\infty} G_n^c$가 가산집합이고 $X - \{a\}$가 비가산집합이므로 모순이다.

$\varnothing \neq A \in \mathcal{T}$, $X \neq A$인 한 A를 취하면 $a \not\in A$인 a는 $a \in \overline{A}$이다. (x_n)을 A

안에서의 임의의 점열이라 하면 $G=\{x_1, \cdots x_n, \cdots\}^c$는 a의 개근방이 되고 임의의 n에 대하여 $x_n \notin G$이므로 $x_n \not\longrightarrow a$이다. 따라서 a에 수렴하는 A 안의 점열은 존재하지 않는다.

연.습.문.제

1. X를 비가산집합이라 하고 X상에 여유한위상 $\mathcal{T}$를 주자(예 2.1.4 참조). X상의 한 점열 (a_n)이 $i \neq j$일 때 $a_i \neq a_j$인 경우 (a_n)의 극한점이 있는가? 있다면 모두 구하여라.

Hint $X = \{p \in X \mid a_n \longrightarrow p\}$.

2. 비가산집합 X에 여가산위상 $\mathcal{T}$(연습문제 2-1 8.)를 주었을 때 X상의 한 점열 (a_n)의 극한점을 모두 구하여라.

Hint $\{p \in X \mid a_n \longrightarrow p\} = \{p\}$ or $\varnothing$.

3. X가 제1가산공간인 경우 다음을 밝혀라.

① U는 X에서 개집합 $\Longleftrightarrow$ $\left[\begin{array}{l} a_n \longrightarrow a\text{이고 } a \in U\text{일 때} \\ {}^{\exists}n_0 \text{ s.t. } n \geq n_0\text{이면 } a_n \in U \end{array}\right]$

② F는 X에서 폐집합 $\Longleftrightarrow$ $\left[\begin{array}{l} F\text{에서의 점열 } (a_n)\text{이} \\ a_n \longrightarrow a\text{일 때 } a \in F\text{이다.} \end{array}\right]$

Hint ① $(\Leftarrow)$ ${}^{\forall}a \in U$, ${}^{\exists}\mathcal{V}_a = \{G_1, \cdots, G_n, \cdots\}$: a의 축소가산국소기저 ${}^{\forall}n$, $G_n - U \neq \varnothing$이면 모순을 유도한다.

따라서 ${}^{\exists}n_0$ s.t. $a \in G_{n_0} \subset U$

② $(\Leftarrow)$ ${}^{\forall}a \in \overline{F}$ 5.1.12 정리에 의하여 F에서의 점열 (a_n)이 존재하여 $a_n \longrightarrow a$이다. $\therefore$ $a \in F$(가정!) $\therefore$ $\overline{F} \subset F$.

4. (X, d)를 거리공간이라 하고 (a_n)을 X에서의 한 점열이라 하자.

$$a_n \longrightarrow a \iff d(a, a_n) \longrightarrow 0$$

을 밝혀라.

Hint $a_n \longrightarrow a \iff {}^{\forall}k,\ {}^{\exists}n_0$ s.t. ${}^{\forall}n \geq n_0,\ a_n \in S_d\left(d,\ \dfrac{1}{k}\right)$

$\iff {}^{\forall}k,\ {}^{\exists}n_0$ s.t. ${}^{\forall}n \geq n_0,\ d(a,\ a_n) < \dfrac{1}{k}$

5.2 제2가산공간

5.2.1 정의 한 위상공간 $(X, \mathcal{T})$의 위상 $\mathcal{T}$에 대한 가산기저(可算基底, countable base)가 존재할 때 $(X, \mathcal{T})$를 **제2가산공간**(第2可算空間, second countable space)이라 한다.

위상공간 $(X, \mathcal{T})$의 위상 $\mathcal{T}$에 대한 가산기저가 존재한다는 것을 **제2가산공리**(第2可算公理, second countable axiom)라 하고 제2가산공리를 만족하는 공간이 제2가산공간임을 알 수 있다.

제2가산공리는 위상공간의 대역적 성질(大域的性質, global property)에 해당된다.

예 5.2.1 실직선 $\boldsymbol{R}$상에서 $\mathcal{B} = \{(a, b) \mid a, b$는 유리수$\}$라 놓으면 $\mathcal{B}$는 $\boldsymbol{R}$상의 보통위상 $\mathcal{U}$에 대하여 기산기저가 된다. 따라서 위상공간 $(\boldsymbol{R}, \mathcal{U})$는 제2가산공간이다.

예 5.2.2 예 5.2.1의 내용을 일반화하여 $\boldsymbol{R}^n$상에 적용한다. $\boldsymbol{R}^n$상에서 보통거리함수 d는 임의의 $p = (a_1, \cdots, a_n)$, $q = (b_1, \cdots, b_n) \in \boldsymbol{R}^n$에 대하여

$$d(p, q) = \left[\sum_{i=1}^{n} (a_i - b_i)^2\right]^{\frac{1}{2}}$$

로 정의하였다.

$$\mathcal{B} = \{S_d(p, r) \mid p\text{는 유리점, } r\text{은 양의 유리수}\}$$

라 하면 $\mathcal{B}$는 거리공간 $(\boldsymbol{R}^n, d)$ (4.3.6 정리 참조)의 위상 $\mathcal{T}(d)$에 대한 가산기저가 되어 $(\boldsymbol{R}^n, d)$는 제2가산공간이 된다(단, n은 자연수).

예 5.2.3 실수집합 $\boldsymbol{R}$상에 이산위상 $\mathcal{D}$를 주어서 이산공간 $(\boldsymbol{R}, \mathcal{D})$를 만들면 $(\boldsymbol{R}, \mathcal{D})$는

제2가산공간이 될 수 없다. 왜냐하면 $\mathscr{B}$가 이산위상 $\mathscr{D}$의 임의의 기저라면 임의의 $a \in \boldsymbol{R}$에 대하여 $\{a\} \in \mathscr{B}$이어야 하므로 $\mathscr{B}$는 가산집합이 될 수 없기 때문이다.

제1가산공간과 제2가산공간 사이의 관계는 다음과 같다.

5.2.2 정리 제2가산공간은 또한 제1가산공간이다.

•증명• $(X, \mathscr{T})$를 제2가산공간이라 하자. 제2가산공간의 정의에 의하여 위상 $\mathscr{T}$에 대한 가산기저 $\mathscr{B}$가 존재한다. 임의의 $x \in X$에 대하여

$$\mathscr{B}_x = \{B \in \mathscr{B} \mid x \in B\}$$

라 놓으면 $\mathscr{B}_x \subset \mathscr{B}$이므로 $\mathscr{B}_x$는 가산집합족이다. 한편 x의 임의의 개근방 U는 가산기저 $\mathscr{B}$의 적당한 원들의 합집합

$$U = \bigcup_{\lambda} B_\lambda \quad (\text{단, } B_\lambda \in \mathscr{B})$$

으로 나타나므로 $x \in B_\lambda \subset U$인 $B_\lambda \in \mathscr{B}$가 존재해야 한다. $B_\lambda \in \mathscr{B}_x$이므로 $\mathscr{B}_x$는 점 x에서의 가산국소기저가 되어 위상공간 $(X, \mathscr{T})$는 제1가산공간이다. ■

일반적으로 5.2.2 정리의 역명제는 성립하지 않는다(예 5.2.3 참조).

5.2.3 정의 X를 한 집합이라 하고 $A \subset X$라 하자. $\mathscr{C}$를 X의 한 부분집합족이라 하고

$$A \subset \cup\, \mathscr{C} = \cup \{G \mid G \in \mathscr{C}\}$$

일 때 $\mathscr{C}$를 A의 **피복**(被覆, cover or covering)이라 한다.

X가 위상공간이고 $\mathscr{C}$가 한 개부분집합족일 때 $A \subset \cup\, \mathscr{C}$이면 $\mathscr{C}$를 A의 **개피복**(開被覆, open cover)이라 한다.

$\mathscr{C}$의 유한부분족(有限部分族, finite subclass) $\mathscr{C}_0$가 존재하여 $A \subset \cup\, \mathscr{C}_0$일 때 $\mathscr{C}$는 **유한부분피복**을 포함하고 있다고 한다.

$\mathcal{C}$의 가산부분족(可算部分族, countable subclass) $\mathcal{C}_1$이 존재하여 $A \subset \cup \mathcal{C}_1$일 때 $\mathcal{C}$는 **가산부분피복**을 포함하고 있다고 한다.

위 정의를 이용하여 제2가산공간의 중요한 성질들을 다음에 열거한다.

5.2.4 정리 A를 제2가산공간 X의 부분집합이라 할 때 A의 임의의 개피복은 가산부분피복을 포함한다.

•증명• $\mathcal{B}$를 위상공간 X에 대한 가산기저라 하고 $\mathcal{C}$를 A의 개피복이라 하자. $A \subset \cup\{G \mid G \in \mathcal{C}\}$이므로 임의의 $a \in A$에 대하여 $G_a \in \mathcal{C}$가 존재하여 $a \in G_a$이다. $\mathcal{B}$가 X에 대한 기저이므로 적당한 $B_a \in \mathcal{B}$가 존재하여

$$a \in B_a \subset G_a$$

가 성립한다. 따라서 $A \subset \cup\{B_a \mid a \in A\}$이다. $\{B_a \mid a \in A\} \subset \mathcal{B}$이고 $\mathcal{B}$가 가산기저이므로 각 B_a에 적당히 번호를 붙여서

$$\{B_a \mid a \in A\} = \{B_n \mid n \in \boldsymbol{N}\} \quad (\text{단, } \boldsymbol{N}\text{은 자연수집합})$$

라 놓을 수 있다. 각 n에 대하여 $B_n \subset G_n$인 $G_n \in \mathcal{C}$를 택할 수 있으므로

$$A \subset \cup\{B_a \mid a \in A\} = \cup\{B_n \mid n \in \boldsymbol{N}\} \subset \cup\{G_n \mid n \in \boldsymbol{N}\}$$

가 되어 $\mathcal{C}$는 가산부분피복 $\{G_n \mid n \in \boldsymbol{N}\}$을 포함한다. ■

5.2.5 정리 X를 제2가산공간이라 하면 X에 대한 임의의 기저 $\mathcal{B}$는 한 가산기저를 포함한다.

•증명• X가 제2가산공간이므로 X에 대한 적당한 한 가산기저

$$\mathcal{B}^* = \{B_n^* \mid n \in \boldsymbol{N}\}$$

가 존재한다. $\mathcal{B}$를 X에 대한 임의의 기저라 하면 임의의 $B_n^* \in \mathcal{B}^*$에 대하여 적

당한 $\mathscr{B}_n \subset \mathscr{B}$가 존재하여

$$\mathscr{B}^*_n = \cup \{B \mid B \in \mathscr{B}_n\}$$

이 성립한다. 따라서 $\mathscr{B}_n$은 B^*_n의 개피복이고 $B^*_n \subset X$이므로 5.2.4 정리에 의하여 $\mathscr{B}_n$은 가산부분피복 B^*_n를 포함하고 있다. 즉 임의의 $n \in \boldsymbol{N}$에 대하여

$$B^*_n = \cup \{B \mid B \in \mathscr{B}_n\} = \cup \{B \mid B \in \mathscr{B}^*_n\} = \cup \mathscr{B}^*_n$$

가 성립한다. $\mathscr{B}_0$를

$$\mathscr{B}_0 = \mathscr{B}^*_1 \cup \cdots \cup \mathscr{B}^*_n \cup \cdots = \{B \mid B \in \mathscr{B}^*_n,\ n \in \boldsymbol{N}\}$$

이라 하면 $\mathscr{B}_0$는 X에 대하여 기저가 된다. $\mathscr{B}_0 \subset \mathscr{B}$이고 $\mathscr{B}_0$는 가산기저이다. ■

앞 정리들은 다음과 같은 린델래프 공간을 정의할 수 있는 동기를 주게 된다.

5.2.6 정의 한 위상공간 X의 임의의 개피복이 가산부분피복을 포함할 때 X를 **린델래프 공간**(Lindelöf space)이라 한다.

5.2.7 정리 제2가산공간은 린델래프 공간이다.

•증명• 앞 5.2.4 정리의 증명에서 $A = X$인 경우에 해당된다. ■

일반적으로 린델래프 공간의 연속사상에 의한 상은 린델래프이고, 린델래프 공간의 폐부분공간도 린델래프이다(연습문제 3. 참조). 부분공간 중에 린델래프가 아닌 경우도 있다(연습문제 6. 참조).

다음으로 제2가산공간이 갖는 또 다른 성질을 밝히고자 한다.

5.2.8 정의 한 위상공간 X에 가산조밀부분집합(可算稠密部分集合, countable dense subset)이 존재할 때 X를 **가분공간**(可分空間, separable space)이라 한다.

예 5.2.4 (1) $(\boldsymbol{R}, \mathcal{U})$에는 가산조밀부분집합 $\boldsymbol{Q}$(=유리수집합)가 존재하므로, $(\boldsymbol{R}, \mathcal{U})$는 가분공간이다.

(2) $(\boldsymbol{R}, \mathcal{D})$(단, $\mathcal{D}$는 이산위상)는 가분공간이 아니다.

5.2.9 정리 제2가산공간은 가분공간이다.

•증명• 위상공간 X가 제2가산공간이라면 X는 한 가산기저

$$\mathcal{B} = \{B_1, B_2, \cdots, B_n, \cdots\} \text{ (단, } B_n \neq \varnothing, \ n = 1, 2, \cdots)$$

를 갖는다. $a_n \in B_n$인 한 점 a_n을 취하여

$$A = \{a_1, a_2, \cdots, a_n, \cdots\}$$

라 하자. 임의의 점 $a \in X$를 취하여 a의 임의의 근방을 U라 하면 $\mathcal{B}$는 기저이므로 적당한 $B_n \in \mathcal{B}$가 존재하여 $a \in B_n \subset U$이다. 따라서 $a_n \in A \cap B_n \subset A \cap U$이므로 $A \cap U \neq \varnothing$가 성립한다. 고로 $a \in \overline{A}$가 되어 $X \subset \overline{A}$이므로 $X = \overline{A}$이다. 5.2.8 정의에 의하여 X는 가분공간이 된다. ■

일반적으로 위 정리의 역은 성립하지 않는다. 그 반례는 다음과 같다.

예 5.2.5 실직선 $\boldsymbol{R}$상에 $\mathcal{B} = \{[a, b) \mid a < b, \ a$와 b는 실수$\}$를 기저로 하는 위상 $\mathcal{T}_l$을 주었을 때 유리수 전체의 집합 $\boldsymbol{Q}$는 가산조밀부분집합이지만 $(\boldsymbol{R}, \mathcal{T}_l)$은 제2가산공간이 되지 않는다. 만일 $(\boldsymbol{R}, \mathcal{T}_l)$이 제2가산공간이라면 5.2.5 정리에 의하여 $\mathcal{B}$는 가산기저 $\mathcal{B}^* = \{[a_n, b_n) \mid n = 1, 2, \cdots\}$를 포함한다. 한 점 $c \in \boldsymbol{R} - \{a_n \mid n = 1, 2, \cdots\}$를 택하면 $[c, c+1) \in \mathcal{B}$이고 적당한 $[a_{n_k}, b_{n_k}) \in \mathcal{B}^*$가 존재하여

$$[c, c+1) = \bigcup_k [a_{n_k}, b_{n_k})$$

이다. 따라서 적당한 n_k가 존재하여 $c = a_{n_k}$이어야 하므로 이것은 모순이다.

5.2.10 정리 가분거리공간은 제2가산공간이다.

•증명• 위상공간 X를 가분거리공간이라 하자. X는 가분공간이므로 가산조밀부분집합 $A = \{a_1, \cdots, a_n, \cdots\}$가 존재한다. $\mathscr{B}$를

$$\mathscr{B} = \{S(a, \varepsilon) \mid a \in A, \ \varepsilon\text{는 양의 유리수}\}$$

이라 놓자. $S(a, \varepsilon)$은 a를 중심으로 하는 ε-개근방이다. $\mathscr{B}$가 가산족임은 분명하다. $\mathscr{B}$가 거리공간 X에 대한 한 기저임을 보이자.

X상의 임의의 한 개집합을 G라 하고 $p \in G$라 하자. X는 거리공간이므로 적당한 $\delta > 0$가 존재하여

$$p \in S(p, \delta) \subset G$$

가 성립한다. A는 X에서 조밀하므로 적당한 $a_k \in A$가 존재하여 $a_k \in S\left(p, \dfrac{\delta}{3}\right)$가 성립한다. 이때, $\dfrac{1}{3}\delta < \varepsilon_k < \dfrac{2}{3}\delta$인 유리수 ε_k를 취하면

$$p \in S(a_k, \varepsilon_k) \subset S(p, \delta) \subset G, \ \ S(a_k, \varepsilon_k) \in \mathscr{B}$$

가 성립한다. 따라서 2.4.2에 의하여 $\mathscr{B}$는 X에 대하여 기저가 된다.

X에 가부번기저 $\mathscr{B}$가 존재하므로 X는 제2가산공간이다. ■

제1가산공간이나 제2가산공간은 부분공간에서도 가산성이 그대로 보존된다. 그러나 가분공간은 그렇지 않다.

예 5.2.6 평면 $\boldsymbol{R}^2 = \boldsymbol{R} \times \boldsymbol{R}$에서 $[a, b) \times [c, d)$ 전체로 생성되는 위상 $\mathscr{T}$에 대하여 $(\boldsymbol{R}^2, \mathscr{T})$는 가분공간이 된다. 왜냐하면 $\boldsymbol{Q} \times \boldsymbol{Q} \subset \boldsymbol{R}^2$는 $(\boldsymbol{R}^2, \mathscr{T})$에서 가산조밀부분집합이기 때문이다. 그러나 $S = \{(x, y) \mid x + y = 0\}$은 $(\boldsymbol{R}^2, \mathscr{T})$의 이산부분공간이 되어 가분공간이 아니다(그림 5-1 참조).

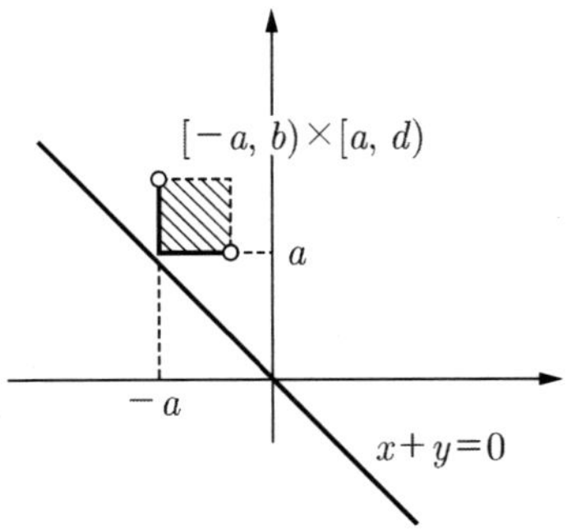

그림 5-1

연.습.문.제

1. ① 제2가산공간의 연속개사상(continuous open map)에 의한 상은 또한 제2가산공간임을 보여라.

② 제2가산공간의 부분공간은 또한 제2가산공간임을 보여라.

Hint ① 전사 $f: X \longrightarrow Y$가 연속개사상일 때 X의 기저 $\mathcal{B}$의 f에 의한 상 $f(\mathcal{B}) = \{f[B] \mid B \in \mathcal{B}\}$는 Y에서도 기저이다.

② $\mathcal{B}$가 X의 기저일 때 X의 부분공간 A에 대하여 $\{A \cap B \mid B \in \mathcal{B}\}$는 A의 기저이다.

2. ① 가분공간의 연속사상에 의한 상도 가분공간이다. 증명하여라.

② 가분공간의 개부분공간도 가분공간임을 보여라.

Hint ① $f: X \longrightarrow Y$가 연속이고 $A \subset X$일 때 $f(\overline{A}) \subset \overline{f(A)}$이다.

② $A \subset X$이고 $\overline{A} = X$, G는 X에서 개집합이라 하자. 임의의 $a \in G$에 대하여 a의 임의의 개근방 V(단, $V \subset G$)는 $V \cap (A \cap G) \neq \varnothing$ 이다(2.2.9 정리 참조).

3. ① 한 린델래프 공간의 연속사상에 의한 상은 린델래프이다. 이것을 보여라.

② 린델래프 공간의 폐부분공간은 린델래프임을 보여라.

Hint ① $f: X \longrightarrow Y$가 전사연속이고 X 린델래프라 하자. Y의 개피복 $\mathcal{C}$에 대하여 $f^{-1}(\mathcal{C})$가 X의 개피복이고, 따라서 $f^{-1}(\mathcal{C})$는 가산개피복을 포함하고 그 상은 $\mathcal{C}$의 가산개부분피복이다.

② X를 린델래프, A를 X에서 폐공간이라 하자. X에서의 A의 개피복 $\mathcal{C}$에 대하여 $\mathcal{C} \cup \{A^c\}$는 X의 개피복이다. 따라서 $\mathcal{C} \cup \{A^c\}$는 가산개피복을 포함하고, A는 린델래프가 된다.

4. 가분거리공간의 부분공간은 가분공간이다. 증명하여라.

Hint $A=\{a_1, \cdots, a_n, \cdots\}$을 거리공간 (X, d)에서 조밀부분집합이라 하자. B를 (X, d)의 부분공간이라 할 때 $S\left(a_n, \dfrac{1}{k}\right)\cap B\neq\varnothing\ (k=1, 2, \cdots)$인 경우 한 점 $b_{nk}\in S\left(a_n, \dfrac{1}{k}\right)\cap B\neq\varnothing$을 선택한다. $B_0=\{b_{nk}\mid n, k=1, 2, \cdots\}$는 B의 가산 조밀부분집합이다.

5. X가 거리공간일 때 다음 ①②③은 서로 동치인 명제임을 증명하여라.

① X는 제2가산공간이다.

② X는 린델래프 공간이다.

③ X는 가분공간이다.

Hint ① ⇒ ② (5.2.7 정리)

① ⇔ ③ (5.2.9 정리, 5.2.10 정리)

② ⇒ ① $S_n=\left\{S\left(x, \dfrac{1}{n}\right)\middle|\, x\in X\right\}$라 하자. S_n은 X의 개피복이다. 따라서 가산 부분개피복 $S_n^*(S_n^*\subset S_n)$가 존재한다.

$$\mathcal{C}=S_1^*\cup S_2^*\cup\cdots\cup S_n^*\cup\cdots$$

는 가산개집합족이다. G를 X의 임의의 개집합, $x\in G$라 하자. 적당한 m이 존재해서 $x\in S\left(x, \dfrac{1}{m}\right)\subset G$이다(4.1.5 정리 참조).

$$x\in{}^{\exists}S\left(y, \frac{1}{2m}\right)\subset S\left(x, \frac{1}{m}\right)\subset G$$

이다(단, $S\left(y, \dfrac{1}{2m}\right)\in S_{2m}^*$). $\mathcal{C}$는 거리공간 X의 한 기저이다.

6. (W^*, τ)는 린델래프 공간이고 그 부분공간 W는 린델래프가 아니다. 이것을 보여라(연습문제 2-4 7. 참조).

Hint $W^*=[0, \omega_1]$에서 G를 ω_1의 개근방이라 하면

W^*-G는 가산집합이다.

W의 한 개피복 $\{[0, \alpha)\mid\alpha\in W\}$는 가산부분피복을 포함하지 않는다.

5.3* 네트

앞서 정의한 점열의 개념을 일반화하기 위하여 유향집합을 다음과 같이 정의한다.

5.3.1 정의 한 집합 D가 **유향집합**(有向集合, directed set)이 되기 위한 필요충분조건은 D상에 한 이항관계 $\leq$가 주어져서 다음 조건을 만족하는 것이다.

D-1 임의의 $\tau \in D$에 대하여 $\tau \leq \tau$이다.

D-2 $\tau_1 \leq \tau_2$, $\tau_2 \leq \tau_3$이면 $\tau_1 \leq \tau_3$이다(단, τ_1, τ_2, $\tau_3 \in D$).

D-3 τ_1, $\tau_2 \in D$일 때 적당한 $\tau_3 \in D$가 존재하여 $\tau_1 \leq \tau_3$, $\tau_2 \leq \tau_3$이다.

주의 이항관계 $\leq$은 대소관계에 의한 순서개념을 일반화한 기호이다.

이항관계 $\leq$에 의한 유향집합 D를 $(D, \leq)$로 나타낸다. 간단히 D로 나타내는 경우도 있다.

예 5.3.1 자연수 집합 $\boldsymbol{N}$에 대소관계 $\leq$로써 이항관계 $\leq$를 주면 $(\boldsymbol{N}, \leq)$는 한 유향집합이다.

예 5.3.2 위상공간 $(X, \mathcal{T})$에서 한 점 $x \in X$의 근방계 $\mathcal{N}_x$를 취하여 이항관계 $\leq$를 포함관계 $\supset$로 주면 $(\mathcal{N}_x, \supset)$는 한 유향집합이다.

5.3.2 정의 한 집합 X와 한 유향집합 $(D, \leq)$가 주어졌을 때 한 사상 $f: D \longrightarrow X$를 X상의 한 **네트**(net) 혹은 **유향점열**(有向點列, directed sequence)이라 한다.

$f: D \longrightarrow X$가 X상의 한 네트일 때 $\tau \in D$에 대하여

$$f(\tau) = x_\tau \in X$$

로 나타낸다. $f = (x_\tau)_{\tau \in D} = (x_\tau)$로 나타내기도 한다.

예 5.3.3 위상공간 $(X, \mathcal{T})$에서 한 점 $x \in X$에 대한 근방계 $\mathcal{N}_x$를 취하여 임의의 $U \in \mathcal{N}_x$에 대해서 한 점 $x_U \in U$를 택하자.

$$f : \mathcal{N}_x \longrightarrow X \ \ (f(U) = x_U, \ U \in \mathcal{N}_x)$$

라 하면 $f = (x_U)$는 X상의 한 네트이다.

5.3.3 정의 $f : D \longrightarrow X$를 X상의 한 네트라 하자. 한 유향집합 M과 한 사상 $g : M \longrightarrow D$가

(1) $\mu_1, \mu_2 \in M$, $\mu_1 \le \mu_2$일 때 $g(\mu_1) \le g(\mu_2)$이고

(2) 임의의 $\tau \in D$에 대하여 적당한 $\mu \in M$이 존재해서 $\tau \le g(\mu)$일 때 $f \circ g : M \longrightarrow X$를 네트 f의 **부분네트**(subnet of a net f)라 한다.

점열은 한 네트이다. 점열의 한 부분점열은 그 점열의 부분네트는 되지만 점열의 부분네트로서 부분점열이 아닌 경우가 있다.

예 5.3.4 $f : \boldsymbol{N} \longrightarrow X$를 X상의 한 점열이라 하자. $M = \{2, 4, \cdots, 2n, \cdots\} \cup \{k_2, k_4, \cdots\}$이라 하고 $\{2, 4, \cdots, 2n, \cdots\}$에서는 대소관계로 이항관계 $\le$을 주고 $k_{2n} \le 2n (n = 1, 2, \cdots)$이라 하면 $(M, \le)$은 한 유향집합이 된다.

$$g : M \longrightarrow \boldsymbol{N} \ \ (g(2n) = 2n, \ g(k_{2n}) = 2, \ n = 1, 2, \cdots)$$

이라 하면 5.3.3 정의의 (1), (2) 조건을 만족하므로 $f \circ g$는 점열 f의 부분네트이다. 그러나 부분점열은 아니다.

5.3.4 정의 (x_τ)을 한 위상공간 X상의 한 네트라 하자. (x_τ)가 한 점 $x \in X$에 수렴한다는 것은 x의 임의의 공간 U에 대하여 적당한 τ_0가 존재해서 $\tau_0 \le \tau$인 모든 τ에 대해

서 $x_\tau \in U$가 성립한다는 것을 의미한다.

한 네트 (x_τ)가 한 점 x에 수렴한다는 기호로서 $x_\tau \longrightarrow x$를 사용한다.

예 5.3.5 예 5.3.3에서의 네트 $f=(x_U)$는 5.3.4 정의에 의하여 $x_U \longrightarrow x$이다. 왜냐하면 x의 임의의 근방 $V_0 \in \mathcal{N}_x$를 취하면 $V_0 \supset V$인 모든 x의 근방 $V \in \mathcal{N}_x$에 대해서 $x_V \in V \subset V_0$이기 때문이다.

5.3.5 정의 (x_τ)를 위상공간 X상의 한 네트라 하자. 한 점 $x \in X$가 네트 (x_τ)의 **집적점**(cluster point)이라는 것은 x점의 임의의 근방 U와 임의의 τ에 대하여 $\tau \le \tau_*$인 적당한 τ_*가 존재해서 $x_{\tau_*} \in U$가 성립하는 것이다.

예 5.3.6 한 점열 $f: \boldsymbol{N} \longrightarrow (\boldsymbol{R}, \mathcal{U})$을 $f=\left(\frac{1}{2}, \frac{2}{3}, \frac{1}{4}, \frac{4}{5}, \cdots\right)$이라 하면 0과 1은 네트 f의 집적점이다.

5.3.6 정리 한 점 x가 한 네트 $f=(x_\tau)$의 집적점이기 위한 필요충분조건은 네트 (x_τ)가 x에 수렴하는 한 부분네트를 갖는 것이다.

•증명• x를 네트 $f=(x_\tau)$의 집적점이라 하자.

$$M=\{(\tau, U) \mid U \in \mathcal{N}_x, \ x_\tau \in U\}$$

라 하고

$$(\tau_1, U_1) \le (\tau_2, U_2) \iff \tau_1 \le \tau_2, \ U_1 \supset U_2$$

라 하면 $(M, \le)$는 유향집합이다. $g: M \longrightarrow D\,(g(\tau, U)=\tau \in D)$라 하자. g는 5.3.3 정의의 (1), (2) 조건을 모두 만족한다. 따라서 사상 g에 의하여 (x_τ)의 한 부분네트가 정의된다. x의 임의의 근방 U_0를 취하자. x는 네트 (x_τ)의 집적점이므로 $x_{\tau_0} \in U_0$인 $\tau_0 \in D$가 존재한다. $U_0 \in \mathcal{N}_x$, $x_{\tau_0} \in U_0$이므로 $(\tau_0, U_0) \in M$

이다. $(\tau_0,\ U_0) \leq (\tau,\ U)$이라면 $\tau_0 \leq \tau$, $U_0 \supset U$이고 $x_\tau \in U \subset U_0$이므로 $(f \circ g)(\tau,\ U) = x_\tau \in U_0$이다. 그러므로 g에 의한 $f = (x_\tau)$의 부분네트는 x에 수렴한다.

$g: M \longrightarrow D$가 x에 수렴하는, (x_τ)의 한 부분네트를 정의한다고 하자. U를 x의 임의의 근방이라 하고 임의의 $\tau_0 \in D$를 취하자. 5.3.3 정의 (2)에 의하여 적당한 $\mu_0 \in M$이 존재하여 $\tau_0 \leq g(\mu_0)$이다. x에 수렴하는 (x_τ)의 부분네트가 $g: M \longrightarrow D$에 의하여 존재하므로 적당한 $\mu_1 \in M$이 존재하여 $\mu_1 \leq \mu$인 모든 $\mu \in M$에 대하여 $x_{g(\mu)} \in U$이다. M이 유향집합이므로 적당한 $\mu_* \in M$이 존재하여 $\mu_0 \leq \mu_*$, $\mu_1 \leq \mu_*$이다. 따라서 $\tau_0 \leq g(\mu_0) \leq g(\mu_*)$이고 $x_{g(\mu_*)} \in U$가 성립한다. 5.3.5 정의에 의하여 x는 네트 (x_τ)의 집적점이다. ■

5.3.7 정리 X를 위상공간이라 하고 $A \subset X$라 하자. $x \in \overline{A}$이기 위한 필요충분조건은 x에 수렴하는 한 네트 (x_τ)가 A 안에 존재하는 것이다.

•증명• $x \in \overline{A}$라 하자. x의 근방계 $\mathcal{N}_x$에 포함관계 $\supset$로 이항관계를 주면 $(\mathcal{N}_x,\ \supset)$은 한 유향집합이다(예 5.3.2). 임의의 $U \in \mathcal{N}_x$는 x의 근방이고 2.2.9 정리에 의하여 $U \cap A \neq \varnothing$이다. 한 점 $x_U \in U \cap A$를 취하자. $(\mathcal{N}_x,\ \supset)$가 유향집합이므로 (x_U)는 한 네트이다. 네트 (x_U)는 $x_U \in A$이고 $x_U \longrightarrow x$이다(예 5.3.5 참조).

역으로 x에 수렴하는 한 네트 (x_τ)가 A안에 존재한다고 하자. x의 임의의 근방 U에 대해서 적당한 τ_0가 존재해서 $\tau_0 \leq \tau$인 모든 τ에 대해서 $x_\tau \in U$가 성립한다. 따라서 $x_{\tau_0} \in U \cap A \neq \varnothing$이므로 2.2.9 정리에 의하여 $x \in \overline{A}$이다. ■

5.3.8 정리 $f: X \longrightarrow Y$라 하자. f가 한 점 $a \in X$에서 연속이기 위한 필요충분조건은 X에서 $x_\tau \longrightarrow a$일 때 Y에서 $f(x_\tau) \longrightarrow f(a)$가 되는 것이다.

•증명• f가 한 점 a에서 연속이고 $x_\tau \longrightarrow a$라 하자. $f(a)$의 임의의 근방을 U라 하면 $f^{-1}[U]$는 a의 한 근방이다. $x_\tau \longrightarrow a$이므로 적당한 τ_0가 존재해서 $\tau_0 \leq \tau$인 모든 τ에 대해서 $x_\tau \in f^{-1}[U]$이다. 따라서 $f(x_\tau) \in U$이므로 $f(x_\tau) \longrightarrow f(a)$

가 성립한다.

f가 a에서 불연속이라 하자. $f(a)$의 적당한 근방 V가 존재해서 a의 어떠한 근방 U도 $U \not\subset f^{-1}[V]$이다(3.1.4 정의 참조). $U \in \mathcal{N}_a$에 대하여 $x_U \in U - f^{-1}[V]$인 한 점 x_U를 취하면 (x_U)는 한 네트이고 예 5.3.5에 의해 $x_U \longrightarrow a$이다. 그러나 $f(x_U) \in f[U] - V$이고 $f(x_U) \not\in V$이므로 $f(x_U) \not\longrightarrow f(a)$이다.

■

5.3.9 정리 적공간 $X = \prod_{\lambda \in \Lambda} X_\lambda$에서 한 네트 (x_τ)가 $x_\tau \longrightarrow x \in X$이기 위한 필요충분조건은 각 $\lambda \in \Lambda$에 대하여 좌표공간 X_λ에서 $P_\lambda(x_\tau) \longrightarrow P_\lambda(x)$ 되는 것이다.

•증명• 적공간 $X = \prod_{\lambda \in \Lambda} X_\lambda$에서 $x_\tau \longrightarrow x$이라면 각 $\lambda \in \Lambda$에 대해서 $P_\lambda : \prod_\lambda X_\lambda \longrightarrow X_\lambda$가 연속이므로 $P_\lambda(x_\tau) \longrightarrow P_\lambda(x)$이다(5.3.8 정리 참조).

역으로 각 $\lambda \in \Lambda$에 대해서 $P_\lambda(x_\tau) \longrightarrow P_\lambda(x)$라 하자. x의 임의의 근방 U를 취하면 적당한 X_{λ_i}에서의 개집합 $G_{\lambda_i}(i = 1,\ 2,\ \cdots,\ n)$가 존재해서

$$x \in P_{\lambda_1}^{-1}(G_{\lambda_1}) \cap \cdots \cap P_{\lambda_n}^{-1}(G_{\lambda_n}) \subset U \quad \text{(3.2.2 정의 참조)}$$

가 성립한다. $P_{\lambda_i}(x) \in G_{\lambda_i}(i = 1,\ 2,\ \cdots,\ n)$이고 가정에 의하여 $P_{\lambda_i}(x_\tau) \longrightarrow P_{\lambda_i}(x)(i = 1,\ 2,\ \cdots,\ n)$이므로 적당한 $\tau_i(i = 1,\ 2,\ \cdots,\ n)$가 존재하여 $\tau_i \leq \tau$인 모든 τ에 대해서 $P_{\lambda_i}(x_\tau) \in G_{\lambda_i}$가 성립한다. $\tau_i(i = 1,\ 2,\ \cdots,\ n)$는 유향집합의 원소이므로 적당한 τ_0가 존재해서 $\tau_i \leq \tau_0(i = 1,\ 2,\ \cdots,\ n)$를 만족한다. 그러므로 $\tau_0 \leq \tau$인 모든 τ에 대해서 $\tau_i \leq \tau_0 \leq \tau(i = 1,\ 2,\ \cdots,\ n)$이므로 $P_{\lambda_i}(x_\tau) \in G_{\lambda_i}$가 성립하여

$$x_\tau \in P_{\lambda_i}^{-1}(G_{\lambda_i})(i = 1,\ 2,\ \cdots,\ n)$$

가 된다. $\tau_0 \leq \tau$인 모든 τ에 대해서

$$x_\tau \in P_{\lambda_1}^{-1}(G_{\lambda_1}) \cap \cdots \cap P_{\lambda_n}^{-1}(G_{\lambda_n}) \subset U$$

이므로 $x_\tau \longrightarrow x$가 만족한다. ■

5.3.10 정의 $(x_\tau)_{\tau \in D}$을 한 집합 X상의 한 네트라 하자. X의 임의의 부분집합 A에 대하여 적당한 $\tau_0 \in D$가 존재해서 $\tau_0 \leq \tau$인 모든 $\tau \in D$에 대해서 $x_\tau \in A$가 성립하거나 혹은 $\tau_0 \leq \tau$인 모든 $\tau \in D$에 대해서 $x_\tau \in X - A$가 성립할 때 네트 (x_τ)를 **보편네트** (universal net or ultranet)라 한다.

위 정의에 의하면, 한 위상공간 $(X, \mathcal{J})$에서의 보편네트 (x_τ)는 집적점에 수렴한다는 것을 알 수 있다.

예 5.3.7 임의의 한 유향집합 $(D, \leq)$에 대하여 사상 $f: D \longrightarrow X$를 임의의 $\tau \in D$에 대해서 $f(\tau) = p \in X$라 하면 f는 X상의 한 보편네트가 된다. 이러한 네트를 자명한 보편네트(trivial ultranet)라 한다.

5.3.11 정리 $f: X \longrightarrow Y$를 한 사상이라고 X상의 한 보편네트를 (x_τ)라 할 때 $(f(x_\tau))$는 Y에서도 보편네트가 된다.

•증명• $A \subset Y$이라 하자. (x_τ)는 보편네트이므로 적당한 $\tau_0 \in D$가 존재해서 $\tau_0 \leq \tau$인 모든 $\tau \in D$에 대해서 $x_\tau \in f^{-1}[A]$이 성립하거나 $x_\tau \in X - f^{-1}[A]$가 성립한다. 따라서 $\tau_0 \leq \tau$인 모든 $\tau \in D$에 대해서 $f(x_\tau) \in A$가 성립하거나 아니면 $f(x_\tau) \in Y - A$가 성립한다. 그러므로 $(f(x_\tau))_{\tau \in D}$는 Y에서 보편네트이다. ■

연.습.문.제

1. 보편네트의 부분네트는 보편네트이다.

Hint $f=(x_\tau): D \longrightarrow X$를 보편네트라 하자. $g: M \longrightarrow D$에 의한 부분네트는 $f \circ g=(x_{g(\mu)})_{\mu \in M}$이다. $E \subset X$에 대해서 $^\exists \tau_0 \in D$ s.t. $\tau_0 \leq \tau$일 때 $x_\tau \in E$인 경우, $^\exists \mu_0 \in M$ s.t. $\tau_0 \leq g(\mu_0)$이므로 $\mu_0 \leq \mu$일 때 $x_{g(\mu)} \in E$이다.

2. 한 위상공간 X에서 $(x_\tau)_{\tau \in D}$를 한 네트라 하고 각 $\tau_0 \in D$에 대해서 $H_{\tau_0}=\{\tau \mid \tau_0 \leq \tau\}$이라 하자. 한 점 $x \in X$가 네트 (x_τ)의 집적점이기 위한 필요충분조건은 각 $\tau \in D$에 대해서 $x \in \overline{H_\tau}$이다. 증명하다.

Hint x가 (x_τ)의 집적점이면 x의 임의의 근방 U와 각 $\tau \in D$에 대해서 $\tau \leq \tau_0$인 τ_0가 존재해서 $\tau_0 \in U \cap H_\tau \neq \varnothing$이다. 역으로 $^\forall \tau \in D$, $x \in \overline{H_\tau}$이면 x의 임의의 근방 U에 대해서 $^\exists \tau_0 \in U \cap H_\tau \neq \varnothing$ (2.2.9 정리).

3. 보편네트는 집적점에 수렴함을 밝혀라.

Hint 보편네트 (x_τ)의 한 집적점을 x라 하자. x의 임의의 근방 U는 각 $\tau \in D$에 대해서 $\tau \leq \tau_0$인 τ_0가 존재해서 $x_{\tau_0} \in U$이다. 보편네트의 정의에 의하여 $x_\tau \longrightarrow x$가 성립한다.

4. 적공간 $\prod_\lambda X_\lambda$ 상의 한 네트 (x_τ)의 한 집적점을 x라 할 때 각 λ에 대해서 $P_\lambda(x)$는 $(P_\lambda(x_\tau))_{\tau \in D}$의 집적점이다. 증명하여라. 그 역은 성립하지 않는다. 반례를 들어라.

Hint x가 (x_τ)의 집적점인 경우 각 τ에 대해서 $x \in \overline{H_\tau}$, 따라서 $P_\lambda(x) \in P_\lambda(\overline{H_\tau}) \subset \overline{P_\lambda(H_\tau)}$. $\boldsymbol{R} \times \boldsymbol{R}$에서 네트 (x_τ)를 $\left(\left(\frac{1}{2}, 0\right), \left(0, \frac{1}{2}\right), \left(\frac{2}{3}, 0\right), \left(0, \frac{2}{3}\right), \cdots, \left(\frac{n-1}{n}, 0\right), \left(0, \frac{n-1}{n}\right), \cdots\right)$이라 하자. $a=(1, 1)$이라 하면 x대, y대상의 사영

을 각각 P_1, P_2라 할 때 $P_1(a) = P_2(a) = 1$은 네트 $(P_1(x_\tau))$와 $(P_2(x_\tau))$의 집적점이지만 $a = (1,\ 1)$은 네트 (x_τ)의 집적점은 아니다.

5.4* 필터

5.3절에서 네트를 결정해 주는 유향집합의 중요한 예로서 근방계를 사용하였다. 필터의 중요한 모델 또한 근방계라 할 수 있다.

5.4.1 정의 한 집합 X의 공집합이 아닌 부분집합들의 한 공집합이 아닌 족 $\mathcal{F}$가

(1) F_1, $F_2 \in \mathcal{F}$일 때 $F_1 \cap F_2 \in \mathcal{F}$

(2) $F \in \mathcal{F}$이고 $F \subset F^*$일 때 $F^* \in \mathcal{F}$

의 조건을 만족할 때 $\mathcal{F}$를 집합 X상의 **필터**(filter)라 한다.

예 5.4.1 한 위상공간 $(X, \mathcal{T})$에서 $x \in X$의 근방계 $\mathcal{N}_x$는 X상의 한 필터이다.

예 5.4.2 X를 한 집합이라 하고 $x \in X$라 하자.

$$\mathcal{F}_x = \{A \mid x \in A \subset X\}$$

라 하면 $\mathcal{F}_x$는 X상의 한 필터이다.

5.4.2 정의 X를 한 집합이라 하고 $\mathcal{F}$를 X상의 한 필터라 하자. $\mathcal{F}$의 한 부분족 $\mathcal{F}_0$가

$$\mathcal{F} = \{F \mid \text{한 } F_0 \in \mathcal{F}_0\text{가 존재해서 } F_0 \subset F \subset X\}$$

일 때 $\mathcal{F}_0$을 필터 $\mathcal{F}$에 대한 **필터기저**(filter base)라 한다.

또 필터 $\mathcal{F}$를 필터기저 $\mathcal{F}_0$에 의하여 생성된 필터라 한다.

예 5.4.3 예 5.4.1에서

$$\mathcal{N}_x^* = \{G \mid G\text{는 } x\text{의 개근방}\}$$

은 $\mathcal{N}_x^* \subset \mathcal{N}_x$이고 $\mathcal{N}_x^*$는 $\mathcal{N}_x$의 한 필터기저이다.

예 5.4.4 예 5.4.2에서

$$\mathcal{F}_0 = \{\{x\}\}$$

는 $\mathcal{F}_0 \subset \mathcal{F}_x$이고 $\mathcal{F}_0$는 필터 $\mathcal{F}_x$의 한 필터기저이다.

5.4.3 정리 한 집합 X의 공집합이 아닌 부분집합들의 한 공집합이 아닌 족 $\mathcal{H}$가 X 상의 한 필터의 필터기저이기 위한 필요충분조건은 임의의 H_1, $H_2 \in \mathcal{H}$에 대해서 적당한 $H_3 \in \mathcal{H}$가 존재해서 $H_3 \subset H_1 \cap H_2$가 성립하는 것이다.

•증명• $\mathcal{H}$가 X상의 한 필터 $\mathcal{F}$의 필터기저라면 5.4.2 정의에 의하여 $\mathcal{H} \subset \mathcal{F}$이고

$$\mathcal{F} = \{F \mid \text{한 } H_0 \in \mathcal{H}\text{가 존재해서 } H_0 \subset F \subset X\} \qquad \cdots (*)$$

가 성립한다. 따라서 임의의 H_1, $H_2 \in \mathcal{H} \subset \mathcal{F}$에 대해서 $H_1 \cap H_2 \in \mathcal{F}$(5.4.1 정의 (1))이다. (*)에 의하여 한 $H_0 \in \mathcal{H}$가 존재해서 $H_0 \subset H_1 \cap H_2$이어야 한다.

역으로 $\mathcal{H}$가 주어진 조건을 만족한다고 하자. $\mathcal{F}$를

$$\mathcal{F} = \{F \mid \text{한 } H_0 \in \mathcal{H}\text{가 존재해서 } H_0 \subset F \subset X\}$$

이라 하면 $\mathcal{H} \subset \mathcal{F}$이고 $\mathcal{F}$는 X상의 한 필터이다. 왜냐하면 임의의 F_1, $F_2 \in \mathcal{F}$에 대해서 적당한 H_1, $H_2 \in \mathcal{H}$가 존재해서 $H_1 \subset F_1$, $H_2 \subset F_2$이고 적당한 $H_3 \in \mathcal{H}$가 존재해서

$$H_3 \subset H_1 \cap H_2 \subset F_1 \cap F_2$$

이므로 $F_1 \cap F_2 \in \mathcal{F}$가 성립하고, 임의의 $F \in \mathcal{F}$를 취하면 적당한 $H_0 \in \mathcal{H}$가 존재해서 $H_0 \subset F$이고 $H_0 \subset F \subset F^*$인 모든 F^*는 $F^* \in \mathcal{F}$가 성립하기 때문이다.

$\mathcal{H}$가 $\mathcal{F}$의 필터기저가 된다는 것은 위의 결과와 5.4.2 정의로부터 분명하다. ■

예 5.4.5 X를 한 집합이라 하고 $\varnothing \neq H \subset X$라 하면 $\mathcal{H} = \{H\}$는 한 필터기저이다. $\mathcal{H}$를 필터기저로 갖는 필터 $\mathcal{F}$는

$$\mathcal{F} = \{F \mid H \subset F \subset X\}$$

이다.

5.4.4 정의 $\mathcal{F}$를 위상공간 X상의 한 필터라 하고 $x \in X$라 하자.

(1) x의 근방계 $\mathcal{N}_x$가 $\mathcal{N}_x \subset \mathcal{F}$일 때 필터 $\mathcal{F}$는 x에 **수렴**한다고 하고 $\mathcal{F} \longrightarrow x$로 나타낸다.

(2) 임의의 $F \in \mathcal{F}$에 대해서 $x \in \overline{F}$일 때, 즉 $x \in \cap\{\overline{F} \mid F \in \mathcal{F}\}$일 때 x를 필터 $\mathcal{F}$의 **집적점**(cluster point)이라 한다.

예 5.4.6 점 a의 근방계인 필터 $\mathcal{N}_a$는 $\mathcal{N}_a \longrightarrow a$이다(5.4.4 정의 (1) 참조).

예 5.4.7 X를 위상공간, $\varnothing \neq A \subset X$라 하자. 필터기저 $\mathcal{H} = \{A\}$에 의하여 생성된 필터 $\mathcal{F}$의 집적점 전체의 집합은 $\overline{A}$이다.

$\mathcal{F} \longrightarrow x$일 경우 x는 $\mathcal{F}$의 집적점이다. 그 이유는 다음과 같다.

$\mathcal{F} \longrightarrow x$라 하자. 5.4.4 정의 (1)에 의하여 $\mathcal{N}_x \subset \mathcal{F}$이다. 임의의 $F \in \mathcal{F}$와 임의의 $U \in \mathcal{N}_x \subset \mathcal{F}$는 $\varnothing \neq F \cap U \in \mathcal{F}$이므로 2.2.9 정리에 의하여 $x \in \overline{F}$가 성립한다. 따라서 x는 필터 $\mathcal{F}$의 집적점이다.

필터기저의 수렴에 관한 다음 정의는 매우 편리한 점이 있다.

5.4.5 정의 $\mathcal{H}$를 위상공간 X상의 한 필터기저라 하고 $x \in X$라 하자. x의 임의의 근방 $U \in \mathcal{N}_x$가 한 $H \in \mathcal{H}$를 포함할 때 필터기저 $\mathcal{H}$는 x에 **수렴**한다고 한다.

위의 정의는 필터기저 $\mathcal{H}$에 의하여 생성된 필터 $\mathcal{F}$의 수렴조건과 동치인 것을 알 수 있다.

5.4.6 위상공간 X상에서 $\mathcal{F}$를 한 필터, $\mathcal{H}$를 $\mathcal{F}$에 대한 한 필터기저라 하자. $\mathcal{H}$가 한 점 $x\in X$에 수렴하기 위한 필요충분조건은 $\mathcal{F}$가 x에 수렴하는 것이다.

•증명• X상의 한 필터기저 $\mathcal{H}$가 x에 수렴한다고 하자. x의 임의의 근방 $U\in\mathcal{N}_x$는 적당한 $H\in\mathcal{H}$가 존재해서 $H\subset U$이므로(5.4.5 정의) $U\in\mathcal{F}$가 되어 $\mathcal{N}_x\subset\mathcal{F}$이다. 따라서 $\mathcal{F}\longrightarrow x$이다.

역으로 $\mathcal{F}\longrightarrow x$이면 $\mathcal{N}_x\subset\mathcal{F}$이고 $\mathcal{H}$가 $\mathcal{F}$의 필터기저이므로 임의의 $U\in\mathcal{N}_x\subset\mathcal{F}$에 대하여 한 $H\in\mathcal{H}$가 존재해서

$$H\subset U\in\mathcal{F}\ \text{(5.4.2 정의 참조)}$$

가 성립한다. 따라서 $\mathcal{H}$는 x에 수렴한다. ■

5.4.7 정리 $\mathcal{F}$를 위상공간 X상의 한 필터라 하고 $x\in X$라 하자. 한 점 x가 필터 $\mathcal{F}$의 집적점이기 위한 필요충분조건은 $\mathcal{F}\subset\mathcal{F}^*$인 필터 $\mathcal{F}^*$가 존재해서 $\mathcal{F}^*\longrightarrow x$가 되는 것이다.

•증명• 점 x가 필터 $\mathcal{F}$의 집적점이라 하자. 5.4.4 정의 (2)에 의하여 임의의 $F\in\mathcal{F}$에 대해서 $x\in\overline{F}$가 성립한다. 2.2.9 정리에 의하여 임의의 $U\in\mathcal{N}_x$에 대해서 $U\cap F\neq\varnothing$가 된다는 뜻이다. $\mathcal{H}$를

$$\mathcal{H}=\{U\cap F\mid U\in\mathcal{N}_x,\ F\in\mathcal{F}\}$$

라 놓자. $\mathcal{H}$는 한 필터기저가 된다(5.4.3 정리 참조).

$\mathcal{H}$에 의하여 생성된 필터를 $\mathcal{F}^*$라 하자. 즉

$$\mathcal{F}^*=\{F^*\mid \text{한 } U\cap F\in\mathcal{H}\text{가 존재해서 } (U\cap F)\subset F^*\subset X\}$$

이라 하자. 임의의 $U\in\mathcal{N}_x$는 $U\cap F\subset U$이므로 $\mathcal{N}_x\subset\mathcal{F}^*$가 성립한다. 따라서 $\mathcal{F}^*\longrightarrow x$이다.

역으로 $\mathcal{F} \subset \mathcal{F}^* \longrightarrow x$라 하자. $\mathcal{N}_x \subset \mathcal{F}^*$이므로 임의의 $U \in \mathcal{N}_x$와 임의의 $F \in \mathcal{F}$는 $U \cap F \neq \varnothing$가 성립한다. 2.2.9 정리에 의하여 $x \in \overline{F}$이다. 따라서 x는 $\mathcal{F}$의 집적점이다. ■

5.4.8 정리 X를 한 위상공간이라 하고 $A \subset X$라 하자. $x \in \overline{A}$이기 위한 필요충분조건은 A를 포함하는 한 필터 $\mathcal{F}$가 존재해서 $\mathcal{F} \longrightarrow x$가 되는 것이다.

•증명• $x \in \overline{A}$라 하자. 임의의 $U \in \mathcal{N}_x$에 대해서 $U \cap A \neq \varnothing$이다. $\mathcal{H}$를 $\mathcal{H} = \{U \cap A \mid U \in \mathcal{N}_x\}$라 하면 $\mathcal{H}$는 필터기저의 조건을 만족한다. $\mathcal{H}$에 의하여 생성된 필터 $\mathcal{F}$는 $\mathcal{N}_x \subset \mathcal{F}$이므로 $\mathcal{F} \longrightarrow x$가 성립한다. 또 $A \in \mathcal{F}$이다.

역으로 $A \in \mathcal{F} \longrightarrow x$라 하자. $\mathcal{N}_x \subset \mathcal{F}$이므로 임의의 $U \in \mathcal{N}_x$에 대해서 $U \cap A \neq \varnothing$이다. 그러므로 $x \in \overline{A}$이다. ■

5.4.9 정의 $\mathcal{F}$를 X상의 한 필터라 하고 $f: X \longrightarrow Y$를 한 사상이라 하자.

$$\mathcal{H} = \{f[F] \mid F \in \mathcal{F}\}$$

를 필터기저로 하는 Y상의 필터를 $f(\mathcal{F})$로 나타내기로 한다.

5.4.10 정리 $f: X \longrightarrow Y$가 한 점 $a \in X$에서 연속이기 위한 필요충분조건은 X상에서의 필터 $\mathcal{F}$가 $\mathcal{F} \longrightarrow a$일 때 $f(\mathcal{F}) \longrightarrow f(a)$가 되는 것이다.

•증명• $f: X \longrightarrow Y$가 $a \in X$에서 연속이고 X상에서의 필터 $\mathcal{F}$가 $\mathcal{F} \longrightarrow a$라 하자. 임의의 $V \in \mathcal{N}_{f(a)}$를 취하면 f가 $a \in X$에서 연속이므로 $f^{-1}[V] \in \mathcal{N}_a$가 성립한다. $\mathcal{F} \longrightarrow a$이므로 $f^{-1}[V] \in \mathcal{F}$이다. 따라서 $ff^{-1}[V] \subset V \in f(\mathcal{F})$가 되어 $\mathcal{N}_{f(a)} \subset f(\mathcal{F})$이 성립한다. 그러므로 $f(\mathcal{F}) \longrightarrow f(a)$이다.

역으로 $\mathcal{F} \longrightarrow a$일 때 $f(\mathcal{F}) \longrightarrow f(a)$라 하자. $\mathcal{F}$를 $\mathcal{N}_a$라 하면 $\mathcal{N}_a \longrightarrow a$이므로(예 5.4.6) 가정에 의하여 $f(\mathcal{N}_a) \longrightarrow f(a)$이다. 그러므로 $\mathcal{N}_{f(a)} \subset f(\mathcal{N}_a)$가 성립한다.

$$\mathcal{H} = \{f[U] \mid U \in \mathcal{N}_a\}$$

가 필터 $f(\mathcal{N}_a)$의 필터기저이므로 임의의 $V\in\mathcal{N}_{f(a)}\subset f(\mathcal{N}_a)$에 대해서 적당한 $U\in\mathcal{N}_a$가 존재해서 $f[U]\subset V$이다. 따라서 f는 $a\in X$에서 연속이다. ■

5.4.11 정리 한 적공간 $\prod_\lambda X_\lambda$상의 한 필터 $\mathcal{F}$가 한 점 $x\in\prod_\lambda X_\lambda$에 수렴하기 위한 필요충분조건은 각 $\lambda\in\Lambda$에 대응하는 좌표공간 X_λ상에서 $P_\lambda(\mathcal{F})\longrightarrow P_\lambda(x)$가 성립하는 것이다.

•증명• $\mathcal{F}\longrightarrow x$인 경우 각 λ에 대해서 사영 P_λ가 연속이므로 $P_\lambda(\mathcal{F})\longrightarrow P_\lambda(x)$가 성립한다(5.4.10 정리).

역으로 각 λ에 대해서 $P_\lambda(\mathcal{F})\longrightarrow P_\lambda(x)$라 하자. $x\in\prod_\lambda X_\lambda$의 임의의 근방 $U\in\mathcal{N}_x$를 취하자. 적당한 X_{λ_i}에서의 개집합 $G_{\lambda_i}\,(i=1,\ 2,\ \cdots,\ n)$가 존재하여

$$x\in P_{\lambda_1}^{-1}[G_{\lambda_1}]\cap\cdots\cap P_{\lambda_n}^{-1}[G_{\lambda_n}]\subset U$$

이다. G_{λ_i}는 $P_{\lambda_i}(x)=x_{\lambda_i}$의 개근방이다. 가정으로부터 $P_{\lambda_i}(\mathcal{F})\longrightarrow P_{\lambda_1}(x)$이므로 $G_{\lambda_i}\in P_{\lambda_i}(\mathcal{F})$이다. $(i=1,\ 2,\ \cdots,\ n)$ $\{P_{\lambda_i}[F]\mid F\in\mathcal{F}\}$가 필터 $P_{\lambda_i}(\mathcal{F})$의 필터기저이므로 적당한 $F_i\in\mathcal{F}$가 존재하여

$$P_{\lambda_i}[F_i]\subset G_{\lambda_i}\quad(i=1,\ 2,\ \cdots,\ n)$$

가 성립한다. $F_1\cap\cdots\cap F_n\in\mathcal{F}$이고

$$F_1\cap\cdots\cap F_n\subset P_{\lambda_1}^{-1}[G_{\lambda_1}]\cap\cdots\cap P_{\lambda_n}^{-1}[G_{\lambda_n}]\subset U$$

이므로 $U\in\mathcal{F}$이다. 즉 $\mathcal{N}_x\subset\mathcal{F}$이다. 따라서 $\mathcal{F}\longrightarrow x$이다. ■

다음 정의되는 극대필터는 수렴필터의 응용부분에서 많이 활용된다.

5.4.12 정의 한 집합 X상의 한 필터 $\mathcal{F}$에 대해서 $\mathcal{F}\subsetneq\mathcal{F}^*$인 필터 $\mathcal{F}^*$가 존재하지 않을 때 필터 $\mathcal{F}$를 **극대필터**(ultra filter or maximal filter)라 한다.

예 5.4.8 예 5.4.2의 필터 $\mathfrak{F}_x$는 극대필터이다.

다음 정의는 보편네트와 극대필터의 유사점을 나타내 준다.

5.4.13 정리 $\mathfrak{F}$를 한 집합 X상의 한 필터라 하자. 필터 $\mathfrak{F}$가 극대필터이기 위한 필요충분조건은 X의 임의의 부분집합 A에 대해서 $A \in \mathfrak{F}$ 혹은 $X - A \in \mathfrak{F}$가 성립하는 것이다.

•증명• $\mathfrak{F}$를 극대필터라 하고 A를 X의 임의의 부분집합이라 하자. $\mathfrak{F}$의 모든 원소 $F \in \mathfrak{F}$는 $\varnothing \neq F \subset X$이므로 $F \cap A \neq \varnothing$이거나 혹은 $F \cap (X - A) \neq \varnothing$이다.

$\mathfrak{F}$는 필터이므로 모든 $F \in \mathfrak{F}$는 $F \cap A \neq \varnothing$이거나 모든 $F \in \mathfrak{F}$는 $F \cap (X - A) \neq \varnothing$이거나 이다. 만일 그렇지 않다면 적당한 $F_1, F_2 \in \mathfrak{F}$가 존재해서 $F_1 \cap A = \varnothing$이고 $F_2 \cap (X - A) = \varnothing$이어야 한다. 따라서 $F_1 \subset X - A$, $F_2 \subset A$이므로 $F_1 \cap F_2 = \varnothing$가 되어 모순이다. 그렇기 때문에 모든 $F \in \mathfrak{F}$는 $F \cap A \neq \varnothing$이라고 가정하여도 일반성을 잃지 않는다. 이 경우 $\mathcal{H}$를

$$\mathcal{H} = \{F \cap A \mid F \in \mathfrak{F}\}$$

라 하면 $\mathcal{H}$는 한 필터기저이다. $\mathcal{H}$에 의하여 생성된 필터를 $\mathfrak{F}^*$라 하면 $\mathfrak{F} \subset \mathfrak{F}^*$이고 $A \in \mathfrak{F}^*$이다. $\mathfrak{F}$는 극대필터이므로 $\mathfrak{F} = \mathfrak{F}^*$이고 $A \in \mathfrak{F}^* = \mathfrak{F}$이다.

역으로 임의의 $A \subset X$에 대하여 필터 $\mathfrak{F}$가 $A \in \mathfrak{F}$이거나 $X - A \in \mathfrak{F}$이라 하자. 한 필터 $\mathfrak{F}^*$가 존재해서 $\mathfrak{F} \subsetneq \mathfrak{F}^*$이라면 적당한 $A^* \in \mathfrak{F}^* - \mathfrak{F}$인 $A^* \subset X$가 존재한다. $A^* \notin \mathfrak{F}$이므로 $X - A^* \in \mathfrak{F}$이다. 따라서 A^*, $X - A^* \in \mathfrak{F}^*$가 되어 모순이 된다. 그러므로 $\mathfrak{F}$는 극대필터이어야 한다. ■

5.4.14 정리 임의의 한 필터 $\mathfrak{F}_0$는 한 극대필터에 포함된다.

•증명• $\boldsymbol{F}$를 $\boldsymbol{F} = \{\mathfrak{F} \mid \mathfrak{F}_0 \subset \mathfrak{F},\ \mathfrak{F}$는 필터$\}$라 하자. $\mathfrak{F}_1, \mathfrak{F}_2 \in \boldsymbol{F}$에 대해서

$$\mathfrak{F}_1 \leq \mathfrak{F}_2 \Longleftrightarrow \mathfrak{F}_1 \subset \mathfrak{F}_2$$

라 하면 $(\boldsymbol{F}, \leq)$는 한 순서집합이 된다(1.4절 참조). $(\boldsymbol{F}, \leq)$에서 임의의 한 전순

서집합 $\{\mathcal{F}_\lambda \mid \lambda \in \Lambda\} \subset \boldsymbol{F}$을 취하자. 따라서 임의의 $\mathcal{F}_{\lambda_1}$, $\mathcal{F}_{\lambda_2} \in \{\mathcal{F}_\lambda \mid \lambda \in \Lambda\}$을 취하면

$$\mathcal{F}_{\lambda_1} \subset \mathcal{F}_{\lambda_2} \text{ 또는 } \mathcal{F}_{\lambda_2} \subset \mathcal{F}_{\lambda_1}$$

이다. 이 경우 $\bigcup_\lambda \mathcal{F}_\lambda$는 한 필터이고 $\mathcal{F}_0 \subset \bigcup_\lambda \mathcal{F}_\lambda$이다. 따라서 $\bigcup_\lambda \mathcal{F}_\lambda \in \mathcal{F}$이고 임의의 $\lambda \in \Lambda$에 대해서 $\mathcal{F}_\lambda \subset \bigcup_\lambda \mathcal{F}_\lambda$이므로 $\bigcup_\lambda \mathcal{F}_\lambda$는 $\{\mathcal{F}_\lambda \mid \lambda \in \Lambda\}$의 상계가 된다. 1.4.6의 Zorn의 보조정리에 의하여 $(\boldsymbol{F}, \leq)$에는 극대원 $\mathcal{F}^*$가 반드시 존재한다. $\mathcal{F}^*$는 $\mathcal{F}_0 \subset \mathcal{F}^*$인 극대필터이다. ■

예 5.4.9 임의의 한 필터 $\mathcal{F}_0$를 포함하는 극대필터는 유일하게 존재하는 것은 아니다. 예를 들면 X를 한 집합이라 하고 $\varnothing \neq A \subset X$라 하자.

$$\mathcal{F}_0 = \{F \mid A \subset F \subset X\}$$

라 하면 $\mathcal{F}_0$는 한 필터이다. $x \in A$인 경우

$$\mathcal{F}_x = \{F \mid x \in F \subset X\}$$

라 하면 $\mathcal{F}_0 \subset \mathcal{F}_x$인 극대필터이고 $x \in A$에 따라 결정된다.

5.4.15 정리 $f: X \longrightarrow Y$가 전사이고 $\mathcal{F}$가 X에서 극대필터일 때 $f(\mathcal{F})$는 Y에서 극대필터이다.

•증명• $\mathcal{F}$가 필터이므로 $f(\mathcal{F})$는 Y에서 필터이다. $A \subset Y$이라 하자. $\mathcal{F}$가 필터이므로 5.4.13 정리에 의하여 $f^{-1}[A] \in \mathcal{F}$ 혹은 $X - f^{-1}[A] \in \mathcal{F}$이다.

$f^{-1}[A] \in \mathcal{F}$라 하자. $A = ff^{-1}[A] \in f(\mathcal{F})$이다. 따라서 $f(\mathcal{F})$는 Y에서 극대필터이다. ■

네트와 필터의 수렴성은 비슷한 점이 매우 많다. 다음 정의와 정리에서 그 관계를 살펴보자.

5.4.16 정의 $(x_\tau)_{\tau \in D}$를 한 집합 X상의 한 네트라 하자.

$H_{\tau_0} = \{x_\tau \mid \tau_0 \leq \tau\}$라 하면 $\mathcal{H} = \{H_{\tau_0} \mid \tau_0 \in D\}$은 X상의 한 필터기저이다. $\mathcal{H}$에 의하여 생성된 필터를 네트 (x_τ)에 의하여 생성된 필터라 한다.

5.4.17 정의 $\mathcal{F}$을 한 집합 X상의 한 필터라 하고

$$D_{\mathcal{F}} = \{(x,\ F) \mid x \in F \in \mathcal{F}\}$$

라 하자. $(x_1,\ F_1),\ (x_2,\ F_2) \in D_{\mathcal{F}}$에 대하여

$$(x_1,\ F_1) \leq (x_2,\ F_2) \Longleftrightarrow F_1 \supset F_2$$

라 하면 $(D_{\mathcal{F}},\ \leq)$는 한 유향집합이 된다. X의 한 네트 $f: D_{\mathcal{F}} \longrightarrow X$을 $f(x,\ F) = x$라 하자. 이 네트 f를 **필터 $\mathcal{F}$에 근거한 네트**라 한다.

5.4.18 정리 (1) 한 필터 $\mathcal{F}$가 x에 수렴하기 위한 필요충분조건은 필터 $\mathcal{F}$에 근거한 네트가 x에 수렴하는 것이다.

(2) 한 네트 $(x_\tau)_{\tau \in D}$가 x에 수렴하기 위한 필요충분조건은 네트 (x_τ)에 의하여 생성된 필터가 x에 수렴하는 것이다.

•증명• (1) $\mathcal{F} \longrightarrow x$라 하자. x의 임의의 근방을 U라 하면 $U \in \mathcal{F}$이다. 한 점 $y \in U$를 취하자. $(y,\ U) \in D_{\mathcal{F}}$이다. 만일 $(y,\ U) \leq (z,\ F)$라 하면 $U \supset F \ni z = f(z,\ F)$이다. 따라서 네트 $f: D_{\mathcal{F}} \longrightarrow X$는 x에 수렴한다.

역으로 $\mathcal{F}$에 근거한 네트가 x에 수렴한다고 하자. x의 임의의 근방을 U라 하자. 네트의 수렴조건에 의하여 적당한 $(x_0,\ F_0) \in D_{\mathcal{F}}$가 존재해서 $(x_0,\ F_0) \leq (y,\ F)$일 때 $f(y,\ F) = y \in U$가 성립한다. 이 경우 $F_0 \subset U$이다. 왜냐하면 $F_0 \not\subset U$인 경우 한 점 $z \in F_0 - U$가 존재하고 $(x_0,\ F_0) \leq (z,\ F_0)$이므로 $f(z,\ F_0) = z \in U$이어야 한다. 이 결과는 모순이다. $F_0 \subset U$이므로 $U \in \mathcal{F}$이고 따라서 $\mathcal{N}_x \subset \mathcal{F}$가 되어 $\mathcal{F} \longrightarrow x$이다.

(2) $x_\tau \longrightarrow x$

$\Longleftrightarrow$ 임의의 $U \in \mathcal{N}_x$에 대해서 적당한 $\tau_0 \in D$가 존재해서 $H_{\tau_0} \subset U$이다.

$\Longleftrightarrow$ $\mathcal{H} = \{H_{\tau_0} \mid \tau_0 \in D\}$는 x에 수렴한다.

$\Longleftrightarrow$ (x_τ)에 의하여 생성된 필터는 x에 수렴한다.

(5.4.5 정의, 5.4.6과 5.4.16 정의 참조) ■

위상공간 수렴문제를 다룰 때 네트보다는 필터의 개념을 선호하는 경향이 있다. 네트는 본질적으로 집합론에서의 순서이론과 관계되어 있고 필터는 주어진 공간의 구조와 관계되어 있기 때문이다. 앞으로는 주로 필터의 개념을 많이 사용하도록 한다.

연.습.문.제

1. 이산공간 X에서 한 점 $x \in X$에 수렴하는 필터는 어떤 것인가?

Hint $\{x\}$를 포함하는 필터

2. X를 무한집합이라 하자. $\{X - F \mid F$는 X의 유한부분집합$\}$을 필터기저로 하는 필터 $\mathfrak{F}$는 여유한위상을 갖는 위상공간 X에서 어떤 점에 수렴하는가?

Hint X의 모든 점에 수렴한다.

3. 한 거리공간상에서 수렴하는 필터는 수렴점이 유일하다. 증명하여라.

Hint a, $b(\neq)$에 수렴한다면 a, b 각 점의 서로소인 근방들이 존재하고 한 필터에 포함되어야 하므로 모순이다.

4. 한 점 x가 네트 (x_τ)의 집적점이기 위한 필요충분조건은 (x_τ)에 의하여 생성된 필터의 집적점이 되는 것이다. 증명하여라.

Hint (x_τ)에 의하여 생성된 필터를 $\mathfrak{F}$라 하자.

x는 (x_τ)의 집적점 $\Longleftrightarrow$ $^\forall \tau,\ x \in \overline{H_\tau}$

$\Longleftrightarrow$ $^\forall F \subset \mathfrak{F},\ x \in \overline{F}$ $(\because\ ^\exists \tau \text{ s.t. } H_\tau \subset F)$

제6장 분리공리

이 장에서는 한 집합상에 도입된 위상을 이용하여 부분집합들 사이의 분리된 정도를 나타내는 기준을 정하려고 한다. 이것들을 분리공리라 부른다.

6.1
T_0, T_1, T_2 분리공리

6.1.1 정의 한 위상공간 X상의 서로 다른 두 점에 대하여 적어도 한 점을 포함하는 개집합으로서 다른 점을 포함하지 않는 것이 존재할 때 X를 **T_0공간**(T_0 space 혹은 Kolmogorove space)이라 한다(그림 6-1 참조).

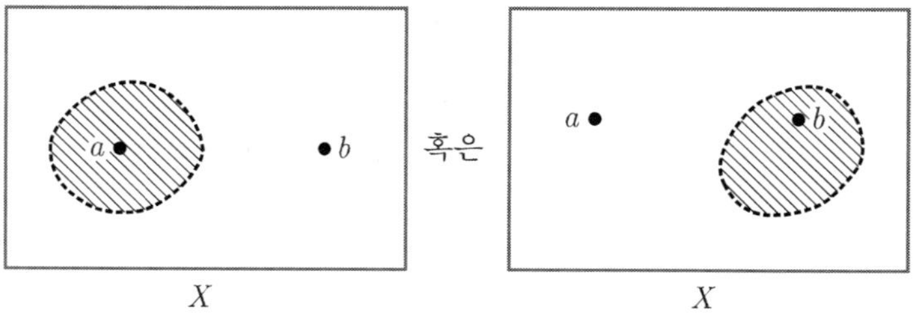

그림 6-1

위상공간 X가 T_0공간이 되기 위한 조건을 T_0공리 혹은 Kolmogorove공리라 부른다.

예 6.1.1 $X=\{a, b\}$, $\mathcal{T}=\{X, \varnothing, \{a\}\}$라 하면 $(X, \mathcal{T})$는 T_0공간이다. 이 공간을 시르핀스키공간(Sierpinski space)이라 부른다. 위상 $\mathcal{T}$에 따라서 집합 X상에 한 근접성이 결정된다. 이 예에서는 b의 유일한 개근방 X 안에 a가 포함되므로 b는 a를 가까운 원으로 보고 있다고 할 수 있고 a의 개근방 $\{a\}$ 안에 b가 포함되지 않기 때문에 a는 원 b가 멀리 떨어져 있는 것으로 보고 있다고 할 수 있다. 두 이웃간의 애증(愛憎)의 한 표현을 이와 같은 위상으로 나타낼 수 있을 것이다.

T_0공간의 부분공간과 적공간은 또한 T_0공간임을 쉽게 보일 수 있다(연습문제 6-1 8. 참조). T_0공간에 대하여 다음 성질이 성립한다.

6.1.2 정리 위상공간 X에서 다음 두 명제는 동치이다.

(1) X는 T_0공간이다.

(2) X상의 서로 다른 두 점 a, b에 대하여 $a \notin \overline{\{b\}}$이거나 $b \notin \overline{\{a\}}$이다.

•증명• (1) ⇒ (2) X를 T_0공간이라 하고, $a, b(\neq) \in X$라 하자. T_0공간의 정의에 의하여 적당한 개집합 U가 존재하여 $a \in U$, $b \notin U$이거나 $b \in U$, $a \notin U$이다. $a \in U$이고 $b \notin U$인 경우 $b \in U^c$이고 U^c는 폐집합이므로 $\overline{\{b\}} \subset U^c$가 되어 $a \notin \overline{\{b\}}$가 성립한다. 또 다른 경우에는 $b \notin \overline{\{a\}}$가 성립한다.

(2) ⇒ (1) X상의 서로 다른 두 점 a, b에 대하여 $a \notin \overline{\{b\}}$이라 하자. $\overline{\{b\}}^c = U$라 하면 U는 개집합이고 $a \in U$, $b \notin \overline{\{b\}}^c = U$가 성립한다. $b \notin \overline{\{a\}}$인 경우에도 $b \in \overline{\{a\}}^c$가 되어 X는 T_0공간이 된다. ■

위 정리의 명제 (2)는 "임의의 $a, b(\neq) \in X$에 대하여 $\overline{\{a\}} \neq \overline{\{b\}}$이 성립한다"라는 명제와 동치임을 쉽게 알 수 있다(연습문제 6-1 1. 참조).

6.1.3 정의 한 위상공간 X의 임의의 서로 다른 두 점 $a, b \in X$에 대하여 적당한 개집합 G와 H가 존재하여 $a \in G$, $b \in H$이고 $a \notin H$, $b \notin G$일 때 X를 ***T_1*공간**(T_1 space or Kuratowski space)이라 한다(그림 6-2 참조).

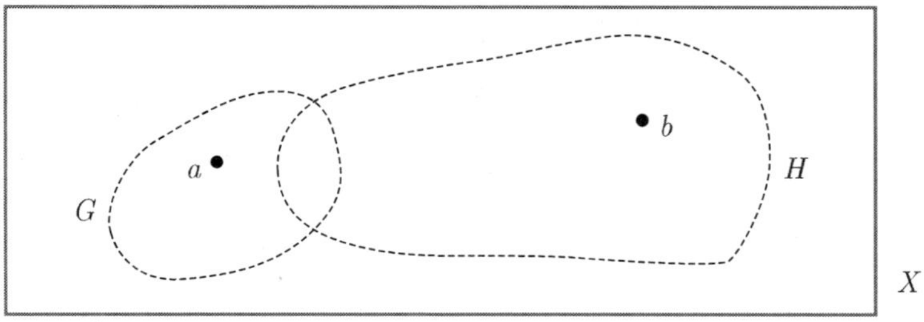

그림 6-2

위상공간 X가 T_1공간이 되기 위한 조건을 T_1공리 혹은 프레셰(Fréchet)의 공리라 부른다.

예 6.1.1에서의 $(X,\ \mathcal{T})$는 T_0공간은 되지만 T_1공간은 아니다.

예 6.1.2 집합 X상의 한 위상으로서 여유한위상

$$\mathcal{T}=\{F^c \mid F\text{는 } X\text{의 유한부분집합}\}\cup\{\varnothing\}$$

를 택하면 $(X,\ \mathcal{T})$는 T_1공간이 된다. 왜냐하면 임의의 서로 다른 두 점 a, $b\in X$에 대하여 $a\in\{b\}^c$, $b\in\{a\}^c$이고 $\{a\}^c\in\mathcal{T}$, $\{b\}^c\in\mathcal{T}$이기 때문이다.

T_1공간의 부분공간과 적공간은 또한 T_1공간임을 쉽게 보일 수 있다(연습문제 6-1 9. 참조).

T_1공간에 대하여 다음 정리가 성립한다.

6.1.4 정리 다음 명제들은 동치이다.

(1) X는 T_1공간이다.

(2) X의 임의의 점 a에 대하여 $\{a\}$는 폐집합이다. 즉 X의 임의의 한 점 부분집합은 폐집합이다.

•증명• (1) ⇒ (2) X를 T_1공간이라 하자. a를 X의 임의의 점이라 하고 $\{a\}$가 폐집합임을 보이자. $\{a\}^c$의 임의의 점 b를 취하면 $a\neq b$이므로 T_1조건에 의하여 적당한 개집합 G와 H가 존재하여 $a\in G$, $b\in H$이고, $a\notin H$, $b\notin G$인 조건을 만족한다. $a\in H^c$이므로 $\{a\}\subset H^c$이고 따라서 $b\in H\subset\{a\}^c$가 성립한다. b는 $\{a\}^c$의 임의의 점이므로 정리 2.2.3에 의하여 $\{a\}^c$는 개집합이 된다. 그러므로 $\{a\}$는 폐집합이다.

(2) ⇒ (1) X상의 임의의 서로 다른 두 점을 a, b라 하자.
가정에 의하여 $\{a\}$와 $\{b\}$는 폐집합이다. 따라서 $\{a\}^c$, $\{b\}^c$는 개집합이 된다. $G=\{b\}^c$, $H=\{a\}^c$라 놓으면 $a\in G$, $b\in H$이고 $b\notin G$, $a\notin H$이므로 X는 T_1공간이다. ■

주의 $(X,\ \mathcal{J})$를 여유한위상공간이라 하자. X에 또 다른 위상 $\mathcal{J}'$이 주어져서 $(X,\ \mathcal{J}')$이 T_1공간이라면 $\mathcal{J} \subset \mathcal{J}'$이 성립한다. 이것을 보이기 위하여 임의의 $G \in \mathcal{J}$를 취하면 $\mathcal{J}$가 여유한위상이므로 X의 한 유한부분집합 F가 존재하여 $G = F^c$이다. $(X,\ \mathcal{J}')$이 T_1공간이므로 한 점집합이 폐집합이고 따라서 유한집합 F는 $(X,\ \mathcal{J}')$에서 폐집합이다. 고로 $F^c = G \in \mathcal{J}'$이 되어 $\mathcal{J} \subset \mathcal{J}'$이다.

즉 여유한위상 $\mathcal{J}$는 X가 T_1공간이 되는 X상의 모든 위상 중에서 최소인 위상이다.

6.1.5 정의 한 위상공간 X의 임의의 서로 다른 두 점 a, b에 대하여 두 개집합 G와 H가 존재하여 $a \in G$, $b \in H$, $G \cap H = \varnothing$일 때 X를 **T_2공간**(T_2 space or Hausdorff space)이라 한다(그림 6-3 참조).

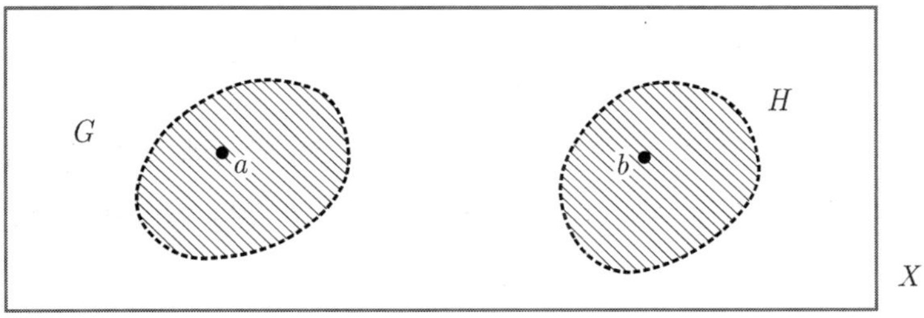

그림 6-3

주의 서로 다른 두 점이 서로소인 근방을 가질 때 T_2공간이라 할 수도 있다.

위상공간 X가 T_2공간이 되기 위한 조건을 T_2공리 혹은 Hausdorff공리라 부른다.

X가 무한집합이고 $(X,\ \mathcal{J})$가 여유한위상공간일 때, $(X,\ \mathcal{J})$는 T_1공간은 되지만 T_2공간은 아니다.

예 6.1.3 $(\boldsymbol{R},\ \mathcal{U})$는 T_2공간이다. 왜냐하면 $\boldsymbol{R}$상의 임의의 서로 다른 두 점을 a, b라 하고 $a < b$라 할 때 $\dfrac{b-a}{3} = \varepsilon(>0)$이라 놓으면 $G = (a-\varepsilon,\ a+\varepsilon)$, $H = (b-\varepsilon,\ b+\varepsilon)$은 $(\boldsymbol{R},\ \mathcal{U})$에서 개집합이고 $a \in G$, $b \in H$, $G \cap H = \varnothing$이 되어 Hausdorff공리를 만족하기 때문이다.

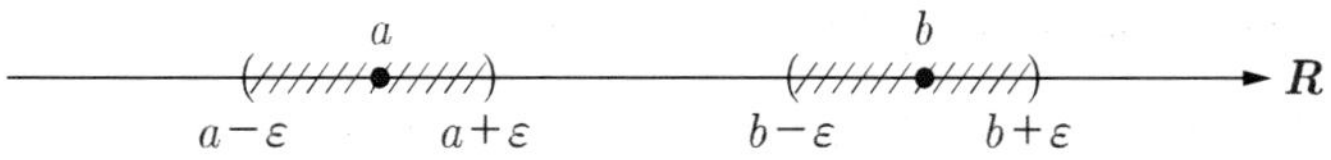

일반적으로 거리공간 (X, d)는 T_2공간이 된다. 왜냐하면 서로 다른 두 점 $a, b \in X$를 취하면 $d(a, b) = \varepsilon > 0$이고

$$a \in S\left(a, \frac{\varepsilon}{3}\right), \ b \in S\left(b, \frac{\varepsilon}{3}\right) \text{이고 } S\left(a, \frac{\varepsilon}{3}\right) \cap S\left(b, \frac{\varepsilon}{3}\right) = \varnothing$$

이므로 (X, d)는 T_2공간이다.

T_2공간에 대하여 다음 중요한 정리가 성립한다.

6.1.6 정리 T_2공간에서 수렴하는 점열은 유일한 극한점을 갖는다.

•증명• T_2공간인 X상의 한 점열 (a_n)이 X상의 점 p와 q에 동시에 수렴한다고 하자. 점 p를 품는 임의의 개집합을 G라 하고 점 q를 품는 임의의 개집합을 H라 하면 적당한 자연수 n_1과 n_2가 존재하여

$$m \geq n_1 \implies a_m \in G$$
$$n \geq n_2 \implies a_n \in H$$

가 성립한다. $n_0 = \max\{n_1, n_2\}$라 놓으면 $n_0 \geq n_1$, $n_0 \geq n_2$이므로

$$a_{n_0} \in G, \quad a_{n_0} \in H$$

이다. 따라서 $a_{n_0} \in G \cap H \neq \varnothing$가 성립한다. 가정에 의하여 X는 T_2공간이고 p와 q는 서로소인 개근방을 갖지 않으므로 $p = q$이어야 한다. 고로 수렴점열 (a_n)은 유일한 극한점을 갖는다. ■

주의 T_1공간에서 6.1.6 정리는 일반적으로 성립하지 않는다(연습문제 6-1 4. 참조).

위 6.1.6 정리에서 점열을 네트나 필터로 대치하면 T_2공간이기 위한 필요충분조건을 구할 수 있다. 다음 정리와 연습문제 6.에서 이것들을 밝히자.

6.1.7* 정리 한 위상공간 X가 T_2공간이기 위한 필요충분조건은 X에서 수렴하는 필터는 유일한 극한점을 갖는 것이다.

•증명• 한 위상공간 X가 T_2공간이라 하자. X상의 한 필터 $\mathcal{F}$가 $\mathcal{F} \longrightarrow x, y$라면 x, y의 각각의 근방계 $\mathcal{N}_x$, $\mathcal{N}_y$는 $\mathcal{N}_x \subset \mathcal{F}$, $\mathcal{N}_y \subset \mathcal{F}$가 성립한다(5.4.4 정의). 따라서 x의 임의의 근방 $U \in \mathcal{N}_x$와 y의 임의의 근방 $V \in \mathcal{N}_y$는 필터의 정의에 의하여 $U \cap V \neq \varnothing$이다. X가 T_2공간이므로 $x = y$이어야 한다.

역으로 수렴하는 필터는 유일한 극한점을 갖는다고 하자. 임의의 서로 다른 두 점 $x, y \in X$를 취하자. $\mathcal{N}_x \longrightarrow x$, $\mathcal{N}_y \longrightarrow y$이다(예 5.4.6). 임의의 x의 근방 $U \in \mathcal{N}_x$와 임의의 y의 근방 $V \in \mathcal{N}_y$가 $U \cap V \neq \varnothing$이라 하면

$$\mathcal{H} = \{U \cap V \mid U \in \mathcal{N}_x,\ V \in \mathcal{N}_y\}$$

는 한 필터기저가 된다. 왜냐하면 임의의 $U_1 \cap V_1$, $U_2 \cap V_2 \in \mathcal{H}$를 취하면

$$\varnothing \neq (U_1 \cap U_2) \cap (V_1 \cap V_2) = (U_1 \cap V_1) \cap (U_2 \cap V_2) \in \mathcal{H}$$

이기 때문이다(5.4.3 정리 참조).

$\mathcal{H}$를 필터기저로 하는 필터를 $\mathcal{F}$라 하면 $\mathcal{F}$는

$$\mathcal{F} = \{F \mid \text{한 } U \cap V \in \mathcal{H}\text{가 존재해서 } U \cap V \subset F \subset X\}$$

이므로 $\mathcal{N}_x \subset \mathcal{F}$, $\mathcal{N}_y \subset \mathcal{F}$가 되어 $\mathcal{F} \longrightarrow x, y$이다. 가정에 의하여 $x = y$가 성립한다. 이 결과는 두 점 x, y가 서로 다르다는 가정에 모순이다. 따라서 적당한 $U \in \mathcal{N}_x$와 $V \in \mathcal{N}_y$가 존재해서 $U \cap V = \varnothing$이어야 한다. 그러므로 X는 T_2공간이다. ■

6.1.8 정리 다음 두 명제는 서로 동치이다.

(1) X는 T_2공간이다.

(2) 대각선 $\Delta = \{(x,\ x) \mid x \in X\}$는 $X \times X$에서 폐집합이다.

•증명• (1) ⇒ (2) 주어진 조건을 써서 Δ^c가 $X \times X$에서 개집합임을 보이자. Δ^c에서 임의의 한 점 $(a,\ b) \in \Delta^c$를 취하면 $a \neq b$가 성립한다. $a,\ b(\neq) \in X$이고 X는 T_2공간이므로 개집합 G와 H가 존재하여 $a \in G$, $b \in H$, $G \cap H = \varnothing$이다. 따라서 $G \times H$는 Δ와 서로소가 되어 $(a,\ b) \in G \times H \subset \Delta^c$가 성립하므로 2.2.3 정리에 의하여 Δ^c는 개집합이 된다.

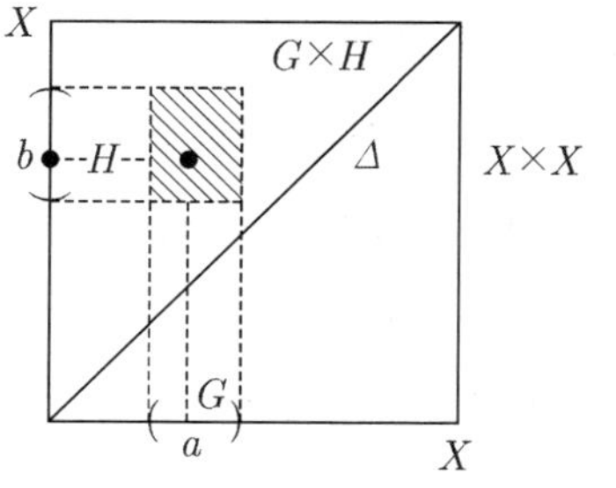

그림 6-4

(2) ⇒ (1) $\Delta = \{(x,\ x) \mid x \in X\}$가 $X \times X$에서 폐집합일 때 X가 T_2공간임을 보이자. 임의의 서로 다른 두 점 $a,\ b \in X$를 취하면 $a \neq b$이므로 $(a,\ b) \notin \Delta$이다. 따라서 $(a,\ b) \in \Delta^c$이다. Δ^c가 적공간 $X \times X$에서 개집합이므로 적위상(product topology)의 기저의 한 원 $G \times H$가 존재하여 $(a,\ b) \in G \times H \subset \Delta^c$가 성립해야 한다. 이 경우 G와 H는 X에서 개집합이고 $a \in G$, $b \in H$이며 $G \times H \subset \Delta^c$이므로 $G \times H \cap \Delta = \varnothing$가 되어 $G \cap H = \varnothing$이다. 따라서 X는 T_2공간이다. ■

6.1.9 정리 T_2공간에 관하여 다음 명제들이 성립한다.

(1) T_2공간의 부분공간은 또한 T_2공간이다.

(2) 공집합이 아닌 적공간 $\prod_{\lambda} X_\lambda$가 T_2공간이기 위한 필요충분조건은 각 $\lambda_0 \in \Lambda$에 대한 좌표공간 X_{λ_0}가 T_2공간이 되는 것이다.

•증명• (1) X를 T_2공간이라 하고 A를 X의 부분집합으로서 부분공간이라 할 때 A에서 서로 다른 두 점 a, $b(\neq)$를 취하면 X에서의 적당한 개집합 G와 H가 존재하여 $a \in G$, $b \in H$, $G \cap H = \varnothing$이다. 따라서 $G' = G \cap A$, $H' = H \cap A$라 하면 G', H'은 A에서 개집합이 되고 $a \in G'$, $b \in H'$, $G' \cap H' = \varnothing$이 되어 A는 T_2공간이 된다.

(2) 적공간 $\prod_\lambda X_\lambda$가 공집합이 아닌 T_2공간이라 하고 한 점 $a = (a_\lambda)_{\lambda \in \Lambda} \in \prod_\lambda X_\lambda$를 취하자. 임의의 $\lambda_0 \in \Lambda$에 대해서 $L(a, \lambda_0)$를

$$L(a, \lambda_0) = X_{\lambda_0} \times \prod \{ \{a_0\} \mid \lambda \neq \lambda_0 \} \subset \prod_\lambda X_\lambda$$

이라 하면 3.2.7 정리에 의하여 $L(a, \lambda_0)$는 X_{λ_0}와 위상동형이다. (1)에 의하여 $\prod_\lambda X_\lambda$의 부분공간 $L(a, \lambda_0)$는 T_2공간이 되고 따라서 좌표공간 X_{λ_0}도 T_2공간이 된다(연습문제 6-1 10., 그림 6-5 참조).

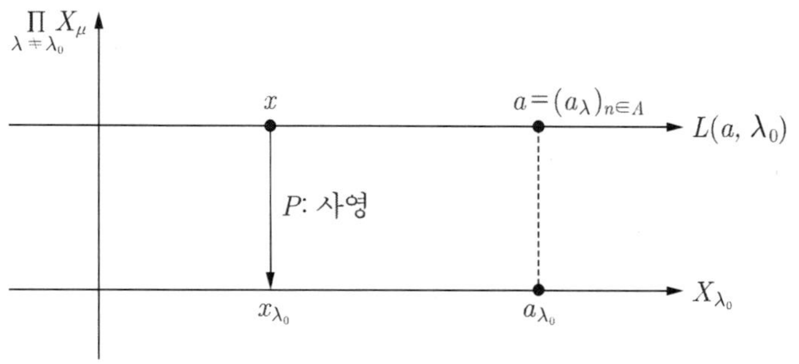

그림 6-5

역으로 각 $X_\lambda (\lambda \in \Lambda)$가 T_2공간이라 하자. $\prod_\lambda X_\lambda$상에서 서로 다른 두 점 x, y를 취하면 $x \neq y$이므로 적당한 λ_0가 존재하여 $x_{\lambda_0} \neq y_{\lambda_0}$이어야 한다. X_{λ_0}가 T_2공간이므로 X_{λ_0}상의 개집합 G, H가 존재하여 $x_{\lambda_0} \in G$, $y_{\lambda_0} \in H$, $G \cap H = \varnothing$이 성립한다. 따라서 $x \in P_{\lambda_0}^{-1}[G]$, $y \in P_{\lambda_0}^{-1}[H]$, $P_{\lambda_0}^{-1}[G] \cap P_{\lambda_0}^{-1}[H] = \varnothing$이 성

립하고 $P_{\lambda_0}^{-1}[G]$와 $P_{\lambda_0}^{-1}[H]$는 $\prod_{\lambda} X_\lambda$ 에서 개집합이므로 $\prod_{\lambda} X_\lambda$ 는 T_2공간의 조건을 만족한다(그림 6-6 참조). ■

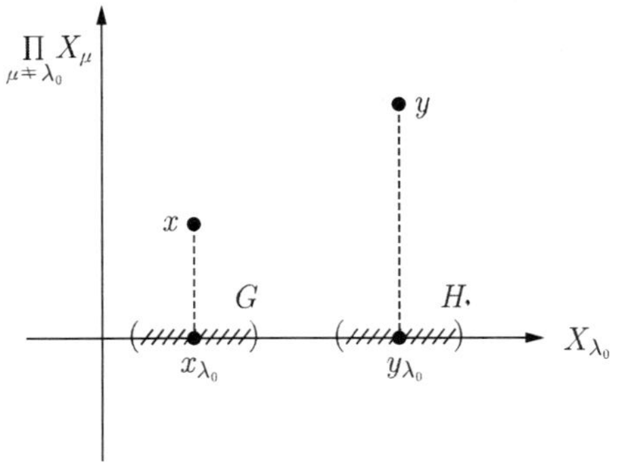

그림 6-6

6.1.10 정리 X를 임의의 위상공간, Y를 T_2공간이라 하고 $f,\ g: X \longrightarrow Y$를 연속사상이라 하자. 다음 (1), (2)가 성립한다.

(1) $\{x \in X \mid f(x) = g(x)\}$는 X에서 폐집합이다.

(2) D가 X에서 조밀부분집합일 때 $f|_D = g|_D$이면 $f = g$이다.

•증명• (1) $h: X \longrightarrow Y \times Y$를 $h(x) = (f(x),\ g(x))$라 하면 h는 연속사상이다(3.2.3 정리 참조). Y가 T_2공간이므로 6.1.8 정리에 의하여 $\Delta = \{(y,\ y) \mid y \in Y\}$는 $Y \times Y$에서 폐집합이고, 따라서

$$h^{-1}[\Delta] = \{x \mid f(x) = g(x)\}$$

는 X에서 폐집합이다.

(2) D가 X에서 조밀부분집합이고 $f|_D = g|_D$ 이면

$$D \subset \{x \mid f(x) = g(x)\}$$

이고 (1)에 의하여

$$X = \overline{D} \subset \{x \mid f(x) = g(x)\}$$

가 성립한다. 따라서 $X = \{x \mid f(x) = g(x)\}$ 이므로 $f = g$ 이다. ■

T_0, T_1, T_2 공리계로부터 다음이 성립한다는 것은 명백하다.

6.1.11

$$T_2\text{공간} \Longrightarrow T_1\text{공간} \Longrightarrow T_0\text{공간}$$

일반적으로 위 명제의 역은 성립하지 않는다(예 6.1.1, 예 6.1.2 참조).

연.습.문.제

1. X가 T_0공간이기 위한 필요충분조건은 임의의 a, $b(\neq)\in X$에 대해서 $\overline{\{a\}}\neq\overline{\{b\}}$가 되는 것이다. 증명하여라.

Hint $a\in\overline{\{b\}}$이고 $b\in\overline{\{a\}}$이면 $\overline{\{a\}}=\overline{\{b\}}$이다.

2. 위상공간 X가 T_1공간이기 위한 필요충분조건은 X의 임의의 부분집합 A가 A를 품는 모든 개집합들의 교집합임을 밝혀라.

Hint X를 T_1공간이라 하고 $A\subset X$라 하자. 임의의 $p\in X-A$에 대해서 $\{p\}$는 폐집합이다. 따라서 $X-\{p\}$는 개집합이고 $\bigcap_{P\in X-A}(X-\{p\})=A$이다.

역을 증명하기 위하여 $p\in X$에 대하여 $X-\{p\}\subset X$이므로 $X-\{p\}$를 품는 개집합을 모두 구하자.

3. X가 T_1공간일 때 X의 부분집합 A의 도집합 A'은 X에서 폐집합이다. 증명하여라.

Hint $^{\forall}p\in X-A'$, $^{\exists}U(p)$; p의 근방 s.t. $(U(p)-\{p\})\cap A=\varnothing$이다. 이 경우 $U(p)\cap A'=\varnothing$이 되어 $X-A'$는 개집합이다.

4. T_1공간에서 수렴하는 점열은 일반적으로 유일한 극한점을 갖지 않는다. 예를 들어라.

Hint X가 무한집합이고 여유한위상(cofinite topology)을 갖는 위상공간일 때 X는 T_1공간이다. X에서 수렴하는 점열의 경우를 조사한다.

5. 위상공간 X상의 수렴점열의 극한점이 항상 유일하게 존재할 때 X를 US공간이라 한다. $T_2\Longrightarrow US\Longrightarrow T_1$임을 보여라. 일반적으로 그 역이 성립하지 않는 예를 들어라.

Hint $T_2\Longrightarrow US$는 6. 참조, $US\Longrightarrow T_1$은 임의의 점 $p\in X$에 대해서 점열 $(a_1,\ a_2,\ \cdots,\ a_n,\ \cdots)$(단, $a_n=p$, $^{\forall}n$)을 취하면 $a_n\longrightarrow p$이고 $p\neq q$인 경우 $a_n\not\longrightarrow q$이다(가정!). $\therefore\ q\notin\overline{\{p\}}$. 역이 성립하지 않는 예는 여유한위상(cofinite topology),

여가산위상(cocountable topology)에서 찾는다.

6. 한 위상공간 X가 T_2공간이기 위한 필요충분조건은 X에서 수렴한 네트는 유일한 극한점을 갖는 것임을 밝혀라.

Hint X가 T_2인 경우 서로 다른 두 점은 서로소인 근방을 갖게 되므로 수렴 네트는 두 점에 동시에 수렴할 수 없다. 역을 증명하기 위하여 X가 T_2가 아니라 하자. 적당한 서로 다른 두 점 $p, q \in X$가 존재해서 $U \in \mathcal{N}_p$, $V \in \mathcal{N}_q$일 때 $U \cap V \neq \varnothing$이다. 유향집합(directed set)$(\mathcal{N}_p \times \mathcal{N}_q, \le)$을

$$(U_1, V_1) \le (U_2, V_2) \Longleftrightarrow U_1 \supset U_2, V_1 \supset V_2$$

으로 정의하자. $U \cap V$에서 한 점 $x_{(U, V)}$를 선택하여

$$f : \mathcal{N}_p \times \mathcal{N}_q \longrightarrow X$$
$$((U, V) \longmapsto f(U, V) = x_{(U, V)} \in U \cap V)$$

라 하면 네트 f는 $p, q(\neq)$에 동시에 수렴한다.

7. 제1가산, US공간은 T_2공간임을 밝혀라.

Hint X가 제1가산공간이고 T_2가 아니라 하자. 적당한 서로 다른 두 점 $p, q(\neq) \in X$가 존재해서 p, q 각각의 축소가산국소기저

$$\mathcal{V}_p = \{G_1, G_2, \cdots\}, \quad \mathcal{V}_q = \{H_1, H_2, \cdots\}$$

가 존재해서 $G_i \cap H_j \neq \varnothing\ (i, j = 1, 2, \cdots)$이다. 한 점 $a_n \in G_n \cap H_n\ (n = 1, 2, \cdots)$을 선택하면 $a_n \longrightarrow p, q$이므로 X는 US가 아니다.

8. 다음 (1), (2)를 증명하여라.

(1) T_0공간의 부분공간은 T_0공간이다.

(2) 공집합이 아닌 적공간 $\prod_{\lambda} X_\lambda$가 T_0공간이기 위한 필요충분조건은 각 $\lambda_0 \in \Lambda$에 대

하여 좌표공간 X_{λ_0}가 T_0공간이 되는 것이다.

Hint 6.1.9 정리 증명 참조.

9. 다음 (1), (2)를 증명하여라.

(1) T_1공간의 부분공간은 T_1공간이다.

(2) 공집합이 아닌 적공간 $\prod_{\lambda} X_\lambda$가 T_1공간이기 위한 필요충분조건은 각 $\lambda_0 \in \Lambda$에 대하여 좌표공간 X_{λ_0}가 T_1공간이 되는 것이다.

Hint 6.1.9 정리 증명 참조.

10. $T_i\,(i=0,\ 1,\ 2)$ 공리들은 위상적성질임을 보여라.

6.2 T_3, T_4 분리공리

이 절에서는 정칙공간, 정규공간, T_3공간, T_4공간을 정의하고, 이들 공간의 간단한 성질들을 조사하겠다.

6.2.1 정의 한 위상공간 X의 임의의 폐집합 F와 F상에 있지 않은 임의의 점 p를 취하였을 때 적당한 개집합 G와 H가 존재하여 $p \in G$, $F \subset H$이고 $G \cap H = \varnothing$일 경우 X를 **정칙공간**(正則空間, regular space)이라 부른다.

6.2.2 정의 한 위상공간 X가 정칙공간이고 T_1공간일 때 X를 ***T_3*공간**이라 부른다.

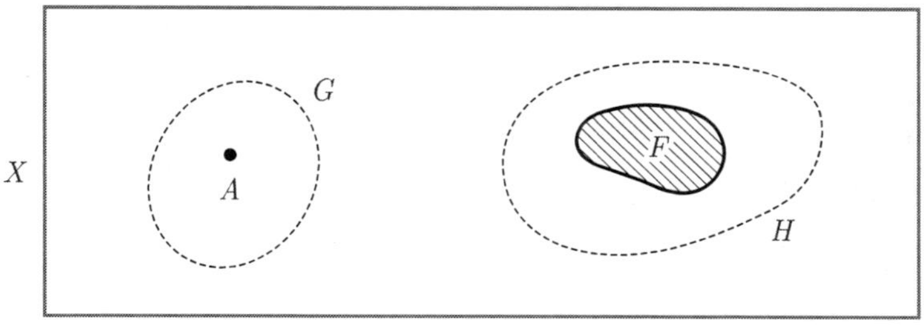

그림 6-7

T_3공간이기 위한 조건을 T_3분리공리라고 한다.

예 6.2.1 $X = \{a, b, c\}$라 하고 $\mathcal{T} = \{X, \varnothing, \{a\}, \{b, c\}\}$이라 하자. 위상공간 $(X, \mathcal{T})$는 정칙공간이지만 T_1공간이 아니므로 T_3공간은 아니다. 또한 T_2공간도 아니다.

예 6.2.2 거리공간 (X, d)는 4.2.4에 의하여 한 점 부분집합이 폐집합이므로 T_1공간이 되고 4.2.8 정리에 의하여 정칙공간이 된다. 따라서 $(X,\ d)$는 T_3공간이다.

실직선 $(\boldsymbol{R},\ \mathcal{U})$는 거리화가능공간이므로 T_3공간이다.

주의 위상공간 X를 T_3공간이라 하자. X상에서 임의의 서로 다른 두 점 $a,\ b\in X$를 취하면 X가 T_1공간이므로 $\{b\}$는 폐집합이 되고 $a\notin\{b\}$이다. X는 정칙공간이므로 적당한 개집합 $G,\ H$가 존재하여 $a\in G,\ \{b\}\subset H$, 즉 $b\in H$이고 $G\cap H=\varnothing$이다. 따라서 X는 T_2공간도 된다.

예 6.2.3 T_2공간으로서 T_3공간이 아닌 예를 들어 보자. $\boldsymbol{R}$을 실수집합, $\mathcal{U}$를 $\boldsymbol{R}$상의 보통 위상이라 하자. $A=\left\{\frac{1}{n}\,\middle|\,n=1,\ 2,\ \cdots\right\}$이라 하고 $\mathcal{U}\cup\{A^c\}$를 부분기저로 하는 $\boldsymbol{R}$상의 위상을 $\mathcal{T}$라 하면 $\mathcal{U}\subsetneq\mathcal{T}$가 성립하고 $(\boldsymbol{R},\ \mathcal{U})$가 T_2공간이므로 $(\boldsymbol{R},\ \mathcal{T})$도 T_2공간이다. 그러나 폐집합 A와 0은 $0\notin A$이고 서로소인 근방을 갖지 않는다. 따라서 $(\boldsymbol{R},\ \mathcal{T})$는 T_3공간이 아니다.

정칙공간에 관하여 다음 정리가 성립한다.

6.2.3 정리 다음 명제들은 서로 동치이다.

(1) 위상공간 X는 정칙공간이다.

(2) U가 X에서 개집합이고 $p\in U$일 때 적당한 개집합 G가 존재하여 $p\in G\subset\overline{G}\subset U$가 성립한다.

•증명• (1) $\Rightarrow$ (2) X를 정칙공간이라 하고 U를 개집합, $p\in U$라 하자. $U^c=F$라 놓으면 $p\notin F$이므로 정칙공간의 조건에 의하여 적당한 개집합 $G,\ H$가 존재하여 $p\in G,\ \ F\subset H$이고 $G\cap H=\varnothing$이다. $F=U^c\subset H$로부터 $p\in G\subset H^c\subset U$이고 H^c가 폐집합이므로 $p\in G\subset\overline{G}\subset H^c\subset U$가 성립한다.

(2) $\Rightarrow$ (1) X상의 임의의 폐집합을 F라 하고 F에 속하지 않는 임의의 점을 p라 하자. $p\notin F$이므로 $p\in F^c$이다. F^c가 개집합이므로 가정에 의하여 적

당한 개집합 G가 존재하여

$$p \in G \subset \overline{G} \subset F^c$$

가 성립한다. $(\overline{G})^c = H$라 놓으면 H는 개집합이고 $\overline{G} \subset F^c$로부터 $F \subset H$이고 $G \subset \overline{G} \subset H^c$로부터 $G \cap H = \varnothing$이 된다. 따라서 X는 정칙공간이다. ■

6.2.4 정리 (1) 정칙공간(T_3공간)의 부분공간은 정칙공간(T_3공간)이다.

(2) 공집합이 아닌 적공간이 정칙공간(T_3공간)이기 위한 필요충분조건은 각 좌표공간이 정칙공간(T_3공간)이 되는 것이다.

•증명• (1) X를 정칙공간이라 하고 $Y \subset X$를 X의 부분공간이라 하자. Y에서의 폐집합 A는 X에서의 폐집합 B가 존재해서 $A = B \cap Y$이다. 한 점 $y \in Y$를 $y \notin A$이라 하면 $y \notin B$이다. X는 정칙공간이므로 X에서의 개집합 G, H가 존재해서 $y \in G$, $B \subset H$, $G \cap H = \varnothing$이 성립한다. 따라서 $y \in G \cap Y$, $A = (B \cap Y) \subset (H \cap Y)$, $(G \cap Y) \cap (H \cap Y) = \varnothing$이므로 부분공간 Y도 정칙공간이다.

(2) 적공간 $\prod_\lambda X_\lambda$가 공집합이 아닌 정칙공간이라 하자. 각 $\lambda_0 \in \Lambda$에서의 좌표공간 X_{λ_0}는 $\prod_\lambda X_\lambda$의 한 부분공간 $L(a, \lambda_0)$와 위상동형이고 (3.2.7 정리) (1)에 의하여 부분공간 $L(a, \lambda_0)$가 정칙공간이므로 X_{λ_0}도 정칙공간이다(연습문제 6-2 7. 참조).

역으로 각 $\lambda \in \Lambda$에 대해서 좌표공간 X_λ가 정칙공간이라 하자. 임의의 한 점 $x \in \prod_\lambda X_\lambda$를 취하고 U를 x의 $\prod_\lambda X_\lambda$에서의 개근방이라 하자. 적위상의 정의에 의하여 좌표공간 $X_{\lambda_i}(i = 1, 2, \cdots, n)$에 적당한 개집합 U_i가 존재해서 x의 λ_i번째 좌표 x_{λ_i}가 $x_{\lambda_i} \in U_i$이고

$$x \in P_{\lambda_1}^{-1}(U_1) \cap \cdots \cap P_{\lambda_n}^{-1}(U_n) \subset U \subset \prod_\lambda X_\lambda$$

가 성립한다. X_{λ_i}가 정칙공간이므로 6.2.3 정리 (2)에 의하여 적당한 개집합 G_i가 존재해서

$$x_{\lambda_i} \in G_i \subset \overline{G_i} \subset U_i$$

가 성립한다. 따라서

$$x \in P_{\lambda_1}^{-1}(\overline{G_1}) \cap \cdots \cap P_{\lambda_n}^{-1}(\overline{G_n}) \subset P_{\lambda_1}^{-1}(U_1) \cap \cdots \cap P_{\lambda_n}^{-1}(U_n) \subset U$$

가 성립하고 $P_{\lambda_1}^{-1}(\overline{G_1}) \cap \cdots \cap P_{\lambda_n}^{-1}(\overline{G_n})$는 점 x의 폐근방이므로 $\prod_{\lambda} X_\lambda$는 6.2.3 정리 (2)에 의하여 정칙공간이다. ■

정규공간과 T_4공간의 정의는 다음과 같다.

6.2.5 정의 한 위상공간 X에서 임의의 서로소인 두 폐집합 A, B에 대하여 적당한 개집합 G, H가 존재하여 $A \subset G$, $B \subset H$, $G \cap H = \varnothing$일 때 위상공간 X를 **정규공간**(正規空間, normal space)이라 부른다.

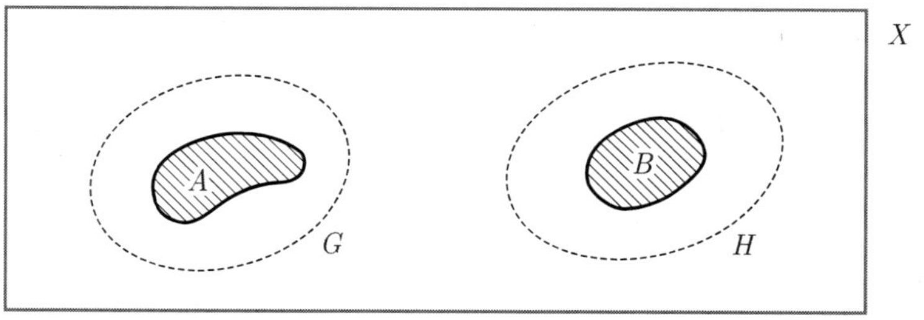

그림 6-8

예 6.2.4 4.2.8 정리에 의하여 거리공간 (X, d)는 정규공간이다. 따라서 $(\boldsymbol{R}, \mathcal{U})$나 $(\boldsymbol{R}^2, \mathcal{U})$는 거리화가능공간이므로 정규공간이다.

6.2.6 정의 한 위상공간 X가 정규공간이고 T_1공간일 때 X를 $\boldsymbol{T_4}$**공간**이라 부른다.

T_4공간이기 위한 조건을 T_4분리공리라 부른다.

주의 정칙공간과 T_3공간, 정규공간과 T_4공간의 정의는 저자에 따라서 뒤바뀌는 경우가 있다.

예 6.2.5 예 6.2.4로부터 거리공간 (X, d)는 정규공간이고 한편 T_1이므로 T_4공간이 된다.

예 6.2.6 좌표평면 $\boldsymbol{R}^2$상에

$$\mathscr{B} = \{[a, b)\times[c, d) \mid a, b, c, d\text{는 실수}, \ a<b, \ c<d\}$$

를 기저로 하는 위상 $\mathscr{T}$를 주자. 위상공간 $(\boldsymbol{R}^2, \mathscr{T})$는 $\boldsymbol{R}$상에 하한위상(lower limit topology)(예 2.4.4)을 주었을 때의 적공간과 같다. 임의의 $V=[a, b)\times[c, d)\in\mathscr{B}$는 위상공간 $(\boldsymbol{R}^2, \mathscr{T})$에서 개집합인 것은 분명하다. 한편 폐집합도 된다. 왜냐하면 임의의 $(x, y)\in\boldsymbol{R}^2 - V$에 대하여 적당한 $\varepsilon>0$이 존재하여

$$(x, y)\in[x, x+\varepsilon)\times[y, y+\varepsilon)\subset\boldsymbol{R}^2 - V$$

이므로(그림 6-9) 2.2.3 정리에 의하여 $\boldsymbol{R}^2 - V$는 개집합이 되고 따라서 V는 폐집합이 된다.

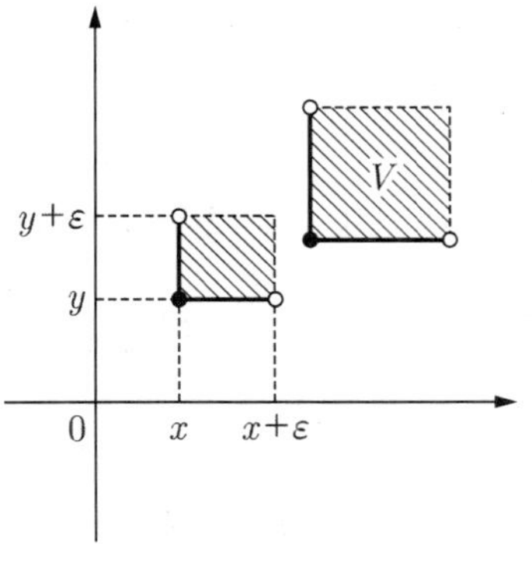

그림 6-9

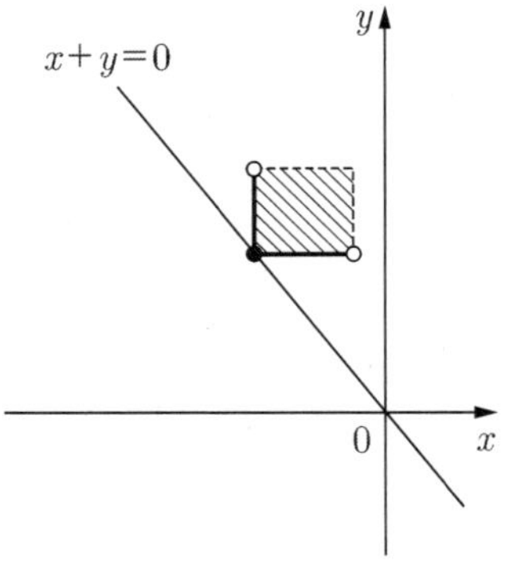

그림 6-10

$(\boldsymbol{R}^2, \mathscr{T})$가 정칙공간임을 보이자. 임의의 점 $(x, y)\in\boldsymbol{R}^2$을 취하고 (x, y)의 임의의 개근방을 U라 하면 $\mathscr{B}$가 위상 $\mathscr{T}$의 기저이므로 적당한 $V=[a, b)\times$

$[c, d)$가 존재하여 $(x, y) \in V \subset U$이고 $V = \overline{V}$이므로 $(\boldsymbol{R}^2, \mathcal{T})$는 정칙공간이 된다(6.2.3 정리 (2)).

한편 $(\boldsymbol{R}^2, \mathcal{T})$가 정규공간이 아님을 보이자.

$$X = \{(x, y) \in \boldsymbol{R}^2 \mid x + y = 0\} \quad \text{(그림 6-10 참조)}$$

이라 하면 $\boldsymbol{R}^2$의 부분집합 X는 $(\boldsymbol{R}^2, \mathcal{T})$에서 한 폐집합이 된다. 왜냐하면 임의의 점 $(a, b) \in X^c$에 대하여 아주 작은 적당한 $\varepsilon > 0$을 취하였을 때

$$(a, b) \in [a, a+\varepsilon) \times [b, b+\varepsilon) \subset X^c$$

가 성립하기 때문이다. 임의의 점 $(x, y) \in X$에 대하여

$$[x, x+1) \times [y, y+1) \cap X = \{(x, y)\}$$

이므로 $(\boldsymbol{R}^2, \mathcal{T})$의 부분공간 $(X, \mathcal{T}_X)$는 이산공간(discrete space)이다.

X가 $(\boldsymbol{R}^2, \mathcal{T})$에서 폐집합이고 X가 이산공간이므로 X의 임의의 부분집합은 $(\boldsymbol{R}^2, \mathcal{T})$에서 폐집합이 된다. 또 $D = \{(x, y) \mid x, y\text{는 유리수}\}$는 $(\boldsymbol{R}^2, \mathcal{T})$의 가산조밀부분집합이다.

만일 $(\boldsymbol{R}^2, \mathcal{T})$가 정규공간이면 부분공간 X의 임의의 부분집합 A와 $X - A$는 $(\boldsymbol{R}^2, \mathcal{T})$에서 서로소인 폐집합이므로 적당한 개집합 $U(A)$와 $V(X-A)$가 존재해서 $A \subset U(A)$, $X - A \subset V(X-A)$, $U(A) \cap V(X-A) = \varnothing$이다. 이 경우 X의 두 부분집합 A, B에 대하여

$$(*) \qquad A \neq B \Longrightarrow D \cap U(A) \neq D \cap U(B)$$

가 성립한다. 왜냐하면 $A \neq B$인 경우 $A - B \neq \varnothing$이거나 $B - A \neq \varnothing$이다. $A - B \neq \varnothing$인 경우 $U(B) \cap V(X-B) = \varnothing$이고

$$\varnothing \neq D \cap U(A) \cap V(X-B) \subset D \cap U(A)$$

이므로 $D \cap U(A) \neq D \cap U(B)$이다. $B - A \neq \varnothing$인 경우도 같은 결과를 얻는다.

$$\phi: \mathcal{P}(X) \longrightarrow \mathcal{P}(D)$$

를 $A \in \mathcal{P}(X)$에 대해서 $\phi(A) = D \cap U(A)$라 하면 (*)에 의하여 ϕ는 단사(injective)이다. 그러나 $\mathcal{P}(X)$의 농도(cardinal number)는 $\mathcal{P}(D)$의 농도보다 크기 때문에 ϕ가 단사라는 것은 모순이다. 따라서 $(\boldsymbol{R}^2, \mathcal{J})$는 정규공간이 될 수 없다.

정규공간에 관하여 다음 정리가 성립한다.

6.2.7 정리 다음 명제들을 서로 동치이다.

(1) 위상공간 X는 정규공간이다.

(2) A를 폐집합이라 하고 A를 포함하는 임의의 개집합을 U라 하면 적당한 개집합 G가 존재하여 $A \subset G \subset \overline{G} \subset U$가 성립한다.

•증명• (1) ⇒ (2) A를 폐집합, U를 개집합이라 하고 $A \subset U$라 하자. U^c 폐집합이고 $A \cap U^c = \varnothing$이다. X는 정규공간이므로 적당한 개집합 G, H가 존재하여 $A \subset G$, $U^c \subset H$이고 $G \cap H = \varnothing$이 성립한다. 따라서 $A \subset G \subset H^c \subset U$가 성립하고 H^c가 폐집합이므로

$$A \subset G \subset \overline{G} \subset H^c \subset U$$

가 된다.

(2) ⇒ (1) A, B를 서로소인 폐집합들이라 하자. $A \cap B = \varnothing$이므로 $A \subset B^c$이다. B^c는 개집합이므로 가정에 의하여 적당한 개집합 G가 존재하여

$$A \subset G \subset \overline{G} \subset B^c$$

가 성립한다. $(\overline{G})^c = H$라 하면 H는 개집합이고

$$A \subset G, \ B \subset H = (\overline{G})^c, \ G \cap H = \varnothing$$

가 되어 X는 정규공간이 되기 위한 조건을 만족하게 된다. ■

6.1절과 6.2절의 분리공리의 정의들로부터 다음의 결과를 쉽게 얻을 수 있다.

$$T_4\text{공간} \Longrightarrow T_3\text{공간} \Longrightarrow T_2\text{공간} \Longrightarrow T_1\text{공간} \Longrightarrow T_0\text{공간}$$

일반적으로 그 역들은 성립하지 않는다.

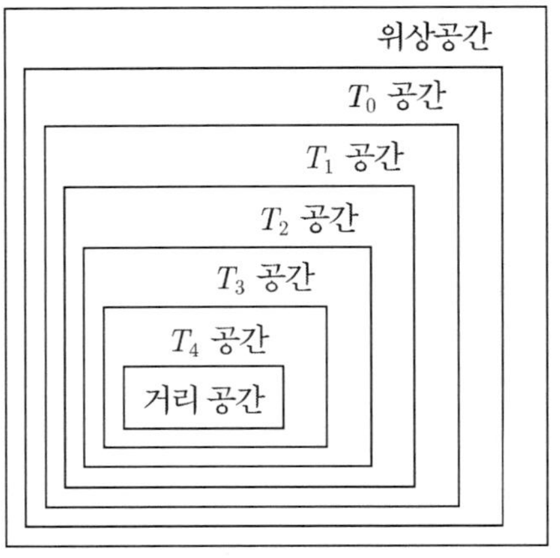

그림 6-11

연.습.문.제

1. X를 한 위상공간이라 하고 x, $y \in X$라 하자. $x \in \overline{\{y\}}$이면 항상 $y \in \overline{\{x\}}$일 때 X를 **대칭공간**(對稱空間, symmetric space)이라 한다. 정칙공간은 대칭공간임을 밝혀라.

Hint 정칙공간의 정의를 쓰면 $x \notin \overline{\{y\}} \iff y \notin \overline{\{x\}}$임을 알 수 있다.

2. 대칭정규공간은 정칙공간임을 증명하여라.

Hint X를 대칭정규공간이라 하고 $F \subset X$를 폐집합 $p \in X - F$라 하면 $\overline{\{p\}} \cap F = \varnothing$이다.

($\because$ $y \in \overline{\{p\}} \cap F \neq \varnothing$이면 $p \in \overline{\{y\}} \subset F$이므로 모순!)

3. 한 위상공간 X의 한 개집합을 G라 하자. $G = \operatorname{Int} \overline{G}$일 때 G를 **정칙개집합**(正則開集合, regular open set)이라 한다. 정칙개집합들로 이루어진 기저를 갖는 위상공간을 **반정칙공간**(半正則空間, semi regular space)이라 한다. 임의의 정칙공간은 반정칙공간임을 밝혀라.

Hint 임의의 개집합 G에 대하여 $U = \operatorname{Int} \overline{G}$는 정칙개집합이다.

($\because$ $U \cap \operatorname{Int} \overline{U} \subset \operatorname{Int} \overline{G} = U$) 정칙공간이므로 임의의 개집합 H와 $p \in H$에 대해서 $p \in G \subset \operatorname{Int} \overline{G} \subset \overline{G} = H$인 개집합 G가 존재한다.

4. 정규공간(혹은 T_4공간)의 폐부분집합은 정규부분공간(T_4공간)임을 보여라.

Hint 정규공간 X의 한 폐부분집합을 F라 하면 F의 폐부분집합은 X에서도 폐부분집합이다.

5. 일반적으로 정규공간은 정칙공간이 아니다. 예를 들어라.

Hint 실수집합 $\boldsymbol{R}$상의 위상 $\mathcal{T}$를

$$\mathcal{T} = \{\boldsymbol{R}, \varnothing\} \cup \{(a, \infty) \mid a \in \boldsymbol{R}\}$$

로 정하면 $(\boldsymbol{R}, \mathcal{T})$는 정규공간이고 정칙공간이 아니다.

6. T_4공간의 적공간은 일반적으로 T_4공간이 아니다. 예를 들어라.

Hint 실수집합 $\boldsymbol{R}$에 하한위상 $\mathcal{T}_l$(예 2.4.4 참조)을 주면 $(\boldsymbol{R}, \mathcal{T}_l)$은 T_4공간이다. 그 이유는 다음과 같다. $(\boldsymbol{R}, \mathcal{T}_l)$에서 서로소인 두 폐집합 A, B를 취하자. 각 $a \in A$에 대하여

$$b_a = \inf\{b \mid b > a,\ b \in B\}$$

라 하자. $b_a \in \overline{B} = B$이다. $[a, b_a)$는 개집합으로서 $[a, b_a) \cap B = \varnothing$이다. $U = \bigcup_{a \in A} [a, b_a)$라 놓자. 비슷한 방법으로 $V = \bigcup_{b \in B} [b, a_b)$를 얻을 수 있다.

$$A \subset U, \quad B \subset V$$

는 분명하다. 한편 U와 V는 개집합이고 $U \cap V = \varnothing$이다. $(\boldsymbol{R}, \mathcal{T}_l)$의 적공간 $\boldsymbol{R} \times \boldsymbol{R}$은 T_4공간이 아니다(예 6.2.6).

7. $T_i\,(i = 3,\ 4)$ 공리는 위상적 성질임을 보여라.

6.3
우리손(Urysohn)의 보조정리

위상공간의 거리공간화 문제와 관련하여 정규공간의 한 특성을 나타내주는 우리손의 보조정리는 매우 중요한 명제이다.

$$D=\bigcup_{m=0}^{\infty}\left\{\frac{k}{2^m}\;\middle|\; k=1,\ 2,\ 3,\ \cdots,\ 2^m\right\}$$
$$=\left\{1,\ \frac{1}{2},\ \frac{1}{4},\ \frac{3}{4},\ \frac{1}{8},\ \frac{3}{8},\ \frac{5}{8},\ \frac{7}{8},\ \frac{1}{16},\ \cdots,\ \frac{15}{16},\ \cdots\right\}$$

이라 하자. $D\subset[0,\ 1]$이다. 임의의 $a\in[0,\ 1]$와 임의의 $\varepsilon>0$을 택하였을 때 $\lim\limits_{n\to\infty}\frac{1}{2^n}=0$ 이므로 적당한 자연수 m이 존재하여 $0<\frac{1}{2^m}<\varepsilon$이 성립하고

$$[0,\ 1]=\left[0,\ \frac{1}{2^m}\right]\cup\cdots\cup\left[\frac{k}{2^m},\ \frac{k+1}{2^m}\right]\cup\cdots\cup\left[\frac{2^m-1}{2^m},\ 1\right]$$

이므로 적당한 k가 존재하여 $a\in\left[\frac{k}{2^m},\ \frac{k+1}{2^m}\right]$이다. 따라서

$$a-\varepsilon<\frac{k}{2^m}\le a<a+\varepsilon$$

이 되어, $\overline{D}=[0,\ 1]$이 성립한다. 따라서 D는 $[0,\ 1]$에서 조밀한 부분집합이다.

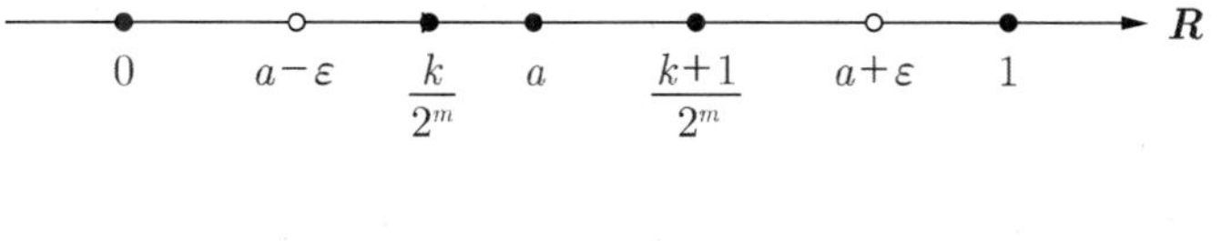

위의 D를 이용하여 다음의 우리손의 보조정리를 증명하자.

6.3.1 정리 **Urysohn's lemma** 위상공간 X가 정규공간이기 위한 필요충분조건은 임의의 서로소인 두 폐집합 A, B에 대하여 한 연속함수 $f: X \longrightarrow [0, 1]$이 존재하여 $f[A] \subset \{0\}$, $f[B] \subset \{1\}$이 되는 것이다.

주의 $A \neq \varnothing \neq B$이면 $f[A] \subset \{0\}$, $f[B] \subset \{1\}$은 $f[A] = \{0\}$, $f[B] = \{1\}$이 된다.

•증명• 위상공간 X를 정규공간이라 하자. 서로소인 두 폐집합 A, B를 취하였을 때, $A \cap B = \varnothing$이므로 $A \subset B^c$가 성립한다. B^c가 개집합으로 6.2.7 정리 (2)에 의하여 개집합 $G\left(\frac{1}{2}\right)$이 존재하여

$$A \subset G\left(\frac{1}{2}\right) \subset \overline{G\left(\frac{1}{2}\right)} \subset B^c$$

가 성립한다. $G\left(\frac{1}{2}\right)$이 또한 개집합이므로 6.2.7 정리를 반복하여 사용하면 적당한 개집합 $G\left(\frac{1}{4}\right)$, $G\left(\frac{3}{4}\right)$이 존재하여

$$A \subset G\left(\frac{1}{4}\right) \subset \overline{G\left(\frac{1}{4}\right)} \subset G\left(\frac{1}{2}\right) \subset \overline{G\left(\frac{1}{2}\right)} \subset G\left(\frac{3}{4}\right) \subset \overline{G\left(\frac{3}{4}\right)} \subset B^c$$

가 성립한다. $X = G(1)$이라 하자. 위의 방법을 계속 반복하면 각각의 $t \in D$에 대하여, 개집합 $G(t)$가 대응되고 t_1, $t_2 \in D$이고 $t_1 < t_2 < 1$일 때

$$A \subset \overline{G(t_1)} \subset G(t_2) \subset \overline{G(t_2)} \subset B^c \subset X = G(1)$$

이 조건을 만족하게 된다.

X상의 함수 f를 다음과 같이 정의한다. 임의의 $x \in X$에 대하여

$$f(x) = \inf\{t \mid x \in G(t)\} \text{ (단, } t \in D)$$

이라 하자.

임의의 $x \in X$에 대하여 $f(x) \in [0, 1]$이므로 함수 f는

$$f: X \longrightarrow [0, 1]$$

인 함수임을 알 수 있다. 함수 f의 정의로부터 $f[B] \subset \{1\}$인 것은 분명하다. 임의의 $a \in A$에 대하여 $\{t \mid a \in G(t)\} = D$이므로

$$f(a) = \inf\{t \mid a \in G(t)\} = \inf D = 0 \in \{0\}$$

이 되어 $f[A] \subset \{0\}$이 성립한다. $A \neq \varnothing \neq B$이면 $f[A] = \{0\}$, $f[B] = \{1\}$이다.

함수 f의 정의로부터 다음을 확인할 수 있다.

(1) $t \in D$이고 $x \notin \overline{G(t)}$이면 $f(x) \geq t$이다.

(2) $t \in D$이고 $x \in G(t)$이면 $f(x) \leq t$이다.

(3) t_1, $t_2 \in D$, $t_1 < t_2$이고 $x \in G(t_2) - \overline{G(t_1)}$이면 $t_1 \leq f(x) \leq t_2$이다(그림 6-12 참조).

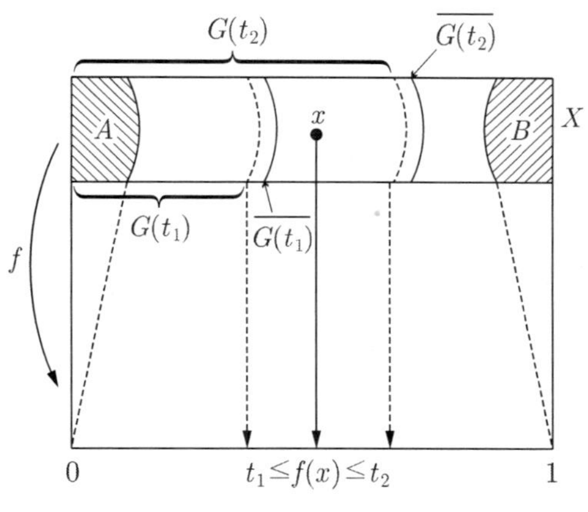

그림 6-12

위의 (1), (2), (3)을 이용하여 f의 연속성을 밝히자.

(I) $f(a) = 1$인 경우 임의의 $\varepsilon > 0$에 대해서 $1 - \varepsilon < t < 1$인 $t \in D$가 존재한다. $a \notin \overline{G(t)}$이므로 $(\overline{G(t)})^c$는 a의 근방이 되고 (1)에 의하여 임의의 $x \in (\overline{G(t)})^c$에 대해서 $1 - \varepsilon < t \leq f(x) \leq 1$이 성립한다. $f(a) = 1$이므로 $|f(a) - f(x)| < \varepsilon$이 되어 $x = a$에서 f는 연속이다.

(II) $f(a) = 0$인 경우 임의의 $\varepsilon > 0$에 대해서 $0 < t < \varepsilon$인 $t \in D$가 존재한다. (2)에 의하여 $x \in G(t)$이면 $0 \leq f(x) \leq t < \varepsilon$이다. $f(a) = 0$이므로 $|f(a) -$

$f(x)| < \varepsilon$이 되어 $x = a$에서 f는 연속이다.

(III) $0 < f(a) < 1$인 경우 임의의 $\varepsilon > 0$에 대하여 적당한 t_1, $t_2 \in D$가 존재하여 $f(a) - \varepsilon < t_1 < f(a) < t_2 < f(a) + \varepsilon$이 성립한다. (3)에 의하여 a의 근방 $G(t_2) - \overline{G(t_1)}$의 임의의 원소 x는 $t_1 \le f(x) \le t_2$가 되어 $f(a) - \varepsilon < t_1 \le f(x) \le t_2 < f(a) + \varepsilon$이 성립하므로 $|f(a) - f(x)| < \varepsilon$이다. 따라서 $x = a$에서 f는 연속이다.

X상의 각 점에서 f가 연속이므로 f는 X상에서 연속이다.

역으로 주어진 가정하에서 X가 정규공간임을 보이자. X에서 서로소인 두 폐집합 A, B를 취하였을 때 A, B 중 어느 하나가 공집합이면 서로소인 개근방을 각각 갖는다는 것은 분명하다. $A \ne \varnothing \ne B$라 하자. 가정으로부터 한 연속함수

$$f : X \longrightarrow [0,\ 1]$$

가 존재하여 $f[A] = \{0\}$, $f[B] = \{1\}$이다.

$$G = \left\{x \in X \,\middle|\, f(x) < \frac{1}{3}\right\}, \quad H = \left\{x \in X \,\middle|\, f(x) > \frac{2}{3}\right\}$$

라 놓으면 $G = f^{-1}\left[\left[0,\ \frac{1}{3}\right)\right]$, $H = f^{-1}\left[\left(\frac{2}{3},\ 1\right]\right]$이고, f가 연속이므로 G, H는 X에서 개집합이다. 한편 $A \subset G$, $B \subset H$이고 $G \cap H = \varnothing$이므로 X는 정규공간이다. ■

우리손의 보조정리를 이용하여 거리공간화 문제(metrization problem)의 부분적인 해답을 다음 정리에서 얻고자 한다.

6.3.2 정리 **Urysohn's metrization theorem** 제2가산 T_4공간은 거리화가능공간이다.

•증명• X를 제2가산 T_4공간이라 가정하자. X는 힐베르트공간 $(\boldsymbol{R}^{\infty},\ d)$(4.3.7 정리 참조)의 한 부분공간과 위상동형임을 보이자. 만일 X가 유한집합이면 X는 이산공간(discrete space)이 되고, 따라서 같은 수의 원소를 갖는 $(\boldsymbol{R}^{\infty},\ d)$의 한 부분공간과 위상동형이 된다. X를 무한집합이라 하자. 가정에 의하여 X는 제2가산 T_4

공간이므로 가산기저

$$\mathcal{B} = \{B_1,\ B_2,\ \cdots,\ B_n,\ \cdots\}$$
$$(\text{단},\ B_i \neq X,\ B_i \neq \varnothing \quad i = 1,\ 2,\ \cdots,\ n,\ \cdots)$$

가 존재한다.

6.2.7 정리 (2)를 이용하면 각각의 $B_i \in \mathcal{B}$에 대하여 $B_j \in \mathcal{B}$가 존재하여 $\overline{B}_j \subset B_i$가 성립한다. 이 쌍을 $(B_j,\ B_i)$라 놓자. 이러한 쌍들은 모두 가산개 존재하므로

$$\mathcal{B}^* = \{(B_{j_1},\ B_{i_1}),\ (B_{j_2},\ B_{i_2}),\ \cdots,\ (B_{j_n},\ B_{i_n}),\ \cdots\}$$

이라 놓자. 각 $(B_{j_n},\ B_{i_n})$에 대해서 $\overline{B}_{j_n} \subset B_{i_n}$이므로 $\overline{B}_{j_n}$와 $B_{i_n}^c$는 서로소인 폐집합들이다. X가 정규공간이므로 연속함수

$$f_n : X \longrightarrow [0,\ 1]$$

이 존재하여 $f_n[\overline{B}_{j_n}] = \{0\}$이고 $f_n[B_{i_n}^c] = \{1\}$이다.

$$f : X \longrightarrow \boldsymbol{R}^\infty$$

를 각 $x \in X$에 대하여

$$f(x) = \left(\frac{f_1(x)}{2},\ \frac{f_2(x)}{2^2},\ \cdots,\ \frac{f_n(x)}{2^n},\ \cdots\right)$$

으로 정의하자. 각 n에 대하여 $0 \leq f_n(x) \leq 1$이므로

$$\sum_{n=1}^{\infty} \left(\frac{f_n(x)}{2^n}\right)^2 \leq \sum_{n=1}^{\infty} \frac{1}{2^{2n}} = \frac{1}{3}$$

이 되어 $f(x) \in \boldsymbol{R}^\infty$가 된다. 따라서 $f(x)$는 잘 정의된 사상이다.

먼저 f가 단사임을 보이자. X상에서 서로 다른 두 점 x, y를 취하자. X는 T_1공간이므로 적당한 $B_i \in \mathcal{B}$가 존재하여 $x \in B_i$, $y \not\in B_i$가 성립한다. X는 T_3 공간도 되므로 적당한 $B_j \in \mathcal{B}$가 존재하여,

$$x \in \overline{B}_j \subset B_i, \quad y \in B_i^c$$

이다. $(B_j, B_i) \in \mathcal{B}^*$이므로 적당한 n이 존재하여 $(B_j, B_i) = (B_{j_n}, B_{i_n})$이다. 즉 $B_j = B_{j_n}$, $B_i = B_{i_n}$이다. 따라서 $x \in \overline{B}_{j_n}$, $y \in B_{j_n}^c$ 이므로

$$f_n(x) = 0, \quad f_n(y) = 1$$

이다. 그러므로 $f(x)$와 $f(y)$의 n번째 좌표가 같지 않으므로 $f(x) \neq f(y)$이다. 그러므로 f는 단사이다.

f가 연속사상임을 보이자. 각 점 $p \in X$에서 f가 연속임을 보이면 충분하다. 임의의 양의 실수 $\varepsilon > 0$을 취하자. $x \in X$에 대하여

$$(*) \qquad \| f(x) - f(p) \|^2 = \sum_{n=1}^{\infty} \left(\frac{f_n(x) - f_n(p)}{2^n} \right)^2$$

이고 $0 \leq | f_n(x) - f_n(p) | \leq 1$이므로 $\left(\frac{f_n(x) - f_n(p)}{2^n} \right)^2 \leq \frac{1}{2^{2n}}$이 되어 (*) 식의 우변은 수렴한다. 따라서 적당한 자연수 n_0가 존재해서

$$\| f(x) - f(p) \|^2 \leq \sum_{n=1}^{n_0} \frac{| f_n(x) - f_n(p) |^2}{2^n} + \frac{\varepsilon^2}{2}$$

이다. $f_n : X \longrightarrow [0, 1]\,(n = 1, 2, \cdots, n_0)$가 연속이므로, 점 p에서 연속이 되고, 따라서 적당한 p점의 개근방 G_n이 존재하여 임의의 $x \in G_n$에 대하여

$$| f_n(x) - f_n(p) |^2 < \frac{\varepsilon^2 \cdot 2^{2n}}{2n_0}$$

가 성립한다. $G = G_1 \cap G_2 \cap \cdots \cap G_{n_0}$라 놓자. G는 점 p의 개근방이 되고, 임의의 점 $x \in G$에 대하여

$$\| f(x) - f(p) \|^2 = \sum_{n=1}^{\infty} \left(\frac{f_n(x) - f_n(p)}{2^n} \right)^2 < n_0 \left(\frac{\varepsilon^2}{2n_0} \right) + \frac{\varepsilon^2}{2} = \varepsilon^2$$

이므로 f는 $p \in X$에서 연속이다. 따라서 f는 연속사상이다.

Y를 $Y = f[X] \subset \boldsymbol{R}^{\infty}$라 놓고 $f^{-1}: Y \longrightarrow X$가 연속임을 보이자. Y가 힐베르트공간 $(\boldsymbol{R}^{\infty}, d)$의 부분공간이므로 Y도 거리공간이 된다. 따라서 f^{-1}함수가 Y의 각 점 $f(p)$(단, $p \in X$)에서 점열연속임을 보이면 충분하다(예 5.1.7과 5.1.11 정리 참조). 만일 한 점 $f(p) \in Y$에서 점열연속이 아니라면 한 점열 $(f(y_n))$이 Y공간에 존재하여 $f(y_n) \longrightarrow f(p)$이고 $y_n \not\longrightarrow p$이다. 따라서 (y_n)의 적당한 부분점열 (x_m)과 점 p의 적당한 근방 H가 존재하여 $x_m \notin H$ $(m = 1, 2, \cdots)$이다. $p \in H$이므로 $B_i \in \mathcal{B}$가 존재하여 $p \in B_i \subset H$이고 T_4공간이므로 $B_j \in \mathcal{B}$가 존재하여 $p \in \overline{B_j} \subset B_i \subset H$가 성립한다. $(B_j, B_i) = (B_{j_n}, B_{i_n})$이라 하면 $x_m \in B_i^c = B_{i_n}^c$ $(m = 1, 2, \cdots)$이므로 $f_n(p) = 0$, $f_n(x_m) = 1$ $(m = 1, 2, \cdots)$이다. 따라서 $m = 1, 2, \cdots$에 대해서

$$\| f(x_m) - f(p) \|^2 = \sum_{k=1}^{\infty} \left(\frac{f_k(x_m) - f_k(p)}{2^k} \right)^2 \geq \left(\frac{f_n(x_m) - f_n(p)}{2^n} \right)^2 = \frac{1}{2^{2n}}$$

이다. 그러므로 $f(x_m) \not\longrightarrow f(p)$가 성립한다. 이 결과는 점열 $(f(y_n))$이 $f(y_n) \longrightarrow f(p)$임에 모순된다. 따라서 Y상의 각 점 $f(p)$에서 f^{-1}는 점열연속이어야 한다. 그러므로 $f^{-1}: Y \longrightarrow X$는 연속사상이다.

위의 결과에 따라서 제2가산 T_4공간 X는 사상 f에 의하여 힐베르트공간 $(\boldsymbol{R}^{\infty}, d)$의 한부분공간 $f[X]$와 위상동형이므로 X는 거리화가능공간임을 알 수 있다. ■

6.3.1 정리를 이용하여 다음 정규공간의 특성인 확장정리를 얻을 수 있다.

6.3.3* 정리 **Tietze의 확장정리** 한 위상공간 X가 정규공간이기 위한 필요충분조건은 A가 X에서 폐집합이고 $f: A \longrightarrow \boldsymbol{R}$가 연속함수일 때 f의 확장사상 $F: X \longrightarrow \boldsymbol{R}$가 존재하는 것이다. (즉 $F|_A = f$인 연속함수 $F: X \longrightarrow \boldsymbol{R}$가 존재하는 것이다.)

•증명• X를 정규공간이라 하고 $A \subset X$를 한 폐집합이라 하자. $\boldsymbol{R}$과 $(-1, 1)$은 위상동

형이므로 $f: A \longrightarrow \boldsymbol{R}$ 대신에 $f: A \longrightarrow (-1,\ 1)$인 경우를 먼저 증명하도록 한다.

$$A_1 = \left\{ x \in A \,\middle|\, f(x) \geq \frac{1}{3} \right\}, \quad B_1 = \left\{ x \in A \,\middle|\, f(x) \leq -\frac{1}{3} \right\}$$

이라 하자. A_1, B_1은 A에서 폐집합이고 따라서 X에서도 폐집합이다. 6.3.1 정리에 의하여 연속함수

$$f_1: X \longrightarrow \left[-\frac{1}{3},\ \frac{1}{3}\right] \quad \left(f_1[A_1] = \left\{\frac{1}{3}\right\},\ f_1[B_1] = \left\{-\frac{1}{3}\right\}\right)$$

가 존재한다. 이 경우 임의의 $x \in A$에 대해서

$$(*) \qquad\qquad |f(x) - f_1(x)| \leq \frac{2}{3}$$

이므로 $(f - f_1)[A] \subset \left[-\frac{2}{3},\ \frac{2}{3}\right]$가 성립한다.

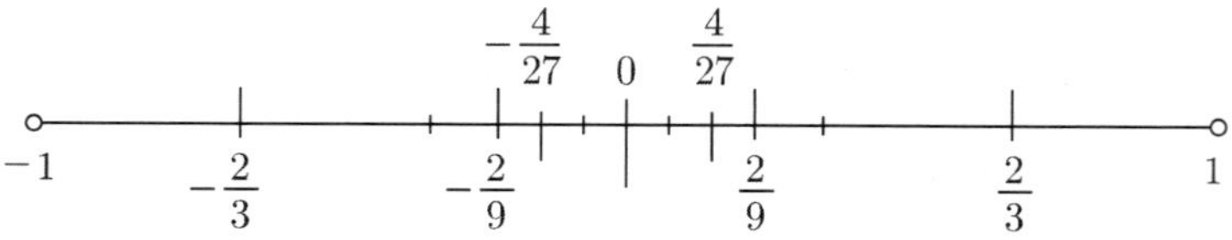

그림 6–13

$f - f_1 = g_1$이라 하자. g_1은 연속함수 $g_1: A \longrightarrow \left[-\frac{2}{3},\ \frac{2}{3}\right]$이다.

$$A_2 = \left\{ x \in A \,\middle|\, g_1(x) \geq \frac{2}{9} \right\}, \quad B_2 = \left\{ x \in A \,\middle|\, g_1(x) \leq -\frac{2}{9} \right\}$$

이라 하면 A_2, B_2는 X에서 폐집합이다.

따라서 6.3.1 정리에 의하여 연속함수

$$f_2: X \longrightarrow \left[-\frac{2}{9},\ \frac{2}{9}\right] \quad \left(f_2[A_2] = \left\{\frac{2}{9}\right\},\ f_2[B_2] = \left\{-\frac{2}{9}\right\}\right)$$

가 존재한다. 이 경우 임의의 $x \in A$에 대하여 $x \in A_2 \cup B_2$인 경우

$$\frac{2}{9} \le |g_1(x)| \le \frac{2}{3}, \quad |f_2(x)| = \frac{2}{9}, \quad |g_1(x) - f_2(x)| \le \frac{4}{9}$$

이고 $x \in A - (A_2 \cup B_2)$인 경우

$$-\frac{2}{9} \le g_1(x), \quad f_2(x) \le \frac{2}{9}, \quad |g_1(x) - f_2(x)| \le \frac{4}{9}$$

이다. 즉 임의의 $x \in A$에 대하여

(**) $$|g_1(x) - f_2(x)| = |(f(x) - f_1(x)) - f_2(x)| \le \left(\frac{2}{3}\right)^2$$

이 성립한다.

위의 방법을 반복하여 X상에서의 연속함수

$$f_1, f_2, \cdots, f_n, \cdots \left(\text{단, } f_n : X \longrightarrow \left[-\frac{1}{3}\left(\frac{2}{3}\right)^{n-1}, \frac{1}{3}\left(\frac{2}{3}\right)^{n-1}\right]\right)$$

을 얻을 수 있고, (*), (**)에 의하여 임의의 $x \in A$에 대해서

(#) $$\left| f(x) - \sum_{k=1}^{n} f_k(x) \right| \le \left(\frac{2}{3}\right)^n$$

을 만족한다.

임의의 $x \in X$에 대해서 $F_0(x) = \sum_{i=1}^{\infty} f_i(x)$로 정의하자. 임의의 $x \in A$에 대해서 (#)식에 의하여 $F_0(x) = \sum_{i=1}^{\infty} f_i(x) = f(x)$가 성립한다. F_0함수는

$$F_0 : X \longrightarrow [-1, 1]$$

인 연속함수이다. 다음에서 F_0의 연속성을 보이자.

임의의 $x, y \in X$에 대해서

$$-\frac{1}{3}\left(\frac{2}{3}\right)^{n-1} \le f_n(x), \quad f_n(y) \le \frac{1}{3}\left(\frac{2}{3}\right)^{n-1}$$

이므로 $|f_n(x)-f_n(y)| \le \left(\frac{2}{3}\right)^n$ 이다.

F_0가 X상의 각 점에서 연속임을 보이기 위하여 임의의 한 점 $x \in X$와 임의의 $\varepsilon > 0$을 취하자.

$\sum_{n=1}^{\infty}\left(\frac{2}{3}\right)^n$가 수렴함으로 적당한 번호 n_0가 존재해서

$$\sum_{n=n_0+1}^{\infty}\left(\frac{2}{3}\right)^n < \frac{\varepsilon}{2}$$

을 만족하도록 할 수 있다.

$f_n\ (n=1,\ 2,\ \cdots,\ n_0)$이 연속이므로 x의 개근방 G_n이 존재하여

$$y \in G_n \Longrightarrow |f_n(x)-f_n(y)| < \frac{\varepsilon}{2n_0}$$

이 성립한다. $G=G_1 \cap \cdots \cap G_{n_0}$라 하면 G도 x의 개근방이다.

$$\begin{aligned} y \in G \Longrightarrow |F_0(x)-F_0(y)| &\le \sum_{n=1}^{n_0}|f_n(x)-f_n(y)| + \sum_{n=n_0+1}^{\infty}\left(\frac{2}{3}\right)^n \\ &< n_0 \cdot \frac{\varepsilon}{2n_0} + \frac{\varepsilon}{2} = \varepsilon \end{aligned}$$

이므로 F_0는 각 점 $x \in X$에서 연속이다. 따라서 F_0는 연속함수이다.

$$A_0 = \{x \in X \mid |F_0(x)| = 1\}$$

이라 하자. $f[A] = F_0[A] \subset (-1,\ 1)$이므로 $A \cap A_0 = \varnothing$이다. $A,\ A_0$가 X에서 서로소인 폐집합으로 6.3.1 정리에 의하여 연속함수

$$g: X \longrightarrow [0,\ 1] \ \ (g[A_0]=\{0\},\ g[A]=\{1\})$$

가 존재한다. 함수 $F(x)$를

$$F(x) = g(x) \cdot F_0(x) \ \ (x \in X)$$

라고 정의하면 $F(x)$는 연속이고(3.1.19 정리 (4)) 임의의 $a \in A_0$에 대해서

$$F(a) = g(a) \cdot F_0(a) = 0 \ \ (\because \ g(a) = 0)$$

이므로

$$F[X] \subset (-1,\ 1)$$

이고 임의의 $x \in A$에 대해서

$$F(x) = g(x) \cdot F_0(x) = F_0(x) = f(x)$$

이다. 따라서

$$F: X \longrightarrow (-1,\ 1)$$

은 $f: A \longrightarrow (-1,\ 1)$의 확장함수이다.

연속함수 f가 $f: A \longrightarrow \boldsymbol{R}$인 경우 위상동형사상

$$h: \boldsymbol{R} \longrightarrow (-1,\ 1) \ \left(h(x) = \frac{x}{1+|x|}\right)$$

를 이용하여 연속함수

$$h \circ f: A \longrightarrow (-1,\ 1)$$

을 얻을 수 있다. $h \circ f$의 확장함수를

$$F: X \longrightarrow (-1,\ 1)$$

이라 하면 $h^{-1} \circ F: X \longrightarrow \boldsymbol{R}$는 f의 확장함수가 된다. 왜냐하면 임의의 $x \in A$에 대해서

$$(h^{-1} \circ F)(x) = h^{-1}(F(x)) = h^{-1}(h \circ f)(x) = f(x)$$

가 되기 때문이다.

역으로 주어진 조건을 만족할 때 X가 정규공간임을 보이자. A, B를 X에서 서로소인 폐집합이라 하면 연속함수

$$f: A \cup B \longrightarrow \boldsymbol{R} \ \ (f[A] = \{0\},\ f[B] = \{1\})$$

이 존재한다. 가정에 의하여 f의 확장사상

$$F: X \longrightarrow \boldsymbol{R} \ \ (F\text{는 연속이고 } F|_{A \cup B} = f)$$

이 존재한다.

$$G = \left\{x \,\middle|\, F(x) < \frac{1}{3}\right\}, \quad H = \left\{x \,\middle|\, F(x) > \frac{2}{3}\right\}$$

이면 G, H는 $A \subset G$, $B \subset H$인 서로소인 개집합이다. 따라서 X는 정규공간이다. ■

완전정칙공간의 정의는 다음과 같다.

6.3.4 정의 한 위상공간 X의 임의의 폐집합 F와 한 점 $p \notin F$에 대하여 한 연속함수 $f: X \longrightarrow [0, 1]$이 존재해서 $f(p) = 0$, $f[F] \subset \{1\}$일 때 위상공간 X를 **완전정칙공간**(完全正則空間, completely regular space)이라 한다.

주의 위 정의에서 $F \neq \varnothing$인 경우 $f[F] \subset \{1\}$은 $f[F] = \{1\}$이 된다.

6.3.5 정의 한 위상공간 X가 완전정칙공간이고 T_1공간일 때 위상공간 X를 $T_{3\frac{1}{2}}$공간 혹은 **티호노프공간**(Tychonoff space)이라 한다.

6.3.6 완전정칙공간은 정칙공간이다.

•증명• 위상공간 X를 완전정칙공간이라 하자. F를 폐집합이라 하고 $p \notin F$이라 하면 X가 완전정칙공간이므로 한 연속함수

$$f: X \longrightarrow [0, 1]$$

이 존재해서 $f(p) = 0$, $f[F] \subset \{1\}$이 성립한다.

$$G = f^{-1}\left(\left[0, \frac{1}{3}\right)\right), \quad H = f^{-1}\left(\left(\frac{2}{3}, 1\right]\right)$$

이라 하면 G, H는 X에서 개집합이고 $p \in G$, $F \subset H$, $G \cap H = \varnothing$이다. 6.2.1 정의에 의하여 X는 정칙공간이다. ■

6.3.7 정리 (1) 완전정칙공간의 부분공간은 완전정칙공간이다.

(2) 공집합이 아닌 적공간 $\prod_{\lambda} X_{\lambda}$가 완전정칙공간이기 위한 필요충분조건은 각 좌표공간 X_{λ}가 완전정칙공간이 되는 것이다.

•증명• (1) 위상공간 X를 완전정칙이라 하고 $Y \subset X$라 하자. F를 Y에서의 한 폐집합이라 하면 X에서의 한 폐집합 F_0가 존재해서 $F = F_0 \cap Y$이다. 임의의 한 점 $p \in Y - F$를 취하면 $p \notin F_0$이다. X는 완전정칙공간이므로 적당한 연속함수 $f: X \longrightarrow [0, 1]$이 존재해서 $f(p) = 0$, $f[F_0] \subset \{1\}$을 만족한다. $f|_Y = g$라 하면 $g(p) = f(p) = 0$, $g[F] \subset f[F_0] \subset \{1\}$이므로 Y는 완전정칙공간이다.

(2) 적공간 $\prod_{\lambda} X_{\lambda}$가 공집합이 아닌 완전정칙공간이면 각 좌표공간 $X_{\lambda_0}(\lambda_0 \in \Lambda)$는 $\prod_{\lambda} X_{\lambda}$의 한 부분공간 $L(a, \lambda_0)$와 위상동형(3.2.7 정리)이므로 (1)에 의하여 $X_{\lambda_0}(\lambda_0 \in \Lambda)$도 완전정칙공간이다.

역으로 각 X_{λ}가 완전정칙공간이라 하자. 한 폐집합 $F \subset \prod_{\lambda} X_{\lambda}$와 한 점 $y = (y_{\lambda})_{\lambda \in \Lambda} \in \prod_{\lambda} X_{\lambda} - F$를 취하자. $\prod_{\lambda} X_{\lambda} - F$가 한 점 y의 개근방이므로 좌표공간 $X_{\lambda_k}(k = 1, 2, \cdots, n)$에 적당한 개집합 $G_k(k = 1, 2, \cdots, n)$가 존재해서

$$y \in P_{\lambda_1}^{-1}[G_1] \cap \cdots \cap P_{\lambda_n}^{-1}[G_n] \subset \prod_{\lambda} X_{\lambda} - F$$

을 만족한다. 각 X_{λ_k}는 완전정칙공간이므로 연속함수 $f_k: X_{\lambda_k} \longrightarrow [0, 1]$이 존재해서 $f_k(y_{\lambda_k}) = 0$, $f_k[X_{\lambda_k} - G_k] \subset \{1\}$을 만족하도록 할 수 있다. 함수 g를

$$g: \prod_{\lambda} X_{\lambda} \longrightarrow [0, 1] \quad (g(x) = \max\{f_k \circ P_{\lambda_k}(x) \mid k = 1, 2, \cdots, n\})$$

이라 하면 3.1.20 정리에 의하여 g는 연속함수이다.

한편

$$g(y) = \max\{f_k(y_{\lambda_k}) \mid k = 1,\ 2,\ \cdots,\ n\} = 0$$

$$g[F] \subset g\left[\prod_{\lambda} X_\lambda - P_{\lambda_1}^{-1}[G_1] \cap \cdots \cap P_{\lambda_n}^{-1}[G_n]\right] \subset \{1\}$$

이므로 $\prod_{\lambda} X_\lambda$는 완전정칙공간이다. ■

X를 위상공간, $I = [0,\ 1] \subset \boldsymbol{R}$이라 하자.

$$C(X,\ I) = \{f \mid f:\ X \longrightarrow I\text{는 연속함수}\}$$

이라 할 때 적공간

$$\prod\{I_f \mid f \in C(X,\ I)\}\quad \text{단, } I_f = [0,\ 1]$$

을 생각할 수 있다.

6.3.8 정리 한 위상공간 X가 $T_{3\frac{1}{2}}$ 공간(Tychonoff space)이기 위한 필요충분조건은 X가 적공간 $\prod\{I_f \mid f \in C(X,\ I)\}$의 한 부분공간과 위상동형이 되는 것이다(단, $I_f = [0,\ 1]$).

•증명• 한 위상공간 X가 $T_{3\frac{1}{2}}$ 공간이라 하자. 사상 ρ를

$$\rho:\ X \longrightarrow \prod_{f} I_f \quad (\rho(x) = (f(x))_{f \in C(X,\ I)})$$

이라 놓자(단, $f(x)$는 $\rho(x)$의 f번째 좌표이고 $f(x) \in I_f$이다).

임의의 $x,\ y(\neq) \in X$에 대해서 한 점 집합이 폐집합이고 X가 완전정칙공간이므로 적당한 $f_0 \in C(X,\ I)$가 존재해서 $f_0(x) = 1,\ f_0(y) = 0$이 성립한다. 따라서 $\rho(x),\ \rho(y) \in \prod_{f} I_f$는 좌표공간 I_{f_0}에서 $f_0(x) \neq f_0(y)$이므로 f_0번째 좌표가 다르다. 그러므로

$$\rho(x) = (f(x)) \neq (f(y)) = \rho(y)$$

가 성립한다. 따라서 사상 ρ는 단사이다.

사상 $\rho: X \longrightarrow \prod_f I_f$는 $(P_f \circ \rho)(x) = f(x)$이므로 3.2.3 정리에 의하여 연속이다.

$\rho: X \longrightarrow \rho[X]$가 개사상임을 보이면 앞의 결과에 의하여 X와 $\rho[X]$는 위상동형이 된다. 먼저

$$\mathscr{B} = \{B_f \mid B_f = f^{-1}[[0,\ 1)],\ f \in C(X,\ I)\}$$

가 위상공간 X의 기저임을 보이자. X에서 임의의 개집합 G를 취하고 $x \in G$라 하자. X는 티호노프공간이므로 완전정칙공간이다. G^c가 폐집합이고 $x \notin G^c$이므로 6.3.4 정의에 의하여 적당한 $f \in C(X,\ I)$가 존재해서 $f(x) = 0,\ f[G^c] \subset \{1\}$이다. 따라서 $x \in B_f = f^{-1}[[0,\ 1)] \subset G$이므로 2.4.2에 의하여 $\mathscr{B}$는 위상공간 X의 한 기저이다.

임의의 $B_{f_0} \in \mathscr{B}$를 취하면

$$\rho[B_{f_0}] = \prod_{f \neq f_0} I_f \times [0,\ 1) \cap \rho[X]$$
$$(\text{단, } [0,\ 1) \subset I_{f_0} = [0,\ 1])$$

이므로 $\rho[B_{f_0}]$는 $\rho[X]$에서 개집합이다. 따라서 X에서 임의의 개집합 G를 취하였을 때 $\rho[G]$는 $\rho[G] = \rho[\bigcup_\lambda B_{f_\lambda}] = \bigcup_\lambda \rho[B_{f_\lambda}]$이므로 $\rho[X]$에서 개집합이 된다. 그러므로 ρ는 개사상이다.

역으로 위상공간 X가 $\prod_f I_f$의 한 부분공간과 위상동형이라 하자. 각 좌표공간 $I_f = [0,\ 1]$은 티호노프공간이고 그 적공간 $\prod_f I_f$도 티호노프공간이다(6.3.7 정리 (2)). $\prod_f I_f$의 부분공간도 티호노프공간이다(6.3.7 정리 (1)). 따라서 $\prod_f I_f$의 한 부분공간과 위상동형인 위상공간 X도 티호노프공간이다. ■

6.3.1 정리에 의하여 T_4공간은 티호노프공간이 되고 티호노프공간은 6.3.6에 의하여 T_3공간임을 알 수 있다. 따라서 티호노프공간을 $T_{3\frac{1}{2}}$공간이라고 하는 것은 자연스러운 표현이다.

위상공간의 여러 성질들이 부분공간 혹은 적공간에 전수되는가 안되는가를 다음 표에 나타낸다.

		T_1	T_1	R	CR	N	M
부분공간	일 반	○	○	○	○	×	○
	폐집합	○	○	○	○	○	○
	개집합	○	○	○	○	×	○
적 공 간	일 반	○	○	○	○	×	×
	유한적	○	○	○	○	×	○
	가산적	○	○	○	○	×	○

T_1은 T_1공간, T_2는 T_2공간, R은 정칙공간, CR은 완전정칙공간, N은 정규공간, M은 거리공간 등을 나타낸다.

정규공간인 경우, 폐부분집합을 부분공간으로 하는 경우에는 그 부분공간도 정규공간이 되지만 다른 종류의 부분공간은 일반적으로 정규공간의 성질을 이어받지 못한다.

연.습.문.제

1. X가 완전정칙공간이기 위한 필요충분조건은 임의의 점 $x \in X$와 x의 임의의 근방 U에 대하여 적당한 연속함수 $f: X \longrightarrow I(I=[0, 1])$가 존재해서 $f(x)=1$, $f[U^c]=\{0\}$이 되는 것임을 보여라.

Hint X를 완전히 정칙공간이라 하자. 한 점 $x \in X$와 x의 근방 U를 취하였을 때 개집합 G가 존재해서 $x \in G \subset U$이다. $x \notin G^c$이므로 적당한 연속함수 $f: X \longrightarrow I$가 존재해서 $f(x)=1$, $f[G^c]=\{0\}$이다(6.3.4 정의). 따라서 $f[U^c]=\{0\}$이다. 역명제를 밝히자. $F \subset X$를 X에서 폐집합이라 하고 $x \in F^c$라 하면 F^c는 x의 근방이다. 가정으로부터 연속함수 $f: X \longrightarrow I$가 존재해서 $f(x)=1$, $f[F]=0$이다.

2. X가 완전정칙공간이기 위한 필요충분조건은 X상의 위상이

$$C(X, I)=\{f \mid f: X \longrightarrow I(\text{연속함수})\} \quad (\text{단, } I=[0, 1])$$

에 의한 약위상과 일치하는 것임을 보여라.

Hint X를 완전정칙공간이라 하자. 임의의 개집합 G와 한 점 $x \in G$를 취하면 $x \notin G^c$이다. 가정에 의하여 적당한 $f \in C(X, I)$가 존재해서 $f(x)=1$, $f[G^c]=\{0\}$이다. I에서의 개집합 $\left(\frac{1}{2}, 1\right]$을 취하여 $H_x=f^{-1}\left(\left(\frac{1}{2}, 1\right]\right)$라 하면 $x \in H_x \subset G$이고 H_x는 X에서 개집합이다. $\bigcup_{x \in G} H_x = G$이므로 X상의 위상은 $C(X, I)$에 의한 약위상이다.

역으로 X상의 위상이 $C(X, I)$에 의한 약위상과 일치한다고 하자. 즉 $\mathcal{S}=\{f^{-1}[V] \mid f \in C(X, I),\ V\text{는 } I\text{에서 개집합}\}$가 X상의 위상의 한 부분기저라 하자(3.2절 참조). 이 경우 $\mathcal{S}'=\{f^{-1}[V] \mid f \in C(X, I),\ V=(a, 1] \text{ 혹은 } [0, a),\ a \in I\}$도 X상의 위상의 부분기저이다. $1: X \longrightarrow I((1(x)=1,\ ^\forall x \in X)$라

하면 $f^{-1}[[0, a)] = (1-f)^{-1}[(1-a, 1]]$, $1-f \in C(X, I)$이다. 따라서 $\mathcal{S}'' = \{f^{-1}[V] \mid f \in C(X, I),\ V = (a, 1],\ a \in I\}$도 X상의 위상의 한 부분기저이다.

G를 X에서 한 점 $x \in X$의 개근방이라 하자. 적당한 $f_1, \cdots, f_n \in C(X, I)$와 $V_1, \cdots, V_n \subset I$(단, $V_k = (a_k, 1]$)가 존재해서

$$x \in f_1^{-1}[V] \cap \cdots \cap f_n^{-1}[V_n] \subset G$$

이다.

$$g_k(x) = \max\{f_k(x) - a_k, 0\} \quad (k = 1, 2, \cdots, n)$$

이라 하면 $g_k^{-1}(0, 1] = f_k^{-1}(a_k, 1]$, g_k는 연속이고

$$x \in g_1^{-1}(0, 1] \cap \cdots \cap g_n^{-1}(0, 1] \subset G$$

이다. $g = g_1 \cdots g_n$이라 하면 $g(y) = g_1(y) \cdots g_n(y)\,(^\forall y \in X)$이고

$$x \in g^{-1}(0, 1] \subset G, \quad g(x) \neq 0, \quad g[G^c] = \{0\}$$

이다.

3. 일반적으로 정규공간은 완전정칙이 아니다. 예를 들어라.

Hint 두 개 이상의 원소를 갖는 집합 X상에 한 점 $a \in X$를 이용하여 위상 $\mathcal{T}$를

$$\mathcal{T} = \{G \mid a \notin G,\ G \subset X\} \cup \{X\}$$

로 정의하면 $(X, \mathcal{T})$에서 서로소인 폐집합은 $\varnothing$과 X뿐이다. 따라서 정규공간이다. 그러나 정칙공간은 될 수 없다. 그러므로 완전정칙공간도 아니다.

4. 한 위상공간 X가 **영차원공간**(零次元空間, zero dimensional space)이기 위한 필요충분조건은 X가 개집합이면서 동시에 폐집합인 집합들을 기저(base)로 갖는 것이다. 영차원공간은 완전정칙공간임을 밝혀라.

Hint F를 X에서 폐집합, $x \in F^c$라 하자. F^c는 개집합이므로 적당한 X의 기저의 한 원 B가 존재해서 $x \in B \subset F^c$이다(단, B는 개집합이면서 동시에 폐집합이다.).

함수 f를

$f: X \longrightarrow I$ $(^\forall y \in B,\ f(y)=1,\ ^\forall z \in B^c,\ f(z)=0)$

이라 하면 f는 연속함수이다. 따라서 X는 완전정칙공간이다.

5. 가산완전정칙공간은 영차원공간임을 보여라.

Hint X를 가산완전정칙공간이라 하고, G를 $x \in X$의 개근방이라 하자. 적당한 연속함수

$$f: X \longrightarrow I \ \ (f(x)=1,\ f[G^c]=\{0\})$$

가 존재한다. $f[X]$가 가산집합이므로 $0 < t < 1$인 t가 존재해서

$$t \notin f[X] \subset I$$

이다. $x \in f^{-1}[(t,\ 1]] = f^{-1}[[t,\ 1]] \subset G$이므로 X는 영차원공간이다.

6. $T_{3\frac{1}{2}}$ 공리는 위상적 성질임을 보여라.

제7장

컴팩트공간

컴팩트공간의 개념은 앞서 다루어진 모든 개념과 마찬가지로 실수집합의 한 중요한 성질을 추상화한 것이다. Heine_Borel의 고전적 정리는 실수공간의 유계 폐집합의 임의의 개피복은 유한부분피복을 갖고 있음을 주장하고 있다. 이 정리는 매우 심오한 결과를 품고 있다. 실수공간에서의 중요한 정리들이 추상화된 것처럼 Heine_Borel 정리도 추상화되어 컴팩트의 개념을 정의하는 데 사용된다.

7.1 컴팩트성

5.2.3 정의에서 피복에 대한 정의는 다음과 같은 것이었다.

한 위상공간 X의 한 부분집합족 $\mathcal{C}=\{G_\lambda \mid \lambda\in\Lambda\}$가 X의 한 부분집합 A에 대하여 $A\subset \cup\mathcal{C}=\bigcup_{\lambda\in\Lambda} G_\lambda$일 때 $\mathcal{C}$를 A의 **피복**(被覆, cover or covering)이라 한다.

$\mathcal{C}=\{G_\lambda \mid \lambda\in\Lambda\}$가 집합 A의 피복이고 $\mathcal{C}_0\subset\mathcal{C}$인 $\mathcal{C}_0$도 A의 피복일 때 $\mathcal{C}_0$를 피복 $\mathcal{C}$의 **부분피복**(部分被覆, subcover or subcovering)이라 한다.

집합 A의 피복 $\mathcal{C}=\{G_\lambda \mid \lambda\in\Lambda\}$의 각 원소 G_λ가 개집합일 때 $\mathcal{C}$를 A의 **개피복**(開被覆, open cover)이라 한다.

피복에 대한 정의를 사용하여 컴팩트성의 개념을 정의하자. 컴팩트부분집합의 정의는 다음과 같다.

7.1.1 정의 A를 위상공간 X의 한 부분집합이라 하자. A의 임의의 개피복 $\mathcal{C}=\{G_\lambda \mid \lambda\in\Lambda\}$가 한 유한부분피복 $\mathcal{C}'=\{G_{\lambda_1},\ \cdots,\ G_{\lambda_n}\}$을 포함할 때 A를 X의 **컴팩트부분집합**(compact subset of X)이라 한다. 특히 전공간 X가 컴팩트일 때 X를 **컴팩트공간**(compact space)이라 한다.

예 7.1.1 이산공간 $(X,\ \mathcal{D})$가 컴팩트공간이 되기 위해서는 X가 유한집합이어야 한다. 만일 X가 무한집합이면 X의 개피복

$$\mathcal{C}=\{\{x\}\mid x\in X\}$$

는 유한부분피복을 갖지 않는다.

예 7.1.2 모든 위상공간 X의 유한부분집합, 공집합은 컴팩트이다.

예 7.1.3 $(\boldsymbol{R}, \mathcal{U})$의 유계폐구간 $[a, b]$는 컴팩트이다. 그 이유는 다음과 같다. $\mathcal{C} = \{G_\lambda \mid \lambda \in \Lambda\}$을 $[a, b]$의 임의의 한 개피복이라 하자. $[a, b]$의 부분집합 A를

$$A = \{x \in [a, b] \mid [a, x] \text{는 유한개의 } G_\lambda \text{로 피복됨}\}$$

라 하면 $A \subset [a, b]$이고 $a \in A$이므로 $A \neq \varnothing$이다. 따라서

$$c = \sup A$$

인 $c \in [a, b]$가 존재한다. 만일 $c < b$이면 적당한 $G_\lambda \in \mathcal{C}$가 존재해서 $c \in G_\lambda$이고 G_λ가 $(\boldsymbol{R}, \mathcal{U})$에서 개집합이므로 적당한 $\varepsilon > 0$이 존재해서 $(c-\varepsilon, c+\varepsilon) \subset G_\lambda$, $c+\varepsilon < b$가 성립한다. 따라서 $\left[a, c-\frac{\varepsilon}{2}\right]$은 c의 정의에 의하여 적당한 $G_{\lambda_1}, \cdots, G_{\lambda_n}$로 피복되고 $G_{\lambda_1}, \cdots, G_{\lambda_n}, G_\lambda$는 $\left[a, c+\frac{\varepsilon}{2}\right]$을 피복한다. 고로 집합 A의 정의에 의하여 $c+\frac{\varepsilon}{2} \in A$가 되어 $c = \sup A$에 모순된다. 따라서 $c = b$이어야 한다.

$$[a, b] \subset G_{\lambda_1} \cup \cdots \cup G_{\lambda_n} \cup G_\lambda$$

이므로 $[a, b]$의 임의의 개피복 $\mathcal{C}$는 유한부분피복을 갖는다. $[a, b]$는 컴팩트집합이다.

예 7.1.4 실수공간 $(\boldsymbol{R}, \mathcal{U})$는 컴팩트공간이 아니다. 왜냐하면 $(\boldsymbol{R}, \mathcal{U})$의 한 개피복 $\{(-n, n) \mid n\text{은 자연수}\}$은 유한부분피복을 갖지 않기 때문이다. 비슷한 방법으로 $(\boldsymbol{R}, \mathcal{U})$의 부분집합 $(0, 1]$, (a, b), $[0, \infty)$ 등은 모두 컴팩트가 아님을 보일 수 있다.

▎7.1.2 정리 ▎ 컴팩트집합의 연속사상에 의한 상은 또한 컴팩트이다.

•증명• 사상 $f: X \longrightarrow Y$를 연속이라 하고 A를 X에서의 컴팩트부분집합이라 하자.

$f[A]$가 컴팩트임을 보이기 위하여 $\mathcal{C}=\{G_\lambda \mid \lambda\in\Lambda\}$를 $f[A]$의 임의의 한 개피복이라 하면

$$f[A]\subset\bigcup_{\lambda\in\Lambda}G_\lambda$$

이다. $A\subset f^{-1}[f[A]]\subset\bigcup_{\lambda\in\Lambda}f^{-1}[G_\lambda]$이고, $f^{-1}[G_\lambda]$가 X에서 개집합이므로

$$\mathcal{C}_0=\{f^{-1}[G_\lambda] \mid \lambda\in\Lambda\}$$

는 A의 한 개피복이 된다. 가정에 의하여 A가 컴팩트이므로 $\mathcal{C}_0$의 유한부분피복 $\mathcal{C}'_0=\{f^{-1}[G_{\lambda_1}],\ \cdots,\ f^{-1}[G_{\lambda_n}]\}$가 존재한다. 따라서

$$A\subset(f^{-1}[G_{\lambda_1}]\cup\cdots\cup f^{-1}[G_{\lambda_n}])$$

이므로

$$f[A]\subset(f[f^{-1}[G_{\lambda_1}]]\cup\cdots\cup f[f^{-1}[G_{\lambda_n}]])\subset(G_{\lambda_1}\cup\cdots\cup G_{\lambda_n})$$

가 되어 $\mathcal{C}'=\{G_{G_{\lambda_1}},\ \cdots,\ G_{\lambda_n}\}$은 $\mathcal{C}$의 유한부분피복이다. 고로 $f[A]$는 컴팩트이다. ■

위 정리에 의하여 컴팩트공간의 연속사상에 의한 상은 또한 컴팩트이므로 컴팩트성은 위상동형사상에 의하여 보존되는 성질임을 알 수 있다. 따라서 컴팩트성은 위상적 성질에 해당한다.

다음 정리에서 컴팩트성은 절대적 성질임을 보이자.

7.1.3 정리 A를 위상공간 $(X,\ \mathcal{T})$의 한 부분집합이라 하자.

집합 A가 위상공간 $(X,\ \mathcal{T})$에서 컴팩트이기 위한 필요충분조건은 $(A,\ \mathcal{T}_A)$가 컴팩트가 되는 것이다(단, $\mathcal{T}_A=\{A\cap G \mid G\in\mathcal{T}\}$).

•증명• X의 한 부분집합 A가 $(X,\ \mathcal{T})$에서 컴팩트라 하자. $(A,\ \mathcal{T}_A)$가 컴팩트인 것을

보이기 위하여 $(A, \mathcal{T}_A)$에서의 A의 임의의 한 개피복

$$\mathcal{C}_A = \{ G_\lambda \mid \lambda \in \Lambda \} \quad (\text{단, } G_\lambda \in \mathcal{T}_A)$$

를 취하자. $G_\lambda \in \mathcal{T}_A (\lambda \in \Lambda)$이므로 적당한 $H_\lambda \in \mathcal{T}$가 존재하여 $G_\lambda = A \cap H_\lambda$이다. 따라서

$$A = \bigcup_{\lambda \in \Lambda} G_\lambda = \bigcup_{\lambda \in \Lambda} (A \cap H_\lambda) \subset \bigcup_{\lambda \in \Lambda} H_\lambda$$

이므로 $\mathcal{C}_X = \{ H_\lambda \mid \lambda \in \Lambda \}$는 A의 $(X, \mathcal{T})$에서의 개피복이다. A는 $(X, \mathcal{T})$에서 컴팩트이므로

$$\mathcal{C}_X' = \{ H_{\lambda_1}, \cdots, H_{\lambda_n} \} \subset \mathcal{C}_X$$

가 존재하여

$$A \subset (H_{\lambda_1} \cup \cdots \cup H_{\lambda_n})$$

이다. 그러므로

$$\begin{aligned} A = A \cap (H_{\lambda_1} \cup \cdots \cup H_{\lambda_n}) &= (A \cap H_{\lambda_1}) \cup \cdots \cup (A \cap H_{\lambda_n}) \\ &= G_{\lambda_1} \cup \cdots \cup G_{\lambda_n} \end{aligned}$$

가 되어, $\mathcal{C}_A' = \{ G_{\lambda_1}, \cdots, G_{\lambda_n} \}$는 A의 $(A, \mathcal{T}_A)$에서의 개피복 $\mathcal{C}_A$의 유한부분피복임을 알 수 있다. 따라서 $(A, \mathcal{T}_A)$는 컴팩트이다.

역으로 $(A, \mathcal{T}_A)$를 컴팩트라 하자. A가 $(X, \mathcal{T})$에서 컴팩트인 것을 보이기 위하여 A의 $(X, \mathcal{T})$에서의 임의의 한 개피복

$$\mathcal{C}_X = \{ H_\lambda \mid \lambda \in \Lambda \} \quad (\text{단, } H_\lambda \in \mathcal{T}_A)$$

을 취하자. $A \subset \bigcup_{\lambda \in \Lambda} H_\lambda$이므로 $A = \bigcup_{\lambda \in \Lambda} (A \cap H_\lambda)$이다. $A \cap H_\lambda = G_\lambda$라 놓으면 $G_\lambda \in \mathcal{T}_A$이고, $A = \bigcup_{\lambda \in \Lambda} G_\lambda$이므로 $\mathcal{C}_A = \{ G_\lambda \mid \lambda \in \Lambda \}$는 $(A, \mathcal{T}_A)$에서의 A의 한 개피복이 되고 $(A, \mathcal{T}_A)$가 컴팩트이므로 $\mathcal{C}_A$의 유한부분피복 $\mathcal{C}_A' = \{ G_{\lambda_1}, \cdots, G_{\lambda_n} \}$이 존재한다.

$$A = G_{\lambda_1} \cup \cdots \cup G_{\lambda_n} = (A \cap H_{\lambda_1}) \cup \cdots \cup (A \cap H_{\lambda_n})$$
$$\subset H_{\lambda_1} \cup \cdots \cup H_{\lambda_n}$$

이므로 $\mathcal{C}_X' = \{H_{\lambda_1}, \cdots, H_{\lambda_n}\}$는 $\mathcal{C}_X$의 유한부분피복이 된다. 따라서 A는 $(X, \mathcal{T})$에서 컴팩트이다. ■

위 정리로부터 컴팩트성에 관한 조사연구는 컴팩트위상공간의 성질을 조사연구하는 것으로 충분하다는 것을 알 수 있다.

7.1.4 정리 컴팩트성에 관한 다음 (1), (2) 명제는 참이다.

(1) 컴팩트공간의 폐부분집합은 또한 컴팩트이다.

(2) T_2공간의 컴팩트부분집합은 폐집합이다.

•증명• (1) 컴팩트공간 X의 한 폐부분집합을 F라 하자. F의 임의의 피복을 $\mathcal{C} = \{G_\lambda \mid \lambda \in \Lambda\}$라 하면 $F \subset \bigcup_{\lambda \in \Lambda} G_\lambda$이므로

$$\mathcal{C}_X = \mathcal{C} \cup \{F^c\} = \{G_\lambda \mid \lambda \in \Lambda\} \cup \{F^c\}$$

는 X의 한 개피복이 된다. X가 컴팩트이므로 $\mathcal{C}_X' = \{G_{\lambda_1}, \cdots, G_{\lambda_n}\} \cup \{F^c\} \subset \mathcal{C}_X$가 존재하여

$$X = (G_{\lambda_1} \cup \cdots \cup G_{\lambda_n}) \cap F^c$$

이다. $F \cap F^c = \varnothing$이므로 $F \subset (G_{\lambda_1} \cup \cdots \cup G_{\lambda_n})$이 되어, $\mathcal{C}' = \{G_{\lambda_1}, \cdots, G_{\lambda_n}\}$는 $\mathcal{C}$의 유한부분피복이 된다. 따라서 F는 컴팩트이다.

(2) T_2공간 X의 한 컴팩트부분집합을 F라 하고 $p \in F^c$이라 하자. X가 T_2공간이므로 임의의 점 $x \in F$에 대하여 적당한 개집합 G_x, H_x가 존재하여

$$x \in G_x, \quad p \in H_x, \quad G_x \cap H_x = \varnothing$$

이다. $\mathcal{C} = \{G_x \mid x \in F\}$라 하면 $\mathcal{C}$는 F의 개피복이 되고 F가 컴팩트이므로

$\mathcal{C}$의 유한부분피복 $\mathcal{C}' = \{G_{x_1}, \cdots, G_{x_n}\}$이 존재하여 $F \subset G_{x_1} \cup \cdots \cup G_{x_n}$ 이다. $G = G_{x_1} \cup \cdots \cup G_{x_n}$, $H = H_{x_1} \cap \cdots \cap H_{x_n}$라 하면, G, H는 개집합들이고

$$(*) \qquad F \subset G, \ p \in H, \ G \cap H = \varnothing$$

이다. 따라서 $p \in H \subset F^c$이므로 F^c는 개집합이 되어 F는 폐집합임을 알 수 있다. ■

컴팩트집합이 언제나 폐집합이 되는 공간을 ***KC*공간**이라 한다. 정리 7.1.4 (2)로부터

$$T_2\text{공간} \Longrightarrow KC\text{공간} \Longrightarrow T_1\text{공간}$$

임을 알 수 있고 일반적으로 그 역들은 성립하지 않는다.

| 7.1.5 정리 | A, B를 T_2공간 X에서의 서로소인 컴팩트집합들이라 하면 서로소인 개집합 G와 H가 존재하여 $A \subset G$, $B \subset H$이다.

•증명• A, B를 T_2공간 X에서의 서로소인 컴팩트집합들이라 하자. 임의의 $p \in B$에 대하여 $p \in A^c$이므로 정리 7.1.4 (2)의 증명과정과 같은 방법으로 개집합 G_p, H_p를 적당히 취하여

$$A \subset G_p, \ p \in H_p, \ G_p \cap H_p = \varnothing$$

이 성립한다(앞 정리 (*)식 참조). $\mathcal{C} = \{H_p \mid p \in B\}$라 하자. $\mathcal{C}$는 컴팩트집합 B의 개피복이므로 $\mathcal{C}$의 유한부분피복 $\mathcal{C}' = \{H_{p_1}, \cdots, H_{p_n}\}$이 존재한다.

$$G = G_{p_1} \cap \cdots \cap G_{p_n}, \quad H = H_{p_1} \cup \cdots \cup H_{p_n}$$

이라 놓으면 G와 H는 개집합들이고

$$A \subset G, \ B \subset H, \ G \cap H = \varnothing$$

이 성립한다. ■

위 정리를 이용하여 다음 따름정리를 얻을 수 있다.

7.1.6 따름정리 컴팩트인 T_2공간은 T_4공간이다.

•증명• X를 컴팩트인 T_2공간이라 하자. X에서 서로소인 두 폐집합 A, B를 취하면 X가 컴팩트이므로 7.1.4 정리 (1)에 의하여 A, B는 모두 컴팩트가 된다. 7.1.5 정리에 의하여 서로소인 개집합 G와 H가 존재하여 $A \subset G$, $B \subset H$가 성립하므로 X는 정규공간이 되고 가정에서 X가 T_2공간이므로 X는 T_4공간이 된다. ■

컴팩트 T_2공간, 거리공간, T_4공간 사이의 관계는 다음과 같다.

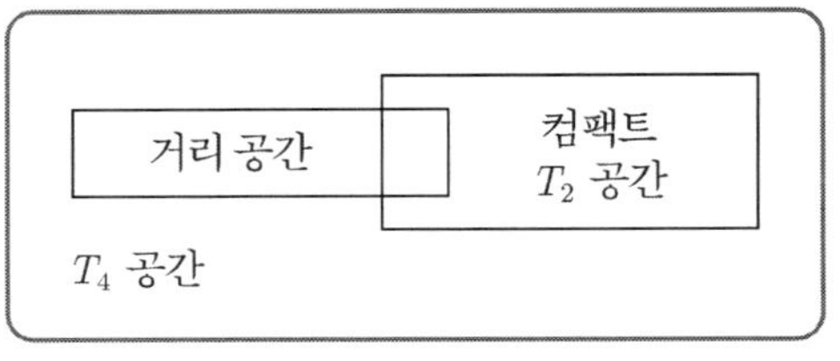

7.1.7 정리 사상 $f: X \longrightarrow Y$가 단사이고 연속이라 하자. X가 컴팩트이고 Y가 T_2공간일 때 X와 $f[X]$는 위상동형이다.

•증명• 주어진 사상 $f: X \longrightarrow Y$의 공변역 Y를 $f[X]$로 제한하여 $f: X \longrightarrow f[X]$라 하면 가정에 의하여 f는 전단사이다. 따라서 f의 역함수 $f^{-1}: f[X] \longrightarrow X$가 존재한다. 가정에 의하여 $f: X \longrightarrow Y$가 연속이므로, $f: X \longrightarrow f[X]$일 경우에도 연속이다(3.1.8 정리 (3)). 고로 $f^{-1}: f[X] \longrightarrow X$가 연속임을 보이면 충분하다. X에서의 폐집합을 F라 하자. X가 컴팩트이므로 F도 컴팩트가 되고 f가 연속이므로 $f[F]$는 $f[X]$에서 컴팩트가 된다. 가정에서 Y가 T_2공간이므로 $f[X]$도 T_2공간이 되고 따라서 컴팩트집합 $f[F]$는 $f[X]$에서 폐집합이 된다(7.1.4 정리 (2)). $f[F] = (f^{-1})^{-1}[F]$이므로 f^{-1}는 연속이다(3.1.6 정리 (2)). 그러므로 X와 $f[X]$는 위상동형사상 $f: X \longrightarrow f[X]$에 의하여 위상동형이 된다. ■

예 7.1.5 $f:[0,\ 1] \longrightarrow \boldsymbol{R}^2$가 단사이고 연속일 때 $[0,\ 1]$이 컴팩트이고 $\boldsymbol{R}^2$가 T_2공간이므로, $[0,\ 1]$와 $f([0,\ 1])$은 위상동형이다(정리 7.1.7).

$$g:[0,\ 1) \longrightarrow \boldsymbol{R}^2$$
$$(x \longmapsto (\cos 2\pi x,\ \sin 2\pi x))$$

라 놓으면 g는 단사이고 연속이다. 그러나 $[0,\ 1)$과 단위원 $g([0,\ 1))$은 위상동형이 아니다.

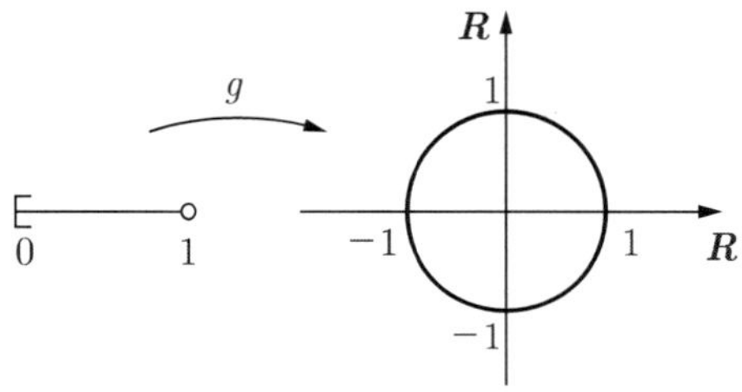

그림 7–1

폐집합족을 이용하여 컴팩트성을 나타내는 방안으로 유한상교성이라는 성질을 쓰게 된다. 그 정의는 다음과 같다.

7.1.8 정의 한 집합 X의 한 부분집합족 $\mathcal{F}=\{F_\lambda \mid \lambda \in \Lambda\}$가 $\mathcal{F}$의 임의의 유한부분족 $\{F_{\lambda_1},\ \cdots,\ F_{\lambda_n}\} \subset \mathcal{F}$에 대하여 $F_{\lambda_1} \cap \cdots \cap F_{\lambda_n} \neq \varnothing$일 때 $\mathcal{F}$는 **유한상교성**(有限相交性, finite intersection property)을 만족한다 라고 한다.

예 7.1.6 $\mathcal{F}=\left\{(0,\ 1),\ \left(0,\ \frac{1}{2}\right),\ \left(0,\ \frac{1}{n}\right),\ \cdots\right\}$이라 하자. 임의의 $\{(0,\ a_1),\ \cdots,\ (0,\ a_n)\} \subset \mathcal{F}$에 대하여 $(0,\ a_1) \cap \cdots \cap (0,\ a_n) = (0,\ a) \neq \varnothing$이다(단, a는 $a_1,\ \cdots,\ a_n$ 중 최소수). 따라서 $\mathcal{F}$는 유한상교성을 만족한다.

그러나 $\cap \mathcal{F} = \bigcap_{n=1}^{\infty}\left(0,\ \frac{1}{n}\right) = \varnothing$이다.

다음 명제는 폐집합족과 컴팩트성 사이의 관계를 나타내고 있다.

7.1.9 정리 다음 명제들은 동치이다.

(1) 위상공간 X는 컴팩트이다.

(2) 공통부분이 공집합인, X의 임의의 폐부분집합족 $\mathcal{F}=\{F_\lambda \mid \lambda\in\Lambda\}$에 대하여 $\mathcal{F}$의 적당한 유한부분족 $\{F_{\lambda_1}, \cdots, F_{\lambda_n}\}$가 존재하여 $F_{\lambda_1}\cap\cdots\cap F_{\lambda_n}=\varnothing$이다.

(3) 유한상교성을 만족하는, X의 임의의 폐부분집합족 $\mathcal{F}=\{F_\lambda \mid \lambda\in\Lambda\}$에 대하여 $\cap\mathcal{F}=\bigcap_{\lambda\in\Lambda}F_\lambda\neq\varnothing$이다.

•증명• (1) $\Rightarrow$ (2) X를 컴팩트라 하고 공통부분이 공집합인, X의 한 폐부분집합족을 $\mathcal{F}=\{F_\lambda \mid \lambda\in\Lambda\}$이라 하자. 가정에 의하여 $\bigcap_{\lambda\in\Lambda}F_\lambda=\varnothing$이므로

$$X=\varnothing^c=\left(\bigcap_{\lambda\in\Lambda}F_\lambda\right)^c=\bigcup_{\lambda\in\Lambda}F_\lambda^c$$

이다. 따라서 $\mathcal{C}=\{F_\lambda^c \mid \lambda\in\Lambda\}$는 X의 한 개피복이다. X가 컴팩트이므로 적당한 $\{F_{\lambda_1}^c, \cdots, F_{\lambda_n}^c\}\subset\mathcal{C}$가 존재하여 $\mathcal{C}$의 유한부분개피복이어야 한다. 따라서

$$X=F_{\lambda_1}^c\cup\cdots\cup F_{\lambda_n}^c=(F_{\lambda_1}\cap\cdots\cap F_{\lambda_n})^c$$

이고 $F_{\lambda_1}\cap\cdots\cap F_{\lambda_n}=\varnothing$이다.

(2) $\Rightarrow$ (1) 위상공간 X의 임의의 한 개피복을 $\mathcal{C}=\{G_\lambda \mid \lambda\in\Lambda\}$이라 하자. $X=\bigcup_{\lambda\in\Lambda}G_\lambda$이므로 $\varnothing=X^c=\left(\bigcup_{\lambda\in\Lambda}G_\lambda\right)^c=\bigcap_{\lambda\in\Lambda}G_\lambda^c$이다. $\mathcal{F}=\{G_\lambda^c \mid \lambda\in\Lambda\}$의 공통부분이 공집합이고 G_λ^c가 폐집합이므로 가정 (2)에 의하여 $\{G_{\lambda_1}^c, \cdots, G_{\lambda_n}^c\}\subset\mathcal{F}$가 존재하여 $G_{\lambda_1}^c\cap\cdots\cap G_{\lambda_n}^c=\varnothing$이다. 따라서

$$X=\varnothing^c=(G_{\lambda_1}^c\cap\cdots\cap G_{\lambda_n}^c)^c=G_{\lambda_1}\cup\cdots\cup G_{\lambda_n}$$

이 되어 $\{G_{\lambda_1}, \cdots, G_{\lambda_n}\}$은 개피복 $\mathcal{C}$의 유한부분개피복이 된다. 그러므로 X는 컴팩트이다.

위 증명으로부터 (1)과 (2)는 동치인 명제가 되고, (2)와 (3)은 대우

명제이므로 동치가 된다. 따라서 (1), (2), (3)은 모두 동치이다. ■

7.1.10* 정리 다음 명제들은 모두 동치이다.

(1) X는 컴팩트공간이다.

(2) X에서의 임의의 필터는 한 집적점을 갖는다.

(3) X에서의 임의의 네트는 한 집적점을 갖는다.

(4) X에서의 임의의 보편네트는 수렴한다.

(5) X에서의 임의의 극대필터는 수렴한다.

•증명• (1) ⇒ (2) $\mathcal{F}$를 X에서의 임의의 필터라 하자. 필터의 정의로부터 $\{\overline{F} \mid F \in \mathcal{F}\}$는 유한상교성을 갖는 폐집합족이다.

따라서 7.1.9 정리 (3)에 의하여

$$\cap\{\overline{F} \mid F \in \mathcal{F}\} \neq \varnothing$$

이 성립한다. 그러므로 필터 $\mathcal{F}$의 집적점이 반드시 존재한다.

(2) ⇒ (3) $(x_\tau)_{\tau \in D}$를 X에서의 임의의 네트라 하자. 임의의 $\tau_0 \in D$에 대해서 $H_{\tau_0} = \{x_\tau \mid \tau_0 \leq \tau\}$라 하면 $\mathcal{H} = \{H_{\tau_0} \mid \tau_0 \in D\}$는 한 필터기저이다. $\mathcal{H}$를 필터기저로 하는 필터를 $\mathcal{T}$라 하자.

$$\{\overline{H}_{\tau_0} \mid \tau_0 \in D\} \subset \{\overline{F} \mid F \in \mathcal{F}\}$$

이므로 (2)에 의하여

$$\cap\{\overline{H}_{\tau_0} \mid \tau_0 \in D\} \supset (\cap\{\overline{F} \mid F \in \mathcal{T}\}) \neq \varnothing$$

이다. $x \in \cap\{\overline{H}_{\tau_0} \mid \tau_0 \in D\}$라 하면 x의 임의의 근방 U는 임의의 $\tau_0 \in D$에 대하여 $U \cap H_{\tau_0} \neq \varnothing$이 성립한다. 5.3.5 정의에 의하여 네트 (x_τ)는 x를 집적점으로 갖는다.

(3) ⇒ (4) $(x_\tau)_{\tau \in D}$를 X에서의 보편네트라 하자. 가정 (3)에 의하여 네트 (x_τ)는 집적점을 갖는다. 5.3.10 정의에 의하여 네트 (x_τ)는 집적점에 수렴한다.

(4) ⇒ (5) $\mathcal{F}$를 X에서의 임의의 극대필터라 하자. 필터 $\mathcal{T}$에 근거한 네트 $f: D_{\mathcal{F}}$

$\longrightarrow X$(5.4.17 정의)는 5.4.13 정리에 의하여 5.3.10 정의를 만족한다는 것을 알 수 있다. 따라서 네트 f는 보편네트가 되고 가정 (4)에 의하여 수렴하게 된다. 5.4.18 정리 (1)에 의하여 주어진 필터 $\mathcal{F}$는 수렴한다.

(5) $\Rightarrow$ (1) 유한상교성을 만족하는 X의 임의의 한 폐부분집합족을 $\mathcal{F}$라 하자. F를

$$\mathrm{F} = \{\cap \mathcal{F}_0 \mid \mathcal{F}_0\text{는 } \mathcal{F}\text{의 유한부분족}\}$$

이라 하면 $\mathcal{F}$는 유한상교성을 만족하므로 $\cap \mathcal{F}_0 \neq \varnothing$이고 F는 한 필터기저가 된다(5.4.3 정리 참조). F를 필터기저로 하는 필터를 $\mathcal{F}'$라 하면 5.4.14 정리에 의하여 필터 $\mathcal{F}'$는 한 극대필터 $\mathcal{F}^*$에 포함된다. 가정 (5)에 의하여 $\mathcal{F}^*$는 수렴하므로 그 수렴점을 x라 하자. 따라서 x의 근방계 $\mathcal{N}_x$는 $\mathcal{N}_x \subset \mathcal{F}^*$가 성립한다. $\mathcal{F} \subset \mathrm{F} \subset \mathcal{F}^*$이므로 임의의 $U \in \mathcal{N}_x$는 임의의 $F \in \mathcal{F}$와 $U \cap F \neq \varnothing$이다. 그러므로 $x \in \overline{F} = F$가 된다. 따라서

$$x \in \cap \{F \mid F \in \mathcal{F}\} \neq \varnothing$$

이므로 7.1.9 정리에 의하여 X는 컴팩트공간이다. ■

7.1.11* 정리 **Tychonoff theorem** 공집합이 아닌 적공간 $\prod_{\lambda} X_\lambda$가 컴팩트이기 위한 필요충분조건은 각 좌표공간 X_λ가 컴팩트가 되는 것이다.

•증명• 적공간 $\prod_{\lambda} X_\lambda$가 공집합이 아니라 하자. 임의의 $\lambda_0 \in \Lambda$에 대해서 사영 $P_{\lambda_0}: \prod_{\lambda} X_\lambda \longrightarrow X_{\lambda_0}$가 전사연속이고 $\prod_{\lambda} X_\lambda$가 컴팩트이므로 $P_{\lambda_0}(\prod_{\lambda} X_\lambda) = X_{\lambda_0}$도 컴팩트이다.

역으로 임의의 $\lambda \in \Lambda$에 대해서 X_λ가 컴팩트라 하자. 적공간 $\prod_{\lambda} X_\lambda$에서 임의의 한 보편네트 $(x_\tau)_{\tau \in D}$를 취하자. 5.3.11 정리에 의하여 각 $\lambda_0 \in \Lambda$에 대해서 $(P_{\lambda_0}(x_\tau))$도 좌표공간 X_{λ_0}에서 보편네트가 된다. 가정에 의하여 X_{λ_0}가 컴팩트이

므로 보편네트 $(P_{\lambda_0}(x_\tau))$는 좌표공간 X_{λ_0}에서 한 점 a_{λ_0}에 수렴한다(7.1.10* 정리 (4) 참조). 5.3.9 정리에 의하여 $\prod_{\lambda} X_\lambda$ 에서의 보편네트 (x_τ)는 $a = (a_\lambda)_{\lambda \in \Lambda}$에 수렴한다. 7.1.10* 정리에 의하여 $\prod_{\lambda} X_\lambda$ 는 컴팩트이다. ■

6.3.8 정리, 7.1.6 따름정리, 7.1.11* 정리 등을 이용하여 티호노프공간($T_{3\frac{1}{2}}$ 공간)의 성질들을 다음 정리에서 나타내 보자.

7.1.12* 정리 한 위상공간 X에 대하여 다음은 모두 동치인 명제들이다.

(1) X는 티호노프공간($T_{3\frac{1}{2}}$ 공간)이다.

(2) X는 한 적공간 $\prod_{\lambda} I_\lambda$ (단, $I_\lambda = [0,\ 1]$)의 한 부분공간과 위상동형이다.

(3) X는 한 컴팩트 T_2공간의 한 부분공간과 위상동형이다.

(4) X는 한 T_4공간의 한 부분공간과 위상동형이다.

•증명• (1) ⇒ (2) 6.3.8 정리 참조.

(2) ⇒ (3) 7.1.11* 정리에 의하여 $\prod_{\lambda} I_\lambda$ (단, $I_\lambda = [0,\ 1]$)는 컴팩트이고 6.1.9 정리 (2)에 의하여 T_2공간이다. 가정 (2)에 의하여 (3)이 성립한다.

(3) ⇒ (4) 7.1.6 따름정리에 의하여 컴팩트 T_2공간은 T_4이다. (3)에 의하여 (4)가 성립한다.

(4) ⇒ (1) X가 T_4공간의 한 부분공간과 위상동형이라 하자. T_4공간은 $T_{3\frac{1}{2}}$ 공간이고 $T_{3\frac{1}{2}}$ 공간의 모든 부분공간은 $T_{3\frac{1}{2}}$ 공간이므로 X는 $T_{3\frac{1}{2}}$ 공간이다. ■

7.1.13 정의 $T = \left\{ \sum_{k=1}^{\infty} \frac{a_k}{3^k} \,\middle|\, a_k \in \{0,\ 2\},\ k = 1,\ 2,\ \cdots,\ n,\ \cdots \right\}$를 **칸토어 집합**(Cantor set)이라 한다.

Cantor 집합 T는 임의의 $t \in T$에 대해서 $0 \le t \le 1$인 것은 분명하다. $\sum_{k=1}^{\infty} \frac{a_k}{3^k} \in T$에서

$a_k \neq 1$이므로 기하학적으로 다음과 같은 구조를 갖는다.

$$T_1 = \left[0,\ \frac{1}{3}\right] \cup \left[\frac{2}{3},\ 1\right]$$
$$T_2 = \left[0,\ \frac{1}{9}\right] \cup \left[\frac{2}{9},\ \frac{1}{3}\right] \cup \left[\frac{2}{3},\ \frac{7}{9}\right] \cup \left[\frac{8}{9},\ 1\right]$$
$$\vdots$$

이라 하면

$$T_1 \supset T_2 \supset \cdots \supset T_n \supset \cdots$$

이다. 이 경우 $T = \bigcap_{n=1}^{\infty} T_n$이 된다. $T_n (n = 1,\ 2,\ \cdots)$이 $(\boldsymbol{R},\ \mathcal{U})$에서 폐집합이므로 칸토어 집합 T도 폐집합이다. $(\boldsymbol{R},\ \mathcal{U})$에서 T는 유계 폐집합이므로 컴팩트집합도 된다.

7.1.14* 정리 $A_k = \{0,\ 2\}\ (k = 1,\ 2,\ \cdots)$를 이산공간이라 하고 $X = \prod\{A_k \mid k \in \boldsymbol{N}\}$을 $A_k (k = 1,\ 2,\ \cdots)$의 적공간이라 하자.

(1) X는 컴팩트공간이다.

(2) $f : X \longrightarrow T$ $\left(f(a_1 a_2 \cdots a_k \cdots) - \sum_{k=1}^{\infty} \frac{a_k}{3^k} \right)$라 하면 f는 위상동형사상이다.

•증명• (1) $A_k = \{0,\ 2\}\ (k = 1,\ 2,\ \cdots)$가 컴팩트공간이므로 7.1.11* 정리에 의하여 $X = \prod_{k=1}^{\infty} A_k$는 컴팩트이다.

(2) 사상 f가 X상의 임의의 점에서 연속임을 보이기 위하여 임의의 한 점 $p = (a_1,\ a_2,\ \cdots) \in X$와 임의의 $\varepsilon > 0$을 취하자. 무한급수 $\sum_{k=1}^{\infty} \frac{2}{3^k}$가 수렴함으로 적당한 번호 n_0가 존재해서 $\sum_{k=n_0+1}^{\infty} \frac{2}{3^k} < \varepsilon$이 성립한다. X의 한 부분집합 B를

$$B = \{a_1\} \times \{a_2\} \times \cdots \times \{a_{n_0}\} \times A_{n_0+1} \times A_{n_0+2} \times \cdots$$

이라 하자. $p \in B$이고 B는 적공간 X의 적위상의 정의에 의하여 X에서 한 개집합이다. 임의의 한 점 $x \in B$를 취하면 x는

$$x = (a_1,\ a_2,\ \cdots,\ a_{n_0},\ x_{n_0+1},\ x_{n_0+2},\ \cdots) \in B$$

와 같은 꼴이고

$$|f(x) - f(p)| = \left| \sum_{k=n_0+1}^{\infty} (x_k - a_k)\frac{1}{3^k} \right| \le \sum_{k=n_0+1}^{\infty} \frac{2}{3^k} < \varepsilon$$

이다. 따라서 사상 f는 한 점 p에서 연속이다. X상의 각 점에서 연속이므로 $f: X \longrightarrow T$는 연속이다.

사상 f는 분명히 전단사이고 f의 정의역 X는 컴팩트, f의 공변역 T는 T_2공간이므로 7.1.7 정리에 의하여 f는 위상동형사상이다. ■

연.습.문.제

1. 여유한위상을 갖는 위상공간 X는 컴팩트임을 증명하여라.

Hint $\mathcal{C}=\{G_\lambda \mid \lambda \in \Lambda\}$를 X의 개피복이라 하면 한 $G_{\lambda_0}(\neq \varnothing) \in \mathcal{C}$는 $G_{\lambda_0}^c$가 유한집합이다. 이 유한집합은 유한개의 $G_\lambda \in \mathcal{C}$로서 피복된다.

2. $(a_n)_{n \in \boldsymbol{N}}$을 위상공간 X에서 수렴점열이라 하고 수렴점을 a라 하면 $A=\{a, a_1, \cdots, a_n, \cdots\}$은 컴팩트집합임을 보여라.

Hint $\mathcal{C}=\{G_\lambda \mid \lambda \in \Lambda\}$을 A의 개피복이라 하면 $a \in G_\lambda \in \mathcal{C}$인 G_λ는

$$^\exists n_0 \text{ s.t. } ^\forall n \geq n_0,\ a_n \in G_\lambda$$

이다.

3. 컴팩트 T_2위상은 극대컴팩트위상임을 증명하여라.

Hint $(X, \mathcal{T})$를 컴팩트, T_2위상공간이라 하자. $\mathcal{T} \subset \mathcal{T}'$이고 위상공간 $(X, \mathcal{T}')$이 컴팩트일 경우 항등사상 $i:(X, \mathcal{T}') \longrightarrow (X, \mathcal{T})$는 연속이고 7.1.7 정리에 의하여 $(X, \mathcal{T}')$과 $(X, \mathcal{T})$는 위상동형이다. $\therefore\ \mathcal{T}=\mathcal{T}'$.

4. 한 위상공간 X에서 컴팩트집합이 항상 폐집합이 될 때 위상공간 X를 $\boldsymbol{KC}$공간이라 한다. 다음 (1), (2), (3)을 증명하여라.

(1) X를 컴팩트공간, Y를 KC공간이라 할 때 연속사상 $f: X \longrightarrow Y$는 폐사상(closed map)이다.

(2) X를 컴팩트공간, Y를 KC공간이라 할 때 단사연속사상 $f: X \longrightarrow Y$는 X와 $f[X]$를 위상동형으로 만든다.

(3) 한 위상공간 X상의 한 컴팩트 KC위상은 극대컴팩트위상이다.

Hint (1) X에서 한 폐집합을 취하면 그것은 컴팩트이고 연속사상 f에 의하여 그 상도

컴팩트이다.

(2) (1)에 의하여 연속사상 f는 폐사상도 된다.

(3) $\mathcal{T}$와 $\mathcal{T}'$을 X상의 컴팩트, KC위상들이라 하고 $\mathcal{T}' \supset \mathcal{T}$라 하자. 항등사상 $i: (X, \mathcal{T}') \longrightarrow (X, \mathcal{T})$는 단사연속이고 폐사상이다. i는 위상동형사상이므로 $\mathcal{T}' = \mathcal{T}$이다.

5. 한 위상공간 X상의 컴팩트위상이 극대컴팩트위상이 되기 위한 필요충분조건은 위상공간 X가 KC공간이 되는 것임을 보여라.

Hint 위상공간 X가 컴팩트 KC공간이면 연습문제 4. (3)에 의하여 X상의 컴팩트위상은 극대가 된다.

역으로 $(X, \mathcal{T})$의 컴팩트위상이 KC가 아니면 컴팩트이면서 폐집합이 아닌 $A \subset X$가 존재한다. $\mathcal{S} = \mathcal{T} \cup \{A^c\}$라 하자. $\mathcal{T}(\mathcal{S}) \supsetneq \mathcal{T}$이고 $(X, \mathcal{T}(\mathcal{S}))$는 컴팩트공간이다. 따라서 $\mathcal{T}$는 X상의 극대컴팩트위상이 아니다.

6. X가 T_2, Y가 T_2컴팩트일 때 $f: X \longrightarrow Y$가 연속이기 위한 필요충분조건은 $G(f) = \{(x, f(x)) \mid x \in X\}$가 $X \times Y$에서 폐집합이 되는 것임을 보여라.

Hint $f: X \longrightarrow Y$가 연속이라 하자. $\forall (x, y) \notin G(f)$, $y \neq f(x)$. Y가 T_2이므로 서로소인 개집합 G, H가 Y 안에 존재해서 $y \in G$, $f(x) \in H$이다. $(x, y) \in f^{-1}[H] \times G \subset G(f)^c$이고 $f^{-1}[H]$는 x의 근방이므로 $G(f)^c$는 개집합이다.

역으로 $G(f)$가 $X \times Y$가 폐집합이라 하자. f가 한 점 $x \in X$에서 연속임을 보이자. H를 $f(x)$의 임의의 개근방이라 하자. 임의의 $y(\neq f(x)) \in Y$에 대해서 $(x, y) \in G(f)^c$이다. 따라서 x와 y의 각각의 개근방 U_x, V_y가 존재해서 $(x, y) \in U_x \times V_y \subset G(f)^c$이다. $\{H\} \cup \{V_y \mid y \in Y - \{f(x)\}\}$는 Y의 개피복(open cover)이다. Y가 컴팩트이므로 $\{H, V_{y_1}, \cdots, V_{y_n}\}$이 존재해서 Y의 개피복이 되게 할 수 있다. $U = U_{x_1} \cap \cdots \cap U_{x_n}$이라 하자. $U \times (V_{y_1} \cup \cdots \cup V_{y_n}) \cap G(f) = \varnothing$이다. $x \in U \subset f^{-1}[H]$이므로 f는 x에서 연속이다.

7.2 가산컴팩트성, 점열컴팩트성

역사적으로 보면 컴팩트성의 개념은 무한집합의 집적점과 함수열에서 수렴부분함수열의 선택의 가능성 등을 생각하는 것으로부터 유래되었다. 이 절에서는 이러한 것들과 관련된 부분을 생각해 보기로 한다.

위상공간 X에서 한 점 p가 한 부분집합 S의 집적점이 되기 위해서는, p의 임의의 개근방 G에 대하여 $(G-\{p\})\cap S\neq\varnothing$이 성립하는 것이었다. 이보다 좀더 강한 의미를 갖는 ω-집적점을 정의하자.

7.2.1 정의 위상공간 X상의 한 점 p가 한 부분집합 A의 **ω-집접점**이 되기 위해서는 p의 임의의 개근방 G에 대하여 $(G-\{p\})\cap A$가 무한집합이 되는 것이다.

예 7.2.1 X가 비이산공간(indiscrete space)이고 A가 X의 공집합이 아닌 유한부분집합일 때 $p\not\in A$인 p점은 A의 집적점은 되지만 ω-집적점은 아니다. 왜냐하면 점 p의 개근방은 X뿐이고 $(X-\{p\})\cap A=A$가 유한집합이기 때문이다.

7.2.2 정리 T_1공간 X상의 한 점 p가 부분집합 A의 집적점이기 위한 필요충분조건은 p점의 A의 ω-집적점이 되는 것이다.

•증명• 한 점 p가 집합 A의 ω-집적점인 경우, 점 p가 A의 집적점이 된다는 것은 ω-집적점의 정의로부터 명백하다.

역으로 점 p가 A의 집적점이라 하자. 만일 점 p가 A의 ω-집적점이 아니라 하면 7.2.1 정의로부터 점 p의 적당한 개근방 G가 존재하여 $(G-\{p\})\cap A=F$가 유한집합이다. $p\not\in F$이고, T_1공간에서 유한집합 F가 폐집합이므로 F^c는 점 p의 개근방이 되고 따라서 $G\cap F^c=H$도 p점의 개근방이 된다. 점 p의 개근방

H에 대하여

$$(H-\{p\})\cap A=(G\cap F^c-\{p\})\cap A$$
$$=(G-\{p\})\cap A\cap F^c=F\cap F^c=\varnothing$$

이 되어 p는 A의 집적점이 될 수 없다. 이것은 가정에 모순이다. 따라서 p는 A의 ω-집적점이어야 한다. ■

7.2.3 정의 위상공간 X의 한 부분집합 A에 대한 임의의 가산 개피복 $\mathcal{C}=\{G_1, G_2, \cdots, G_n, \cdots\}$가 한 유한부분피복 $\mathcal{C}'=\{G_{n_1}, \cdots, G_{n_k}\}$를 포함할 때 A를 **가산컴팩트**(可算컴팩트, countably compact)라 한다.

특히 전공간 X가 가산컴팩트일 때 X를 **가산컴팩트공간**(countably compact space)이라 한다.

컴팩트공간이면 가산컴팩트공간이 된다는 것은 7.1.1 정의와 7.2.3 정의로부터 분명하다.

7.2.4 정리 컴팩트공간은 가산컴팩트공간이다.

•증명• X를 컴팩트공간이라 하자. $\mathcal{C}=\{G_1, G_2, \cdots, G_n, \cdots\}$를 X의 개피복이라 하면 7.1.1 정의에 의하여 $\mathcal{C}$의 유한부분피복 $\mathcal{C}'=\{G_{i_1}, \cdots, G_{i_n}\}$이 존재한다. 따라서 7.2.3 정의에 의하여 X는 가산컴팩트공간이다. ■

7.2.5 정리 위상공간 X가 가산컴팩트공간이기 위한 필요충분조건은 X의 임의의 무한부분집합이 적어도 한 ω-집적점을 갖는 것이다.

•증명• 위상공간 X가 ω-집적점을 갖지 않는 한 무한부분집합 A를 포함하고 있다고 하자. A는 ω-집적점을 갖지 않는 한 무한가산집합 S를 포함한다. 이 경우 임의의 점 $p\in X$에 대하여 p는 S의 ω-집적점이 아니므로 적당한 점 p의 개근방 G_p가 존재하여 $G_p\cap S$는 유한집합이다. S의 임의의 유한부분집합 F에 대하여(F가 공집합이 되는 경우도 있음)

$$G_F = \cup \{ G_p \mid G_p \cap S = F \}$$

라 하자. $\mathcal{C} = \{ G_F \mid F$는 S의 유한부분집합$\}$는 X의 가산개피복이다. 왜냐하면 S의 유한부분집합 F는 가산개 존재하고, 임의의 $p \in X$에 대하여 $p \in G_p \subset G_F \in \mathcal{C}$인 p의 개근방 G_p와 $G_p \cap S = F$인 유한집합 F가 존재하기 때문이다. 이 경우 X의 가산개피복 $\mathcal{C}$는 유한부분개피복을 포함하지 않는다. 왜냐하면 만일 적당한 $\{ G_{F_1}, \cdots, G_{F_n} \} \subset \mathcal{C}$가 존재하여 $X = G_{F_1} \cup \cdots \cup G_{F_n}$인 경우

$$S = S \cap X = (S \cap G_{F_1}) \cup \cdots \cup (S \cap G_{F_n}) = F_1 \cup \cdots \cup F_n$$

이 되어 S는 유한집합이 되기 때문이다. 따라서 X가 ω-집적점을 갖지 않는 한 무한부분집합을 갖는 경우 X는 가산컴팩트가 아니다.

역으로, 충분조건을 증명하기 위하여, X를 가산컴팩트공간이 아니라 하고 ω-집적점을 갖지 않는 무한가산집합 $S = \{ x_1, \cdots, x_n, \cdots \}$을 만들자. X를 가산컴팩트가 아닌 것으로 가정하였으므로 적당한 가산개피복 $\mathcal{C} = \{ G_1, \cdots, G_n, \cdots \}$가 존재하여 유한부분개피복을 포함하지 않는다. 임의의 자연수 n에 대하여 $G_1 \cup \cdots \cup G_n \subsetneq X$이므로

$$x_n \in X - (G_1 \cup \cdots \cup G_n) \ \ (n = 1,\ 2,\ \cdots)$$

인 x_n을 선택할 수 있다. $S = \{ x_1, x_2, \cdots, x_n, \cdots \}$이라 놓으면 S는 ω-집적점을 갖지 않는다. 왜냐하면 임의의 $p \in X$에 대하여 적당한 $G_n \in \mathcal{C}$가 존재하여 $p \in G_n$이고($\cup \mathcal{C} = X$이므로)

$$(G_n \cap S) \subset \{ x_1, \cdots, x_{n-1} \}$$

이므로 $G_n \cap S$는 유한집합이기 때문이다. ■

7.2.6 따름정리 위상공간 X가 T_1공간인 경우 X가 가산컴팩트공간이기 위한 필요충분조건은 X의 임의의 무한집합이 적어도 한 집적점을 갖는 것이다.

•증명• 7.2.2 정리와 7.2.5 정리로부터 분명하다. ■

점열컴팩트의 개념을 정의하고 가산컴팩트와의 관계를 조사하자.

7.2.7 정의 A를 위상공간 X의 한 부분집합이라 하자. A상의 임의의 점열이 A상의 한 점에 수렴하는 수렴부분점열을 가질 때 A를 **점열컴팩트집합**(sequentially compact set)이라 한다. 특히 X가 점열컴팩트인 경우 **점열컴팩트공간**(sequentially compact space)라 한다.

일반적인 위상공간에서는 컴팩트와 점열컴팩트 사이에는 직접적인 관계는 없다. 컴팩트와 가산컴팩트, 점열컴팩트 사이에는 일반적으로 다음과 같은 관계가 성립한다(7.2.4 정리 참조).

$$\text{컴팩트} \Longrightarrow \text{가산컴팩트} \Longleftarrow \text{점열컴팩트}$$

그러나 그 역들은 일반적으로 성립하지 않는다.

7.2.8 정리 점열컴팩트이면 가산컴팩트이다.

•증명• 한 위상공간 X가 가산컴팩트가 아니라 하자. 가산컴팩트의 정의로부터, 적당한 X의 한 개피복 $\mathcal{C}=\{G_1, \cdots, G_n, \cdots\}$가 존재하여 $\mathcal{C}$는 유한부분피복을 갖지 않는다. 따라서 임의의 자연수 n에 대하여 $G_1 \cup \cdots \cup G_n \subsetneq X$이므로 $x_n \in X-(G_1 \cup \cdots \cup G_n)$인 x_n을 선택할 수 있다. 이 경우 점열 $(x_1, x_2, \cdots, x_n, \cdots)$은 수렴하는 부분점열을 갖지 않는다. 왜냐하면 임의의 점 $p \in X$에 대하여

$$p \in X = G_1 \cup \cdots \cup G_n \cup \cdots$$

이므로 적당한 G_n에 대하여 $p \in G_n$이고, 점열 (x_n)의 구성방법에 의하면 $x_1, x_2, \cdots, x_{n-1}$ 이외의 점열의 원소는 G_n에 포함되지 않으므로 (x_n)의 어떠한 부분점열도 p에 수렴하지 않는다. 따라서 정리는 성립한다. ■

7.2.8 정리의 역은 성립하지 않는다. 그러나 제1가산공간인 경우 그 역명제도 성립한다.

7.2.9 정리 위상공간 X가 제1가산공간이고, 가산컴팩트이면 X는 점열컴팩트가 된다.

•증명• 위상공간 X에서 임의의 한 점열 (x_n)을 취하자. 만일 $S = \{x_1, x_2, \cdots, x_n, \cdots\}$가 유한집합이면 적당한 $x_k \in S$가 존재하여 (x_n)의 한 부분점열 $(x_{i_1}, x_{i_2}, \cdots, x_{i_n}, \cdots)$로서 $x_{i_n} = x_k(n = 1, 2, \cdots)$로 되는 것이 있다. 이 경우 $(x_{i_1}, \cdots, x_{i_n}, \cdots) \longrightarrow x_k$이다. 만일 S가 무한집합이면 X가 가산컴팩트공간이므로 7.2.5 정리에 의하여, 무한집합 S의 ω-집적점이 적어도 하나 존재한다. 그 점을 $p \in X$라 하자. 가정에 의하여 X는 제1가산공간이므로 점 p에서의 축소가산국소기저

$$\mathcal{U}_p = \{G_1, G_2, \cdots, G_n, \cdots\} \text{ (단, } G_1 \supset G_2 \supset \cdots \supset G_n \supset \cdots)$$

가 존재한다. 임의의 n에 대하여 $G_n \cap S$가 무한집합이므로

$$x_{i_n} \in G_n \cap S \text{ (단, } n < m\text{이면 } i_n < i_m)$$

인 x_{i_n}을 선택할 수 있고 $(x_{i_1}, x_{i_2}, \cdots, x_{i_n}, \cdots)$은 (x_n)의 부분점열로서

$$x_{i_n} \longrightarrow p$$

이다. 따라서 위상공간 X는 점열컴팩트이다. ■

거리공간상에서의 컴팩트, 가산컴팩트, 점열컴팩트의 세 가지 개념은 같은 뜻을 나타낸다. 이 사실을 증명하기 위하여 새로운 용어들을 정의하겠다.

7.2.10 정의 A를 한 거리공간 (X, d)의 부분집합이라 하자. 임의의 $\varepsilon > 0$에 대하여 적당한 X의 유한부분집합 $\{x_1, \cdots, x_n\}$이 존재하여 $A \subset \bigcup_{k=1}^{n} S_d(x_k, \varepsilon)$일 때 A를 **전유계집합**(全有界集合, totally bounded set)이라 한다.

예 7.2.1 실직선 $(\boldsymbol{R}, d)$에서 $[0, 1]$은 전유계집합이다. 왜냐하면 임의의 $\varepsilon > 0$에 대하여, 적당한 자연수 n이 존재하여 $0 < \frac{1}{n} < \varepsilon$이고 유한집합 $\left\{0, \frac{1}{n}, \cdots, \frac{k}{n}, \cdots,\right.$

$\left.\frac{n-1}{n},\ 1\right\}$에 대하여

$$[0,\ 1] \subset \bigcup_{k=0}^{n} S_d\left(\frac{k}{n},\ \frac{1}{n}\right) = \bigcup_{k=0}^{n}\left(\frac{k}{n}-\frac{1}{n},\ \frac{k}{n}+\frac{1}{n}\right)$$
$$= \left(-\frac{1}{n},\ 1+\frac{1}{n}\right) \subset \bigcup_{k=0}^{n} S_d\left(\frac{k}{n},\ \varepsilon\right)$$
$$= \bigcup_{k=0}^{n}\left(\frac{k}{n}-\varepsilon,\ \frac{k}{n}+\varepsilon\right)$$

이기 때문이다(단, $x,\ y \in \boldsymbol{R}$일 때 $d(x,\ y) = |x-y|$).

예 7.2.3 유계집합으로서 전유계집합이 아닌 경우가 있다. 예를 들면 다음과 같다(4.3.7 정리 참조).

힐베르트공간 $(\boldsymbol{R}^{\infty},\ d)$의 한 부분집합 A를

$$e_1 = (1,\ 0,\ 0,\ \cdots)$$
$$e_2 = (0,\ 1,\ 0,\ \cdots)$$
$$e_3 = (0,\ 0,\ 1,\ \cdots)$$
$$\vdots$$

의 집합 $A = \{e_1,\ e_2,\ \cdots,\ e_n,\ \cdots\}$이라 하자. $i \neq j$이면 $d(e_i,\ e_j) = \sqrt{2}$이므로

$$d(A) = \sup\{d(e_i,\ e_j) \mid i,\ j = 1,\ 2,\ \cdots,\ n,\ \cdots\} = \sqrt{2}$$

가 되어 A는 유계집합(bounded set)이다. 한편 $\varepsilon = \frac{1}{2}$로 취하면 임의의 $p \in \boldsymbol{R}^{\infty}$에 대하여 $S_d(p,\ \varepsilon)$은 $\varepsilon = \frac{1}{2} < \frac{\sqrt{2}}{2}$이므로 A의 점을 하나 포함하거나 혹은 하나도 포함하지 않는다. 따라서 $\boldsymbol{R}^{\infty}$의 임의의 유한부분집합 $\{p_1,\ \cdots,\ p_n\}$에 대하여

$$A \not\subset \bigcup_{k=1}^{n} S_d(p_k,\ \varepsilon)$$

이다. 그러므로 A는 전유계집합이 아니다(그림 7-2 참조).

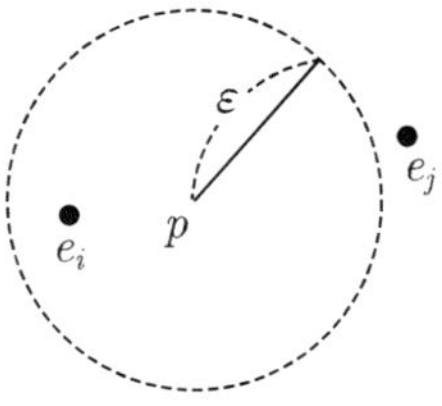

그림 7–2

7.2.11 정리 전유계집합은 유계집합이다.

•증명• A를 거리공간 $(X,\ d)$의 한 부분집합이라 하고 전유계라 하자. $\varepsilon = 1$에 대하여 한 유한집합 $\{x_1,\ \cdots,\ x_n\}$이 존재하여

$$A \subset \bigcup_{k=1}^{n} S(x_k,\ 1)$$

이다. 임의의 $a,\ b \in A$에 대하여 적당한 $1 \le i,\ j \le n$인 $i,\ j$가 존재하여 $a \in S(x_i,\ 1)$, $b \in S(x_j,\ 1)$이다.

$$\delta = \sup\{d(x_k,\ x_l) \mid 1 \le k,\ l \le n\}$$

이라 놓으면

$$d(a,\ b) \le d(a,\ x_i) + d(x_i,\ x_j) + d(x_j,\ b) < \delta + 2$$

가 되어,

$$d(A) = \sup\{d(a,\ b) \mid a,\ b \in A\} \le \delta + 2 < \infty$$

이므로 A는 유계집합이다. ■

7.2.12 정리 A를 한 거리공간 X의 점열컴팩트 부분집합이라 하면 A는 전유계집합이다.

•증명• A를 전유계집합이 아니라 하자. 전유계집합의 정의로부터 적당한 $\varepsilon > 0$이 존재하여 한 점 $a_1 \in A$에 대하여 $A \not\subset S(a_1,\ \varepsilon)$이다.

$$a_2 \in A - S(a_1, \varepsilon) \neq \varnothing$$

인 a_2를 취하자. $A \not\subset S(a_1, \varepsilon) \cup S(a_2, \varepsilon)$이므로

$$a_3 \in A - [S(a_1, \varepsilon) \cup S(a_2, \varepsilon)] \neq \varnothing$$

인 a_3를 선택할 수 있다. 이와 같은 방법을 반복하여

$$a_n \in A - \bigcup_{k=1}^{n-1} S(a_k, \varepsilon) \neq \varnothing \quad (n\text{은 자연수})$$

인 a_n을 취하여 A에서의 한 점열 (a_n)을 만들면

$$i \neq j \text{일 때 } d(a_i, a_j) \geq \varepsilon > 0$$

이므로 (a_n)은 수렴하는 부분점열을 갖지 않는다. 따라서 A는 점열컴팩트가 아니다. 그러므로 정리는 증명되었다. ■

7.2.13 정의 $\mathcal{C} = \{G_\lambda \mid \lambda \in \Lambda\}$를 거리공간 X의 한 부분집합 A에 대한 피복(cover)이라 하자. 한 실수 $\delta > 0$에 대하여 $d(B) < \delta$인 A의 부분집합 B가 항상 $\mathcal{C}$의 한 원 G_λ 안에 포함되면, 즉 $B \subset G_\lambda$이면 δ를 A의 피복 $\mathcal{C}$에 대한 **르베그수**(Lebesgue number)라 한다.

7.2.14 정리 거리공간 X를 점열컴팩트공간이라 하자.
$\mathcal{C} = \{G_\lambda \mid \lambda \in \Lambda\}$를 X의 한 개피복이라 하면 $\mathcal{C}$는 한 르베그수를 갖는다.

•증명• (X, d)의 개피복 $\mathcal{C}$가 르베그수를 갖지 않는다고 하자. 르베그수의 정의로부터, 각 자연수 n에 대하여 X의 한 부분집합 B_n이 존재하여

(*) $$0 < d(B_n) < \frac{1}{n}, \text{ 임의의 } G_\lambda \in \mathcal{C}\text{에 대하여 } B_n \not\subset G_\lambda$$

이다. 각 자연수 n에 대하여 $b_n \in B_n$인 점 b_n을 선택하자.

X가 점열컴팩트이므로 점열 $(b_1, b_2, \cdots, b_n, \cdots)$은 수렴하는 부분점열 $(b_{i_1}, \cdots, b_{i_k}, \cdots)$을 갖는다. 그 수렴점을 p라 하자. $\mathcal{C}$가 X의 피복이므로 점 p는 적당

한 $G_p \in \mathcal{C}$가 존재해서 $p \in G_p$이다. 거리위상(4.1.5 정리)의 성질로부터

$$p \in S(p,\ \varepsilon) \subset G_p$$

인 ε-개근방 $S(p,\ \varepsilon)$이 존재한다. $(b_{i_1},\ \cdots,\ b_{i_k},\ \cdots)$가 p에 수렴하므로 적당한 자연수 i_k가 존재하여

$$d(p,\ b_{i_k}) < \frac{1}{2}\varepsilon,\ b_{i_k} \in B_{i_k},\ d(B_{i_k}) < \frac{1}{2}\varepsilon$$

이 성립한다. 임의의 $x \in B_{i_k}$에 대하여

$$d(x,\ p) \le d(x,\ b_{i_k}) + d(b_{i_k},\ p) < \frac{1}{2}\varepsilon + \frac{1}{2}\varepsilon = \varepsilon$$

이므로 $x \in S(p,\ \varepsilon)$이다. 따라서

$$B_{i_k} \subset S(p,\ \varepsilon) \subset G_p$$

이다. 이 결과는 위 (*)에 모순이다. 그러므로 X의 피복 $\mathcal{C}$는 르베그수를 갖는다.

■

7.2.15 정리 거리공간 X에 대하여 다음 명제들은 동치이다.

(1) X는 컴팩트공간이다.
(2) X는 가산컴팩트공간이다.
(3) X는 점열컴팩트공간이다.

•증명• 일반적인 위상공간에서 7.2.4, 7.2.8 정리에 의하여

$$(1) \Longrightarrow (2) \Longleftarrow (3)$$

이 성립한다. 또 거리공간은 제1가산공간이므로 7.2.9 정리에 의하여 (2) $\Leftrightarrow$ (3)이다. 따라서 (3) $\Longrightarrow$ (1)임을 보이면 충분하다.

$\mathcal{C} = \{G_\lambda \mid \lambda \in \Lambda\}$를 X의 한 개피복이라 하자. 가정에 의하여 X는 점열컴팩트이므로 7.2.14 정리에 의하여 X의 개피복 $\mathcal{C}$는 르베그수 $\delta > 0$을 갖는다. 한편

7.2.12 정리에 의하여 X는 전유계집합이므로 적당한 유계집합 $\{x_1, \cdots, x_n\} \subset X$가 존재하여

$$X = \bigcup_{k=1}^{n} S\left(x_k, \frac{\delta}{3}\right)$$

이다.

$d\left(S\left(x_k, \dfrac{\delta}{3}\right)\right) < \delta\,(k=1, 2, \cdots, n)$이므로 르베그수의 정의로부터 $G_{\lambda_k} \in \mathcal{C}$ $(k=1, 2, \cdots, n)$가 존재하여

$$S\left(x_k, \frac{\delta}{3}\right) \subset G_{\lambda_k} \quad (k=1, 2, \cdots, n)$$

이므로 $X = \bigcup_{k=1}^{n} S\left(x_k, \dfrac{\delta}{3}\right) = \bigcup_{k=1}^{n} G_{\lambda_k}$이다. 따라서 $\mathcal{C}' = \{G_{\lambda_1}, \cdots, G_{\lambda_k}\}$는 X의 개피복 $\mathcal{C}$의 유한부분피복이다. 그러므로 X는 컴팩트공간이다. ■

7.2.16 정리 (X, d)를 거리공간이라 하고 F를 X에서의 폐집합, A를 X에서 컴팩트집합이라 하자. 만일 $F \cap A = \varnothing$이면 $d(A, F) > 0$이다.

•증명• 거리공간 (X, d)에서 $F(\neq \varnothing)$를 폐집합, $A(\neq \varnothing)$를 컴팩트라 하고 $F \cap A = \varnothing$, $d(A, F) = 0$이라 하자. 임의의 자연수 n에 대하여 $a_n \in A$가 존재하여 $d(a_n, F) < \dfrac{1}{n}$이다. (a_n)은 A에서의 점열이고, A가 컴팩트이므로 점열컴팩트가 되어, (a_n)의 부분점열 (a_{i_n})으로서 A의 한 점 p에 수렴하는 것이 존재한다. 임의의 자연수 n에 대하여 a_{i_m}이 존재하여

$$d(p, a_{i_m}) < \frac{1}{2n}, \quad d(a_{i_m}, F) < \frac{1}{i_m} < \frac{1}{m} < \frac{1}{2n}$$

이 성립한다.

$$S\left(a_{i_m}, \frac{1}{2n}\right) \subset S\left(p, \frac{1}{n}\right), \quad S\left(a_{i_m}, \frac{1}{2n}\right) \cap F \neq \varnothing$$

이므로 $S\left(p, \frac{1}{n}\right) \cap F \neq \varnothing$ 이 되어 $p \in \overline{F} = F$가 되므로 $F \cap A = \varnothing$ 에 모순이다. 따라서 $d(A, F) > 0$이다. F나 A 중의 어느 하나가 공집합이면 $d(A, F) = \infty$ 이므로 이 경우도 성립한다. ■

연.습.문.제

1. 가산컴팩트인 린델래프공간은 컴팩트공간임을 보여라.

Hint 임의의 개피복은 린델래프공간에서 가산피복을 갖게 되고 가산컴팩트공간이므로 유한피복을 갖는다.

2. 가산컴팩트공간의 연속사상에 의한 상은 또한 가산컴팩트임을 보여라.

3. 가산컴팩트공간의 폐부분집합은 가산컴팩트이다. 증명하여라.

Hint X를 가산컴팩트라 하고 $F \subset X$를 폐집합이라 하자. F의 가산 개피복을 $\mathcal{C} = \{G_1, \cdots, G_n, \cdots\}$이라 하면 $\mathcal{C} \cup \{F^c\}$는 X의 가산개피복이다. 가정에 의하여 $\{G_{k_1}, \cdots, G_{k_n}, F^c\} \subset \mathcal{C} \cup \{F^c\}$가 존재해서 X의 유한개피복이다. 따라서 $F \subset (G_{k_1} \cup \cdots \cup G_{k_n})$이다.

4. X가 제1가산공간이고 $A \subset X$가 가산컴팩트이면 A는 X에서 폐집합임을 보여라.

Hint $x \in \overline{A} \subset X$라 하자. X가 제1가산공간이므로 적당한 $x_n \in A\,(n = 1, 2, \cdots)$가 존재하여 $x_n \longrightarrow x$이다. 집합 $\{x_n \mid n = 1, 2, \cdots\}$가 유한집합이면 적당한 n_0가 존재해서 $x = x_{n_0} \in A$이다. 집합 $\{x_n \mid n = 1, 2, \cdots\}$가 무한집합이면 7.2.5 정리에 의하여 ω-집적점인 x는 $x \in A$이다. $\therefore\ \overline{A} \subset A$.

5. X를 가산컴팩트라 하고 $f: X \longrightarrow \boldsymbol{R}$를 연속함수라 하면 f는 유계함수(bounded function)임을 밝혀라.

Hint $\mathcal{C} = \{f^{-1}[(-n, n)] \mid n \in \boldsymbol{N}\}$는 X의 가산개피복이다. 가정에서 X를 가산컴팩트라 하였으므로 f는 유계함수이다.

6. 위상공간(W^*, τ)는 컴팩트이고, 그 부분공간 W는 컴팩트는 아니지만 점열컴팩트임을

보여라(연습문제 2-4 7. 참조).

Hint $[W_2]$11p., 1.20 Th., and 117p., 17.2 Example(c).

7. (X, d), (Y, ρ)를 거리공간, $f: X \longrightarrow Y$를 연속사상이라 하면 (X, d)가 컴팩트일 때 f는 평등연속사상임을 보여라.

Hint 4.1.8 정의 참조. [D] 234p., 4.6 Th.

7.3 국소컴팩트성, 컴팩트화공간

이 절에서는 국소컴팩트공간의 성질과 컴팩트가 아닌 위상공간을 컴팩트화하는 여러 가지 방법을 소개하고자 한다. 한 위상공간을 컴팩트화함으로써 많은 경우에 이론전개가 단순해지는 이점이 있다.

7.3.1 정의 한 위상공간 X의 각 점에 대해서 컴팩트집합들로만 이루어진 근방기저(= 국소기저)가 존재할 때 X를 **국소컴팩트공간**(局所컴팩트空間, locally compact space)이라 한다.

주의 국소컴팩트의 개념은 저자에 따라 조금씩 다르게 정의되기도 한다.

예 7.3.1 실직선 $(\boldsymbol{R}, \mathcal{U})$에서 임의의 점 x를 취하면

$$\left\{\left[x-\frac{1}{n},\ x+\frac{1}{n}\right] \,\middle|\, n=1,\ 2,\ \cdots\right\}$$

은 컴팩트집합으로 이루어진 x의 한 근방기저이다. 따라서 $(\boldsymbol{R}, \mathcal{U})$는 국소컴팩트공간이다.

예 7.3.2 이산공간 $(X, \mathcal{D})$에서 임의의 점 x를 취하면 $\{\{x\}\}$는 컴팩트집합으로 이루어진 x의 한 근방기저이다. 따라서 이산공간은 국소컴팩트이다.

일반적으로 컴팩트공간은 국소컴팩트공간이 아니다. 그러나 컴팩트, T_2공간은 국소컴팩트공간이 될 수 있다. 다음 정리에서 이것을 보이자.

7.3.2 정리 T_2공간 X가 국소컴팩트이기 위한 필요충분조건은 X의 각 점이 한 컴팩트근방을 갖는 것이다.

•증명• X상의 한 점 x를 취하고 x의 한 컴팩트근방을 W라 하자. U를 x의 임의의 근방이라 하고 $V = \text{Int}(W \cap U)$라 놓으면 V는 x의 개근방이다. X가 T_2이므로 x의 컴팩트근방 W는 폐집합이고 따라서 $\overline{V} \subset W$가 성립하므로 $\overline{V}$는 컴팩트 T_2이다. 그러므로 $\overline{V}$는 T_4이므로 (7.1.6 따름정리) 정칙공간이 된다. V는 $\overline{V}$에서 x의 근방이므로, $\overline{V}$ 안에 x의 적당한 근방 H가 존재해서

$$x \in H \subset \overline{H}^{V} \subset V \quad \text{(2.2.13 정리 참조)}$$

을 만족한다. H는 V에서 개집합이므로 X에서도 개집합이 되고 $\overline{H}^{V}$는 컴팩트인 $\overline{V}$에서 폐집합이므로 역시 컴팩트이다. 따라서 $\overline{H}^{V}$는 점 x의 컴팩트근방이다. x의 임의의 근방 U에 대해서

$$x \in H \subset \overline{H}^{V} \subset U$$

이므로 X는 국소컴팩트공간이다.

그 역명제는 분명하다. ■

7.3.3 정리 X가 국소컴팩트이고 $f: X \longrightarrow Y$가 전사, 연속, 개사상일 때 Y는 국소컴팩트공간이 된다.

•증명• $y \in Y$라 하고 U를 y의 임의의 한 근방이라 하자. $x \in f^{-1}(y)$인 한 점 x를 취하면 $f^{-1}[U]$는 x의 근방이 되고, X가 국소컴팩트이므로 x의 적당한 컴팩트근방 W가 존재해서 $x \in W \subset f^{-1}[U]$이다. f가 연속개사상이므로 $f[W]$는 $f(x) = y$의 컴팩트근방이 되고

$$y \in f[W] \subset U$$

이므로 Y는 국소컴팩트공간이다. ■

7.3.4 정리 국소컴팩트, T_2공간은 T_3공간이다.

•증명• X를 국소컴팩트, T_2공간이라 하자. 임의의 한 점 $x \in X$와 x의 임의의 근방 U를 취하면 x의 적당한 컴팩트근방 W가 존재해서

$$x \in W \subset U$$

이다. X는 T_2이므로 컴팩트집합 W는 폐집합이 되고, 따라서

$$x \in \operatorname{Int} W \subset W = \overline{W} \subset U$$

이므로 X는 T_3공간이다(6.2.3 정리 참조). ■

7.3.5 정리 다음 명제들은 참이다.

(1) 국소컴팩트공간의 폐부분집합은 또한 국소컴팩트이다.

(2) 국소컴팩트, T_2공간의 부분공간이 국소컴팩트이기 위한 필요충분조건은 그 부분공간이 한 개집합 U와 한 폐집합 F의 교집합 $U \cap F$의 형태가 되는 것이다.

•증명• (1) X를 국소컴팩트, F를 X의 한 폐부분집합이라 하자. 한 점 $p \in F$를 취하고 U를 F에서의 p의 임의의 근방이라 하자. $p \in U \subset F$이다. 따라서 적당한 p의 근방 V가 X에 존재해서 $U = F \cap V$가 성립한다. X는 국소컴팩트이므로 적당한 p의 컴팩트근방 W가 존재해서 $p \in W \subset V$가 성립한다. 따라서

$$p \in (F \cap W) \subset (F \cap V) = U \subset F$$

이고 $F \cap W$는 F에서의 p의 근방이다. 한편 $F \cap W$는 컴팩트집합 W의 폐부분집합이므로 컴팩트가 되어 F는 국소컴팩트가 된다.

(2) X를 국소컴팩트, T_2라 하고 $A \subset X$인 A가 국소컴팩트라 하자. A가 $\overline{A}$에서 개집합임을 보이자. A가 국소컴팩트이므로 임의의 점 $a \in A$에 대해서 적당한 A에서의 개근방 G가 존재해서 $\overline{G}^A$가 컴팩트가 되게 할 수 있다. G가 A에서 개집합이므로 적당한 X에서의 개집합 H가 존재해서 $G = A \cap H$이다.

$$\overline{A \cap H}^X \cap A = \overline{G}^X \cap A = \overline{G}^A \quad \text{(2.2.13 정리 참조)}$$

이고 $\overline{G}^A$가 T_2공간 A에서 컴팩트이므로 X에서도 컴팩트이고, 따라서 $\overline{A\cap H}^X \cap A$는 X에서 폐집합이다. $(A\cap H)\subset \overline{A\cap H}^X \cap A$이므로

$$\overline{A\cap H}^X \subset \overline{A\cap H}^X \cap A \subset A$$

이다. 고로 $a\in \overline{A}^X \cap H \subset \overline{A\cap H}^X \subset A \subset \overline{A}^X$가 성립한다. $\overline{A}^X \cap H$는 $\overline{A}^X$에서 a의 개근방이므로 A는 $\overline{A}^X$에서 개집합이다. 따라서 X상에 적당한 개집합 U가 존재해서 $A = U\cap \overline{A}^X$이다.

역으로 개집합 U와 폐집합 F에 대해서 $A=(U\cap F)$라 하자. 임의의 $a\in A$를 취하면 $a\in U$이고 X 국소컴팩트이므로 적당한 a의 개근방 G가 존재해서 $\overline{G}$는 컴팩트가 되고 $a\in G\subset \overline{G}\subset U$가 성립한다.

$$a\in (G\cap A)\subset (\overline{G}\cap A)=\overline{G}\cap (U\cap F)=(\overline{G}\cap F)\subset A$$

이므로 $\overline{G}\cap F$는 A에서의 a의 컴팩트근방이다. A가 T_2이므로 7.3.2 정리에 의하여 A는 X의 국소컴팩트부분공간이다. ■

위상공간 X가 컴팩트가 아닌 경우 컴팩트화를 어떻게 만들것인가 하는 것을 생각해 보자.

7.3.6 정의 한 위상공간 X에 대하여 한 컴팩트공간 Y와 한 사상 $f: X \longrightarrow Y$가 존재해서 X와, Y의 조밀부분집합인 $f[X]$를 위상동형이 되게 할 때 (Y, f)를 ***X*의 컴팩트화**라 한다. 만일 Y가 T_2이면 (Y, f)를 **T_2 컴팩트화**라 부른다.

예 7.3.3 Y가 컴팩트이고 X가 Y의 한 조밀부분집합일 때 (Y, i)(단, i는 포함사상)는 X의 한 컴팩트화이다.

7.3.7 정리 $(X, \mathcal{T})$를 컴팩트가 아닌 한 위상공간이라 하자.
$X^* = X\cup \{\infty\}$(단, $\infty \not\in X$)이라 놓고

$$\mathcal{T}^* = \mathcal{T}\cup \{X^* - F \mid F\text{는 } X\text{에서 컴팩트 폐부분집합}\}$$

이라 하면 $(X^*, \mathcal{J}^*)$는 컴팩트공간이고 (X^*, i)는 위상공간 $(X, \mathcal{J})$의 한 컴팩트화이다 (단, i는 포함사상).

•증명• 먼저 $(X^*, \mathcal{J}^*)$가 위상공간임을 보이기 위하여 $\mathcal{J}^*$가 X^*상의 한 위상임을 보이자.

(1) $\varnothing \in \mathcal{J} \subset \mathcal{J}^*$이므로 $\varnothing \in \mathcal{J}^*$이다. $\varnothing$은 X에서 컴팩트 폐집합이므로 $X^* - \varnothing = X^*$는 $\mathcal{J}^*$의 한 원소이다.

(2) $\mathcal{J}_0^* \subset \mathcal{J}^*$라 하자.

(a) $\mathcal{J}_0^* = \{ G_\lambda \mid \lambda \in \Lambda \} \subset \mathcal{J}$인 경우, 2.1.1 정의에 의하여 $\cup \mathcal{J}_0^* = \cup \{ G_\lambda \mid \lambda \in \Lambda \} \in \mathcal{J} \subset \mathcal{J}^*$이므로 $\cup \mathcal{J}_0^* \in \mathcal{J}^*$이다.

(b) $\mathcal{J}_0^* = \{ X^* - F_\gamma \mid \gamma \in \Gamma \}$인 경우(단, F_γ는 X에서 컴팩트 폐집합), $\cup \mathcal{J}_0^* = \bigcup_{\gamma \in \Gamma} (X^* - F_\gamma) = X^* - \bigcap_{\gamma \in \Gamma} F_\gamma$이고 F_γ가 X에서 컴팩트 폐집합이므로 $\bigcap_{\gamma \in \Gamma} F_\gamma$도 X에서 컴팩트 폐집합이다. 따라서 $\cup \mathcal{J}_0^* \in \mathcal{J}^*$이다.

(c) $\mathcal{J}_0^* = \{ G_\lambda \mid \lambda \in \Lambda \} \cup \{ X^* - F_\gamma \mid \gamma \in \Gamma \} \subset \mathcal{J}^*$인 경우(단, $G_\lambda \in \mathcal{J}$, $\lambda \in \Lambda$), $\cup \mathcal{J}_0^* = (\bigcup_{\lambda \in \Lambda} G_\lambda) \cup (\bigcup_{\gamma \in \Gamma} (X^* - F_\gamma))$이다. $G = \bigcup_{\lambda \in \Lambda} G_\lambda$라 하면 $G \in \mathcal{J}$이고 $F = \bigcap_{\gamma \in \Gamma} F_\gamma$라 하면 F는 X에서 컴팩트 폐집합이므로 $\bigcup_{\gamma \in \Gamma} (X^* - F_\gamma) = X^* - F \in \mathcal{J}^*$이다. 따라서 $\cup \mathcal{J}_0^* = G \cup (X^* - F) = X^* - (F - G)$가 되어, $F - G$가 X에서 컴팩트 폐집합이므로 $\cup \mathcal{J}_0^* = X^* - (F - G) \in \mathcal{J}^*$이다.

(3) (a) $G_1, G_2 \in \mathcal{J} \subset \mathcal{J}^*$인 경우 $G_1 \cap G_2 \in \mathcal{J} \subset \mathcal{J}^*$이다.

(b) $G \in \mathcal{J} \subset \mathcal{J}^*$, $X^* - F \in \mathcal{J}^*$인 경우

$$G \cap (X^* - F) = G \cap (X - F) \in \mathcal{J} \subset \mathcal{J}^*$$

이다.

(c) $X^* - F_1, X^* - F_2 \in \mathcal{J}^*$인 경우

$$(X^* - F_1) \cap (X^* - F_2) = X^* - (F_1 \cup F_2)$$

이고 $F_1 \cup F_2$는 X에서 컴팩트 폐집합이므로 $(X^* - F_1) \cap (X^* - F_2) \in \mathcal{T}^*$이다.

(1), (2), (3)에 의하여 $\mathcal{T}^*$는 X^*상의 한 위상이 되고 $(X^*, \mathcal{T}^*)$는 한 위상공간이다.

$(X^*, \mathcal{T}^*)$가 컴팩트임을 보이자. X^*의 임의의 한 개피복을

$$\mathcal{C} = \{ U_\lambda \mid \lambda \in \Lambda \}$$

라 하면 ∞점을 포함하는 $U_\mu \in \mathcal{C}$가 존재한다. $\infty \in U_\mu$이므로 적당한 X에서의 컴팩트 폐집합 F가 존재하여 $U_\mu = X^* - F$이다. 임의의 $U_\lambda \in \mathcal{C}$에 대하여 $V_\lambda = U_\lambda - \{ \infty \}$라 놓으면 $V_\lambda \in \mathcal{T}$이고

$$\mathcal{C}' = \{ V_\lambda \mid \lambda \in \Lambda \}$$

은 X의 한 개피복이다. 따라서

$$F \subset X = \cup \{ V_\lambda \mid \lambda \in \Lambda \}$$

이고 F가 컴팩트이므로 적당한 $\{ V_{\lambda_1}, \cdots, V_{\lambda_n} \} \subset \mathcal{C}'$가 존재하여

$$F \subset (V_{\lambda_1} \cup \cdots \cup V_{\lambda_n}) \subset (U_{\lambda_1} \cup \cdots \cup U_{\lambda_n})$$

이다. 그러므로

$$X^* = F \cup (X^* - F) \subset (U_{\lambda_1} \cup \cdots \cup U_{\lambda_n}) \cup U_\mu$$

가 되어 $\{ U_{\lambda_1}, \cdots, U_{\lambda_n}, U_\mu \}$는 개피복 $\mathcal{C}$의 유한부분피복이다. 따라서 $(X^*, \mathcal{T}^*)$는 컴팩트공간이다.

$\mathcal{T} = \{ U \cap X \mid U \in \mathcal{T}^* \} = \mathcal{T}^*_X$이므로 $(X, \mathcal{T})$는 $(X^*, \mathcal{T}^*)$의 부분공간이다. 점 $\infty \in X^*$의 임의의 개근방 $X^* - F$는, X가 컴팩트가 아니므로 $F \subsetneq X$가 되어

$$[(X^* - F) - \{ \infty \}] \cap X \neq \varnothing$$

이다. 따라서 ∞는 X의 집적점이다. 그러므로 $\overline{X} = X^*$가 되어 X는 X^*의 조밀

한 부분집합이다. 포함사상

$$i: X \longrightarrow X^*$$

는 X와 $i[X]=X$를 위상동형이 되게 하므로 (X^*, i) 혹은 $(X^*, \mathcal{T}^*)$는 $(X, \mathcal{T})$의 한 컴팩트화이다. ■

7.3.8 정의 $(X^*, \mathcal{T}^*)$을 위상공간 $(X, \mathcal{T})$의 **한 점 컴팩트화**(one point compactification)라고 한다.

예 7.3.4 실직선 $(\boldsymbol{R}, \mathcal{U})$에 무한원점 ∞를 추가하여 $\boldsymbol{R}^* = \boldsymbol{R} \cup \{\infty\}$라 하고 $\mathcal{U}^* = \mathcal{U} \cup \{\boldsymbol{R}^* - F \mid F$는 $\boldsymbol{R}$에서 컴팩트 폐집합$\}$이라 하면 $(\boldsymbol{R}^*, \mathcal{U}^*)$는 $(\boldsymbol{R}, \mathcal{U})$의 한 점 컴팩트화이다.

예 7.3.5 실직선 $\boldsymbol{R}$과 원점에서 접하는 한 원을 S^1이라 하고 그림 7-3에서와 같은 사상 $f: \boldsymbol{R} \longrightarrow S^1$을 생각하자. $S^1 - N$은 원 S^1에서 조밀한 부분집합이고 $\boldsymbol{R}$과 $f[\boldsymbol{R}] = S^1 - N$은 사상 f에 의하여 위상동형이다. 원 S^1이 컴팩트이므로 (S^1, f)는 $(\boldsymbol{R}, \mathcal{U})$의 한 점 컴팩트화이다.

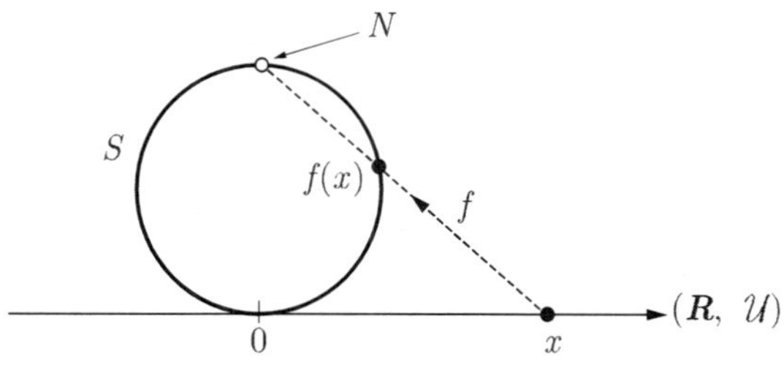

그림 7-3

예 7.3.6 좌표평면 $(\boldsymbol{R}^2, \mathcal{U})$와 원점 O에서 접하는 구면 S^2를 생각하자. $(\boldsymbol{R}^2, \mathcal{U})$는 국소컴팩트이지만 컴팩트는 아니다. 구면 S^2는 $\boldsymbol{R}^3$공간에서 유계 폐집합이므로 컴팩트이다. 구면상의 북극점(north pole) N과 평면상의 한 점 p를 직선으로 연결하였을 때, 이 직선과 구면 S^2과 만나는 점 p'이라 하고 $f(p) = p'$으로 함수 f를

정의하면(그림 7-4 참조)

$$f: \boldsymbol{R}^2 \longrightarrow S^2$$

는 $\boldsymbol{R}^2$과 $S^2 - \{N\}$을 위상동형으로 만드는 사상이 된다. $\overline{S^2 - \{N\}} = S^2$이므로, 구면 S^2 즉, $(S^2,\ f)$는 $\boldsymbol{R}^2$의 한 점 컴팩트화이다.

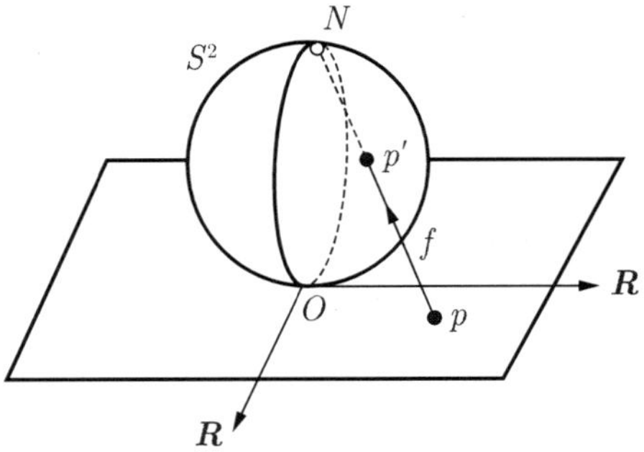

그림 7-4

7.3.9 정리 $(X,\ \mathcal{T})$를 컴팩트는 아닌 국소컴팩트 T_2공간이라 하면 $(X^*,\ \mathcal{T}^*)$는 컴팩트 T_2공간이다.

•증명• $(X^*,\ \mathcal{T}^*)$가 컴팩트공간이라는 것은 앞에서 밝혔다. T_2공간임을 보이자. $(X,\ \mathcal{T})$가 T_2이므로 점 ∞와 점 $p \in X$가 $(X^*,\ \mathcal{T}^*)$에서 서로소인 개근방을 갖는다는 것을 보이면 충분하다.

$(X,\ \mathcal{T})$가 국소컴팩트이므로 점 p의 컴팩트근방 W가 존재한다. $(X,\ \mathcal{T})$가 T_2공간이므로 W는 폐집합이다. 적당한 p점의 개근방 G가 존재하여 $p \in G \subset W$이고, $X^* - W$는 $\mathcal{T}^*$의 정의에 의하여 X^*공간에서 점 ∞의 개근방이다. $H = X^* - W$라 하자. $G \cap H = \varnothing$이고 G와 H는 $\mathcal{T}^*$에 관하여 개집합이고

$$p \in G, \quad \infty \in H$$

이므로 $(X^*,\ \mathcal{T}^*)$는 T_2공간이다. ■

7.3.10 따름정리 국소컴팩트 T_2공간은 $T_{3\frac{1}{2}}$공간(Tychonoff space)이다.

•증명• X를 국소컴팩트, T_2공간이라 하면 7.3.9 정리에 의하여 X^*는 컴팩트, T_2공간이다. 따라서 X^*는 T_4공간이다. X는 X^*의 부분공간이므로 $T_{3\frac{1}{2}}$공간임을 알 수 있다(7.1.12* 정리 참조). ■

7.3.11 정리 국소컴팩트 T_2공간은 그 공간의 임의의 T_2컴팩트화공간에서 개집합이다.

•증명• X를 국소컴팩트, T_2공간이라 하고 X의 한 T_2컴팩트화를 (Y, f)라 하자. f에 의하여 X와 위상동형인 $f[X]$가 Y에서 개집합임을 보이면 된다. 임의의 $y \in f[X]$를 취하면 가정에 의하여 $f[X]$가 국소컴팩트 T_2공간이므로 $f[X]$ 안에 적당한 y의 컴팩트 근방 W가 존재한다. 따라서 $f[X]$ 안에 적당한 개집합 H가 존재해서 $y \in H \subset W$이다. $f[X]$는 Y의 부분공간이므로 Y 안에 적당한 개집합 G가 존재해서 $H = f[X] \cap G$이다. 따라서

$$x \in H = f[X] \cap G \subset W$$

이다. 한편 W는 $f[X]$에서 컴팩트이므로 Y에서도 컴팩트이고 Y가 T_2이므로 W는 Y에서 폐집합이다. 즉 $W = \overline{W}$이다. $f[X]$가 Y에서 조밀하므로 2.2.15에 의하여

$$y \in H \subset G \subset \overline{G} = \overline{f[X] \cap G} \subset W \subset f[X]$$

가 성립한다. 2.2.3 정리에 의하여 $f[X]$는 Y에서 개집합이다. ■

한 위상공간 X가 $T_{3\frac{1}{2}}$공간(Tychonoff space)인 경우 6.3.8 정리에 의하여

$$\rho: X \longrightarrow \prod_f I_f \quad (\rho(x) = (f(x))_{f \in \mathcal{C}(X,\, I)},\ f(x) \in I_f)$$

는 X와 $\rho[X]$를 위상동형이 되게 하였다. 이것을 이용하여 X의 스톤체크 컴팩트화를 만들 수 있다.

7.3.12 정의 한 위상공간 X를 $T_{3\frac{1}{2}}$공간이라 하고 $\beta X = \overline{\rho[X]} \subset \prod_f I_f$라 할 때 $(\beta X,\ \rho)$를 티호노프공간 X의 **스톤체크 컴팩트화**(stone-čech compactification)라 한다(단, $I_f = [0,\ 1]$).

주의 βX가 컴팩트공간 $\prod_f I_f$의 폐집합이므로 또한 컴팩트집합이다. βX가 T_2공간도 되므로 7.3.11 정리에 의하여 $\rho[X]$는 βX에서 개집합이 된다.

7.3.13* 정리 위상공간 X를 $T_{3\frac{1}{2}}$공간(Tychonoff space)이라 하자.

(1) 임의의 T_2컴팩트공간 Y와 임의의 연속사상 $h: X \longrightarrow Y$에 대해서 $h = H \circ \rho$를 만족하는 연속사상 $H: \beta X \longrightarrow Y$가 유일하게 존재한다.

(2) X의 한 T_2컴팩트화 $(\hat{X},\ \hat{\rho})$이 (1)의 조건을 만족한다면 $\hat{X}$과 βX는 위상동형이다.

(3) $\hat{X}$이 X의 한 T_2컴팩트화라면 $\hat{X}$은 βX의 한 상공간이다.

•증명• (1) 다음 도형에서 $(\beta X,\ \rho)$, $(\beta Y,\ \rho_0)$는 각각 X와 Y의 스톤체크 컴팩트화이고 $\varphi: \beta X \longrightarrow \beta Y$는 $\varphi((t_f)_{f \in \mathcal{C}(X,\ I)}) = (t_{g \circ h})_{g \in \mathcal{C}(Y,\ I)}$이다. 즉 $I_{g \circ h}$와 I_g를 일치시키는 것이다. 따라서 임의의 $x \in X$에 대해서

$$\begin{array}{ccc} X & \xrightarrow{\ h\ } & Y \\ \rho \downarrow & & \downarrow \rho_0 \\ \beta X & \xrightarrow{\ \varphi\ } & \beta Y \end{array}$$

$$\begin{aligned}(\varphi \circ \rho)(x) &= \varphi(f(x))_{f \in \mathcal{C}(X,\ I)} = ((g \circ h)(x))_{g \in \mathcal{C}(Y,\ I)} \\ &= (g(h(x)))_{g \in \mathcal{C}(Y,\ I)} = (\rho_0 \circ h)(x)\end{aligned}$$

가 성립한다. 그러므로 $\varphi \circ \rho = \rho_0 \circ h$가 성립한다. Y는 T_2컴팩트이므로 ρ_0: $Y \longrightarrow \beta Y$는 위상동형사상이고 Y와 βY는 위상동형이다.

$H: \beta X \longrightarrow Y$를 $H = \rho_0^{-1} \circ \varphi$라 하자. 임의의 $x \in X$에 대해서

$$\begin{aligned}(H \circ \rho)(x) &= (\rho_0^{-1} \circ \varphi \circ \rho)(x) \\ &= (\rho_0^{-1} \circ \varphi)((f(x)_{f \in \mathcal{C}(X,\, I)}) \\ &= \rho_0^{-1}((g(h(x)))_{g \in \mathcal{C}(Y,\, I)}) \\ &= h(x)\end{aligned}$$

이다. 따라서 $h = H \circ \rho$가 성립한다. 한편 $\rho[X]$가 βX에서 조밀하므로 6.1.10 정리 (2)에 의하여 $h = H \circ \rho$를 만족하는 $H: \beta X \longrightarrow Y$는 유일하게 존재한다.

(2) X의 한 T_2컴팩트화 $(\hat{X},\ \hat{\rho})$가 (1)의 조건을 만족한다고 하자. $(\beta X,\ \rho)$가 X의 한 T_2컴팩트화이므로 $\rho = G \circ \hat{\rho}$을 만족하는

$$G: \hat{X} \longrightarrow \beta X$$

가 유일하게 존재한다. 한편 $\hat{\rho} = H \circ \rho$를 만족하는

$$H: \beta X \longrightarrow \hat{X}$$

도 (1)에 의하여 유일하게 존재한다. 따라서

$$\rho = (G \circ H) \circ \rho,\ \ \hat{\rho} = (H \circ G) \circ \hat{\rho}$$

이 성립한다. X를 $\hat{X}$과 βX의 부분집합으로 볼 수 있으므로 ρ와 $\hat{\rho}$은 포함사상으로 볼 수 있다. 그러므로

$$1_X = (G \circ H)|_X,\ \ 1_X = (H \circ G)|_X$$

이다. X가 $\hat{X}$과 βX에서 조밀하므로

$$1_{\beta X} = G \circ H,\ \ 1_{\hat{X}} = H \circ G$$

가 되어 $G: \hat{X} \longrightarrow \beta X$와 $H: \beta X \longrightarrow \hat{X}$은 모두 위상동형사상이고 $G^{-1} = H$이다. 따라서 βX와 $\hat{X}$은 위상동형이다.

(3) $(\hat{X},\ \hat{\rho})$을 X의 한 T_2컴팩트화라 하자. (1)에 의하여 유일한 연속사상 $H: \beta X \longrightarrow \hat{X}$이 존재해서 $\hat{\rho} = H \circ \rho$를 만족한다. X를 βX와 $\hat{X}$의 부분집합으로 보면 ρ와 $\hat{\rho}$은 포함사상으로 볼 수 있다. 따라서 $1_X = H|_X$이다. 그러므로

$H:\beta X \longrightarrow \hat{X}$은 $1_X: X \longrightarrow X$의 한 확장사상이고 H는 연속이므로 $H[\beta X]$는 T_2공간 $\hat{X}$에서 폐집합이고 $X\subset H[\beta X]\subset \hat{X}$이므로 $\hat{X}=\overline{X}\subset H[\beta X]\subset \hat{X}$이다. 따라서 $H[\beta X]=\hat{X}$이다.

βX상에 한 관계 R_H를 $a,\ b\in\beta X$에 대해서

$$aR_Hb \iff \text{적당한 } x\in\hat{X}\text{이 존재해서 } a,\ b\in H^{-1}(x)$$

라 하자. 관계 R_H는 βX상에서 한 동치관계를 이룬다.

$$\begin{array}{ccc} \beta X & \xrightarrow{\ P\ } & \beta X/R_H \\ & {}_{H}\searrow \quad \swarrow_{HP^{-1}} & \\ & \hat{X} & \end{array}$$

상함수 $P:\beta X \longrightarrow \beta X/R_H$에 의하여 $\beta X/R_H$상에 상위상을 주자. HP^{-1}: $\beta X/R_H \longrightarrow \hat{X}$이 한 사상인 것은 분명하므로 3.3.5 정리 (1)에 의하여 HP^{-1}는 전사연속이다. βX가 컴팩트이고 $\hat{X}$이 T_2공간이므로 H는 폐사상이 되어 3.3.5 정리 (2)에 의하여 사상 HP^{-1}도 폐사상이다. 따라서 HP^{-1}는 위상동형사상이 되므로 $\hat{X}$과 $\beta X/R_H$는 위상동형이다. ■

7.3.13* 정리 (2)에 의하면 위상동형인 $T_{3\frac{1}{2}}$공간 X, Y는 위상동형인 βX, βY를 갖게 되고 (3)에 의하여 βX는 X의 컴팩트화 공간 중에 가장 큰 것임을 알 수 있다.

연.습.문.제

1. (정의 1) 한 위상공간 X의 모든 컴팩트집합이 폐집합일 때 X를 ***KC*공간**이라 한다.
(정의 2) 한 위상공간 X가 US공간(연습문제 6-1의 5. 참조)이고 모든 컴팩트집합 F에 대해서 $\overline{F}-F$가 유한집합일 때 위상공간 X를 ***FC*공간**이라 한다.
(정의 3) 한 위상공간 X가 US공간이고 모든 컴팩트집합의 폐포가 또 컴팩트일 때 위상공간 X를 ***UC*공간**이라 한다.

위 정의를 이용하여 다음 명제를 증명하여라.

$$T_2 \Longrightarrow KC \Longrightarrow FC \Longrightarrow UC \Longrightarrow US \Longrightarrow T_1$$

위 명제들의 역들은 일반적으로 성립하지 않는다.

Hint $(T_2 \Rightarrow KC)$는 자명하다.
$(KC \Rightarrow FC)$ KC공간의 정의로부터 모든 컴팩트집합 F는 폐집합이므로 $\overline{F}=F$ 즉 $\overline{F}-F=\varnothing$ 이다.
$(FC \Rightarrow UC)$ 컴팩트집합 F에 대해서 $\overline{F}-F$가 유한집합이므로 임의의 개피복은 유한부분피복을 갖는다.
$(UC \Rightarrow US \Rightarrow T_1)$은 자명하다(연습문제 6-1의 5. 참조).
첫 번째 비가산 순서수(first uncountable ordinal number)를 활용하여 위 역명제들이 성립하지 않는 반례를 만들 수 있다([C_2] 참고문헌 참조).

2. 컴팩트정칙공간(또는 컴팩트 T_2공간)은 국소컴팩트공간임을 보여라.

Hint X를 컴팩트정칙공간이라 하자. 한 점 $x \in X$의 임의의 근방을 U라 하면 적당한 개집합 G가 존재해서 $x \in G \subset \overline{G} \subset U$가 성립한다. $\overline{G}$는 컴팩트이다.

3. 국소컴팩트공간의 임의의 개집합은 국소컴팩트공간임을 보여라.

Hint X를 국소컴팩트공간, $G \subset X$를 개집합이라 하자. 한 점 $x \in G$의 G에서의 한

개근방을 H라 하면 H는 X에서 x의 개근방이다. x의 컴팩트근방 W가 X에 존재해서 $x \in W \subset H \subset G$이다.

4. 한 위상공간 X를 T_2공간이라 하자. D가 X에서 조밀국소컴팩트부분공간이면 D는 X에서 개집합임을 보여라.

Hint $x \in D$라 하자. D에서의 x의 컴팩트근방 W가 존재해서 $x \in W \subset D$이다. X상에 개집합 G가 존재해서 $x \in (G \cap D) \subset W \subset D$이다. $x \in \overline{G \cap D}^X \subset W = \overline{W}^X \subset D$이다. 2.2.15 명제에 의하여 $\overline{G \cap D}^X = \overline{G}^X$이므로 $x \in G \subset \overline{G}^X \subset D$이다.

5. A를 컴팩트공간 X의 부분공간이라 하자. $\overline{A}$가 A의 한 컴팩트화임을 보여라.

Hint $\overline{A}$는 X에서 한 컴팩트집합이다. $i: A \longrightarrow \overline{A}$를 포함사상이라 하면 $(\overline{A},\ i)$는 A의 한 컴팩트화이다.

6. $[-1,\ 1]$을 $(\boldsymbol{R},\ \mathcal{U})$의 한 부분공간이라 하자. $[-1,\ 1]$이 $(\boldsymbol{R},\ \mathcal{U})$의 한 T_2컴팩트화임을 보여라.

Hint $f: \boldsymbol{R} \longrightarrow [-1,\ 1]$ $\left(f(x) = \arctan\frac{\pi}{2}x\right)$이라 하면 $([-1,\ 1],\ f)$는 $\boldsymbol{R}$의 T_2컴팩트화이다. $\boldsymbol{R}$의 두 점 컴팩트화(two point compactification)라고 한다.

7. X가 T_2국소컴팩트이기 위한 필요충분조건은 임의의 X의 T_2컴팩트화 $(\hat{X},\ f)$에 대해서 $f[X]$가 $\hat{X}$에서 개집합이 되는 것임을 보여라.

Hint f는 포함사상으로 볼 수 있음으로 $f[X] = X$라 하자. X가 $\hat{X}$에서 개집합인 경우 7.3.5 정리 (2)에 의하여 X는 국소컴팩트이다. 역으로 X를 T_2국소컴팩트라 하자. $\hat{X}$에서 개집합 U와 폐집합 F가 존재해서 $X = U \cap F$이다. F는 $\hat{X}$의 조밀부분집합 X를 포함하므로 $F = \hat{X}$이다. 따라서 $X = U$이다.

8. $\beta W = W^*$임을 증명하여라(연습문제 2-4 7. 참조).

Hint 연속함수 $f: W \longrightarrow [0,\ 1]$은 적당한 $b \in W$가 존재해서 $[b,\ \omega_1)$에서 상수함수이다(연습문제 3-1 10. 참조). 7.3.13* 정리 (1), (2)를 활용한다.

([W_2], 140p., 19.13 Examples (b) 참조)

주의 W는 T_2, 국소컴팩트이고 W^*는 W의 한 점 컴팩트화이다.

제8장

연결공간

연결공간이란 직관적으로 분리된 두 개의 조각으로 이루어져 있지 않은 공간을 의미한다고 할 수 있다. 이 단순한 생각은 위상공간론에서 매우 중요한 결과들을 초래한다. 이 장에서는 이와 관련된 여러 성질을 조사하고자 한다. 연결성의 개념은 실직선상에서 구간들이 갖는 기본 성질을 추상화하여 얻어진 것이다.

8.1 연결성

연결공간을 정의하기 전에 비연결공간을 먼저 정의하겠다.

8.1.1 정의 위상공간 X가 공집합이 아니면서 서로소인 두 개의 개집합들의 합집합일 때 X를 **비연결공간**(非連結空間, disconnected space)이라 한다.

위상공간 X의 한 부분집합 A가 X의 부분공간으로서 비연결공간일 때 A를 **비연결집합**(非連結集合, disconnected set)이라 한다.

8.1.2 정리 위상공간 X가 비연결공간이기 위한 필요충분조건은 공집합이 아닌 X의 진부분집합으로서 개부분집합이면서 동시에 폐부분집합이 되는 것이 존재하는 것이다.

•증명• X를 비연결공간이라 하자. 8.1.1 정의에 의하여 공집합이 아니면서 서로소인 두 개의 개집합 A, B가 존재하여 $X = A \cup B$이다. $A \cap B = \varnothing$이므로 $A = B^c$이다. B가 개집합이므로 A는 폐집합이다. 가정에 의하여 $A \neq \varnothing$이고 $B \neq \varnothing$이므로 $A \subsetneq X$이다. 따라서 X의 부분집합 A는 개집합이면서 동시에 폐집합이고

$$\varnothing \subsetneq A \subsetneq X$$

이다.

역으로 X의 부분집합 A가 $\varnothing \subsetneq A \subsetneq X$이고 개집합이면서 동시에 폐집합이라면 $B = A^c$는 $\varnothing \subsetneq B \subsetneq X$이고 또한 폐집합이면서 동시에 개집합이다. 공집합이 아니면서 서로소인 두 개집합 A, B가 존재하여 $X = A \cup B$이므로 X는 비연결공간이다. ■

예 8.1.1 $X = \{a, b, c\}$라 하고 X의 위상 $\mathcal{J}$를 $\mathcal{J} = \{X, \varnothing, \{a\}, \{b, c\}\}$라 하자. $\{a\}$

와 $\{b, c\}$는 공집합이 아니면서 서로소인 두 개집합이므로 위상공간 $(X, \mathcal{T})$는 비연결공간이다.

예 8.1.2 이산공간 $(X, \mathcal{D})$는 X가 두 개 이상의 원소를 포함하고 있는 경우 $(X, \mathcal{D})$는 비연결공간이다.

예 8.1.3 $X=\{a, b, c\}$이고 $\mathcal{T}_0=\{X, \varnothing, \{a\}, \{a, b\}\}$라 하면 위상공간 $(X, \mathcal{T}_0)$는 비연결공간이 아니다.

비연결공간의 개념을 이용하여 연결공간을 다음과 같이 정의한다.

8.1.3 정의 위상공간 X가 비연결공간이 아닌 경우 **연결공간**(連結空間, connected space)이라 한다.

위상공간 X의 한 부분집합 A가 X의 부분공간으로서 연결공간일 때 A를 **연결집합**(連結集合, connected set)이라 한다.

8.1.4 정리 다음 명제들은 동치이다.

(1) 위상공간 X는 연결공간이다.

(2) 위상공간 X는 공집합이 아니면서 서로소인 두 개의 개집합들의 합집합이 아니다.

(3) 위상공간 X에서는 $\varnothing$과 X만이 개집합이면서 동시에 폐집합이다.

•증명• (1) $\Leftrightarrow$ (2)는 8.1.1 정의의 대우명제로 볼 수 있다.
(1) $\Leftrightarrow$ (3)은 정리 8.1.2의 대우명제이다.
따라서 (1), (2), (3)은 동치인 명제들이다. ■

예 8.1.4 예 8.1.3에서의 위상공간 $(X, \mathcal{T}_0)$는 비연결공간이 아니므로 연결공간이다.

예 8.1.5 비이산공간 $(X, \mathcal{I})$는 연결공간이다. 왜냐하면 $\mathcal{I}=\{X, \varnothing\}$이므로 $\varnothing \subsetneq A \subsetneq X$이면서, 개집합이고 동시에 폐집합인 A는 존재하지 않기 때문이다.

8.1.5 정리 연결공간의 연속사상에 의한 상은 또한 연결공간이다.

•증명• X를 연결공간이라 하고 $f: X \longrightarrow Y$를 연속상이라 하자. $f[X] \subset Y$이므로 $f[X]$를 Y의 부분공간으로 생각하여 연결공간임을 보이면 된다.

$$f: X \longrightarrow f[X]$$

라 생각하면 이 사상도 연속이다. 만일 $f[X]$가 연결공간이 아니라면 공집합이 아닌 서로소인 $f[X]$에서의 두 개집합 G와 H가 존재하여

$$f[X] = G \cup H \ \ (\text{단, } G \cap H = \varnothing)$$

이다. 따라서

$$X = f^{-1}[f[X]] = f^{-1}[G] \cup f^{-1}[H]$$
$$(\text{단, } f^{-1}[G] \cap f^{-1}[H] = \varnothing)$$

이다. $f^{-1}[G]$와 $f^{-1}[H]$는 공집합이 아닌, 서로소인 X에서의 두 개집합이므로 X는 비연결공간이 된다. 이것은 X가 연결공간이라는 가정에 모순이다. 따라서 $f[X]$는 연결공간이다. ■

$Y = \{0, 1\}$이라 하면 Y를 실직선 $(\boldsymbol{R}, \mathcal{U})$의 부분공간으로 생각할 때 Y는 이산공간이 된다. 다음 명제가 성립한다.

8.1.6 정리 위상공간 X가 연결공간이기 위한 필요충분조건은 이산공간 $Y = \{0, 1\}$에 대하여 임의의 연속사상 $f: X \longrightarrow Y$의 상 $f[X]$는 $f[X] = \{0\}$이거나 혹은 $f[X] = \{1\}$이 되는 것이다.

•증명• X를 연결공간이라 하고 $f: X \longrightarrow Y$를 연속사상이라 하자. 8.1.5 정리에 의하여 $f[X]$는 연결공간이므로 $f[X] \neq \{0, 1\}$이다. 왜냐하면 $Y = \{0, 1\}$은 이산공간이므로 비연결공간이기 때문이다. 따라서 $f[X] = \{0\}$ 혹은 $f[X] = \{1\}$이다.

역을 증명하기 위하여 X를 비연결공간이라 하자. X는 공집합이 아니면서 서

로소인 적당한 두 개집합 A와 B의 합집합이다. 함수 $f: X \longrightarrow Y$를 $f[A]=\{0\}$, $f[B]=\{1\}$로 정의하면 $f^{-1}[\{0, 1\}]=X$, $f^{-1}[\{0\}]=A$, $f^{-1}[\{1\}]=B$이므로 f는 연속함수이다. 즉, X가 비연결공간이면 연속함수 $f: X \longrightarrow Y$로서 $f[X]=\{0, 1\}$이 되는 것이 존재한다. 따라서 위 정리가 증명되었다. ■

분리집합과 비연결집합 사이의 관계를 조사하자.

8.1.7 정의 A와 B를 위상공간 X의 두 부분집합이라 하자.

$$A \cap \overline{B} = \varnothing, \quad \overline{A} \cap B = \varnothing$$

일 때 두 집합 A, B를 **분리된 집합들**(分離된 集合, separated sets)이라 한다.

예 8.1.6 위상공간 X에서 X와 $\varnothing$은 분리된 집합들이다.

예 8.1.7 $(\boldsymbol{R}, \mathcal{U})$에서 $A=(0, 1)$, $B=(1, 2)$이라면

$$A \cap \overline{B} = (0, 1) \cap [1, 2] = \varnothing, \quad \overline{A} \cap B = [0, 1] \cap (1, 2) = \varnothing$$

이므로 A와 B는 분리된 집합들이다. 8.1.1 정의에 의하여 $A \cup B$는 비연결집합이다.

예 8.1.8 $(\boldsymbol{R}^2, \mathcal{U})$에서

$$A = \{(0, y) \mid -1 \le y \le 1\}$$
$$B = \left\{(x, y) \,\middle|\, y = \sin\frac{1}{x},\ 0 < x \le 1\right\}$$
$$A \cap \overline{B} = A, \quad \overline{A} \cap B = \varnothing$$

이므로 A와 B는 분리된 집합들이 아니다(그림 8-1 참조).

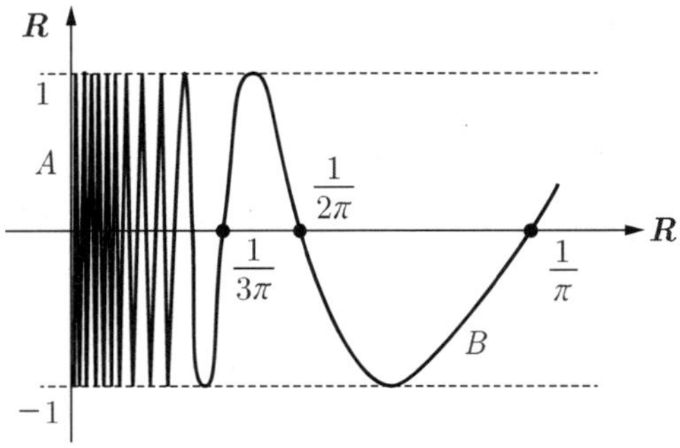

그림 8-1

8.1.8 보조정리 A와 B를 위상공간 X의 부분집합들이라 하자. A와 B가 분리된 집합들이고 $X = A \cup B$이면 A와 B는 서로소이고, 또한 개집합이면서 동시에 폐집합이다.

•증명• A와 B가 X의 부분집합들이고 분리된 집합들이라 하자. 가정에 의하여 $X = A \cup B$이므로

$$X = A \cup \overline{B}, \ A \cap \overline{B} = \varnothing$$
$$X = \overline{A} \cup B, \ \overline{A} \cap B = \varnothing$$

이다. 따라서 $A = (\overline{B})^c$이고 $B = (\overline{A})^c$이므로, A와 B는 모두 개집합들이다. A와 B는 분리된 집합들이므로 정의에 의하여 $A \cap B = \varnothing$이다. 고로 $A = B^c$이고 $B = A^c$이므로 A와 B는 모두 폐집합들이다. ■

8.1.9 보조정리 위상공간 X가, 서로소이면서 개집합인 G와 H의 합집합일 때, G와 H는 X에서 분리된 집합들이다.

•증명• G와 H는 X에서 개집합들이고 $G \cap H = \varnothing$, $X = G \cup H$라 하자.

$$G = H^c, \quad H = G^c$$

이므로 G와 H는 폐집합들이다. 따라서 $G = \overline{G}$, $H = \overline{H}$이다. $G \cap H = \varnothing$이므로

$$G \cap \overline{H} = \varnothing, \quad \overline{G} \cap H = \varnothing$$

가 되고 G와 H는 분리된 집합들이다. ■

8.1.10 정리 위상공간 X가 비연결공간이기 위한 필요충분조건은 공집합이 아니면서 분리된 집합 A와 B가 존재해서 X가 A와 B의 합집합이 되는 것이다.

•증명• 위상공간 X를 비연결공간이라 하자. 8.1.1 정의에 의하여 공집합이 아니면서 서로소인 개집합 A와 B가 존재하여 $X = A \cup B$이다. 8.1.9 보조정리에 의하여 A와 B는 X에서 분리된 집합들이다.

역으로 A와 B를 공집합이 아니면서 분리된 집합들이고 $X = A \cup B$라 하자. 8.1.8 보조정리에 의하여 A와 B는 서로소이면서 X에서 개집합이고 동시에 폐집합이다. 가정에 의하여 A와 B는 공집합이 아니고 $X = A \cup B$이므로 X는 비연결공간이다. ■

8.1.10 정리의 대우명제는 다음과 같다.

8.1.11 정리 위상공간 X가 연결공간이기 위한 필요충분조건은 X가 공집합이 아니면서 분리된 집합들의 합집합으로 나타나지 않는 것이다.

•증명• 8.1.10 정리의 대우명제이므로 참이다. ■

8.1.12 따름정리 Y를 위상공간 X의 한 부분집합이라 하자. Y가 비연결집합이기 위한 필요충분조건은 Y가 X에서 공집합이 아닌 분리된 집합들의 합집합이 되는 것이다.

•증명• 위상공간 X의 한 부분집합 Y가 비연결집합이라 하자. Y는 X의 부분공간으로서 비연결공간이다. 따라서 8.1.10 정리에 의하여 공집합이 아니면서 Y에서 분리된 집합 A, B의 합집합으로 Y를 나타낼 수 있다. 즉

$$A \neq \varnothing \neq B, \quad A \cap \overline{B}^{Y} = \varnothing, \quad \overline{A}^{Y} \cap B = \varnothing, \quad Y = A \cup B$$

(단, $\overline{A}^{Y}$와 $\overline{B}^{Y}$는 A와 B의 Y에서의 폐포를 나타낸 것이다)

이다. 2.2.13 정리에 의하여

$$\overline{A}^X \cap Y = \overline{A}^Y, \quad \overline{B}^X \cap Y = \overline{B}^Y$$

이므로

$$\varnothing = A \cap \overline{B}^Y = A \cap (\overline{B}^X \cap Y) = A \cap \overline{B}^X$$
$$\varnothing = \overline{A}^Y \cap B = (\overline{A}^X \cap Y) \cap B = \overline{A}^X \cap B$$

가 되고 A와 B는 X에서도 분리된 집합이다.

역으로 Y가 X에서 공집합이 아닌 분리된 집합 A와 B의 합집합이라 하자. 즉

$$A \neq \varnothing \neq B, \quad A \cap \overline{B}^X = \varnothing, \quad \overline{A}^X \cap B = \varnothing, \quad Y = A \cup B$$

이라 하자. 2.2.13 정리에 의하여

$$\varnothing = A \cap \overline{B}^X = A \cap (\overline{B}^X \cap Y) = A \cap \overline{B}^Y$$
$$\varnothing = \overline{A}^X \cap B = (\overline{A}^X \cap Y) \cap B = \overline{A}^Y \cap B$$

가 되고 A와 B는 Y에서도 분리된 집합들이다. $A \neq \varnothing \neq B$이고 $Y = A \cup B$이므로 8.1.10 정리에 의하여 X의 부분공간으로서 Y는 비연결공간이다. 따라서 Y는 X에서 비연결부분집합이다. ■

8.1.12 따름정리의 대우명제도 참이 된다.

8.1.13 따름정리 Y를 위상공간 X의 한 부분집합이라 하자. Y가 연결집합이기 위한 필요충분조건은 Y가 X에서 공집합이 아닌 분리된 집합들의 합집합으로 나타나지 않는 것이다.

•증명• 8.1.12 따름정리의 대우명제이므로 참이다. ■

8.1.14 정리 위상공간 X가 공집합이 아니면서 서로소인 개집합 G와 H의 합집합이라 하자. B가 X에서 연결집합이라면 $B \subset G$이거나 $B \subset H$이다.

•증명• X에서의 개집합 G와 H가 $G \neq \varnothing \neq H$, $G \cap H = \varnothing$, $X = G \cup H$이고, B가 X에서 연결집합이라 하자. 만일

$$G \cap B \neq \varnothing, \quad H \cap B \neq \varnothing$$

이면 $G \cap B$와 $H \cap B$는 B에서 서로소인 개집합들이고

$$B = (G \cap B) \cup (H \cap B)$$

이므로 B는 X의 비연결부분공간이 되어 X에서 비연결집합이다. 이것은 B가 연결집합이라고 하는 가정에 모순되므로 $G \cap B = \varnothing$ 이거나 $H \cap B = \varnothing$ 이다. 따라서 $B \subset G$와 $B \subset H$ 중에 어느 하나가 성립한다. ■

8.1.15 정리 위상공간 X에서 두 부분집합 A와 B가 모두 연결집합이고 분리된 집합들이 아니면 $A \cup B$는 연결집합이다.

•증명• A와 B를 위상공간 X에서 연결집합들이라 하고 분리된 집합들이 아니라 하자. $Y = A \cup B$라 하면 A와 B는 X의 부분공간 Y에서도 연결집합들이다. 만일 Y가 비연결공간이면 공집합이 아니면서 서로소인 Y에서의 개집합 G와 H가 존재해서 $Y = G \cup H$이다. 8.1.14 정리에 의하여 $A \subset G$이거나 $A \subset H$이다. 마찬가지로 $B \subset G$이거나 $B \subset H$이다. $(A \cup B) \subset G$이거나 $(A \cup B) \subset H$는 될 수 없으므로

$$A \subset G,\ B \subset H \text{이거나 } A \subset H,\ B \subset G$$

이다.

$A \subset G$이고 $B \subset H$이라 하자. 8.1.9 보조정리에 의하여 G와 H는 Y에서 분리된 집합이므로 X에서도 분리된 집합이다. 따라서 $A \subset G$이고 $B \subset H$인 A와 B도 X에서 분리된 집합이다. 이것은 A와 B가 분리된 집합이 아니라는 데 모순된다. ■

8.1.16 정리 $\mathcal{A} = \{A_\lambda \mid \lambda \in \Lambda\}$를 위상공간 X에서의 한 연결집합족이라 하고 $\mathcal{A}$에 속하는 어느 두 원소도 X에서 분리된 집합들이 아니라 하면 $Y = \cup\{A_\lambda \mid \lambda \in \Lambda\}$는 X에

서 연결집합이다.

•증명• $\mathscr{A}=\{A_\lambda \mid \lambda \in \Lambda\}$를 위상공간 X에서의 한 연결집합족이라 하고 $\mathscr{A}$에 속하는 어느 두 원소도 분리된 집합들이 아니라 하자. $Y=\cup\{A_\lambda \mid \lambda \in \Lambda\}$을 비연결집합이라 하면 공집합이 아니면서 Y에서 개집합인 G와 H가 존재하여 $G\cap H=\varnothing$이고 $Y=G\cup H$이다. 각 A_λ는 Y에서도 연결집합이므로 8.1.14 정리에 의하여 $A_\lambda \subset G$이거나 $A_\lambda \subset H$이다. $A_\lambda \in \mathscr{A}$인 한 A_λ를 택하여 $A_\lambda \subset G$라 하자. 임의의 $A_\mu \in \mathscr{A}$을 취하면 가정에 의하여 A_λ, A_μ는 X에서 분리된 집합들이 아니므로 Y에서도 분리된 집합들이 아니다. 따라서 8.1.15 정리에 의하여 $A_\lambda \cup A_\mu$는 Y에서 연결집합이다. 고로 $A_\lambda \subset G$이므로 $A_\lambda \cup A_\mu \subset G$이어야 한다. $A_\mu \subset G$이므로 $Y=\cup\{A_\lambda \mid \lambda \in \Lambda\}\subset G$이다. 이것은 $Y=G\cup H$이고 $G\cap H=\varnothing$, $G\neq\varnothing\neq H$에 모순된다. ■

8.1.17 정리 A가 위상공간 X에서 연결집합이면 $A\subset B\subset \overline{A}$인 B도 X에서 연결집합이다.

•증명• $Y=\{0,\ 1\}$을 이산공간이라 하자. $A\subset B\subset \overline{A}^X$이고 A가 연결집합일 때 임의의 연속사상 $f: B\longrightarrow Y$가 전사가 아님을 보이면 충분하다(8.1.6 정리 참조).

$$A\subset B=\overline{A}^X\cap B=\overline{A}^B \quad \text{(2.2.13 정리)}$$

이므로 사상 f의 연속성에 의하여 $f[B]=f[\overline{A}^B]\subset \overline{f[A]}^Y$(3.1.6 정리 (3))이 성립한다. A가 연결집합이므로 $f[A]=\{0\}$ 혹은 $\{1\}$이므로 $f[A]=\overline{f[A]}^Y \supset f[B]$가 되어 $f[B]=\{0\}$ 혹은 $\{1\}$이다. 따라서 f는 전사가 아니다. ■

실직선 $\boldsymbol{R}$의 한 부분집합을 E라 하자. E가 $\boldsymbol{R}$에서 한 구간(區間, interval)이 되기 위한 조건은 다음과 같다.

8.1.18 정의 $a,\ b\in E$이고 $a<x<b$일 때 $x\in E$일 경우 E를 $\boldsymbol{R}$에서 한 구간이라 한다.

$(a,\ b)$, $(a,\ b]$, $[a,\ b)$, $[a,\ b]$ 등을 유계구간(有界區間, bounded interval)이라 하고 $(-\infty,\ a)$, $(-\infty,\ a]$, $(a,\ \infty)$, $[a,\ \infty)$, $(-\infty,\ \infty)$ 등을 비유계구간(非有界區間, unbounded interval)이라 한다.

8.1.19 정리 E를 적어도 두 점 이상을 갖는 $(\boldsymbol{R},\ \mathcal{U})$의 한 부분공간이라 하자.
E가 $(\boldsymbol{R},\ \mathcal{U})$에서 연결집합이기 위한 필요충분조건은 E가 $(\boldsymbol{R},\ \mathcal{U})$에서 한 구간이 되는 것이다.

•증명• E가 $(\boldsymbol{R},\ \mathcal{U})$에서 연결집합이면 E는 $(\boldsymbol{R},\ \mathcal{U})$의 한 구간이다. 왜냐하면 E가 구간이 아니라면 구간의 정의에 의하여 적당한 $a,\ b,\ c \in \boldsymbol{R}$이 존재해서 $a,\ b \in E$, $a < b$이고 $a < c < b$인 c가 $c \notin E$이어야 한다. 따라서

$$E = (E \cap \{x \mid x > c\}) \cup (E \cap \{x \mid x < c\})$$

로 분해되어 E는 공집합이 아니고 서로소인 개집합들의 합집합이 되어 비연결집합이 되기 때문이다.

역으로 E를 한 구간이라 하자. 만일 E가 비연결집합이면 공집합이 아닌 서로소인 개집합 $G,\ H$가 E에 존재해서 $E = G \cup H$이어야 한다. $a \in G$, $b \in H$인 두 점 $a,\ b$를 취하면 $a \neq b$이므로 $a < b$이거나 $b < a$이거나이다. $a < b$라 하자.

$$\alpha = \sup\{x \mid [a,\ x) \subset G\}$$

라 하자. $b \in H$이므로 $\alpha \leq b$이다. E가 구간이고 $a,\ b \in E$, $a < b$이므로 $\alpha \in E$이다. 따라서 $\alpha \in \overline{G}^E$가 성립한다. $G = E - H$이고 H가 E에서 개집합이므로 $G = \overline{G}^E$가 되어 $\alpha \in G$, $\alpha < b$이다. G가 E에서 개집합이고 E가 구간이므로 적당한 $\varepsilon > 0$이 존재해서

$$a < \alpha - \varepsilon < \alpha + \varepsilon < b, \quad (\alpha - \varepsilon,\ \alpha + \varepsilon) \subset G$$

가 성립한다. 이 결과는 α의 정의에 모순된다. $b < a$인 경우도 같은 방법으로 모순이 유도된다. 따라서 E는 연결집합이어야 한다. ■

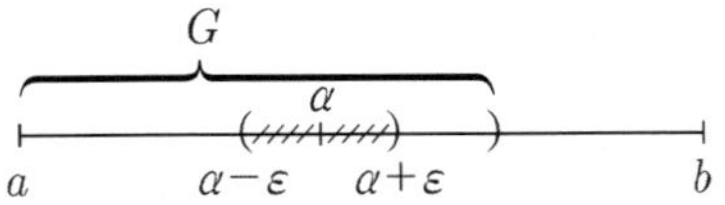

그림 8-2

8.1.20 따름정리 $(\boldsymbol{R}, \mathcal{U})$는 연결공간이다.

•증명• $\boldsymbol{R}=(-\infty, \infty)$은 한 구간이기 때문이다. ■

연결성을 이용하여 바이어슈트라스(Weierstrass)의 중간값 정리의 보다 일반화된 명제를 다음과 같이 얻을 수 있다.

8.1.21 정리 위상공간 X를 연결공간이라 하고 함수 $f: X \longrightarrow \boldsymbol{R}$을 연속이라 하자. $f(a), f(b) \in f[X]$이고 $f(a) < f(b)$이라 할 때 임의의 $y \in (f(a), f(b))$에 대하여 적당한 $x \in X$가 존재하여 $y = f(x)$가 성립한다.

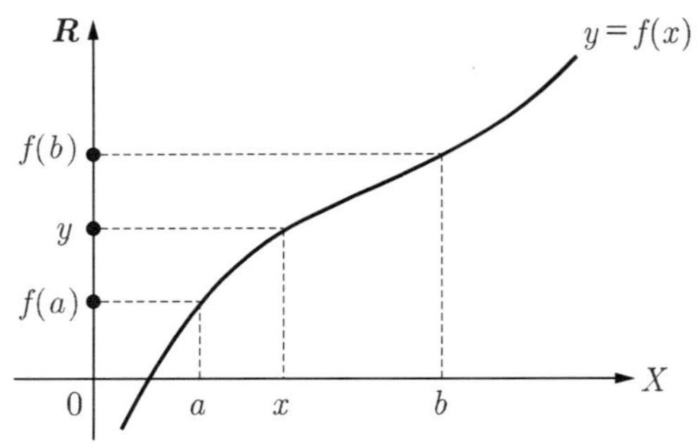

그림 8-3

•증명• X를 연결공간이라 하고 $f: X \longrightarrow \boldsymbol{R}$을 연속함수라 하자.

$f(a), f(b) \in f[X]$이고 $f(a) < f(b)$이라 하자. 만일 한 점 $y \in (f(a), f(b))$가 존재해서 $y = f(x)$가 되는 x가 X 안에 존재하지 않는다면, 즉 $y \notin f[X]$이라면 $\boldsymbol{R}$에서의 개집합

$$G = \{t \mid t < y,\ t \in \boldsymbol{R}\} = (-\infty, y)$$
$$H = \{s \mid s > y,\ s \in \boldsymbol{R}\} = (y, \infty)$$

에 대하여

$$f[X]=(f[X]\cap G)\cup(f[X]\cap H)$$

이다. $f[X]\cap G$와 $f[X]\cap H$는 $f[X]$에서 서로소인 개집합들이고

$$f(a)\in(f[X]\cap G)\neq\varnothing,\quad f(b)\in(f[X]\cap H)\neq\varnothing$$

이므로 $f[X]$는 비연결집합이다. 가정에서 X는 연결공간이고 f는 연속함수이므로 $f[X]$는 연결집합이어야 한다. 따라서 $f[X]$가 비연결집합이라는 것은 모순이므로 임의의 $y\in(f(a),\ f(b))$에 대하여 적당한 $x\in X$가 존재하여 $y=f(x)$이다. ■

8.1.22 정리 $I=[0,\ 1]$이라 하고 $f: I\longrightarrow I$가 연속함수라 하면 적당한 $p\in I$가 존재하여 $f(p)=p$이다.

•증명• $f: I\longrightarrow I$를 연속함수라 하자. $f(0)=0$이거나 $f(1)=1$이면 정리는 만족된다. 따라서 $f(0)\neq 0$이고 $f(1)\neq 1$이라 하자. 즉 $f(0)>0$이고 $f(1)<1$이라 하자.

$$G_f=\{(x,\ f(x))\mid x\in[0,\ 1]\}$$

라 하면 G_f는 f의 그래프이다. 함수 F를

$$F: I\longrightarrow \boldsymbol{R}\times\boldsymbol{R}$$
$$(x\longmapsto x,\ f(x)))$$

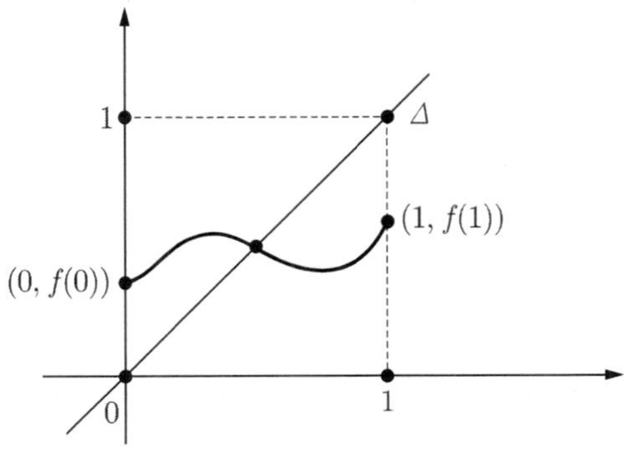

그림 8-4

라 하면

$$P_1: \boldsymbol{R}\times\boldsymbol{R} \longrightarrow \boldsymbol{R}, \quad P_2: \boldsymbol{R}\times\boldsymbol{R} \longrightarrow \boldsymbol{R}$$
$$((x,\ y) \longmapsto x) \qquad ((x,\ y) \longmapsto y)$$

일 때 $(P_1 \circ F)(x) = x$, $(P_2 \circ F)(x) = f(x)$이므로 3.2.3 정리에 의하여 함수 F는 연속이 된다. 따라서 $I = [0,\ 1]$은 연결집합이므로 $F[I] = G_f$도 $\boldsymbol{R}^2$에서 연결집합이다.

$$\Delta = \{(x,\ x) \mid x \in \boldsymbol{R}\}$$

라 하자. 만일 $G_f \cap \Delta = \varnothing$이면 $\boldsymbol{R}^2$의 개부분집합

$$H_1 = \{(x,\ y) \mid y > x\}, \quad H_2 = \{(x,\ y) \mid y < x\}$$

에 대하여

$$G_f = (G_f \cap H_1) \cup (G_f \cap H_2)$$

가 성립한다. $f(0) > 0$, $f(1) < 1$이므로

$$(0,\ f(0)) \in G_f \cap H_1 \neq \varnothing,$$
$$(1,\ f(1)) \in G_f \cap H_2 \neq \varnothing$$

이고 $H_1 \cap H_2 = \varnothing$이므로 $G_f \cap H_1$과 $G_f \cap H_2$는 서로소이다. 따라서 공집합이 아니면서 서로소인 G_f에서의 개집합 $G_f \cap H_1$, $G_f \cap H_2$의 합집합 G_f는 비연결집합이다. 이 결과는 G_f가 연결집합이라는 사실에 모순된다. 그러므로 $G_f \cap \Delta \neq \varnothing$이다. $G_f \cap \Delta \neq \varnothing$이므로 적당한 점 $(p,\ f(p)) \in G_f$가 존재하여

$$(p,\ f(p)) \in \Delta = \{(x,\ x) \mid x \in \boldsymbol{R}\} \ (\text{단, } p \in I = [0,\ 1])$$

이어야 한다. 따라서 $p = f(p)$이다. ■

위 정리를 **고정점정리**(固定點定理, fixed point theorem)라 한다. p를 함수 f에 의하여 **고정점**이라 부른다.

연.습.문.제

1. 무한집합 X상에 여유한위상(cofinite topology) $\mathcal{T}$를 주었을 때 위상공간 $(X, \mathcal{T})$는 연결공간임을 밝혀라.

Hint 개집합이면서 동시에 폐집합이 되는 것은 X, $\varnothing$ 뿐이다(8.1.4 정리 (3)).

2. $(X, \mathcal{T})$가 연결공간일 때 $\mathcal{T}' \subset \mathcal{T}$인 위상공간 $(X, \mathcal{T}')$도 연결공간임을 보여라.

Hint $\mathcal{T}$에는 X와 $\varnothing$만이 개집합이면서 폐집합이다. $\mathcal{T}'$에서도 같은 결과를 얻는다.

3. $(\boldsymbol{R}, \mathcal{U})$의 부분공간 유리수집합 $\boldsymbol{Q}$는 연결공간이 아님을 보여라.

Hint $(\sqrt{2}, \infty) \cap Q = [\sqrt{2}, \infty) \cap \boldsymbol{Q} \neq \varnothing$ 이므로 $\boldsymbol{Q}$에는 공집합이 아닌 진부분집합으로서 개집합이면서 폐집합인 것이 존재한다.

4. $\{A_n \mid n \in \boldsymbol{N}\}$를 한 위상공간 X에서 연결집합들이라 하자. 각 n에 대해서 $A_n \cap A_{n+1} \neq \varnothing$ 이면 $\bigcup_n A_n$은 연결집합임을 보여라.

Hint 귀납법으로 증명한다. $A_1 \cap A_2 \neq \varnothing$ 이므로 $A_1 \cup A_2$는 연결집합이다(8.1.15 정리). $A_1 \cup \cdots \cup A_{n-1}$를 연결집합이라 가정하자(귀납법의 가정!). $[(A_1 \cup \cdots \cup A_{n-1}) \cap A_n] \supset (A_{n-1} \cap A_n) \neq \varnothing$ 이므로 $A_1 \cup \cdots \cup A_{n-1} \cup A_n$도 연결집합이다. $X_n = A_1 \cup \cdots \cup A_n$이라 하자. $\bigcap_n X_n = A_1$이므로 $\bigcup_n X_n = \bigcup_n A_n$은 연결집합이다(8.1.16 정리 참조).

5. $\{A_\lambda \mid \lambda \in \Lambda\}$을 한 위상공간 X에서 한 연결집합족이라 하자. X상에 한 연결집합 A가 존재해서 $\lambda \in \Lambda$에 대해서 $A \cap A_\lambda \neq \varnothing$ 이면 $A \cup (\bigcup_\lambda A_\lambda)$는 연결집합임을 보여라.

Hint $A \cap A_\lambda \neq \varnothing$ 이므로 $A \cup A_\lambda$는 연결집합이다(8.1.15 정리). 따라서 $\bigcup_\lambda (A \cup A_\lambda) = A \cup (\bigcup_\lambda A_\lambda)$도 연결집합이다(8.1.16 정리).

6. $\{A_\lambda \mid \lambda \in \Lambda\}$을 한 위상공간 X에서 한 연결집합족이라 하자. 만일 임의의 두 개의 연결집합들이 공통원을 갖는다면 $\bigcup_\lambda A_\lambda$는 연결집합임을 보여라.

Hint 8.1.16 정리 참조.

8.2 연결성분, 국소연결성

위상공간 X상의 한 점을 x라 할 때 $\{x\}$가 연결집합이라는 것은 정의로부터 분명하다. 따라서 x를 품는 가장 큰 연결집합은 반드시 존재하는가 하는 문제를 생각해 보자.

8.2.1 정의 한 위상공간 X의 극대연결부분집합을 X의 **연결성분**(連結成分, connected component) 혹은 성분(成分, component)이라 한다.

C를 위상공간 X의 한 성분이라 하면 C는 연결집합이고 X의 어떤 연결집합에 대해서도 진부분집합이 될 수 없다. 공집합 $\varnothing$은 연결집합으로 볼 수 있지만 위상공간 X가 공집합이 아닌 경우 성분 C는 분명히 공집합은 될 수 없다. $x \in X$일 때 $\{x\}$는 연결집합이고 $\varnothing \subsetneq \{x\}$이기 때문이다.

예 8.2.1 (1) 위상공간 X가 연결공간이면 X가 유일한 성분이다.

(2) 이산공간 $(X, \mathscr{D})$에서 임의의 점 $p \in X$에 대하여 $\{p\}$가 X의 성분이다.

8.2.2 정리 한 위상공간 X의 성분 C는 폐집합이다.

•증명• C를 위상공간 X의 성분이라 하자. 성분의 정의에 의하여 C는 X에서 연결집합이다. 8.1.17 정리에 의해서 $\overline{C}$도 연결집합이 되고 $C \subset \overline{C}$이다. C는 성분이므로 극대연결집합이다. 따라서 $C = \overline{C}$가 되고 C는 폐집합이다. ■

예 8.2.2 유리수집합 $\boldsymbol{Q}$를 실직선 $(\boldsymbol{R}, \mathscr{U})$의 부분공간으로 생각하자. 임의의 점 $p \in \boldsymbol{Q}$에 대하여 $\{p\}$는 $\boldsymbol{Q}$에서 연결집합이다. $\{p\} \subsetneq S \subset \boldsymbol{Q}$인 $\boldsymbol{Q}$의 부분집합 S를 취하면 $q \in S$로서 $p \neq q$인 q가 존재한다. $p < q$라 하자. $p < t < q$인 무리수 t가 존

재한다.

$$G = \{x \in \boldsymbol{Q} \mid x < t\}, \quad H = \{y \in \boldsymbol{Q} \mid y > t\}$$

라 하면 G와 H는 $\boldsymbol{Q}$에서 서로소인 개집합이고 $G \cap S$와 $H \cap S$는 S에서 서로소인 개집합들이다.

$$p \in (G \cap S) \neq \varnothing, \quad q \in (H \cap S) \neq \varnothing, \quad S = (G \cap S) \cup (H \cap S)$$

이므로 S는 $\boldsymbol{Q}$에서 비연결집합이다. 따라서 $\{p\}$는 $\boldsymbol{Q}$에서 극대연결집합이다. $\{p\}$는 $\boldsymbol{Q}$에서 폐집합이고, 개집합은 아니다.

8.2.3 정리 위상공간 X에서 임의의 점 p를 취하면 p를 품는 X의 성분 C_p가 유일하게 존재한다.

•증명• $p \in X$라 하고

$$\mathcal{A}_p = \{A \mid A \subset X,\ A\text{는 점 } p\text{를 포함하는 연결집합}\}$$

라 하자. $C_p = \cup \mathcal{A}_p$라 하면 $\mathcal{A}_p$에 포함되는 어느 두 원소 A_1, A_2도 $p \in (A_1 \cap A_2) \neq \varnothing$이므로, 즉 분리된 집합들이 아니므로 8.1.16 정리에 의하여 $C_p = \cup \mathcal{A}_p$는 연결집합이 된다. 만일 B가 X에서 연결집합이고 $C_p \subset B$이면 $p \in B$이므로 $B \in \mathcal{A}_p$가 되고

$$B \subset (\cup \mathcal{A}_p) = C_p$$

이다. 따라서 $C_p = B$가 되고 C_p가 p를 포함하는 극대연결집합임을 알 수 있다.

만일 p를 포함하는 한 성분 C'이 존재한다면 C'은 연결집합이므로 $C' \in \mathcal{A}_p$이다. 따라서 $C' \subset (\cup \mathcal{A}_p) = C_p$이다. C'은 극대연결집합이므로 $C' = C_p$이어야 한다. 그러므로 p를 포함하는 성분은 유일하게 존재함을 알 수 있다. ■

다음 정리에서 위상공간 X의 성분 전체의 집합은 X의 한 분할(1.3.6 참조)임을 보이자.

8.2.4 정리 위상공간 X의 성분 전체의 집합은 X의 한 분할이다.

•증명• 8.2.3 정리의 증명과정에서와 같이 임의의 점 $p \in X$에 대하여

$$\mathcal{A}_p = \{A \mid A \subset X,\ A\text{는 } p\text{를 포함하는 연결집합}\}$$

라 하고 $C_p = \cup \mathcal{A}_p$라 하자. C_p는 점 p를 포함하는 유일한 성분이다.

$$\mathcal{C} = \{C_p \mid p \in X\}$$

라 놓자. $\mathcal{C}$는 X의 성분들의 한 집합이다. $\mathcal{C}$가 성분 전체의 집합임을 보이기 위하여 X의 임의의 한 성분 D을 취하여 $D \in \mathcal{C}$임을 보이자.

$D \neq \varnothing$이므로 $q \in D$인 점 $q \in X$가 존재한다. D는 q를 품는 성분이므로 성분의 유일성에 의하여 $C_q = D$가 되고

$$C_q = D \in \mathcal{C} = \{C_p \mid p \in X\}$$

이다. 따라서 $\mathcal{C}$는 X상의 성분 전체의 집합이다.

$\mathcal{C}$가 X의 한 분할임을 보이자.

(1) 임의의 점 $p \in X$에 대하여 $p \in C_p \in \mathcal{C}$이다.

임의의 $C_p,\ C_q \in \mathcal{C}$에 대하여 $C_p \cap C_q \neq \varnothing$이면 C_p와 C_q는 분리된 집합들이 아니면서 연결집합이므로 $C_p \cup C_q$도 연결집합이 된다(정리 8.1.15). C_p와 C_q는 극대연결집합이므로

$$C_p = C_p \cup C_q = C_q$$

이다. 즉 $C_p,\ C_q \in \mathcal{C}$이면

(2) $C_p = C_q$이거나 $C_p \cap C_q = \varnothing$이다.

(1), (2)에 의하여 $\mathcal{C}$는 X상의 한 분할이다(1.3.6 참조). ■

8.2.5 정리 위상공간 X와 Y가 연결공간이면 $X \times Y$도 연결공간이다.

•증명• X와 Y를 연결공간이라 하자. 적공간 $X \times Y$에서 임의의 두 점 $p=(a_1, a_2)$, $q=(b_1, b_2)$를 취하여 $X \times Y$의 부분공간

$$\{a_1\} \times Y, \quad X \times \{b_2\}$$

를 만들면

$$p=(a_1, a_2) \in \{a_1\} \times Y, \quad q=(b_1, b_2) \in X \times \{b_2\}$$

$\{(a_1, b_2)\} = \{a_1\} \times Y \cap X \times \{b_2\} \neq \varnothing$ 이다.

한편 $\{a_1\} \times Y$와 Y와 위상동형이고 $X \times \{b_2\}$는 X와 위상동형이므로, $\{a_1\} \times Y$와 $X \times \{b_2\}$는 모두 연결집합이고 공통원이 있으므로 분리된 집합들이 아니다. 따라서 8.1.15 정리에 의하여 $(\{a_1\} \times Y) \cup (X \times \{b_2\})$는 연결집합이다. 점 p와 점 q는 같은 연결집합 $(\{a_1\} \times Y) \cup (X \times \{b_2\})$에 속하므로 같은 성분에 속한다. 그러므로 $X \times Y$의 모든 점은 같은 성분에 속하게 되므로 $X \times Y$는 연결공간이다.

■

8.2.6 따름정리 연결공간들의 유한 적공간은 연결공간이다.

•증명• 8.2.5 정리를 이용하여 수학적 귀납법의 방법으로 증명하면 된다. ■

8.2.7 정리 임의개의 연결공간들의 적공간은 연결공간이다.

•증명• $\{x_\lambda \mid \lambda \in \Lambda\}$을 연결공간들의 한 족이라 하고 $X = \prod_{\lambda \in \Lambda} X_\lambda$라 하자. 한 점 $p = (a_\lambda \mid \lambda \in \Lambda) \in X$를 취하면 p를 품는 X의 한 성분 C_p가 존재한다(8.2.3 정리). 임의의 점 $x = (x_\lambda \mid \lambda \in \Lambda) \in X$를 취하자. 3.2절에 의하면 X의 적위상에 대하여

$$\mathcal{B} = \{\prod \{X_\mu \mid \mu \neq \lambda_1, \cdots, \lambda_n\} \times G_{\lambda_1} \times \cdots \times G_{\lambda_n} \mid \{\lambda_1, \cdots, \lambda_n\} \subset \Lambda, \ G_{\lambda_k} \in \mathcal{T}_{\lambda_k}\}$$

(단, $\mathcal{T}_{\lambda_k}$는 X_{λ_k}상의 위상이다.)

는 기저이므로 점 x을 품는 기저 $\mathcal{B}$의 한 원소 B를 취하면

$$x=(x_\lambda \mid \lambda \in \Lambda) \in B = \prod \{ X_\mu \mid \mu \neq \lambda_1, \cdots, \lambda_n \} \times G_{\lambda_1} \times \cdots \times G_{\lambda_n}$$

이다.

$$H = \prod \{ \{a_\mu\} \mid \mu \neq \lambda_1, \cdots, \lambda_n \} \times X_{\lambda_1} \times \cdots \times X_{\lambda_n}$$

라 하면 a_μ는 고정되어 있으므로 H와 $X_{\lambda_1} \times \cdots \times X_{\lambda_n}$는 서로 위상동형이다. 가정에 의하여 각 X_{λ_k} $(k=1, 2, \cdots, n)$는 연결공간이므로 8.2.6 따름정리에 의하여 $X_{\lambda_1} \times \cdots \times X_{\lambda_n}$도 연결공간이 되고 따라서 H도 X에서 연결집합이다. $p \in H$이고 C_p가 p를 포함하는 성분이므로

$$p \in H \subset C_p$$

이다. $x_{\lambda_k} \in G_{\lambda_k} \neq \varnothing$ $(k=1, 2, \cdots, n)$이므로

$$\prod \{ \{a_\mu\} \mid \mu \neq \lambda_1, \cdots, \lambda_n \} \times G_{\lambda_1} \times \cdots \times G_{\lambda_n} = B \cap H \neq \varnothing$$

가 되어 $B \cap C_p \neq \varnothing$이다. 2.4.11 따름정리에 의하여 $x \in \overline{C}_p$이고 $C_p = \overline{C}_p$이므로 $x \in C_p$이다. 따라서 $C_p = X = \prod_\lambda X_\lambda$가 되어 적공간 X는 연결공간이다. ■

8.2.8 따름정리 $X = \prod \{ \boldsymbol{R}_\lambda \mid \lambda \in \Lambda \}$ (단, $\boldsymbol{R}_\lambda = (\boldsymbol{R}, \mathcal{U})$ $\lambda \in \Lambda$)는 연결공간이다.

•증명• 8.1.20 따름정리에 의하여 $(\boldsymbol{R}, \mathcal{U})$는 연결공간이고 위 정리에 의하여 X도 연결공간이다. ■

8.2.9 보조정리 $a, b \in \boldsymbol{R}^n$, $a \neq b$, $n \geq 1$이라 하자. 선분 $\overline{ab}$는 $\boldsymbol{R}^n$에서 연결집합이다.

•증명• $a=(a_1, \cdots, a_n) \in \boldsymbol{R}^n$, $b=(b_1, \cdots, b_n) \in \boldsymbol{R}^n$이라 하자. $I=[0, 1]$이라 하고 $f: I \longrightarrow \boldsymbol{R}^n$ $(f(t)=(1-t)a+tb)$이라 하자.
$P_k: \boldsymbol{R}^n \longrightarrow \boldsymbol{R}$ $(P_k((x_1, \cdots, x_k, \cdots, x_n))=x_k$, $k=1, 2, \cdots, n)$라 하면 P_k는 k번째 좌표공간으로의 사영이다.

$P_k \circ f : I \longrightarrow \boldsymbol{R}$ $((P_k \circ f)(t) = (1-t)a_k + tb_k)$ $k = 1, 2, \cdots, n$는 연속사상이므로 f가 연속이 되어(3.2.3 정리) $f[I] = \overline{ab}$는 $\boldsymbol{R}^n$에서 연결집합이다. ■

8.2.10 정리 $A \subset \boldsymbol{R}^n$인 A가 가산집합이고 $n > 1$일 때 $\boldsymbol{R}^n - A$는 연결집합이다.

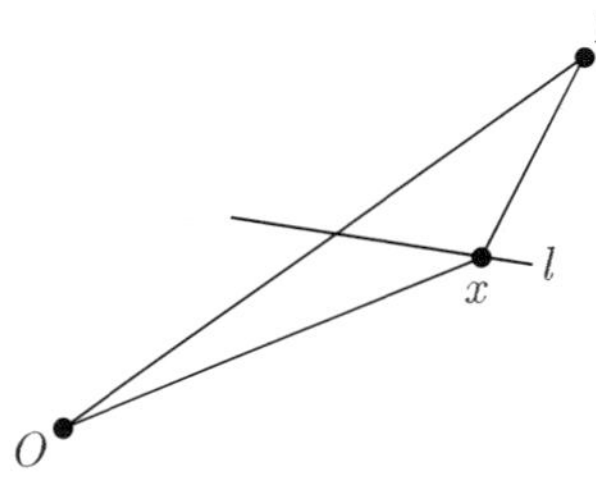

그림 8–5

•증명• $\boldsymbol{R}^n$의 원점 o가 $o \not\in A$이라 하자. 만일 $o \in A$이면 원점의 위치를 이동하면 된다. 임의의 한 점 $p \in \boldsymbol{R}^n - A$를 취하자. 선분 $\overline{op}$와 양단점(원점 o와 p점)이 아닌 한 점에서 만나는 길이 1인 선분을 l이라 하자. l상의 임의의 한 점을 $x \in l$이라 할 때 $L_x = \overline{ox} \cup \overline{xp}$라 하면 L_x는 $\boldsymbol{R}^n$에서 연결집합이다(8.2.9 보조정리 참조).

$x \in l$에 따라서 결정되는 L_x는 적어도 어느 하나는 $\boldsymbol{R}^n - A$에 포함된다. 왜냐하면 모든 $x \in l$에 대해서 $L_x \cap A \neq \varnothing$이면 점 o와 점 p가 $o, p \in \boldsymbol{R}^n - A$이므로 임의의 $x, y(\neq) \in l$에 대해서 $(L_x \cap A) \cap (L_y \cap A) = \varnothing$이다. 따라서 A는 선분 l상의 점과 일대일대응이 되는 한 부분집합을 갖게 되고, 선분 l은 비가산집합(非可算集合, uncountable set)이므로 A도 비가산집합이 되어 가정에 모순된다.

$\boldsymbol{R}^n - A$에 포함되는 한 L_x를 l_p라 하자. l_p는 $l_p \subset \boldsymbol{R}^n - A$이고 $\boldsymbol{R}^n - A$에서 연결집합이다.

$$\cup \{l_p \mid p \in \boldsymbol{R}^n - A\} = \boldsymbol{R}^n - A$$

이고 $o \in \cap \{l_p \mid p \in R^n - A\}$이므로 8.1.16 정리에 의하여 $\boldsymbol{R}^n - A$는 연결집합이다. ■

8.2.11 보조정리 위상동형사상 $f: X \longrightarrow Y$에 의하여 $X \approx Y$이고 $p \in X$일 때

$$X' = X - \{p\}, \quad Y' = Y - \{f(p)\}$$

라 하면 $X' \approx Y'$이다.

•증명•

$$g: X' \longrightarrow Y'$$
$$(x \longmapsto g(x) = f(x))$$

라 하면 f가 전단사이므로 사상 g도 전단사이다. f와 f^{-1}가 연속이고 $g = f|_{X'}$, $g^{-1} = f^{-1}|_{Y'}$이므로 g와 g^{-1}도 연속이 되고 $g: X' \longrightarrow Y'$는 위상동형사상이다. 따라서 $X' \approx Y'$이다. ■

8.2.12 정리 실직선 $\boldsymbol{R}$과 $\boldsymbol{R}^2$은 위상동형이 아니다.

•증명• 한 위상동형사상 $f: \boldsymbol{R} \longrightarrow \boldsymbol{R}^2$이 존재하여 $\boldsymbol{R} \approx \boldsymbol{R}^2$이라 하자. $a \in \boldsymbol{R}$이라 하면 8.2.11 보조정리에 의하여 $\boldsymbol{R} - \{a\} \approx \boldsymbol{R}^2 - \{f(a)\}$이어야 한다. 그러나 $\boldsymbol{R} - \{a\}$는 비연결공간이고 $\boldsymbol{R}^2 - \{f(a)\}$는 연결공간이므로(8.2.10 정리) $\boldsymbol{R} - \{a\}$와 $\boldsymbol{R}^2 - \{f(a)\}$는 위상동형이 아니다. 그러므로 $\boldsymbol{R}$과 $\boldsymbol{R}^2$은 위상동형이 아니다. ■

8.2.13 정의 한 위상공간 X상의 임의의 점을 p라 하자. 점 p의 임의의 근방이 p를 포함하는 한 연결개집합을 포함하고 있을 때 X를 **국소연결공간**(局所連結空間, locally connected space)이라 한다.

예 8.2.3 이산공간 $(X, \mathcal{D})$에서 임의의 점 p를 취하면 $\{p\}$는 연결개집합이다. 따라서 $(X, \mathcal{D})$는 국소연결공간이다. 만일 X가 두 점 이상의 원소를 갖는다면 $(X, \mathcal{D})$는 국소연결공간은 되지만 연결공간은 아니다.

예 8.2.4 $\boldsymbol{R}^2$평면에서

$$X = \{(0, y) \mid -1 \leq y \leq 1\} \cup \left\{(x, y) \,\middle|\, y = \sin\frac{1}{x}, \ 0 < x \leq 1\right\}$$

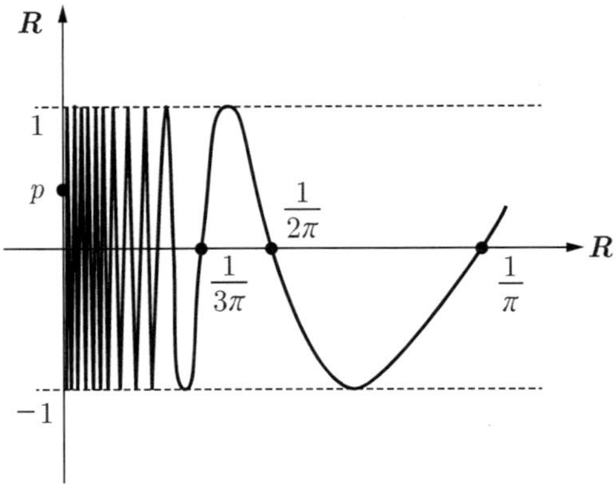

그림 8-6

이라 하자. $p=(0,\ y)$(단, $-1 \le y \le 1$)이라 하면 p의 X에서의 $\frac{1}{4}$-개근방 $S\left(p,\ \frac{1}{4}\right) \cap X$는 p를 포함하는 연결개집합을 포함하지 않는다. 따라서 X는 연결공간이지만 국소연결공간은 아니다.

8.2.14 정리 한 위상공간 X가 국소연결공간이기 위한 필요충분조건은 X의 각 개부분집합의 성분들이 개집합이 되는 것이다.

•증명• X를 국소연결공간이라 하고 G를 개부분집합이라 하자. G의 한 성분을 C라 하고 $x \in C$라 하면 X가 국소연결공간이므로 연결개집합 H가 존재하여 $x \in H \subset G$이고 따라서 $x \in H \subset C$이다. 2.2.3 정리에 의하여 C는 개집합이다.

역으로 각 개집합의 성분들이 또한 개집합이라 하자. 임의의 점 $x \in X$의 임의의 개근방을 G라 하면 G는 G에서의 성분들로 분할되고(8.2.4 정리) 따라서 x를 포함하는 G에서의 성분 C가 존재하여

$$x \in C \subset G$$

이다. 가정에 의하여 C는 연결개집합이다. 그러므로 X는 국소연결공간이다. ■

위 8.2.14 정리로부터 다음 따름정리를 얻을 수 있다.

8.2.15 따름정리 국소연결공간의 성분은 개집합이면서 폐집합이다.

•증명• X를 국소연결공간이라 하자. X의 한 성분을 C라 하면 X는 개집합이므로 8.2.14 정리에 의하여 C는 개집합이 된다. 성분 C는 8.2.2 정리에 의하여 폐집합이므로 C는 개집합이면서 폐집합이다. ■

8.2.16 따름정리 컴팩트 국소연결공간은 유한개의 성분을 갖는다.

•증명• 위상공간 X를 컴팩트 국소연결공간이라 하자. X에서의 성분 전체의 집합을 $\mathcal{C} = \{C_\lambda \mid \lambda \in \Lambda\}$라 하면 $\mathcal{C}$는 X의 한 분할이고 각 C_λ가 개집합이므로(8.2.15 따름정리) X의 개피복이 된다. X는 컴팩트이므로 $\mathcal{C} = \{C_\lambda \mid \lambda \in \Lambda\} = \{C_1, C_2, \cdots, C_n\}$이다. 즉 X는 유한개의 성분을 갖는다. ■

연.습.문.제

1. 한 위상공간의 성분(component)이 유한개라면 각 성분은 개집합임을 보여라.

Hint 8.2.2, 8.2.4 정리 참조.

2. (정의) 한 위상공간 X의 각 점 $x \in X$에 대해서 x를 품는 성분 C_x가 $C_x = \{x\}$일 때 X를 **전비연결공간**(全非連結空間, totally disconnected space)이라 한다.

실직선 $(\boldsymbol{R}, \mathcal{U})$의 부분공간 $\boldsymbol{Q} = \{x \mid x\text{는 유리수}\}$는 전비연결공간으로서 국소연결공간은 아니다. 이것을 밝혀라.

Hint $x \in \boldsymbol{Q}$라 하자. 8.2.3 정리에 의하여 x를 품는 성분 C_x가 유일하게 존재한다. 임의의 $y \in \boldsymbol{Q} - \{x\}$에 대해서 $x < y$라 하면 무리수 z가 존재해서 $x < z < y$이다. $x \in (-\infty, z)$, $y \in (z, \infty)$이므로 $y \notin C_x$이다. $\therefore\ C_x = \{x\}$

3. 국소연결공간의 개부분공간은 국소연결공간임을 보여라.

Hint X를 국소연결공간, $A \subset X$를 개부분공간이라 하면 A는 X에서 개집합이므로 임의의 $a \in A$에 대하여 X에서의 연결개집합 U_a가 존재해서 $a \in U_a \subset A$이다. U_a는 A에서도 연결개집합이다.

4. 한 위상공간 X의 한 부분집합 A가 X에서 개폐연결부분공간이면 A는 X의 한 성분임을 보여라(단, $A \neq \varnothing$).

Hint $x \in A$라 하자. $x \in A \subset C_x$이다. 임의의 점 $y \in C_x$를 취하면 가정으로부터 $\overline{A} \cap (\overline{X - A}) = \varnothing$이므로 $y \in A$이다. $\therefore\ A = C_x$

5. $(0, 1)$, $[0, 1)$, $[0, 1]$, $S^1 = \{(x, y) \mid x^2 + y^2 = 1\}$에 보통위상을 주면 서로 위상동형이 아니다. 이것을 보여라.

Hint 8.2.11 보조정리를 활용하기 위하여 각 공간에서 한 점 혹은 두 점을 제거하여 비교한다.

6. 공집합이 아닌 적공간 $\prod_{\lambda \in \Lambda} X_\lambda$가 국소연결공간이기 위한 필요충분조건은 각 좌표공간 X_λ가 국소연결공간이고 유한개를 제외한 나머지 좌표공간이 연결공간이 되는 것이다. 이것을 증명하여라.

Hint $\prod_{\lambda \in \Lambda} X_\lambda$를 국소연결공간이라 하자. 한 점 $x \in \prod_{\lambda \in \Lambda} X_\lambda$에 대하여 연결개집합 G가 존재해서 $x \in G \subset \prod_{\lambda \in \Lambda} X_\lambda$이다. 적위상(product topology)의 정의로부터 $x \in \prod_{\lambda \neq \lambda_1 \cdots \lambda_n} X_\lambda \times G_{\lambda_1} \times \cdots \times G_{\lambda_n} \subset G$(단, $G_{\lambda_k} \in \mathcal{T}_{\lambda_k}$, $(X_{\lambda_k}, \mathcal{T}_{\lambda_k})$는 좌표공간)이다. 따라서 $P_\lambda(x) = x_\lambda \in X_\lambda \subset P_\lambda[G] = X_\lambda$(단, $\lambda \neq \lambda_1, \cdots, \lambda_n$)이다. G가 연결집합이고 사영 P_λ가 연속이므로 $X_\lambda (\lambda \neq \lambda_1, \cdots, \lambda_n)$는 연결공간이다. 각 좌표공간 X_{λ_0}에서 한 점 $x_{\lambda_0} \in X_{\lambda_0}$와 x_{λ_0}의 개근방 $G_{\lambda_0} \subset X_{\lambda_0}$를 취하자. $\prod_{\lambda \neq \lambda_0} X_\lambda \times G_{\lambda_0}$는 $x = (x_\lambda)_{\lambda \in \Lambda}$의 개근방이다(단, $P_{\lambda_0}(x) = x_0$). $\prod_\lambda X_\lambda$가 국소연결공간이므로 연결개집합 V가 존재해서 $x \in V \subset \prod_{\lambda \neq \lambda_0} X_\lambda \times G_{\lambda_0}$이다. 따라서 $P_{\lambda_0}(x) = x_{\lambda_0} \subset P_{\lambda_0}[V] \subset G_{\lambda_0}$이고 사영 P_{λ_0}가 연속개사상이므로 $P_{\lambda_0}[V]$는 좌표공간 X_{λ_0}에서 연결개집합이다.

역을 증명하자. Λ의 한 유한부분집합을 T라 하고 $\tau \in T$에 대해서 X_τ만이 연결공간이 아니라 하자. 한 점 $x \in \prod_\lambda X_\lambda$와 x의 한 개근방을 G라 하자. 적공간의 정의에 의하여 $x \in \prod_{\lambda \neq \lambda_1 \cdots \lambda_n} X_\lambda \times U_{\lambda_1} \times \cdots \times U_{\lambda_n} \subset G$이고 U_{λ_i}는 좌표공간 X_{λ_i}에서 $P_{\lambda_i}(x)$의 개근방이다. 가정으로부터 연결개집합 V_{λ_i}가 존재해서 $P_{\lambda_i}(x) \subset V_{\lambda_i} \subset U_{\lambda_i}$(단, $i = 1, 2, \cdots, n$)이다. $T - \{\lambda_1, \cdots, \lambda_n\} = \{\tau_1, \cdots, \tau_k\}$라 하자. V_{τ_i}를 좌표공간 X_{τ_i}에서 $P_{\tau_i}(x)$의 연결개근방이라 하면

$$\begin{aligned} x \in \prod \{ X_\lambda \mid \lambda \neq \lambda_1 \cdots \lambda_n,\ \tau_1 \cdots \tau_k \} \\ \times V_{\lambda_1} \times \cdots \times V_{\lambda_n} \times V_{\tau_1} \times \cdots \times V_{\tau_k} \subset G \end{aligned}$$

이다.

8.3 호, 호상연결성

$I=[0,\ 1]$의 단위폐구간이라 하자.

8.3.1 정의 X를 위상공간이라 하자. 연속사상 $f: I \longrightarrow X$를 X상의 $f(0)=a$로부터 $f(1)=b$로의 **호**(弧 혹은 道, arc or path)라 하고 $f(0)=a$를 호 f의 **시점**(始點, initial point), $f(1)=b$를 호 f의 **종점**(終點, terminal point)이라 한다.

예 8.3.1 (1) 위상공간 X상의 한 점 p에 대하여 사상

$$c_p: I \longrightarrow X$$
$$(t \longmapsto c_p(t)=p)$$

는 연속이 되어 X상의 한 호가 된다. 사상 c_p를 점 p에서의 **정치호**(定値弧, constant path at p) 또는 **상수사상**(constant map)이라 한다.

(2) $f: I \longrightarrow X$가 $f(0)=a$로부터 $f(1)=b$로의 호라면 $g(t)=f(1-t)$(단, $t \in I$)는 $g(0)=b$로부터 $g(1)=a$로의 호이다.

8.3.2 정의 A를 위상공간 X의 한 부분집합이라 하자. 임의의 두 점 $a,\ b \in A$에 대하여 a로부터 b로의 호 $f: I \longrightarrow X$가 존재하여 $f[I] \subset A$일 때 A를 **호상연결집합**(弧狀連結集合, arcwise connected set or pathwise connected set)이라 한다.

연결성과 호상연결성 사이의 관계는 다음과 같다.

8.3.3 정리 호상연결집합은 연결집합이다.

•증명• A를 위상공간 X의 한 호상연결집합이라 하자. 한 점 $p \in A$를 고정하자. A가 호상연결집합이므로 임의의 $a \in A$에 대하여 연속사상 $f_a: I \longrightarrow X$가 존재하여 $f_a(0) = p,\ f_a(1) = a$이고, $f_a[I] \subset A$이다. $a \in f_a[I]$이므로

$$A = \cup \{f_a[I] \mid a \in A\}$$

이다. 한편 $I = [0,\ 1]$이 연결집합이고(8.1.19 정리) f_a가 연속이므로 $f_a[I]$는 X에서 연결집합이고, $p \in \cap \{f_a[I] \mid a \in A\}$이므로 $\{f_a[I] \mid a \in A\}$의 어느 두 개도 분리된 집합들이 아니다. 따라서 8.1.16 정리에 의하여 $A = \cup \{f_a[I] \mid a \in A\}$는 연결집합이다. ■

8.3.4 정리 호상연결집합의 연속사상에 의한 상은 또한 호상연결집합이다.

•증명• $f: X \longrightarrow Y$를 연속사상이라 하고 $A \subset X$를 호상연결집합이라 하자. $f[A]$가 Y에서 호상연결집합임을 보이자. 임의의 두 점 $p,\ q \in f[A]$를 취하자. 적당한 $a,\ b \in A$가 존재하여 $f(a) = p,\ f(b) = q$이다. A가 호상연결집합이므로 호 $g: I \longrightarrow X$가 존재하여

$$g(0) = a, \quad g(1) = b, \quad g[I] \subset A$$

이다. f와 g가 연속이므로

$$f \circ g: I \longrightarrow Y$$

도 연속이고

$$(f \circ g)(0) = f(a) = p, \quad (f \circ g)(1) = f(b) = q, \quad (f \circ g)[I] \subset f[A]$$

이므로 $f[A]$는 호상연결집합이다. ■

8.3.5 정리 $f: I \longrightarrow X$를 a로부터 b로의 호라 하고 $g: I \longrightarrow X$를 b로부터 c로의 호라 할 때 $f * g$ 사상을

$$(f*g)(t)=\begin{cases} f(2t) & 0\le t\le \frac{1}{2} \\ g(2t-1) & \frac{1}{2}\le t\le 1 \end{cases}$$

로 정의하면 $f*g: I \longrightarrow X$는 a로부터 c로의 호가 된다.

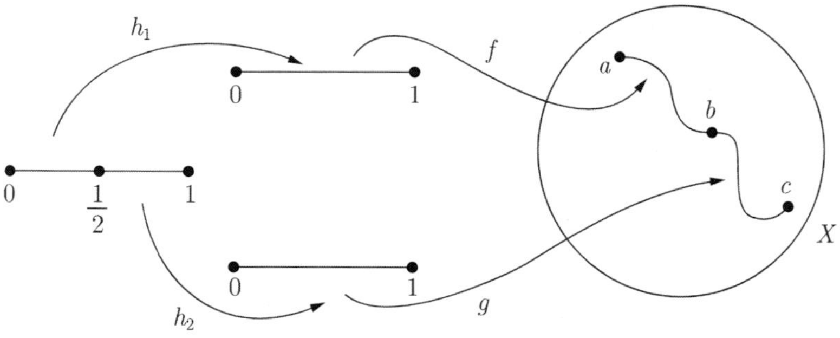

그림 8–7

•증명• $h_1(t)=2t\left(0\le t\le \frac{1}{2}\right)$이라 하고 $h_2(t)=2t-1\left(\frac{1}{2}\le t\le 1\right)$이라 하자. $h_1(t)$와 $h_2(t)$는 연속사상들이다. 따라서 f와 g가 연속이므로

$$(f\circ h_1)(t)=f(2t) \quad \left(0\le t\le \frac{1}{2}\right)$$
$$(g\circ h_2)(t)=g(2t-1) \quad \left(\frac{1}{2}\le t\le 1\right)$$

도 연속사상들이다.

$I=[0,\ 1]=\left[0,\ \frac{1}{2}\right]\cup\left[\frac{1}{2},\ 1\right]$, $\left\{\frac{1}{2}\right\}=\left[0,\ \frac{1}{2}\right]\cap\left[\frac{1}{2},\ 1\right]$이고

$$(f\circ h_1)\left(\frac{1}{2}\right)=f(1)=g(0)=(f\circ h_2)\left(\frac{1}{2}\right)=b$$

이므로 3.1.9 정리에 의하여

$$(f*g)(t)=\begin{cases} (f\circ h_1)(t) & \left(0\le t\le \frac{1}{2}\right) \\ (g\circ h_2)(t) & \left(\frac{1}{2}\le t\le 1\right) \end{cases}$$

로 정의한 사상 $f * g: I \longrightarrow X$는 연속이다. $(f * g)(0) = a$이고 $(f * g)(1) = c$ 이므로 $f * g$는 a로부터 c로의 한 호이다. ■

8.3.6 정리 $\mathscr{A} = \{A_\lambda \mid \lambda \in \Lambda\}$를 위상공간 X에서의 호상연결집합의 한 족이라 하자. $\cap \{A_\lambda \mid \lambda \in \Lambda\} \neq \varnothing$이면 $\cup \mathscr{A} = \cup \{A_\lambda \mid \lambda \in \Lambda\}$도 호상연결집합이다.

•증명• 임의의 $a, b \in \cup \{A_\lambda \mid \lambda \in \Lambda\}$을 취하면 적당한 A_λ와 A_μ가 존재하여 $a \in A_\lambda$, $b \in A_\mu$이다. $p \in \cap \{A_\lambda \mid \lambda \in \Lambda\} \neq \varnothing$인 점 p를 취하면 $p \in A_\lambda$, $p \in A_\mu$이므로 연속사상 $f, g: I \longrightarrow X$가 존재하여

$$f(0) = a,\ f(1) = p \quad f[I] \subset A_\lambda \subset (\cup \mathscr{A})$$
$$g(0) = p,\ g(1) = b \quad g[I] \subset A_\mu \subset (\cup \mathscr{A})$$

이다. 8.3.5 정리에 의하여 연속사상

$$f * g: I \longrightarrow X$$

는 $(f * g)(0) = a$, $(f * g)(1) = b$, $(f * g)[I] \subset (A_\lambda \cup A_\mu) \subset (\cup \mathscr{A})$를 만족하는 한 호이므로 $\cup \mathscr{A}$는 호상연결집합이다. ■

8.3.7 보조정리 2차원 유클리드 공간 $\boldsymbol{R}^2$에서 개원근방 D는 호상연결집합이다.

•증명• 임의의 $p = (a_1, a_2)$, $q = (b_1, b_2) \in D$를 취하자. 함수 f를

$$f: I \longrightarrow \boldsymbol{R}^2$$
$$(t \longmapsto f(t) = (1-t)p + tq)$$

이라 하면 $f(0) = p$, $f(1) = q$이고 $f[I]$는 p와 q를 연결하는 선분이므로 $f[I] \subset D$이고 f는 연속이므로 f는 p로부터 q로의 호가 된다. 따라서 D는 호상연결집합이다. ■

8.3.8 정리 A를 $\boldsymbol{R}^2$에서의 공집합이 아닌 개부분집합으로서 연결집합이라 하면 A는

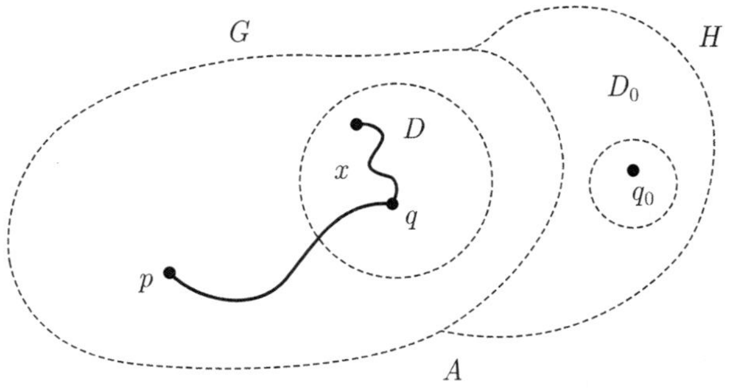

그림 8-8

호상연결집합이다.

•증명• A에서 한 점 p를 취하자. A 안에서 p와 호로 연결되는 $a \in A$ 전체를 G라 하자. 즉

$$G = \{a \in A \mid \text{호 } f: I \longrightarrow A\text{가 존재하여 } f(0) = p,\ f(1) = a\}$$

이라 하자. G는 호상연결집합이다. G가 개집합임을 보이자. 임의의 점 $q \in G \subset A$를 택하자. A가 $\boldsymbol{R}^2$에서 개집합이므로 q를 중심으로 하는 개원근방 D가 존재하여 $q \in D \subset A$이다. 8.3.7 보조정리에 의하여 D는 호상연결집합이므로 임의의 점 $x \in D$는 q와 호로 연결이 가능하고 $q \in G$이므로 p와 q는 호로 연결이 가능하다. 따라서 x는 p와 호로 연결된다(그림 8-8 참조). 따라서 $q \in D \subset G$이다. 그러므로 G는 $\boldsymbol{R}^2$에서 개집합이다. $H = A - G$라 하자. H가 $\boldsymbol{R}^2$에서 개집합임을 보이자. 임의의 점 $q_0 \in H$를 취하면 $q_0 \in A$이고 A가 개집합이므로 q_0를 중심으로 하는 개원근방 D_0가 존재해서 $q_0 \in D_0 \subset A$이다. D_0가 호상연결집합이므로 임의의 점 $y \in D_0$는 p와 연결될 수 없다. 따라서 $y \in D_0 \subset H$가 되고 $q_0 \in D_0 \subset H$이므로 H는 개집합이 된다. $G \cap H = \varnothing$이고 $A = G \cup H$이므로 H가 공집합이 아니면 A는 비연결집합이 되어 가정에 모순된다. 고로 $H = \varnothing$가 되며 $A = G$이고 따라서 A는 호상연결집합이다. ■

위 정리를 통해서 짐작할 수 있는 것과 같이 일반적으로 연결집합은 호상연결집합은 아니다. 그 반례를 들어보자.

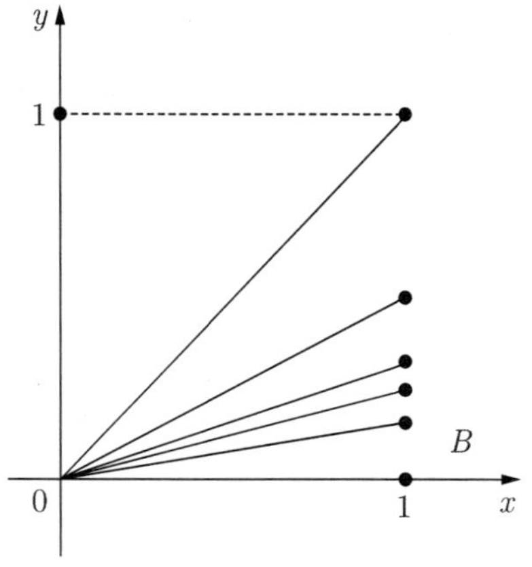

그림 8-9

예 8.3.2 2차원 유클리드 평면 $\boldsymbol{R}^2$에서 다음과 같은 $\boldsymbol{R}^2$의 부분집합 Y를 만들자.

$$A = \left\{(x,\ y) \,\middle|\, y = \frac{x}{n},\ 0 \le x \le 1,\ n = 1,\ 2,\ \cdots\right\},\quad B = \{(1,\ 0)\}$$

라 하면 $Y = A \cup B$는 연결집합이지만 호상연결집합은 아니다.

8.3.9 정의 한 위상공간 X상의 극대호상연결집합을 X의 **호상성분**(弧狀成分, path component)이라 한다.

X의 한 호상성분을 A라 하면 $A \subset B$인 호상연결집합 B가 존재할 때 A는 극대호상연결집합이므로 $A = B$이어야 한다. $X \neq \varnothing$이므로 호상성분 A는 $A \neq \varnothing$이다.

예 8.3.3 예 8.3.2에서 Y의 호상성분은 A와 B 두 개이다.

8.3.10 정리 위상공간 X의 한 호상성분은 X의 한 성분에 포함된다.

•증명• X의 한 호상성분 A는 호상연결집합이므로 8.3.3 정리에 의하여 연결집합이다. $A \neq \varnothing$이므로 한 점 $p \in A$를 취하면 p를 품는 성분 C_p가 존재하여(8.2.3 정리) $p \in A \subset C_p$이다. ■

8.3.11 정의 한 위상공간 X의 임의의 점 p에 대해서 p의 임의의 근방 U가 호상연결집합인 p의 한 근방 V를 포함할 때 X를 **국소호상연결공간**(局所弧狀連結空間, locally pathwise connected space)이라 한다.

8.3.12 정리 위상공간 X가 연결공간이고 국소호상연결공간이면 X는 호상연결공간이다.

•증명• 점 $a \in X$를 택하자. a와 호로 연결되는 X상의 점 전체를 G라 할 때 $X = G$임을 보이면 X는 호상연결공간이 된다. $a \in G$이므로 $G \neq \varnothing$이다. 임의의 점 $b \in G$를 취하면 X가 국소호상연결공간이므로 호상연결집합인 b의 근방 V_b가 존재한다. V_b의 각 점 x는 b와 호로 연결되므로 x는 a와 호로 연결된다(8.3.5 정리). 따라서 $x \in G$이고, $b \in V_b \subset G$이다. G는 b의 근방이므로 2.2.3 정리에 의하여 G는 개집합이다. $p \in \overline{G}$라 하자. 호상연결집합인 p의 한 근방 V_p가 존재한다. $p \in \overline{G}$이므로 $V_p \cap G \neq \varnothing$이고 점 $y \in V_p \cap G \neq \varnothing$가 존재한다. $y \in G$이므로 a와 y는 호로 연결되고 y와 p가 호로 연결되므로 8.3.5 정리에 의하여 a와 p는 호로 연결된다. 그러므로 $p \in G$이다. 따라서 $\overline{G} = G$이므로 G는 폐집합이다. X는 연결공간이고 개집합이면서 폐집합인 집합은 $\varnothing$과 X뿐이므로 $X = G$이다. ■

연.습.문.제

1. 한 위상공간 X상의 두 점을 x, y라 하자.

$$x \sim y \iff x\text{와 } y\text{를 연결하는 호가 존재한다.}$$

라 하면 $\sim$은 X상의 한 동치관계임을 보여라.

2. 연습문제 1번에서 정한 X상의 동치관계 $\sim$에 의한 X상의 동치류는 X의 호상성분임을 보여라.

3. X가 국소호상연결공간이기 위한 필요충분조건은 각 개집합의 호상성분이 개집합이 되는 것임을 증명하여라.

   Hint 8.2.14 정리를 활용.

4. X의 호상성분은 일반적으로 폐집합이 아님을 보여라.

   Hint 예 8.3.2에서 Y에서의 한 호상성분 A는 Y에서 폐집합이 아님.

5. X가 국소호상연결공간일 때 호상성분은 개집합이면서 동시에 폐집합임을 증명하여라.

   Hint X의 한 호상성분을 A라 하자. $p \in A$라 하면 호상연결 집합인 p의 근방 V가 존재하여 $p \in V \subset A$이다. $p \in \overline{A}$이면 $V \cap A \neq \varnothing$이므로 $p \in A$가 되어 $\overline{A} \subset A$이다.

6. 비이산공간(indscrete space)은 호상연결공간임을 보여라.

   Hint 비이산공간 X에서 임의의 두 점 $a,\ b \in X$를 취하여 $f: I \longrightarrow X$ $(f[[0,\ 1)] = \{a\},\ f(1) = b)$라 하면 f는 X상의 한 호이다.

7. X의 성분은 호상성분에 의하여 분할됨을 보여라.

   Hint 8.3.10 정리를 활용.

제9장 거리공간

이 장에서는 컴팩트성보다는 약한 성질에 해당하는 완비성의 개념과 그 성질을 다루고자 한다. 완비성은 본질적으로 위상적 성질 중의 하나이다. 완비성은 일반적으로 균등공간(uniform space)에서 정의되지만, 이 장에서는 균등공간의 특별한 경우에 해당하는 거리공간의 완비성에 관한 것만 다루기로 한다.

9.1 완비성(完備性, completeness)

9.1.1 정의 (x_n)을 거리공간 (X, d)에서의 한 점열이라 하자. 임의의 $\varepsilon > 0$에 대하여 적당한 자연수 n_0가 존재하여

$$m,\ n \ge n_0 \text{인 } m,\ n \text{에 대하여 } d(x_m,\ x_n) < \varepsilon$$

일 때 점열 (x_n)을 **코시점열** 또는 **코시수열**(Cauchy sequence)이라 한다.

예 9.1.1 보통거리공간 $(\boldsymbol{R},\ d)$는 임의의 $x,\ y \in \boldsymbol{R}$에 대하여 $d(x,\ y) = |x - y|$로 정의하였다. 수열 $\left(1,\ \frac{1}{2},\ \cdots,\ \frac{1}{n},\ \cdots\right)$은 $(\boldsymbol{R},\ d)$에서 코시수열이다. 왜냐하면 임의의 $\varepsilon > 0$에 대하여 적당한 자연수 n_0가 존재하여

$$0 < \frac{1}{n_0} < \varepsilon$$

이 성립하고 임의의 $m,\ n \ge n_0$에 대하여

$$d\left(\frac{1}{m},\ \frac{1}{n}\right) = \left|\frac{1}{m} - \frac{1}{n}\right| < \frac{1}{n_0} < \varepsilon$$

이기 때문이다.

9.1.2 정리 거리공간상의 수렴점열은 코시점열이다.

•증명• 거리공간 $(X,\ d)$에서의 한 수렴점열을 (x_n)이라 하자. 따라서 적당한 점 $p \in X$가 존재하여 $x_n \longrightarrow p$이다. 수렴점열의 정의에 의해 임의의 $\varepsilon > 0$에 대해서 적당한 자연수 n_0가 존재하여 $m,\ n \ge n_0$일 때 $d(x_m,\ p) < \frac{\varepsilon}{2}$, $d(x_n,\ p) < \frac{\varepsilon}{2}$

이 성립한다. 따라서 $d(x_m, x_n) \le d(x_m, p) + d(p, x_n) < \frac{\varepsilon}{2} + \frac{\varepsilon}{2} = \varepsilon$이다. 즉

$$m, n \ge n_0 \Longrightarrow d(x_m, x_n) < \varepsilon$$

이므로 (x_n)은 코시점열이다. ■

예 9.1.2 $Y = (0, 1)$는 보통거리함수 d에 의하여 거리공간이 된다. (Y, d)는 $(\boldsymbol{R}, d)$의 한 부분공간이다. (Y, d)에서의 코시점열

$$\left(\frac{1}{2}, \cdots, \frac{1}{n}, \cdots\right)$$

은 (Y, d)에서 수렴하지 않는다. 왜냐하면 $0 \notin Y$이기 때문이다.

9.1.3 정의 거리공간 (X, d)에서의 모든 코시점열이 항상 수렴하면 (X, d)를 **완비거리공간**(完備距離空間, complete metric space)이라 한다.

예 9.1.3 실직선 $(\boldsymbol{R}, d)$는 완비거리공간이다. $\boldsymbol{Q}$를 유리수 전체의 집합이라 하면 $(\boldsymbol{R}, d)$의 부분공간 $(\boldsymbol{Q}, d)$는 완비거리공간이 아니다. 왜냐하면 유리수열 $(1, 1.4, 1.414, \cdots)$는 $\sqrt{2}$에 수렴하고 $\sqrt{2} \notin \boldsymbol{Q}$이므로 $\boldsymbol{Q}$에서의 이 코시수열은 $\boldsymbol{Q}$에서 수렴하지 않기 때문이다.

일반적인 거리공간의 완비화에 관하여 생각해 보자.

9.1.4 정의 (X, d)와 (Y, ρ)를 두 개의 거리공간이라 하자. 전단사 $f: X \longrightarrow Y$가 존재하여 임의의 $x, y \in X$에 대하여 $d(x, y) = \rho(f(x), f(y))$일 때 f를 **등거리사상**(等距離寫像, isometry)이라 하고, X와 Y를 **등거리동형**(等距離同型, isometric)이라 한다.

등거리동형인 두 거리공간은 위상동형이다. 그러나 그 역은 성립하지 않는다.

거리공간 (X, d)와 (Y, ρ)가 등거리동형일 때 두 거리공간은 같은 것으로 생각한다.

9.1.5 정의 한 거리공간 (X, d)가 한 완비거리공간의 조밀한 부분공간과 등거리동형(isometric)일 때 그 완비거리공간을 (X, d)의 **완비화**(完備化, completion)라 한다.

예 9.1.4 $(\boldsymbol{R}, d)$의 부분공간 $(0, 1)$은 완비거리공간이 아니다. $[0, 1]$은 $(0, 1)$의 완비화이다.

9.1.6 정리 임의의 거리공간 (X, d)는 적당한 한 완비거리공간의 조밀한 부분공간과 등거리동형이 되도록 할 수 있다. 또 X의 모든 완비화 거리공간들은 서로 등거리동형이다.

•증명• (X, d)를 거리공간이라 하자.

$$c[X] = \{(x_n) \mid (x_n)\text{은 } X\text{에서 코시점열}\}$$

이라 놓고 $c[X]$상에 다음과 같은 관계(relation) $\sim$를 도입하자.

$(a_n), (b_n) \in c[X]$에 대하여

$$(a_n) \sim (b_n) \Longleftrightarrow \lim_{n\to\infty} d(a_n, b_n) = 0$$

이라 하자.

(1) $c[X]$상의 관계 $\sim$가 $c[X]$상에서 동치관계임을 보이자.

(i) $d(a_n, a_n) = 0$이므로 $\lim_{n\to\infty} d(a_n, a_n) = 0$이 되어

$$(a_n) \sim (a_n)$$

이다.

(ii) $(a_n) \sim (b_n)$이라 하자. 관계 $\sim$의 정의로부터 $\lim_{n\to\infty} d(a_n, b_n) = 0$이고

$$0 = \lim_{n\to\infty} d(a_n, b_n) = \lim_{n\to\infty} d(b_n, a_n)$$

이므로 $(b_n) \sim (a_n)$이다.

(iii) $(a_n) \sim (b_n)$, $(b_n) \sim (c_n)$이라 하자.

$$\lim_{n\to\infty} d(a_n,\ b_n) = 0 \text{이고 } \lim_{n\to\infty} d(b_n,\ c_n) = 0$$

이다. 임의의 n에 대하여

$$0 \le d(a_n,\ c_n) \le d(a_n,\ b_n) + d(b_n,\ c_n)$$

이므로 $\lim_{n\to\infty} d(a_n,\ c_n) = 0$이다. 따라서 $(a_n) \sim (c_n)$이다.

(i), (ii), (iii)에 의하여 $\sim$은 $c[X]$상에서 동치관계가 된다.
임의의 $(a_n) \in c[X]$에 대하여

$$[(a_n)] = \{(x_n) \mid (a_n) \sim (x_n)\}$$

이라 놓으면

$$c[X]/\sim\ = \{[(a_n)] \mid (a_n) \in c[X]\}$$

이다. $c[X]/\sim\ = \alpha X$라 놓자.

$$\rho : \alpha X \times \alpha X \longrightarrow \boldsymbol{R}$$
$$([(a_n)],\ [(b_n)]) \longmapsto \rho([(a_n)],\ [(b_n)]) = \lim_{n\to\infty} d(a_n,\ b_n)$$

과 같이 함수 ρ를 정의하자(연습문제 9-1 8. 참조).

(2) ρ는 잘 정의된 함수임을 보이자.
$(a_n) \sim (a_n')$, $(b_n) \sim (b_n')$라 하자. 즉 $[(a_n)] = [(a_n')]$, $[(b_n)] = [(b_n')]$이라 하자. 각 n에 대하여

$$d(a_n,\ b_n) \le d(a_n,\ a_n') + d(a_n',\ b_n') + d(b_n',\ b_n)$$

이다. $\lim_{n\to\infty} d(a_n,\ a_n') = 0$, $\lim_{n\to\infty} d(b_n,\ b_n') = 0$이므로

$$\lim_{n\to\infty} d(a_n,\ b_n) \le \lim_{n\to\infty} d(a_n',\ b_n')$$

이다.

$$\lim_{n\to\infty} d(a_n', b_n') \le \lim_{n\to\infty} d(a_n, b_n)$$

도 같은 방법으로 증명된다. 따라서

$$\lim_{n\to\infty} d(a_n, b_n) = \lim_{n\to\infty} d(a_n', b_n')$$

이다. 고로 $\rho([(a_n)], [(b_n)]) = \rho([(a_n')], [(b_n')])$이므로 함수 ρ는 잘 정의된 함수이다.

(3) ρ는 αX상에서 한 거리함수임을 보이자.
$[(a_n)], [(b_n)], [(c_n)] \in \alpha X$에 대하여

(i) $\rho([(a_n)], [(a_n)]) = \lim_{n\to\infty} d(a_n, a_n) = 0$

$\rho([(a_n)], [(b_n)]) = \lim_{n\to\infty} d(a_n, b_n) \ge 0$

(ii) $\rho([(a_n)], [(b_n)]) = \lim_{n\to\infty} d(a_n, b_n)$

$= \lim_{n\to\infty} d(b_n, a_n) = \rho([(b_n)], [(a_n)])$

(iii) 각 n에 대하여 $d(a_n, c_n) \le d(a_n, b_n) + d(b_n, c_n)$이므로 $\lim_{n\to\infty} d(a_n, c_n) \le \lim_{n\to\infty} d(a_n, b_n) + \lim_{n\to\infty} d(b_n, c_n)$이다.

따라서 $\rho([(a_n)], [(c_n)]) \le \rho([(a_n)], [(b_n)]) + \rho([(b_n)], [(c_n)])$이다.
$\rho([(a_n)], [(b_n)]) = \lim_{n\to\infty} d(a_n, b_n) = 0$이면 $(a_n) \sim (b_n)$이므로 $[(a_n)] = [(b_n)]$이다. 따라서

(iv) $[(a_n)] \ne [(b_n)]$이면 $\rho([(a_n)], [(b_n)]) > 0$이다.

(i), (ii), (iii), (iv)에 의하여 ρ는 αX상에서 거리함수이고 $(\alpha X, \rho)$는 거리공간이다.

각 점 $x \in X$에 대하여 $(x, x, \cdots, x, \cdots) \in c[X]$이다.

$$\dot{x} = [(x, x, \cdots, x, \cdots)], \quad \dot{X} = \{\dot{x} \mid x \in X\}$$

라 놓자. $\dot{X}$은 αX의 한 부분집합이다. 즉 $(\dot{X},\ \rho)$는 $(\alpha X,\ \rho)$의 한 부분공간이다.

(4) $\dot{X}$는 αX의 조밀한 부분집합임을 보이자.

αX의 임의의 점은 $\dot{X}$에서의 한 점열의 극한점임을 보이면 충분하다. αX의 임의의 점 $[(a_n)]$을 취하자. 각 n에 대하여 $\dot{a}_n \in \dot{X} \subset \alpha X$이다. (a_n)은 코시 점열이므로 임의의 $\varepsilon > 0$에 대하여 적당한 자연수 n_0가 존재하여 $m,\ n \ge n_0$일 때 $d(a_m,\ a_n) < \dfrac{\varepsilon}{2}$이 성립한다.

$$\lim_{n\to\infty} d(a_m,\ a_n) \le \frac{\varepsilon}{2} < \varepsilon \quad (\text{단, } m\text{은 고정하였음})$$

이다.

$$\begin{aligned}\lim_{n\to\infty} d(a_m,\ a_n) &= \rho([(a_m,\ a_m,\ \cdots,\ a_m,\ \cdots)],\ [(a_1,\ a_2,\ \cdots,\ a_n,\ \cdots)]) \\ &= \rho(\dot{a}_m,\ [(a_n)]) < \varepsilon\end{aligned}$$

즉, 임의의 $\varepsilon > 0$에 대하여 적당한 자연수 n_0가 존재하여 $m \ge n_0$일 때

$$\rho(\dot{a}_m,\ [(a_1,\ a_2,\ \cdots,\ a_n,\ \cdots)]) < \varepsilon$$

이다. 따라서 $(\dot{a}_1,\ \dot{a}_2,\ \cdots,\ \dot{a}_m\ \cdots) \longrightarrow [(a_n)]$이다. 그러므로 $\dot{X}$는 αX의 조밀한 부분집합이다.

(5) $(X,\ d)$와 $(\dot{X},\ \rho)$는 등거리동형임을 보이자. 사상 f를

$$f : X \longrightarrow \dot{X}$$
$$(x \longmapsto \dot{x})$$

와 같이 정의하자. 임의의 $a,\ b \in X$에 대하여

$$\begin{aligned}\rho(\dot{a},\ \dot{b}) &= \rho([(a,\ a,\ \cdots,\ a,\ \cdots)],\ [(b,\ b,\ \cdots,\ b,\ \cdots)]) \\ &= \lim_{n\to\infty} d(a,\ b) = d(a,\ b)\end{aligned}$$

고로 $d(a, b) = \rho(\dot{a}, \dot{b}) = \rho(f(a), f(b))$이므로 f는 등거리사상이 되고, 따라서 (X, d)와 $(\dot{X}, \rho)$는 등거리동형이다.

(6) $(\alpha X, \rho)$가 완비거리공간임을 보이자.

αX에서의 임의의 코시점열을 $(\alpha_1, \alpha_2, \cdots, \alpha_n, \cdots)$라 하자. $\dot{X}$는 αX에서 조밀하므로 임의의 자연수 n에 대해서 $\dot{a}_n \in \dot{X}$가 존재하여

$$\rho(\dot{a}_n, \alpha_n) < \frac{1}{n} \quad (n = 1, 2, \cdots)$$

이 성립한다.

$(\dot{a}_1, \cdots, \dot{a}_n, \cdots)$가 코시점열임을 보이자.

$$\rho(\dot{a}_m, \dot{a}_n) \le \rho(\dot{a}_m, \alpha_m) + \rho(\alpha_m, \alpha_n) + \rho(\alpha_n, \dot{a}_n)$$

이다. (α_n)이 코시점열이므로, 임의의 $\varepsilon > 0$에 대하여 적당한 자연수 n_0가 존재하여

$$m, n \ge n_0 \Longrightarrow \rho(\alpha_m, \alpha_n) < \frac{\varepsilon}{3}, \quad 0 < \frac{1}{m}, \quad \frac{1}{n} \le \frac{1}{n_0} < \frac{\varepsilon}{3}$$

이 성립한다. 따라서 $m, n \ge n_0$일 때

$$\rho(\dot{a}_m, \dot{a}_n) < \frac{1}{m} + \frac{\varepsilon}{3} + \frac{1}{n} < \varepsilon$$

이 되고 $(\dot{a}_n)$는 코시점열이다. (5)에 의하여

$$\rho(\dot{a}_m, \dot{a}_n) = d(a_m, a_n)$$

이므로 $(\dot{a}_n)$이 코시점열이면 (a_n)도 코시점열이다. 따라서

$$[(a_n)] \in \alpha X$$

이다. (4)에 의하여 $\dot{a}_n \longrightarrow [(a_n)]$이 성립한다. 코시점열 $(\alpha_1, \alpha_2, \cdots, \alpha_n, \cdots)$가 $p = [(a_n)]$에 수렴함을 보이자.

$$\rho(\alpha_n,\ p) \le \rho(\alpha_n,\ \dot{a}_n) + \rho(\dot{a}_n,\ p)$$

이므로

$$\begin{aligned}\lim_{n\to\infty}\rho(\alpha_n,\ p) &\le \lim_{n\to\infty}\rho(\alpha_n,\ \dot{a}_n) + \lim_{n\to\infty}\rho(\dot{a}_n,\ p)\\ &\le \lim_{n\to\infty}\frac{1}{n} + \lim_{n\to\infty}\rho(\dot{a}_n,\ [(a_n)]) = 0\end{aligned}$$

이다. 따라서 $\alpha_n \longrightarrow p = [(a_n)]$이다.

(1)~(6)에 의하여 9.1.6 정리의 전반부가 증명되었다.

(7) 정리의 후반부를 증명하기 위하여, $(Y,\ e)$를 $(X,\ d)$의 또 다른 완비화라 할 때 αX와 Y는 등거리동형임을 보이자. αX와 Y는 X의 완비화이므로 $X \subset \alpha X$, $X \subset Y$로 볼 수 있다.

αX와 Y가 등거리동형임을 보이기 위하여 한 함수 $f: Y \longrightarrow \alpha X$를 다음과 같이 정의하자.

X는 Y에서 조밀하므로 임의의 점 $p \in Y$에 대하여 X 안에 적당한 점열 (a_n)이 존재하여 $a_n \longrightarrow p$이다.

$$\begin{aligned}&f: (Y,\ e) \longrightarrow (\alpha X,\ \rho)\\ &\quad (p \longmapsto f(p) = [(a_n)])\ \ (\text{단, } a_n \longmapsto p)\end{aligned}$$

이라 하자.

(a) f는 잘 정의된 함수이다. 왜냐하면 $a_n \longrightarrow p$이고 $a_n^{'} \longrightarrow p$이면(단, $a_n,\ a_n^{'} \in X$)

$$d(a_n,\ a_n^{'}) \le d(a_n,\ p) + d(p,\ a_n^{'})$$

이므로 $\lim_{n\to\infty} d(a_n,\ a_n^{'}) \le \lim_{n\to\infty} d(a_n,\ p) + \lim_{n\to\infty} d(p,\ a_n^{'}) = 0$이 성립되어 $(a_n) \sim (a_n^{'})$이고 $[(a_n)] = [(a_n^{'})]$이기 때문이다.

(b) f는 전사이다. 왜냐하면 임의의 $[(a_n)] \in \alpha X$에 대하여, (a_n)이 X에서

코시점열이고 Y가 완비거리공간이므로, (a_n)은 Y상의 한 점 p에 수렴하고, f의 정의로부터 $f(p)=[(a_n)]$이기 때문이다.

(c) $p, q \in Y$라 하자. X가 Y에서 조밀하므로 X안에 점열 (a_n), (b_n)이 존재하여 $a_n \longrightarrow p$, $b_n \longrightarrow q$이다.

$$\begin{aligned}\rho(f(p), f(q)) &= \rho([(a_n)], [(b_n)]) = \lim_{n\to\infty} d(a_n, b_n) \\ &= \lim_{n\to\infty} e(a_n, b_n) = e\left(\lim_{n\to\infty} a_n, \lim_{n\to\infty} b_n\right) = e(p, q)\end{aligned}$$

주의 (X, d)는 (Y, e)의 부분거리공간이고 임의의 $a, b \in X$에 대하여 $d(a, b) = e(a, b)$이다. 또 Y에서의 거리함수 e는 연속이므로 $a_n \longrightarrow p$, $b_n \longrightarrow q$ 일 때

$$\lim_{n\to\infty} e(a_n, b_n) = e\left(\lim_{n\to\infty} a_n, \lim_{n\to\infty} b_n\right)$$

이다.

(c)의 결과로부터 f가 단사임은 분명하다.

(a), (b), (c)에 의하여 함수 f는 전단사 등거리사상이고, 따라서 Y와 αX는 등거리동형이다. ■

자연수를 확장하여 정수를 만들고 정수를 확장하여 유리수를 만드는 과정은 대수적 방법에 의한다. 유리수를 확장하여 실수를 만드는 과정은 여러 가지 방법이 있다. 그 중의 하나가 위에서의 완비화의 방법이다. 즉 실수집합 $\boldsymbol{R}$은 다음과 같이 정의할 수 있다.

$$\boldsymbol{R} = \{[(a_n)] \mid (a_n)\text{는 유리수집합에서의 코시수열}\}$$

실수집합 $\boldsymbol{R}$은 유리수집합의 한 완비화공간이다.

연.습.문.제

1. 거리공간 (X, d)에서 코시점열은 전유계집합임을 보여라.

2. (a_n)을 거리공간 (X, d)에서의 한 점열이라 하자.
$A_n = \{a_n, a_{n+1}, \cdots\}$ $(n = 1, 2, \cdots)$이라 놓으면 (a_n)이 코시점열이기 위한 필요충분조건은 $d(A_n) \longrightarrow 0$임을 밝혀라.

3. (a_n)을 거리공간 (X, d)에서 코시점열이라 하고 (b_n)을 한 점열이라 하자. 만일 임의의 자연수 n에 대하여 $d(a_n, b_n) < \dfrac{1}{n}$이면

(i) (b_n)은 코시점열이고

(ii) $a_n \longrightarrow p$일 때 $b_n \longrightarrow p$임을 증명하여라.

Hint (i) $^\forall \varepsilon > 0$, $^\exists n_0$ s.t. ① $\dfrac{1}{n_0} < \dfrac{\varepsilon}{3}$

② $m, n \geq \quad \Longrightarrow d(a_m, a_n) < \dfrac{\varepsilon}{3}$

$$d(b_m, b_n) \leq d(b_m, a_m) + d(a_m, a_n) + d(a_n, b_n) < \quad (\text{단, } m, n \geq n_0)$$

(ii) $d(b_n, p) \leq d(b_n, a_n) + d(a_n, p) \longrightarrow O$

4. (X, d)를 거리공간이라 하자. X상의 두 점 x, y에 대하여

$$\rho(x, y) = \min\{1, d(x, y)\}$$

라 하면 (X, ρ)는 거리공간이고, (X, d)에서의 코시점열은 (X, ρ)에서도 코시점열임을 밝혀라.

5. 유한거리공간은 완비거리공간임을 보여라.

Hint 유한거리공간에서 코시점열은 $(a_1, \cdots a_n, p, \cdots p, \cdots)$와 같은 꼴이다.

6. 한 거리공간이 전유계이기 위한 필요충분조건은 임의의 점열이 코시부분점열을 갖는 것임을 증명하여라.

Hint 한 거리공간 $(X,\ d)$가 전유계이고 (a_n)을 X상의 한 점열이라 하자. $^\forall \varepsilon > 0$, $^\exists S_d(x,\ \varepsilon) \subset X$ s.t. $S_d(x,\ \varepsilon)$은 (a_n)의 무한개의 항을 포함. 이 성질을 이용하여 (a_n)의 코시부분점열을 얻을 수 있다(9.2.9 정리 증명 참조). 그 역을 증명하기 위하여 $(x,\ d)$의 한 완비거리공간을 $(\alpha X,\ \rho)$라 하자. αX상의 임의의 점열을 (x_n)이라 하면 X상에 한 점열 (a_n)이 존재해서 $\rho(x_n,\ a_n) \longrightarrow 0$이 성립한다. 가정을 활용하여 (x_n)의 한 코시부분점열을 얻을 수 있고 αX에서 수렴한다. 따라서 7.2.12에 의하여 αX는 전유계이고, X도 전유계이다.

7. $(X,\ d)$를 완비거리공간이라 하고 $(X,\ \mathcal{T}(d))$와 $(Y,\ \mathcal{T}')$이 위상동형이라 하자. Y상에 적당한 거리함수 ρ가 존재하여 $\mathcal{T}' = \mathcal{T}(\rho)$이고 $(Y,\ \rho)$가 완비거리공간이 성립할 수 있음을 밝혀라.

8. 거리공간 $(X,\ d)$에서의 두 코시점열 (a_n), (b_n)에 대하여 극한값 $\lim_{n\to\infty} d(a_n,\ b_n)$이 존재함을 증명하여라.

Hint 실직선 $\boldsymbol{R}$이 완비거리공간이므로 수열 $(d(a_n,\ b_n))$이 코시수열임을 보이면 충분하다.

$$d(a_n,\ b_n) \le d(a_n,\ a_{n_0}) + d(a_{n_0},\ b_{n_0}) + d(b_{n_0},\ b_n)$$

을 이용하여라.

9.2 완비거리공간의 성질

9.2.1 정리 (X, d)를 완비거리공간이라 하고 $\{F_n \mid n=1, 2, \cdots n\}$을 모든 n에 관하여 $F_n \supset F_{n+1}$을 만족하는 공집합이 아닌 폐집합열이라 하자. 만일 $d(F_n) \longrightarrow 0$이면 $\bigcap_n F_n \neq \varnothing$이다.

•증명• 각 n에 대하여 $x_n \in F_n$인 x_n을 취하자. 점열 (x_n)이 코시점열임을 보이자. 가정에서 $d(F_n) \longrightarrow 0$이라 하였으므로, 임의의 $\varepsilon > 0$에 대하여 적당한 자연수 n_0가 존재하여 $d(F_{n_0}) < \varepsilon$이 성립한다. $m,\ n \geq n_0$라 하자.

$F_m \subset F_{n_0}$, $F_n \subset F_{n_0}$이므로 $\{x_m, x_n\} \subset F_{n_0}$가 되어 $d(x_m, x_n) \leq d(F_{n_0}) < \varepsilon$이다. 따라서 (x_n)은 코시점열이다. (X, d)는 완비거리공간이므로 적당한 점 $x \in X$가 존재하여 $x_n \longrightarrow x$이다. 임의의 자연수 n에 대하여, $m \geq n$인 모든 m에 대해서 $x_m \in F_m \subset F_n$이고 F_n이 폐집합이므로,

$$(x_n,\ s_{n+1},\ \cdots,\ x_m,\ \cdots) \longrightarrow x$$

로부터 $x \in F_n$임을 알 수 있다. 따라서 $x \in \bigcap_{n=1}^{\infty} F_n \neq \varnothing$이다. ■

9.2.2 정의 한 위상공간 X에서 가산개의 조밀한 개집합들의 교집합이 또한 X에서 조밀할 때 X를 **베이어공간**(Baire space)이라 한다.

9.2.3 정리 완비거리공간은 베이어공간이다.

•증명• 완비거리공간 (X, d)에서 가산개의 조밀한 개집합들을

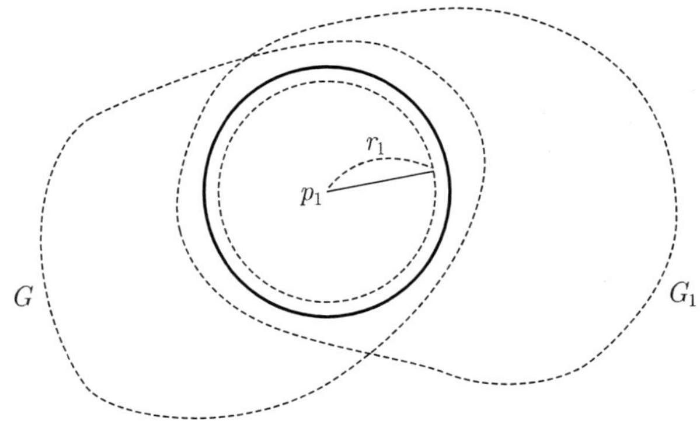

그림 9-1

$$\{G_1, G_2, \cdots, G_n, \cdots\}$$

이라 하자. $\bigcap_n G_n$이 X에서 조밀함을 보이기 위하여 임의의 $x \in X$의 개근방 G와 $\bigcap_n G_n$과의 교집합이 공집합이 아님을 보이면 된다. G_1은 X에서 조밀하므로 $G \cap G_1 \neq \varnothing$이고 G와 G_1이 개집합이므로 적당한 $p_1 \in G \cap G_1$과 $r_1 > 0$이 존재하여

$$S(p_1, r_1) \subset \overline{S(p_1, r_1)} \subset G \cap G_1$$

이다. $D_1 = \overline{S(p_1, r_1)}$이라 하자.

$S(p_1, r_1)$은 개집합이고, G_2는 X에서 조밀하므로

$$S(p_1, r_1) \cap G_2 \neq \varnothing$$

이다. 따라서 적당한 $p_2 \in S(p_1, r_1) \cap G_2$와 $0 < r_2 < \frac{1}{2} r_1$인 r_2가 존재하여

$$S(p_2, r_2) \subset \overline{S(p_2, r_2)} \subset S(p_1, r_1) \cap G_2$$

이다. $D_2 = \overline{S(p_2, r_2)}$이라 하자. 위의 방법을 반복하여

$$D_n \supset D_{n+1}, \quad d(D_n) \leq 2r_n < \left(\frac{1}{2}\right)^{n-2} \cdot r_1 \ (n = 1, 2, \cdots)$$

인 $D_n = \overline{S(p_n,\ r_n)}$을 얻을 수 있다. $d(D_n) \longrightarrow 0$이므로 9.2.1 정리에 의하여 $\bigcap_{n=1}^{\infty} D_n \neq \varnothing$ 이다.

$$
\begin{aligned}
&D_1 = \overline{S(p_1,\ r_1)} \subset G \cap G_1 \\
&D_2 \subset G_2 \\
&\ \vdots \quad \vdots \quad \vdots \\
&D_n \subset G_n \\
&\ \vdots \quad \vdots \quad \vdots
\end{aligned}
$$

이므로

$$
\begin{aligned}
G \cap \left(\bigcap_{n=1}^{\infty} G_n \right) &= (G \cap G_1) \cap G_2 \cap \cdots \cap G_n \cap \cdots \\
&\supset D_1 \cap D_2 \cap \cdots \cap D_n \cap \cdots = \bigcap_{n=1}^{\infty} D_n \neq \varnothing
\end{aligned}
$$

이다. $G \cap \left(\bigcap_{n=1}^{\infty} G_n \right) \neq \varnothing$ 이므로 $\bigcap_n G_n$는 X에서 조밀하다. 따라서 9.2.2 정의에 의하여 완비거리공간은 베이어공간이다. ■

베이어공간이 되기 위한 조건은 위상적 성질이기 때문에 두 위상공간 X와 Y가 위상동형이고 X가 베이어공간이면 Y도 베이어공간이다.

예 9.2.1 $(\boldsymbol{R},\ d)$는 완비거리공간이므로 베이어공간이다. 따라서 $\boldsymbol{R}$과 위상동형인 $(0,\ 1)$도 베이어공간이다.

예 9.2.2 실수공간 $\boldsymbol{R}$의 부분공간인 유리수공간 $\boldsymbol{Q}$는 베이어공간이 아니다. 그 이유는 다음과 같다. $\boldsymbol{Q}$는 가산집합이므로

$$\boldsymbol{Q} = \{r_1,\ r_2,\ \cdots,\ r_n,\ \cdots\}$$

라 놓을 수 있다. 임의의 자연수 n에 대하여

$$G_n = \{r_n, r_{n+1}, \cdots\}$$

이라 놓으면, G_n은 $\boldsymbol{Q}$에서 조밀한 개집합이다. 왜냐하면, $x \in \boldsymbol{Q}$의 임의의 ε-근방 $(x-\varepsilon, x+\varepsilon)$에 대하여

$$(x-\varepsilon, x+\varepsilon) \cap G_n \neq \varnothing \quad (\text{단, } \varepsilon > 0)$$

이므로 $\overline{G_n} = \boldsymbol{Q}$이고, $\boldsymbol{Q}$에서의 폐집합 $\{r_1, r_2, \cdots, r_{n-1}\}$에 대하여

$$\{r_1, \cdots, r_{n-1}\}^c = \{r_n, r_{n+1}, \cdots\} = G_n$$

이기 때문이다. 그러나 $\bigcap_{n=1}^{\infty} G_n = \varnothing$ 이므로 $\boldsymbol{Q}$는 베이어공간이 아니다.

베이어공간의 개념은 베이어카테고리(Baire category theorem)의 개념에 의하여 설명될 수가 있다.

9.2.4 정의 A를 위상공간 X의 한 부분집합이라 하자. $\text{Int}(\overline{A}) = \varnothing$일 때 A를 X에서 **희박한 집합**(稀薄한 集合, nowhere dense set)이라 한다.

예 9.2.3 X를 좌표평면 $\boldsymbol{R}^2 = \{(x, y) \mid x, y \in \boldsymbol{R}\}$의 x축이라 하자. 즉

$$X = \{(x, 0) \mid x \in \boldsymbol{R}\}$$

이라 하자.

X가 부분집합 A를 $A = \{(x, 0) \mid x \in \boldsymbol{Q}\}$라 하면 A는 $\boldsymbol{R}^2$에서 $\overline{A} = X$가 되어 $\boldsymbol{R}^2$에서의 $\overline{A}$의 내점 집합 $\text{Int}_{R\times R}(\overline{A})$는 $\text{Int}_{R\times R}(\overline{A}) = \text{Int}_{R\times R}X = \varnothing$ 이므로 A는 $\boldsymbol{R}^2$에서 희박한 집합이다. 그러나 X에서 $\overline{A} = X$이므로 X에서의 $\overline{A}$의 내점 전체는 $\text{Int}_X(\overline{A}) = X$가 되어 A는 X에서 희박한 집합이 아니다.

9.2.5 정의 (1) A를 위상공간 X의 한 부분집합이라 하자. A가 가산개의 희박한 집합들의 합집합일 때(σ-nowhere dense일 때) A를 **첫 번째 카테고리**(first category)라 한다.

(2) X의 부분집합 A가 첫 번째 카테고리가 아닐 때, **두 번째 카테고리**(second category)라 한다.

X의 부분집합 A가 첫 번째 카테고리인 경우 $A \in$ Cat I, 두 번째 카테고리인 경우 $A \in$ Cat II로 간단히 나타낸다.

9.2.6 정리 한 위상공간 X가 베이어공간이기 위한 필요충분조건은 공집합이 아닌 임의의 개집합이 X에서 두 번째 카테고리가 되는 것이다.

•증명• X를 베이어공간이라 하고 G를 공집합이 아닌 개집합이라 하자. $\{A_n \mid n=1, 2, \cdots\}$를 희박한 집합들의 임의의 가산족이라 할 때 $G \neq \bigcup_n A_n$ 임을 보이면 된다. $G_n = X - \overline{A}_n$ $(n=1, 2, \cdots)$이라 놓으면 $\mathrm{Int}(\overline{A}_n) = \varnothing$ 이므로 $\overline{G}_n = X$가 되어 G_n은 X에서 조밀한 개집합이다. X가 베이어공간이므로 $\bigcap_n G_n$은 X에서 조밀하다. 따라서 $G \cap (\bigcap_n G_n) \neq \varnothing$ 이다. $G_n = \overline{A}_n^c$ 이므로 $\bigcap_n G_n = \bigcap_n \overline{A}_n^c$ 이고 따라서

$$G \cap (\bigcup_n A_n)^c \supset G \cap (\bigcup_n \overline{A}_n)^c = G \cap (\bigcap_n G_n) \neq \varnothing$$

이다. 그러므로 $G \neq \bigcup_n A_n$ 이다(그림 9-2 참조). 따라서 G는 두 번째 카테고리이다.

역을 증명하기 위하여 X를 베이어공간이 아니라 하자. 베이어공간의 정의에 의하여 적당한 가산개의 조밀한 개집합들

$$\{G_n \mid n=1, 2, \cdots\}$$

이 존재하여 $\bigcap_n G_n$이 조밀하지 않게 할 수 있다. $\overline{\bigcap_n G_n} \subsetneq X$ 이므로 $x \in X-$

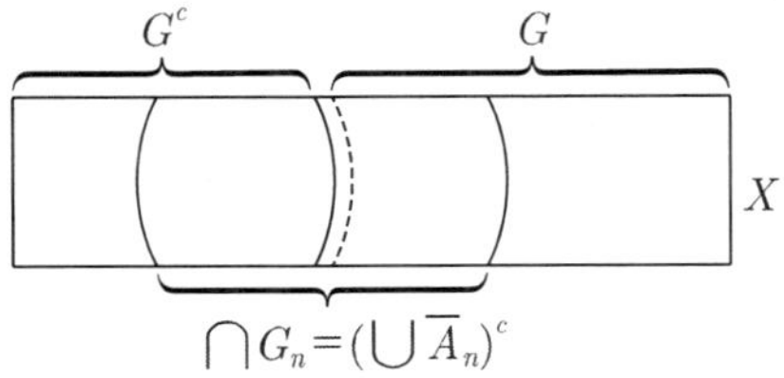

그림 9-2

$\overline{\bigcap_n G_n}$ 인 점 x의 개근방 G가 존재하여, $G \cap (\bigcap_n G_n) = \varnothing$ 이 성립한다. $A_n = G - G_n (n=1, 2, \cdots)$이라 놓자. $A_n \subset X - G_n$이고 G_n이 개집합이므로 $A_n \subset \overline{A}_n \subset X - G_n$이 성립한다. 임의의 $p \in \overline{A}_n$에 대하여, G_n이 조밀하므로, p의 임의의 개근방 G_p는 $G_p \cap G_n \neq \varnothing$ 이 되어

$$p \in G_p \not\subset \overline{A}_n \quad (n=1, 2, \cdots)$$

이다. 따라서 $\mathrm{Int}(\overline{A}_n) = \varnothing$ 이 된다. 그러므로 A_n은 희박한 집합이어야 한다. $G \cap (\bigcap_n G_n) = \varnothing$ 이므로

$$G = G - (\bigcap_n G_n) = \bigcup_n (G - G_n) = \bigcup_n A_n$$

이 되어 개집합 G는 첫 번째 카테고리이다. 그러므로 역명제도 증명되었다. ■

9.2.7 정리 베이어공간은 두 번째 카테고리이다.

•증명• 9.2.6 정리에 의하여 베이어공간의 모든 개집합이 두 번째 카테고리이므로 전공간 X도 두 번째 카테고리이다. ■

9.2.8 정리 모든 완비거리공간은 두 번째 카테고리이다.

•증명• 완비거리공간은 베이어공간이고(9.2.3 정리), 베이어공간은 두 번째 카테고리이므로(9.2.7 정리) 완비거리공간은 두 번째 카테고리이다. ■

다음 명제들은 컴팩트성과 완비성과의 관계를 나타내고 있다.

9.2.9 정리 거리공간 X가 컴팩트이기 위한 필요충분조건은 X가 완비공간이고 전유계집합이 되는 것이다.

•증명• 거리공간 X가 컴팩트라 하자. (a_n)을 X상의 코시점열이라 하면, X는 점열컴팩

트이므로(7.2.15 정리) (a_n)은 수렴하는 부분점열 (a_{i_n})을 갖는다. $a_{i_n} \longrightarrow p$라 하자. (a_n)은 코시점열이고 $a_{i_n} \longrightarrow p$이므로, 임의의 $\varepsilon > 0$에 대하여 적당한 자연수 n_0가 존재하여 $n \geq n_0$일 때 $d(a_n,\ a_{in_0}) < \dfrac{\varepsilon}{2}$ $(i_{n_0} \geq n_0$이므로)이고 $d(a_{in_0},\ p) < \dfrac{\varepsilon}{2}$이 성립한다.

$$d(a_n,\ p) \leq d(a_n,\ a_{in_0}) + d(a_{in_0},\ p) < \frac{\varepsilon}{2} + \frac{\varepsilon}{2} = \varepsilon$$

이다. 고로 $a_n \longrightarrow p$이므로 X는 완비거리공간이다. 한편 X는 점열컴팩트이므로(7.2.15 정리) 전유계집합이다(7.2.12 보조정리).

역으로 X를 완비거리공간이고 전유계라 하자. X가 점열컴팩트임을 보이기 위하여, 임의의 점열 (a_n)을 취하여 수렴하는 부분점열을 찾아보자.

X가 전유계이므로 $\{p_1,\ \cdots,\ p_n\} \subset X$가 존재하여

$$X = \bigcup_{i=1}^{n} S\left(p_i,\ \frac{1}{2}\right)$$

이 성립한다(7.2.10 정의). 따라서 $S\left(p_i,\ \dfrac{1}{2}\right)$ $(i = 1,\ 2,\ \cdots,\ n)$ 중에는 점열 $(a_1,\ a_2,\ \cdots,\ a_n,\ \cdots)$의 항을 무한개 포함하는 것이 있다. 그것을 S_1이라 하면 $d(S_1) \leq 1$이다. $S_1 \subset X$이고 X가 전유계이므로 S_1도 전유계이다. 그러므로 $\{q_1,\ \cdots,\ q_m\} \subset X$가 존재하여

$$S_1 = \bigcup_{i=1}^{m} S\left(q_i,\ \frac{1}{4}\right)$$

이 성립한다. S_1에는 점열 (a_n)의 무한개의 원이 들어 있으므로 $S_1 \cap S\left(q_i,\ \dfrac{1}{4}\right)$ $(i = 1,\ 2,\ \cdots,\ m)$ 중에는 점열 (a_n)의 무한개의 원소를 포함하는 것이 있다. 그것을 S_2라 하자. $d(S_2) \leq \dfrac{1}{2}$이다. 위의 방법을 반복하여

$$X \supset S_1 \supset S_2 \supset \cdots \supset S_n \supset \cdots,\ \left(d(S_n) \leq \frac{1}{n},\ n = 1,\ 2,\ \cdots\right)$$

을 얻을 수 있고 각 S_n에는 (a_n)의 무한개의 항이 들어 있으므로

$$a_{i_n} \in S_n \quad (m < n \Longrightarrow i_m < i_n)$$

인 a_{i_n}을 취하여 (a_{i_n})이 (a_n)의 부분점열이 되도록 할 수 있다.

임의의 $\varepsilon > 0$에 대하여 적당한 자연수 n_0가 존재하여 $\frac{1}{n_0} < \varepsilon$이 성립하고, 따라서 $d(S_{n_0}) \le \frac{1}{n_0} < \varepsilon$이다. 그러므로

$$m,\ n \ge n_0 \Longrightarrow i_m,\ i_n \ge i_{n_0} \Longrightarrow a_{i_m},\ a_{i_n} \in S_{n_0} \Longrightarrow d(a_{i_m},\ a_{i_m}) < \varepsilon$$

이다. (a_{i_n})은 코시점열이므로 완비거리공간 X에서 수렴한다.

임의의 점열 (a_n)은 수렴하는 코시점열 (a_{i_n})을 가지므로 X는 점열컴팩트가 되어 컴팩트공간이 된다. ■

9.2.10 정리 A를 완비거리공간 X의 한 부분집합이라 하자. A가 컴팩트이기 위한 필요충분조건은 A가 폐집합이고 전유계집합이 되는 것이다.

•증명• 완비거리공간 X의 한 부분집합 A가 컴팩트라 하자. X가 T_2공간이므로 7.1.4 정리 (2)에 의하여 A는 폐집합이다. 또한 A가 컴팩트이므로 점열컴팩트가 되어 7.2.12 정리에 의하여 A는 전유계집합이다.

역으로 완비거리공간 X에서 한 부분집합 A가 폐집합이고 전유계라 하자. A에서 코시점열 (a_n)을 취하면 완비거리공간 X에서도 코시점열이므로 (a_n)은 한 점 p에 수렴한다. 만일 $p \in A^c$이면 A^c는 개집합이므로 p의 개근방이 되고, 임의의 n에 대하여 $a_n \in A$이므로 $a_n \notin A^c$가 되어 $a_n \not\longrightarrow p$이다. 이것은 모순이므로 $p \in A$이어야 한다. 따라서 A는 X의 부분공간으로서 완비거리공간이다. 9.2.9 정리에 의하여 A는 컴팩트이다. ■

연.습.문.제

1. A가 위상공간 X에서 희박한 집합(nowhere dense set)일 때 $(\overline{A})^c$는 X에서 조밀한 부분집합임을 보여라.

Hint $\mathrm{Int}\,\overline{A}=\varnothing$이라 하자. $^\forall x\in X$, $^\exists G$: x의 근방, $G\not\subset\overline{A}$

$\therefore\ G\cap(\overline{A})^c\neq\varnothing \qquad \therefore\ x\in\overline{(\overline{A})^c}$

2. 컴팩트 거리공간은 완비거리공간임을 밝혀라.

Hint 컴팩트 거리공간은 점열컴팩트이다.

3. 첫 번째 카테고리 집합들의 가산개의 합집합은 또한 첫 번째 카테고리임을 보여라.

Hint $A_n\,(n=1,\ 2,\ \cdots)$을 첫 번째 카테고리집합이라 하자.

$\bigcup_n A_n=\bigcup_{n,\,k=1}^{\infty} G_{n,\,k}$(단, $G_{n,\,k}$는 nowhere dense이고 $A_n=\bigcup_k G_{n,\,k}$)

4. 희박한 집합들의 유한개의 합집합은 또한 희박한 집합임을 보여라.

Hint A, B를 희박한 집합들이라 하자. G는 개집합이고 $G(\overline{A}\cup\overline{B})$이라 하자. $G^c\supset(\overline{A})^c\cap(\overline{B})^c$이다. $(\overline{A})^c$와 $(\overline{B})^c$가 open dense이므로 $(\overline{A})^c\cap(\overline{B})^c$도 open dense이다. $\therefore\ G=\varnothing$.

5. 위상공간 X의 임의의 개집합의 경계집합은 희박한 집합임을 보여라.

Hint G를 개집합이라 하자. $\mathrm{Fr}(G)$는 폐집합이다.

$G\cap\mathrm{Fr}(G)=\mathrm{Int}(G)\cap\mathrm{Fr}(G)=\varnothing$

$^\forall x\in\mathrm{Fr}(G)$, $^\forall U$: x의 근방, $U\cap G\neq\varnothing$.

따라서 x는 $\mathrm{Fr}(G)$의 내점이 아니다.

6. 베이어공간의 개부분집합은 베이어부분공간임을 보여라.

Hint X를 베이어공간, G를 X에서 개집합이라 하자.

$G_n\,(n=1,\ 2,\ \cdots)$을 G에서 open dense라 하면

$H_n=(\overline{G})^c \cup G_n\,(n=1,\ 2,\ \cdots)$은 X에서 open dense이다.

따라서 $\bigcap_{n=1}^{\infty} H_n=(\overline{G})^c \cup \left(\bigcap_{n=1}^{\infty} G_n\right)$은 X에서 조밀하다.

$\therefore\ \overline{\bigcap_{n=1}^{\infty} G_n}=G$

7. 베이어공간의 개전사연속사상에 의한 상은 또한 베이어공간임을 보여라.

Hint $f: X \longrightarrow Y$를 개전사연속, X를 베이어공간이라 하자.

$G_n\,(n=1,\ 2,\ \cdots)$을 Y에서 open dense라 하면 $\bigcap_{i=1}^{n} f^{-1}[G_i]$는 $f^{-1}[G_1]$에서 open dense이다.

$f^{-1}[G_1]$이 베이어공간이므로 $\bigcap_{n=1}^{\infty} f^{-1}[G_n]$은 $f^{-1}[G_1]$에서 dense이다. 따라서 $\bigcap_{n=1}^{\infty} G_n$은 G_1에서 dense이고 Y에서도 dense이다.

8. 베이어공간에서 조밀한 개집합들의 가산개의 교집합은 두 번째 카테고리의 집합임을 증명하여라.

제10장

함수공간

한 공간에서 다른 공간으로의 연속사상 전체의 집합에 위상을 도입하는 생각은 오늘날의 위상수학에서 매우 중요한 역할을 하게 된다. 이 장에서는 그 위상도입의 몇 가지 방안과 그로부터 나타나는 성질들을 고찰하고자 한다.

10.1 점개위상

X와 Y를 두 집합이라 하고

$$Y^X = \{f \mid f: X \longrightarrow Y(\text{사상})\}$$

라 하자. Y^X의 한 부분집합에 한 위상을 주었을 때 그 부분집합을 **함수공간**(函數空間, function space)이라 한다.

임의의 $x \in X$에 대하여 Y_x를 $Y_x = Y$라 놓자. $\bigcup_{x \in X} Y_x = Y$이므로 3.2절에서의 적집합의 정의에 의하여

$$\begin{aligned}\prod_{x \in X} Y_x &= \{f \mid f: X \longrightarrow \bigcup_{x \in X} Y_x,\ f(x) \in Y_x,\ x \in X\} \\ &= \{f \mid f: X \longrightarrow Y\}\end{aligned}$$

이다. 따라서 $\prod_{x \in X} Y_x = Y^X$(단, $Y_x = Y$, $x \in X$)가 성립한다.

10.1.1 정의 두 개의 집합 X, Y에 대하여 사상 $e: Y^X \times X \longrightarrow Y$를 $e(f, x) = f(x)$ (단, $f \in Y^X$, $x \in X$)로 정의하였을 때 e를 **계치사상**(計値寫像, evaluation map)이라 한다.

임의의 $x \in X$에 대하여 사상 e_x를

$$e_x: Y^X \longrightarrow Y$$
$$(f \longmapsto e_x(f) = f(x))$$

로 정의하자.

3.2절에서 정의된 사영

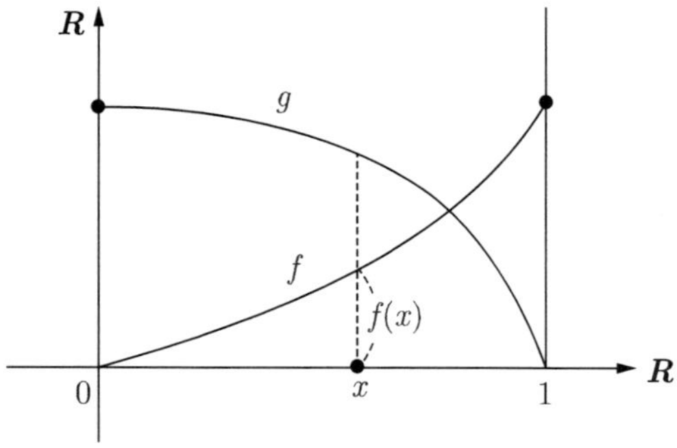

그림 10-1

$$P_x : \prod_{x \in X} Y_x \longrightarrow Y_x \quad (\text{단, } Y_x = Y,\ x \in X)$$
$$(f = (f(x) \mid x \in X) \longmapsto P_x(f) = f(x))$$

은 e_x와 일치함을 알 수 있다.

예 10.1.1 $I = [0, 1]$에서 실직선 $\boldsymbol{R}$로의 함수전체의 $\boldsymbol{R}^I$이고

$$f(x) = x^3 \qquad (0 \le x \le 1)$$
$$g(x) = \cos\frac{\pi}{2}x \quad (0 \le x \le 1)$$

인 f, g는 $f, g \in \boldsymbol{R}^I$이다.

$$e_{\frac{2}{3}}(f) = f\left(\frac{2}{3}\right) = \frac{8}{27}$$
$$e_{\frac{2}{3}}(g) = g\left(\frac{2}{3}\right) = \cos\frac{\pi}{3} = \frac{1}{2}$$

과 같다.

X를 한 집합이라 하고 Y를 한 위상공간이라 하자. 3.2절에서 적위상을 정의한 것과 같은 방법으로 Y^X상에 한 위상을 다음과 같이 도입하자.

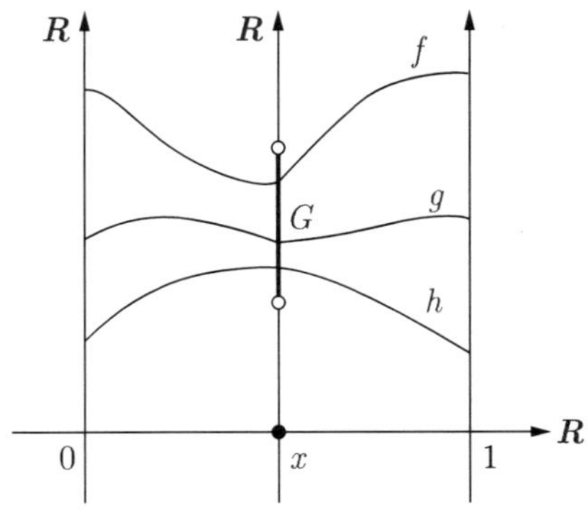

그림 10-2

10.1.2 정의 X를 한 집합이라 하고 $(Y, \mathcal{T})$를 한 위상공간이라 할 때

$$\mathcal{S}=\{e_x^{-1}[G] \mid G\in\mathcal{T},\ x\in X\}$$

를 부분기저로 갖는 Y^X상의 위상을 **점개위상**(點開位相, point open topology)이라 한다.

Y^X상의 점개위상은 사상 $e_x(x\in X)$가 연속이 되는 Y^X상의 최소의 위상임을 알 수 있다. 또 점개위상은 Y^X를 적집합으로 생각하였을 때 적위상과 일치한다.

예 10.1.2 함수집합 $\boldsymbol{R}^I$에서 $e_x^{-1}[G](x\in[0,\ 1],\ G\in\mathcal{U}$, 단, $\mathcal{U}$는 $\boldsymbol{R}$상의 보통위상)는 그림 10-2에서

$$e_x^{-1}[G]=\{f,\ g,\ h,\ \cdots\}$$

로 나타난다.

X를 한 집합이라 하고 Y를 한 위상공간이라 하고 $f_n\in Y^X\ (n=1,\ 2,\ \cdots)$, $g\in Y^X$이라 하자.

10.1.3 정의 임의의 $x\in X$에 대하여

$$(f_1(x),\ f_2(x),\ \cdots,\ f_n(x),\ \cdots)\longrightarrow g(x)$$

일 때 $(f_1, f_2, \cdots, f_n, \cdots)$는 g에 **점별수렴**(點別收斂, pointwise convergence)한다고 한다.

점별수렴과 점개위상은 다음과 같은 관계를 갖는다.

10.1.4 정리 점개위상을 갖는 Y^X공간에서 함수열 (f_n)이 $g \in Y^X$에 수렴하기 위한 필요충분조건은 (f_n)이 g에 점별수렴하는 것이다.

•증명• Y^X를 점개위상을 갖는 위상공간이라 하고 $f_n \in Y^X\ (n=1,\ 2,\ \cdots)$, $g \in Y^X$에 대하여 $f_n \longrightarrow g$라 하자. 임의의 $x \in X$에 대하여 $e_x : Y^X \longrightarrow Y$는 연속사상이므로 점열연속이 되어 $e_x(f_n) \longrightarrow e_x(g)$이다. 따라서 $f_n(x) \longrightarrow g(x)$ $(x \in X)$이므로 (f_n)은 g에 점별수렴한다.

역으로 f_n이 g에 점별수렴한다고 하자. 즉 임의의 $x \in X$에 대하여 $f_n(x) \longrightarrow g(x)$라 하자. Y상의 위상을 $\mathcal{T}$라 하면

$$\mathcal{S} = \{e_x^{-1}[G] \mid G \in \mathcal{T},\ x \in X\}$$

는 Y^X의 점개위상의 부분기저였다. $g \in e_x^{-1}[G]$인 $\mathcal{S}$의 임의의 원소 $e_x^{-1}[G]$를 취하면

$$e_x(g) = g(x) \in G$$

이고 G는 $g(x)$는 개근방이므로 적당한 자연수 n_0가 존재하여

$$n \geq n_0 \Longrightarrow f_n(x) \in G$$

이다. $e_x(f_n) = f_n(x) \in G$이므로 $f_n \in e_x^{-1}[G]$이다. 따라서

$$n \geq n_0 \Longrightarrow f_n \in e_x^{-1}[G]$$

가 성립한다. 5.1.5 정리에 의하여 점개위상을 갖는 위상공간 Y^X에서 $f_n \longrightarrow g$이다. ■

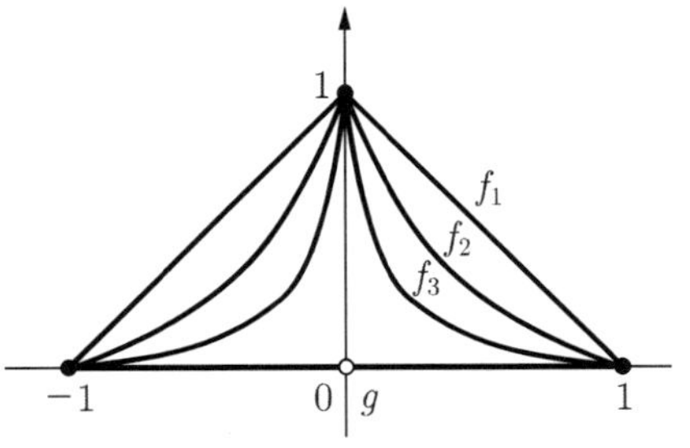

그림 10-3

위 정리의 내용을 보아서 Y^X 상의 점개위상을 점별수렴위상(topology of pointwise convergence)이라고 부르는 이유를 알 수 있다.

예 10.1.3 $f_n \in \boldsymbol{R}^{[-1,1]}$, $(n=1, 2, \cdots)$을 다음과 같이 정의하자(그림 10-3 참조).

$$f_n(x) = \begin{cases} |x-1|^n, & (0 \le x \le 1) \\ (x+1)^n, & (-1 \le x \le 0) \end{cases}$$

함수열 (f_n)은

$$g(x) = \begin{cases} 0, & (-1 \le x \le 1,\ \text{단},\ x \ne 0) \\ 1, & (x=0) \end{cases}$$

인 $g \in \boldsymbol{R}^{[-1,1]}$에 점별수렴한다. 각 f_n, $(n=1, 2, \cdots)$은 연속이지만 g는 $x=0$에서 불연속이다.

10.1.5 정의 X를 한 집합이라 하고 (Y, d)를 한 거리공간이라 하자. $f_n \in Y^X$ $(n=1, 2, \cdots)$이고 $g \in Y^X$일 때, 임의의 $\varepsilon > 0$에 대하여 적당한 자연수 n_0가 존재하여 $n \ge n_0$인 모든 자연수 n과 임의의 $x \in X$에 대해서 $d(f_n(x), g(x)) < \varepsilon$이면 $(f_1, f_2, \cdots, f_n, \cdots)$은 g에 **평등수렴**(平等收斂, uniform convergence)한다고 한다.

평등수렴이면 점별수렴이다. 이것은 정의로부터 분명하다.

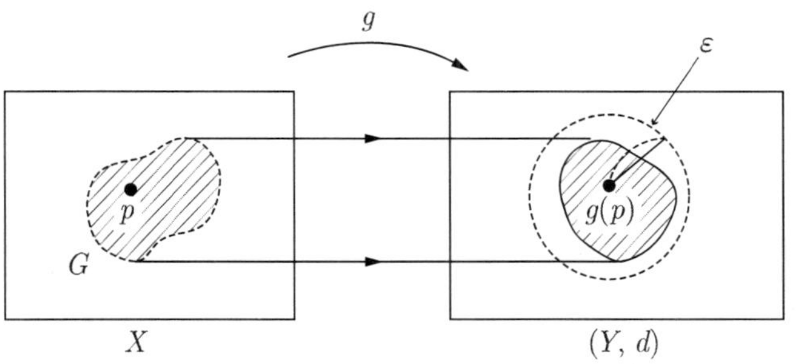

그림 10-4

기호 $C(X,\ Y)$를 다음과 같이 정의하자.

$$C(X,\ Y) = \{f \mid f: X \longrightarrow Y\text{는 연속사상}\} \subset Y^X$$

다음 정리는 해석학에서 흔히 다루어지는 명제이다.

10.1.6 정리 X를 위상공간이라 하고 $(Y,\ d)$를 거리공간이라 하자. $f_n \in C(X,\ Y)$ $(n=1,\ 2,\ \cdots)$가 $g \in Y^X$에 평등수렴하면 $g \in C(X,\ Y)$이다.

•증명• $f_n \in C(X,\ Y)(n=1,\ 2,\ \cdots)$가 $g \in Y^X$에 평등수렴한다고 하자. g가 연속사상임을 보이기 위해서는 임의의 점 $p \in X$에서 연속임을 보이면 충분하다.
(f_n)이 g에 평등수렴하므로 임의의 $\varepsilon > 0$에 대해서 적당한 자연수 n_0가 존재하여 임의의 $x \in X$에 대해서

$$d(f_{n_0}(x),\ g(x)) < \frac{1}{3}\varepsilon$$

이다.

$$\begin{aligned} d(g(x),\ g(p)) &\le d(g(x),\ f_{n_0}(x)) + d(f_{n_0}(x),\ f_{n_0}(p)) + d(f_{n_0}(p),\ g(p)) \\ &< d(f_{n_0}(x),\ f_{n_0}(p)) + \frac{2}{3}\varepsilon \end{aligned}$$

$f_{n_0}: X \longrightarrow Y$가 연속이므로 적당한 점 p의 개근방 $G \subset X$가 존재하여 임의의 $x \in G$에 대하여

$$d(f_{n_0}(x),\ f_{n_0}(p)) < \frac{1}{3}\varepsilon$$

이 성립한다.

따라서 임의의 $x \in G$에 대하여

$$d(g(x),\ g(p)) < d(f_{n_0}(x),\ f_{n_0}(p)) + \frac{2}{3}\varepsilon < \varepsilon$$

이 되어 g는 점 p에서 연속사상이다. ■

예 10.1.4 예 10.1.3에서 정의된 연속 함수열 (f_n)은 g에 점별수렴한다. 그러나 g는 연속함수가 아니므로 (f_n)은 g에 평등수렴하지는 않는다.

X를 집합 $(Y,\ d)$를 거리공간이라 하자.

$$B(X,\ Y) = \{f \mid f: X \longrightarrow Y\text{는 유계함수}\} \subset Y^X$$

라 하자. 임의의 $f,\ g \in B(X,\ Y)$에 대해서

$$\rho(f,\ g) = \sup\{d(f(x),\ g(x)) \mid x \in X\}$$

이라 하면 ρ는 $B(X,\ Y)$상의 한 거리함수가 된다.

10.1.7 정리 $f_n \in B(X,\ Y),\ (n = 1,\ 2,\ \cdots)$이고 $g \in B(X,\ Y)$이라 하자. 거리공간 $(B(X,\ Y),\ \rho)$상에서 (f_n)이 g에 수렴하기 위한 필요충분조건은 (f_n)이 g에 평등수렴하는 것이다.

•증명• 거리공간 $(B(X,\ Y),\ \rho)$상에서 (f_n)이 g에 수렴한다고 하자. 수렴조건에 의하여 임의의 $\varepsilon > 0$에 대하여 적당한 자연수 n_0가 존재하여 $n \geq n_0$인 모든 자연수 n에 대하여 $\rho(f_n,\ g) < \varepsilon$이다. 임의의 $x \in X$에 대해서

$$d(f_n(x),\ g(x)) \leq \sup\{d(f_n(x),\ g(x)) \mid x \in X\} = \rho(f_n,\ g) < \varepsilon$$

이므로 (f_n)은 g에 평등수렴한다.

역으로 (f_n)이 g에 평등수렴한다고 하자. 임의의 $\varepsilon > 0$에 대해서 적당한 자연수

n_0가 존재하여 $n \geq n_0$인 모든 자연수 n과 임의의 $x \in X$에 대해서 $d(f_n(x),$ $g(x)) < \frac{\varepsilon}{2}$이다. 따라서

$$n \geq n_0 \Longrightarrow \sup\{d(f_n(x),\ g(x)) \mid x \in X\} = \rho(f_n,\ g) \leq \frac{\varepsilon}{2} < \varepsilon$$

이다. 그러므로 거리공간 $(B(X,\ Y),\ \rho)$상에서 (f_n)은 g에 수렴한다. ■

거리공간 $(B(X,\ Y),\ \rho)$의 거리위상을 **평등수렴위상**(topology of uniform convergence)이라고 부른다. 위 정리를 통해서 그렇게 부르는 이유를 알 수 있다.

단위구간 $I = [0,\ 1]$과 실직선 $(\boldsymbol{R},\ d)$에 대해서(단, d는 $\boldsymbol{R}$상의 보통거리함수임) $C(I)$를

$$C(I) = C(I,\ \boldsymbol{R}) = \{f \mid f : I \longrightarrow \boldsymbol{R}\text{은 연속함수}\}$$

라 하자.

임의의 $f \in C(I)$에 의하여

$$\|f\| = \sup\{|f(x)| \mid x \in I\}$$

라 하면 $\boldsymbol{R}$상의 벡터공간 $C(I)$는 노름공간(normed space)이 된다. 다음 정리에서 이를 증명하자.

$I = [0,\ 1]$이 컴팩트집합이므로 각 $f \in C(I)$는 평등연속(平等連續, uniformly continuous)이다(연습문제 7-2, 7. 참조).

10.1.6 정리로부터 다음 정리를 얻을 수 있다.

10.1.8 정리 $C(I)$는 완비노름벡터공간이다.

•증명• 임의의 $f,\ g \in C(I)$와 임의의 $r \in \boldsymbol{R}$에 대하여

$$(f+g)(x) = f(x) + g(x)$$
$$(rf)(x) = rf(x) \quad (\text{단, } x \in [0,\ 1])$$

로 $f+g$와 rf를 정의하면 $f+g \in C(I)$, $rf \in C(I)$이고 이 두 연산에 관하여 $C(I)$는 벡터공간이 된다.

각 $f \in C(I)$에 관하여

$$\|f\| = \sup\{|f(x)| \mid x \in 0,\ 1]\}$$

이라 하면 4.3.1 정의의 N_1, N_2, N_3 조건을 만족하므로 $C(I)$상에 노름을 주게 되어 $C(I)$는 노름벡터공간이 된다. 4.3.2 정리에 의하여 임의의 $f,\ g \in C(I)$에 대하여

$$d(f,\ g) = \|f - g\|$$

로 정의하면 $C(I)$는 거리함수 d에 의하여 거리공간이 된다.

거리공간 $(C(I),\ d)$가 완비거리공간임을 보이자.

(f_n)을 $C(I)$에서 코시수열(Cauchy sequence)이라 하자. 코시수열의 정의에 의하여, 임의의 $\varepsilon > 0$에 대하여 적당한 자연수 n_0가 존재하여

$$m,\ n \geq n_0 \text{일 때 } d(f_m,\ f_n) = \|f_m - f_n\| < \frac{\varepsilon}{3}$$

이 성립한다. 따라서 임의의 $x \in I = [0,\ 1]$에 대하여

$$\begin{aligned} |f_m(x) - f_{n(x)}| &\leq \sup\{|f_m(x) - f_n(x)| \mid x \in [0,\ 1]\} \\ &= \|f_m - f_n\| < \frac{\varepsilon}{3} \end{aligned}$$

이다. 그러므로 각 $x \in [0,\ 1]$에 대하여 $(f_n(x))$는 코시수열이다. 실직선상에서 코시수열은 수렴하므로

$$g(x) = \lim_{n \to \infty} f_n(x)$$

로 함수 $g : I \longrightarrow \boldsymbol{R}$을 정의할 수 있다.

(f_n)이 g로 평등수렴함을 보이자.

임의의 $x \in [0,\ 1]$에 대하여 $g(x) = \lim_{n \to \infty} f_n(x)$이므로 $n(x) \geq n_0$인 자연수 $n(x)$가 존재하여 $|f_{n(x)}(x) - g(x)| < \frac{\varepsilon}{3}$이 성립한다. 따라서 $m \geq n_0$인 자연수

m에 대하여

$$\begin{aligned}|f_m(x)-g(x)| &\le |f_m(x)-f_{n(x)}(x)|+|f_{n(x)}(x)-g(x)| \\ &< \frac{\varepsilon}{3}+\frac{\varepsilon}{3}=\frac{2}{3}\varepsilon\end{aligned}$$

이 성립한다. 그러므로 (f_n)은 g에 평등수렴한다. 10.1.6 정리에 의하여 $g \in C(I)$이다. 한편

$$\begin{aligned}d(f_m,\ g) &= \|f_m - g\| \\ &= \sup\{|f_m(x)-g(x)| \mid x \in [0,\ 1]\} \le \frac{2}{3}\varepsilon < \varepsilon\end{aligned}$$

이므로 거리공간 $(C(I),\ d)$상에서 $f_n \longrightarrow g$이다. 따라서 $(C(I),\ d)$는 완비거리공간이다. ■

10.1.9 정의 X를 집합이라 하자. X상에서 정의된 실수값 함수의 한 집합

$$\mathcal{F}=\{f_\lambda \mid f_\lambda : X \longrightarrow \boldsymbol{R},\ \lambda \in \Lambda\}$$

에 대하여 적당한 실수 $M>0$이 존재하여 임의의 $f \in \mathcal{F}$와 임의의 $x \in X$에 대해서 $|f(x)| \le M$일 때 $\mathcal{F}$를 **평등유계집합**(平等有界集合, uniformly bounded set)이라 한다.

특히 $\mathcal{F} \subset C(I)$인 경우 적당한 실수 $M>0$이 존재하여 임의의 $f \in \mathcal{F}$에 대해서 $\|f\| = \sup\{|f(x)| \mid x \in I\} \le M$이면 $\mathcal{F}$는 평등유계되어 있다고 할 수 있다.

거리공간 $(X,\ d)$에서 정의된 실수치함수의 한 집합을

$$\mathcal{F}=\{f_\lambda \mid f_\lambda : X \longrightarrow \boldsymbol{R},\ \lambda \in \Lambda\}$$

라 하자. 임의의 $\varepsilon>0$에 대해서 적당한 $\delta>0$가 존재하여

$$d(x_1,\ x_2)<\delta \Longrightarrow \text{임의의 } f \in \mathcal{F}\text{에 대해서 } |f(x_1)-f(x_2)|<\varepsilon$$

이면 $\mathcal{F}$를 **동정도연속**(同程度連續, equicontinuous)이라 한다.

위 정의에서 임의의 $\varepsilon>0$에 대응하여 결정되는 $\delta>0$값은 다만 ε에 따라서 정해지면 거

리공간 상의 점의 위치와는 관계되지 않는다. 따라서 $\mathcal{F}$가 동정도연속인 경우 각 $f \in \mathcal{F}$는 평등연속함수이다.

위 정의들을 이용하여 다음 Ascoli의 정리를 증명하자.

10.1.10 정리 **Ascoli의 정리** $\mathcal{F}$를 노름벡터공간 $C(I)$의 폐부분집합이라 하자. $\mathcal{F}$가 컴팩트이기 위한 필요충분조건은 $\mathcal{F}$가 평등유계집합이고 동정도연속이 되는 것이다.

•증명• 10.1.8 정리에 의하여 $C(I)$는 완비거리공간이다.

$\mathcal{F} \subset C(I)$이라 하자. $\mathcal{F}$가 $C(I)$에서 컴팩트이면 9.2.10 정리에 의하여 전유계집합이 되고 따라서 7.2.11 정리에 의하여 유계집합이다. 따라서 적당한 실수 $M > 0$이 존재하여 임의의 $f \in \mathcal{F}$에 대해서 $\|f\| \le M$을 만족한다. 그러므로 $\mathcal{F}$는 평등유계이다. $\mathcal{F}$가 동정도연속임을 보이자.

$\mathcal{F}$가 컴팩트이므로 전유계집합이 되어 임의의 $\varepsilon > 0$에 대해서 적당한 $\mathcal{A} = \{f_1, \cdots, f_k, \cdots, f_n\} \subset C(I)$가 존재하여

$$\mathcal{F} \subset \bigcup_{k=1}^{n} S\left(f_k, \frac{\varepsilon}{3}\right)$$

이다. 따라서 임의의 $f \in \mathcal{F}$에 대하여 적당한 $f_k \in \mathcal{A}$가 존재하여 $f \in S\left(f_k, \frac{\varepsilon}{3}\right)$이므로

$$\|f - f_k\| = \sup\{|f(x) - f_n(x)| \mid x \in I\} < \frac{\varepsilon}{3}$$

이다. 그러므로 임의의 $x, y \in I$에 대하여

$$\begin{aligned}|f(x) - f(y)| &= |f(x) - f_k(x) + f_k(x) - f_k(y) + f_k(y) - f(y)| \\ &\le |f(x) - f_k(x)| + |f_k(x) - f_k(y)| + |f_k(y) - f(y)| \\ &\le \frac{\varepsilon}{3} + |f_k(x) - f_k(y)| + \frac{\varepsilon}{3} \\ &= |f_k(x) - f_k(y)| + \frac{2}{3}\varepsilon\end{aligned}$$

각 $f_k \in \mathcal{A}$는 $I=[0,\ 1]$상에서 연속이므로 평등연속이고 따라서 적당한 $\delta_k>0$가 존재하여 $|x-y|<\delta_k$일 때 $|f_k(x)-f_k(y)|<\dfrac{\varepsilon}{3}$이 성립한다. $\delta=\min\{\delta_k \mid k=1,\ 2,\ \cdots,\ n\}$이라 놓자.

$$|x-y|<\delta\le\delta_k \Longrightarrow |f_k(x)-f_k(y)|<\frac{\varepsilon}{3}\quad (k=1,\ 2,\ \cdots,\ n)$$

이므로, 임의의 $f\in\mathcal{F}$에 대하여 $f_k\in\mathcal{A}$가 존재하여

$$|x-y|<\delta \Longrightarrow |f(x)-f(y)|\le|f_k(x)-f_k(y)|+\frac{2}{3}\varepsilon<\frac{\varepsilon}{3}+\frac{2}{3}\varepsilon=\varepsilon$$

이 성립하므로 $\mathcal{F}$는 동정도연속이다.

역으로 $\mathcal{F}\subset C(I)$가 폐집합이고 평등유계, 동정도연속이라 하자. $C(I)$가 완비거리 공간이므로 9.2.10 정리에 의하여 $\mathcal{F}$가 전유계임을 보이면 $\mathcal{F}$는 $C(I)$에서 컴팩트가 된다. 임의의 실수 $\varepsilon>0$을 택하자. $\mathcal{F}$가 동정도연속이므로 적당한 자연수 n_0가 존재하여

(*)$\cdots$ $\quad |x-x'|\le\dfrac{1}{n_0} \Longrightarrow$ 임의의 $f\in\mathcal{F}$에 대하여 $|f(x)-f(x')|<\dfrac{\varepsilon}{5}$

이다.

$f\in\mathcal{F}\subset C(I)$인 f를 택하자.

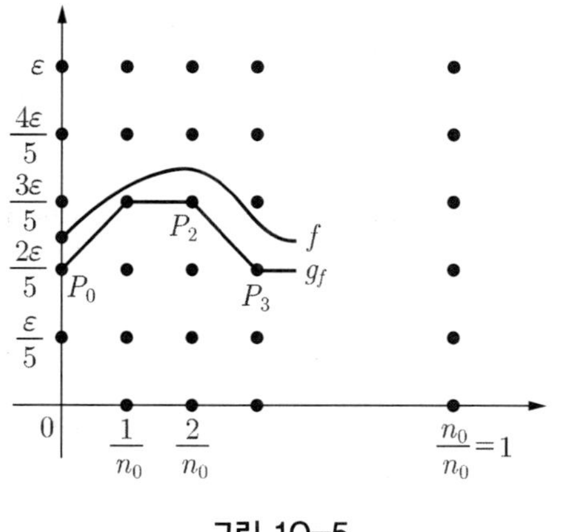

그림 10–5

$$A = \left\{(x,\ y) \mid x = 0,\ \frac{1}{n_0},\ \cdots,\ \frac{i}{n_0},\ \cdots,\ 1,\ y = \frac{k\varepsilon}{5},\ k\text{는 정수}\right\}$$

라 하자. $x_i = \dfrac{i}{n_0}(i = 0,\ 1,\ 2,\ \cdots,\ n_0)$라 하고 적당한 정수 k에 대하여

$$\frac{k\varepsilon}{5} \le f(x_i) < \frac{k\varepsilon}{5} + \frac{\varepsilon}{5}$$

이다. $y_i = \dfrac{k\varepsilon}{5}$이라 하자. $P_i = (x_i,\ y_i)$ $(i = 0,\ 1,\ 2,\ \cdots,\ n_0)$라 놓으면 $P_i \in A$이다. 선분 $P_iP_{i+1}(i = 0,\ 1,\ \cdots,\ n_0 - 1)$ 전체는 선분으로 이어진 한 호를 만든다. 이 호를 그래프로 갖는 함수를 $g_f(x)$라 놓자(그림 10-5 참조).

$g_f(x_i) = y_i(i = 0,\ 1,\ 2,\ \cdots,\ n_0)$이다. 따라서

$$|f(x_i) - g_f(x_i)| = |f(x_i) - y_i| < \frac{\varepsilon}{5}$$

이다. 한편 (*)에 의하여 $|f(x_i) - f(x_{i+1})| < \dfrac{\varepsilon}{5}$이다.

$$\begin{aligned}|g_f(x_i) - g_f(x_{i+1})| &\le |g_f(x_i) - f(x_i)| + |f(x_i) - f(x_{i+1})| \\ &\quad + |f(x_{i+1}) - g_f(x+i+1)| < \frac{\varepsilon}{5} + \frac{\varepsilon}{5} + \frac{\varepsilon}{5} = \frac{3\varepsilon}{5}\end{aligned}$$

이 성립한다. 함수 $g_f(x)$는 x_i와 x_{i+1} 사이에서 그 그래프가 선분 P_iP_{i+1}로 나타나므로

$$x_i \le z \le x_{i+1} \Longrightarrow |g_f(x_i) - g_f(z)| \le |g_f(x_i) - g_f(x_{i+1})| < \frac{3\varepsilon}{5}$$

이다. 임의의 $z \in I = [0,\ 1]$에서 적당한 $x_k\left(= \dfrac{k}{n_0}\right)$가 존재하여 $x_k \le z < x_{k+1}$이다. 따라서

$$\begin{aligned}|f(z) - g_f(z)| &\le |f(z) - f(x_k)| + |f(x_k) - g_f(x_k)| + |g_f(x_k) - g_f(z)| \\ &< \frac{\varepsilon}{5} + \frac{\varepsilon}{5} + \frac{3\varepsilon}{5} = \varepsilon\end{aligned}$$

이다. 즉 $\|f-g_f\|<\varepsilon$이 성립한다. $\mathcal{K}=\{g_f \mid f\in\mathcal{F}\}$라 놓자.

가정에 의하여 $\mathcal{F}$가 평등유계이므로 $\mathcal{K}$도 평등유계이다. $\mathcal{K}$에 속하는 g_f들이 거치는 A의 점들은 유한개이고 이 유한개의 점들에 의해서 만들어지는 g_f도 유한개이다. 임의의 $f\in\mathcal{F}$에 대해서 $\|f-g_f|<\varepsilon$이므로

$$\mathcal{F}\subset\bigcup_f S(g_f,\ \varepsilon)$$

이고, 우측이 유한하므로 $\mathcal{F}$는 전유계이다. ■

연.습.문.제

1. Y가 T_1, T_2, 정칙, 연결공간인 경우 점개위상을 갖는 Y^X도 T_1, T_2, 정칙, 연결공간임을 밝혀라.

2. f_n, $g \in C([a, b], \boldsymbol{R})(n=1, 2, \cdots)$이라 하자. 함수열 (f_n)이 g에 평등수렴할 때

$$\lim_{n\to\infty}\int_a^b f_n(x)dx = \int_a^b g(x)dx$$

임을 보여라.

Hint $\forall \varepsilon > 0$, $\exists n_0$, s.t. $[n \geq n_0 \Longrightarrow |f(x) - g(x)| < \dfrac{\varepsilon}{b-a}$, $\forall x \in [a, b]]$

3. $f \in C([0, 1], \boldsymbol{R})$에 대하여 $\| f \| = \sup\{|f(x)| \mid x \in C[0, 1]\}$이라 하자. $f_n \in C([0, 1], \boldsymbol{R})(n=1, 2, \cdots)$일 때 $\| f_n \|$이 코시수열이면 임의의 $x_0 \in [0, 1]$에 대해서 $(f_1(x_0), f_2(x_0), \cdots, f_n(x_0), \cdots)$은 $\boldsymbol{R}$에서 코시수열임을 증명하여라.

4. $f_n \in C([a, b], \boldsymbol{R})(n=1, 2, \cdots)$이 $[a, b]$에서 미분가능한 함수이고 한 점 $x_0 \in [a, b]$에서 수렴한다고 하자. 만일 (f_n')이 $g \in C([a, b], \boldsymbol{R})$에 평등수렴한다면

$$\frac{d}{dx}\lim_{n\to\infty} f_n(x) = \lim_{n\to\infty}\frac{d}{dx} f_n(x) = g$$

임을 보여라.

Hint ① $\exists f \in C([a, b], \boldsymbol{R})$ s.t. $f(x) = \lim_{n\to\infty} f_n(x)$

② $f'(x) = g(x)$

10.2 컴팩트개위상

X와 Y를 위상공간들이라 하자. $A \subset X$, $B \subset Y$인 A, B에 대하여

$$(A,\ B) = \{f \in C(X,\ Y) \mid f[A] \subset B\}$$

라 하자.

10.2.1 정의 두 위상공간 X, Y에 대하여 $\mathcal{A}$를 X에서의 모든 컴팩트 부분집합들의 족이라 하고 $\mathcal{T}$를 Y상의 위상, 즉 모든 개집합들의 족이라 할 때

$$\mathcal{S} = \{(A,\ G) \mid A \in \mathcal{A},\ G \in \mathcal{T}\}$$

를 부분기저로 갖는 $C(X,\ Y)$상의 위상을 **컴팩트개위상**(컴팩트開位相, compact open topology)이라 한다.

앞 절에서 정의한 계치사상

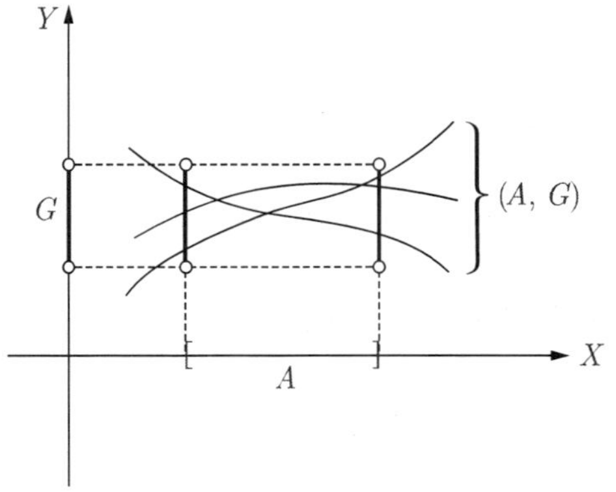

그림 10-6

$$e: Y^X \times X \longrightarrow Y \quad (e(f, x) = f(x))$$

는 $C(X, Y) \subset Y^X$ 이므로 $C(X, Y) \times X$ 상의 제한사상을

$$e: C(X, Y) \times X \longrightarrow Y$$

라 할 수 있고 사상 $e_x (x \in X)$도

$$e_x: C(X, Y) \longrightarrow Y \quad (e_x(f) = f(x))$$

라 놓을 수 있다. 이 경우 $C(X, Y)$상의 점별위상은 Y상의 위상을 $\mathcal{T}$라 할 때

$$\mathcal{S}_0 = \{e_x^{-1}[G] \mid G \in \mathcal{T}, \ x \in X\}$$

를 부분기저로 갖는 $C(X, Y)$상의 위상이다.

$$f \in e_x^{-1}[G] \Longleftrightarrow e_x(f) = f(x) \in G$$

이므로 $e_x^{-1}[G] = \{f \in C(X, Y) \mid f(x) \in G\} = (\{x\}, G)$가 되고, 따라서

$$\mathcal{S}_0 = \{(\{x\}, G) \mid G \in \mathcal{T}, \ x \in X\}$$

으로 생성되는 위상이 $C(X, Y)$상의 점별위상이다. $\{x\}$는 X의 컴팩트집합이므로 $\mathcal{S}_0 \subset \mathcal{S}$이고, 따라서 $C(X, Y)$상에서 점별위상은 컴팩트개위상에 포함된다.

위상공간 $C(X, Y)$는 컴팩트개위상을 갖고 있는 것으로 약속한다. 위상공간 $C(X, Y)$는 다음과 같은 유용한 부분공간을 갖는다.

10.2.2 임의의 $y \in Y$에 대하여 사상 c_y를

$$c_y: X \longrightarrow Y \quad (c_y(x) = y, \ x \in X)$$

인 상수사상(constant map)이라 하자. 이 경우

$$j: Y \longrightarrow C(X, Y) \quad (j(y) = c_y, \ y \in Y)$$

는 Y에서 $j[Y]$로의 위상동형사상이다.

•증명• $y_1,\ y_2(\neq) \in Y$이면 $c_{y_1} \neq c_{y_2}$인 것은 분명하다. 따라서 j는 단사이다. 한편 임의의 $y \in Y$와 임의의 컴팩트집합 A에 대하여

$$y \in V \Longleftrightarrow c_y \in (A,\ V)$$

이므로 $Y \overset{j}{\approx} j[Y]$가 성립한다. ■

10.2.3 Y_0를 Y의 한 부분공간이라 하자. 이 경우 $C(X,\ Y_0)$와 $C(X,\ Y)$의 부분공간 $S = \{f \in C(X,\ Y) \mid f[X] \subset Y_0\}$는 위상동형이다.

•증명• $Y_0 \subset Y$인 경우 $f : X \longrightarrow Y_0$를 $f : X \longrightarrow Y$라고 할 수도 있다. 역으로 $f : X \longrightarrow Y$이고 $f[X] \subset Y_0$인 경우 $f : X \longrightarrow Y_0$라고 놓을 수 있다. 따라서 다음 항등사상이 존재한다.

$$i : C(X,\ Y_0) \longrightarrow S$$

U가 Y에서 개집합인 경우 $U \cap Y_0 = V$는 Y_0에서 개집합이다.

A를 X에서 컴팩트집합이라 하면 다음이 성립한다.

$$\begin{aligned} f[A] \subset V &\Longleftrightarrow f[A] \subset U \cap Y_0 \\ &\Longleftrightarrow f[A] \subset U,\ f[A] \subset Y_0 \end{aligned}$$

따라서

$$i(A,\ V) = (A,\ U) \cap S$$

이다. 위의 결과에 의하여 전단사 i는 위상동형사상이다. ■

위의 두 명제에 의하면 Y는 $C(X,\ Y)$의 부분공간으로, $Y_0 \subset Y$인 경우 $C(X,\ Y_0)$는 $C(X,\ Y)$의 부분공간으로 볼 수 있음을 알 수 있다.

10.2.4 정리 (1) $C(X,\ Y)$가 T_2이기 위한 필요충분조건은 Y가 T_2가 되는 것이다.

(2) $C(X, Y)$가 T_3가 되기 위한 필요충분조건은 Y가 T_3가 되는 것이다.

•증명• 10.2.2에 의하여 Y는 $C(X, Y)$의 부분공간으로 볼 수 있으므로 $C(X, Y)$가 T_2, T_3공간인 경우 Y도 T_2, T_3조건을 만족한다.

따라서 (1), (2) 명제에 관하여 그 역을 증명하면 된다.

(1) $f, g(\neq) \in C(X, Y)$를 선택하자. 적당한 점 $x \in X$가 존재해서 $f(x) \neq g(x)$이다. Y가 T_2공간이므로 $f(x)$, $g(x)$ 각각의 적당한 개근방 U, V가 존재하여

$$f(x) \in U, \quad g(x) \in V, \quad U \cap V = \varnothing$$

이 성립한다. 이 경우

$$f \in (x, U), \quad g \in (x, V), \quad (x, U) \cap (x, V) = \varnothing$$

이 성립한다. 따라서 $C(X, Y)$는 T_2공간이다.

(2) $C(X, Y)$에서 $f \in (A, V)$라 하자. A는 X에서 컴팩트집합, V는 Y에서 개집합이다. $f[A] \subset V$이고 $f[A]$는 Y에서 컴팩트집합이다. Y가 T_3공간이므로 적당한 개집합 U가 존재하여

$$f[A] \subset U \subset \overline{U} \subset V$$

가 성립하도록 할 수 있다. 따라서

$$f \in (A, U) \subset (A, \overline{U}) \subset (A, V)$$

이다. 한편 $\overline{(A, U)} \subset (A, \overline{U})$가 성립한다. 왜냐하면, $g \in (A, \overline{U})$일 경우 $g[A] \not\subset \overline{U}$이므로 적당한 $a \in A$가 존재해서 $g(a) \in Y - \overline{U}$이다. 따라서 $g \in (a, Y - \overline{U})$가 성립하므로 $(a, Y - \overline{U})$는 g의 개근방이다. $(a, Y - \overline{U}) \cap (A, U) = \varnothing$이므로 $g \in \overline{(A, U)}$이다. $\overline{(A, U)} \subset (A, \overline{U})$이다.

$$f \in (A, U) \subset \overline{(A, U)} \subset (A, \overline{U}) \subset (A, V)$$

이므로 $C(X, Y)$는 T_3공간이다. ■

일반적으로 Y가 T_4인 경우 $C(X, Y)$는 T_4가 아닌 경우가 있다. X가 이산공간인 경우 $C(X, Y) = Y^X = \{f \mid f: X \longrightarrow Y\}$이다. 따라서 $C(X, Y) = \prod_{x \in X} Y_x$ (단, $Y_x = Y$, $x \in X$)이고 $C(X, Y)$는 적공간과 같다. $Y_x = Y$가 T_4라 할지라도 그 적공간은 일반적으로 T_4가 아니다.

X, Y, Z를 위상공간들이라 하고

$$F: C(X, Y) \times C(Y, Z) \longrightarrow C(X, Z)$$
$$((f, g) \longmapsto F(f, g) = g \circ f)$$

라 하자.

F의 연속성을 살펴보자.

10.2.5 사상 F는 변수 하나를 고정하면 언제나 연속이다. 즉

(1) $f_0 \in C(X, Y)$라 하면

$$F_1: C(Y, Z) \longrightarrow C(X, Z)$$
$$(g \longmapsto F_1(g) = g \circ f_0)$$

는 연속사상이다.

(2) $g_0 \in C(Y, Z)$라 하면

$$F_2: C(X, Y) \longrightarrow C(X, Z)$$
$$(f \longmapsto F_2(f) = g_0 \circ f)$$

는 연속사상이다.

•증명• (1) $C(X, Z)$에서 $g \circ f_0$의 한 개근방 (A, V)를 취하자.

$$g \circ f_0 \in (A, V) \Longleftrightarrow g \in (f_0[A], V)$$

이고 $f_0[A]$가 컴팩트집합이므로 $(f_0[A], V)$는 g의 개근방이다.

$$F_1^{-1}(A, V) = (f_0[A], V)$$

이므로 F_1은 연속이다(3.3.3 정리 참조).

(2) $C(X, Z)$에서 $g_0 \circ f$의 한 개근방 (A, V)를 취하자.

$$\begin{aligned} g_0 \circ f \in (A, V) &\Longleftrightarrow f[A] \subset g_0^{-1}[V] \\ &\Longleftrightarrow f \in (A, g_0^{-1}[V]) \end{aligned}$$

이다. $g_0^{-1}[V]$가 개집합이므로 $(A, g_0^{-1}[V])$는 f의 개근방이다.

$$F_2^{-1}(A, V) = (A, g_0^{-1}[V])$$

이므로 F_2는 연속이다. ■

10.2.6 정리 X, Y, Z를 위상공간이라 하고 Y를 T_2, 국소컴팩트라 하자.

$$\begin{aligned} F: C(X, Y) \times C(Y, Z) &\longrightarrow C(X, Z) \\ ((f, g) &\longmapsto F(f, g) = g \circ f) \end{aligned}$$

는 연속이다.

•증명• $(f, g) \in C(X, Y) \times C(Y, Z)$라 하고 $g \circ f \in (A, V)$라 하자. $f[A] \subset g^{-1}[V]$이고 $f[A]$는 컴팩트집합, $g^{-1}[V]$는 개집합이다. Y가 T_2국소컴팩트이므로 적당한 개집합 U가 존재해서 $\overline{U}$는 컴팩트이고

$$f[A] \subset U \subset \overline{U} \subset g^{-1}[V]$$

가 성립한다. 따라서

$$f \in (A, U), \quad g \in (\overline{U}, V)$$

이다. 따라서

$$(f, g) \in (A, U) \times (\overline{U}, V) \subset F^{-1}(A, V)$$

이므로 F는 연속이다. ■

다음 정리에서 계치사상의 연속성에 관하여 살펴보자.

10.2.7 정리 (1) 임의의 한 고정점 $x_0 \in X$에 대하여 사상

$$e_{x_0}: C(X, Y) \longrightarrow Y$$
$$(f \longmapsto e_{x_0}(f) = f(x_0))$$

은 연속이다.

(2) Y가 T_2 국소컴팩트이면

$$e: C(Y, Z) \times Y \longrightarrow Z$$
$$((f, y) \longmapsto e(f, y) = f(y))$$

는 연속이다.

•증명• (1) $e_{x_0}: C(X, Y) \longrightarrow Y(e_{x_0}(f) = f(x_0),\ f \in C(X, Y))$라 하자. 임의의 원소 $f \in C(X, Y)$와 $e_{x_0}(f) = f(x_0)$의 임의의 개근방 V를 취하자.

$$f(x_0) \in V \Longleftrightarrow f \in (x_0, V)$$

이고 $e_{x_0}^{-1}(V) = (x_0, V)$이다. 따라서 e_{x_0}는 연속사상이다.

(2) 10.2.6 정리에 의하여

$$F: C(X, Y) \times C(Y, Z) \longrightarrow C(X, Z)$$

는 연속이다. X를 한 점 집합이라 하면

$$C(X, Y) \approx Y, \quad C(X, Z) \approx Z$$

이므로

$$F: Y \times C(Y, Z) \longrightarrow Z \ \ (F(y, f) = f(y))$$

는 연속이고, 따라서

$$e: C(Y, Z) \times Y \longrightarrow Z \ \ (e(f, y) = f(y))$$

도 연속이다. ■

10.2.8 정의 X를 위상공간이라 하고 (Y, d)를 거리공간이라 하자. (f_n)을 Y^X상의 함수열이라 할 때 X상의 임의의 컴팩트집합 A와 임의의 $\varepsilon > 0$에 대해서 적당한 자연수 n_0가 존재하여

$$n \geq n_0 \Longrightarrow \text{임의의 } x \in A\text{에 대하여 } d(f_n(x), g(x)) < \varepsilon$$

일 때 (f_n)은 컴팩트집합상에서 g로 평등수렴한다((f_n) converges uniformly on compact to g)고 한다.

예 10.2.1 $(-1, 1)$상에서 정의된 실수치 연속함수 $f_n(n = 1, 2, \cdots)$을 다음과 같이 정의하자.

$$f_n : (-1, 1) \longrightarrow \boldsymbol{R}\,(n = 1, 2, \cdots)$$
$$(x \longmapsto f_n(x) = |x|^n)$$

함수열 (f_n)은 함수 $g(x) = 0\,(-1 < x < 1)$에 점별수렴하고 평등수렴하지 않는다. 그러나 $(-1, 1)$의 컴팩트부분집합상에서 g로 평등수렴한다.

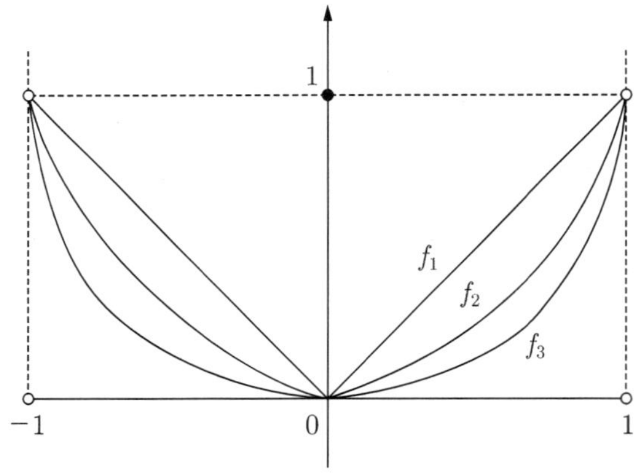

그림 10-7

10.2.9 정리 X를 위상공간, (Y, d)를 거리공간이라 하자. $C(X, Y)$에서의 함수열 (f_n)이 컴팩트개위상에 관하여 $g \in C(X, Y)$에 수렴하기 위한 필요충분조건은 (f_n)이 컴팩트집합상에서 g로 평등수렴하는 것이다.

•증명• $C(X, Y)$에서 함수열 (f_n)이 컴팩트개위상에 관하여 $g \in C(X, Y)$로 수렴한다고 하자. X상의 임의의 컴팩트집합을 A라 하고 A상에서 (f_n)이 g로 평등수렴함을 보이자. A가 컴팩트이고 g가 연속함수이므로 $g[A]$는 (Y, d)에서 컴팩트이다. 따라서 임의의 $\varepsilon > 0$에 대하여 적당한 유한집합 $B = \{b_1, \cdots, b_t\}$가 존재하여

$$g[A] \subset \bigcup_{k=1}^{t} S\left(b_k, \frac{\varepsilon}{3}\right) \subset \bigcup_{k=1}^{t} \overline{S\left(b_k, \frac{\varepsilon}{3}\right)}$$

이다. $S_k = S\left(b_k, \frac{\varepsilon}{3}\right) (k = 1, 2, \cdots, t)$라 하고 $G_k = S\left(b_k, \frac{2}{3}\varepsilon\right) (k = 1, 2, \cdots, t)$라 하자. $g[A] \subset \overline{S}_1 \cup \cdots \cup \overline{S}_t$이므로

$$A \subset g^{-1}[\overline{S}_1] \cup \cdots \cup g^{-1}[\overline{S}_t]$$

이다. $A_k = A \cap g^{-1}[\overline{S}_k]$이라 놓으면

$$A = A \cap (g^{-1}[\overline{S}_1] \cup \cdots \cup g^{-1}[\overline{S}_t]) = A_1 \cup \cdots \cup A_t$$

$$g[A_k] \subset \overline{S}_k \subset G_k \quad (k = 1, 2, \cdots, t)$$

이다. A가 컴팩트이고 $g^{-1}[\overline{S}_k]$가 폐집합이므로, $A_k = A \cap g^{-1}[\overline{S}_k]$도 또한 컴팩트이다. $g[A_k] \subset G_k (k = 1, 2, \cdots, t)$이므로 $g \in (A_k, G_k)$이고, 따라서 $g \in \bigcap_{k=1}^{t} (A_k, G_k)$이다. $C(X, Y)$상에서 정의된 컴팩트개위상을 $\mathcal{T}$라 하면

$$g \in \bigcap_{k=1}^{t} (A_k, G_k) \in \mathcal{T}$$

이다. 가정에 의하여 (f_n)은 $\mathcal{T}$에 관하여 g에 수렴하므로 적당한 자연수 n_0가 존재하여

$$\begin{aligned} n \ge n_0 &\Longrightarrow f_n \in \bigcap_{k=1}^{t} (A_k, G_k) \\ &\Longrightarrow f_n[A_k] \subset G_k \quad (k = 1, 2, \cdots, t) \end{aligned}$$

이다.

임의의 $x \in A$를 취하면 적당한 A_k가 존재하여 $x \in A_k$이다. 따라서

$$n \geq n_0 \Longrightarrow f_n(x) \in f_n[A_k] \subset G_k = S\left(b_k, \frac{2}{3}\varepsilon\right)$$
$$\Longrightarrow d(f_n(x), b_k) < \frac{2}{3}\varepsilon$$

이다. 한편

$$g(x) \in g[A_k] \subset \overline{S}_k = \overline{S\left(b_k, \frac{\varepsilon}{3}\right)} \Longrightarrow d(g(x), b_k) \leq \frac{\varepsilon}{3}$$

이다. 그러므로

$n \geq n_0 \Longrightarrow$ 임의의 $x \in A$에 대하여

$$d(f_n(x), g(x)) \leq d(f_n(x), b_k) + d(b_k, g(x)) < \frac{2}{3}\varepsilon + \frac{\varepsilon}{3} = \varepsilon$$

이다. 따라서 (f_n)은 컴팩트집합 A상에서 g에 평등수렴한다.

역으로 (f_n)이 컴팩트집합상에서 g에 평등수렴한다고 하자. $C(X, Y)$상의 컴팩트개위상 $\mathcal{T}$는

$$\mathcal{S} = \{(A, G) \mid A\text{는 } X\text{에서 컴팩트부분집합, } G\text{는 } Y\text{에서 개집합이다.}\}$$

를 부분기저로 갖고 있으므로, 5.1.5 정리에 의하여, g를 포함하는 임의의 $(A, G) \in \mathcal{S}$를 취하였을 때 (f_n)의 유한개를 제외한 나머지원들이 (A, G)에 속한다는 것을 보이면 충분하다.

$g \in (A, G) \in \mathcal{S}$라 하자. $g \in (A, G)$이므로 $g[A] \subset G$이다. $g[A]$가 컴팩트이고 G^c는 폐집합이고 $g[A] \cap G^c = \varnothing$이므로 7.2.16 정리에 의하여 $d(g[A], G^c) = \varepsilon > 0$이 성립한다. 가정에 의하여 (f_n)은 컴팩트집합상에서 g에 평등수렴하므로 적당한 자연수 n_0가 존재하여

$$n \geq n_0 \Longrightarrow \text{임의의 } x \in A\text{에 대해서 } d(f_n(x), g(x)) < \varepsilon$$

이 성립한다. 따라서 임의의 $x \in A$에 대해서

$$d(f_n(x),\ g[A]) \le d(f_n(x),\ g(x)) < \varepsilon$$

이다. $d(g[A],\ G^c) = \varepsilon > 0$이므로 임의로 $x \in A$에 대해서 $f_n(x) \notin G^c$이다. 그러므로

$$\begin{aligned} n \ge n_0 &\Longrightarrow \text{임의의 } x \in A\text{에 대해서 } f_n(x) \in G \\ &\Longrightarrow f_n[A] \subset G \\ &\Longrightarrow f_n \in (A,\ G) \end{aligned}$$

이다. 따라서 (f_n)은 $C(X,\ Y)$상의 컴팩트개위상에 관하여 g에 수렴한다. ■

위 정리의 내용으로 보아서 컴팩트개위상(compact open topology)을 컴팩트수렴위상(topology of compact convergence)이라고 부르는 이유를 알 수 있다.

연.습.문.제

1. 위상공간 Y가 T_2공간이면 컴팩트개위상을 갖는 $C(X, Y)$도 T_2공간임을 보여라.

2. X와 Y를 위상공간이라 하고 $\mathcal{S}_Y = \{S_\lambda \mid \lambda \in \Lambda\}$를 위상공간 Y에 대한 부분기저라 하자.

$$\mathcal{S} = \{(A, S) \mid A\text{는 } X\text{에서 컴팩트부분집합이고 } S \in \mathcal{S}_Y \text{ 이다.}\}$$

라 하면 $\mathcal{S}$는 컴팩트개위상을 갖는 함수공간 $C(X, Y)$의 한 부분기저임을 밝혀라.

3. X가 이산공간이면 컴팩트개위상을 갖는 Y^X는 적공간 $\prod_{x \in X} Y_x$ (단, $Y_x = Y$)와 위상동형임을 증명하여라.

4. 각 점 $p \in Y$에 대하여 $c_p : X \longrightarrow Y$를 $c_p(x) = p\ (x \in X)$로 정의하자. Y^X가 컴팩트개위상을 가질 때

$$j : Y \longrightarrow Y^X$$
$$(p \longmapsto c_p)$$

에 의하여 $Y \approx j[Y]$임을 증명하여라.

제11장

호모토피론

이 장에서는 공간의 기하학적 성질을 대수적인 방법에 의해 나타내는 여러 가지 방안 중에서 호모토피론을 소개하고자 한다.

11.1 호모토피

11.1.1 정의 두 개의 연속사상 f_0, $f_1: X \longrightarrow Y$에 대해서 한 연속사상 $F: X \times I \longrightarrow Y$가 존재하여

$$F(x,\ 0) = f_0(x), \quad F(x,\ 1) = f_1(x)$$

일 때 f_0와 f_1은 **호모토픽**(homotopic)이라 하고 $f_0 \simeq f_1$ 또는 $F: f_0 \simeq f_1$으로 나타낸다. F를 f_0와 f_1 사이의 **호모토피**(homotopy)라 한다(단, $I = [0,\ 1]$).

각 $t \in [0,\ 1]$에 대하여 $F(x,\ t) = f_t(x,\ t) = f_t(x)$로 $f_t: X \longrightarrow Y$를 정하면 사상 f_t는 연속사상이다.

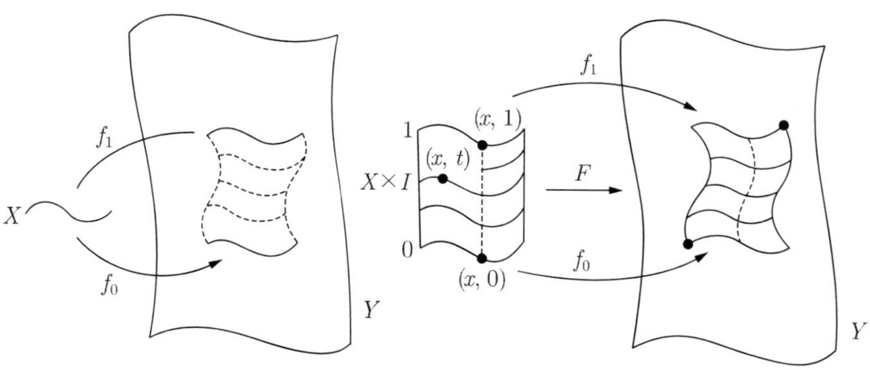

그림 11-1

예 11.1.1 $f: I \longrightarrow Y$를 한 호라 하고 $F(x,\ t) = f((1-t)x)$라 하면 호모토피 $F: I \times I \longrightarrow Y$에 의하여 f는 정치호(定値弧, constant path) $c_{f(0)}$와 호모토픽하다. 즉 $f \simeq c_{f(0)}$이다.

11.1.2 정의 A를 위상공간 X의 부분집합이라 하고 f_0, $f_1: X \longrightarrow Y$를 연속사상이라 하자. f_0와 f_1 사이에 호모토피 $F: X \times I \longrightarrow Y$가 존재해서 모든 $a \in A$에 대하여

$$F(a, t) = f_0(a) = f_1(a)$$

일 때, f_0와 f_1은 **A를 고정한 호모토픽**(homotopic relative to A)이라 하고 $f_0 \simeq f_1$(rel. A) 또는 $f_0 \simeq_{\text{rel.} A} f_1$으로 나타낸다(그림 11-2 참조).

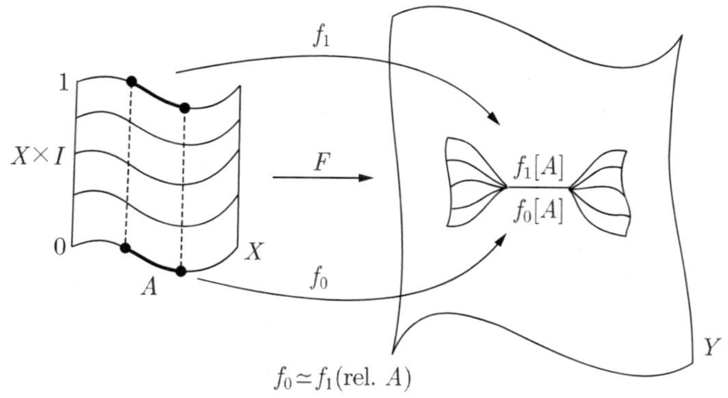

그림 11-2

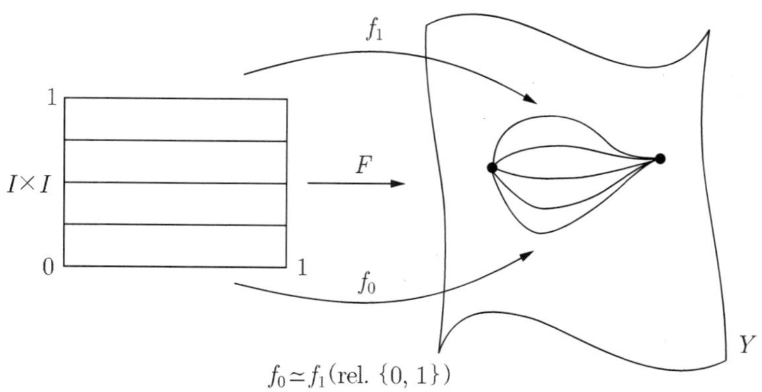

그림 11-3

11.1.3 정리 X로부터 Y로의 연속사상 전체집합 $C(X, Y)$상에서 호모토픽 관계 $\simeq$는 동치관계이다.

•증명• (1) 임의의 $f \in C(X,\ Y)$에 대하여 $F(x,\ t) = f(x)$로 사상 F를 정하면 호모토피 F에 의하여

$$f \simeq f$$

이다(그림 11-4 참조).

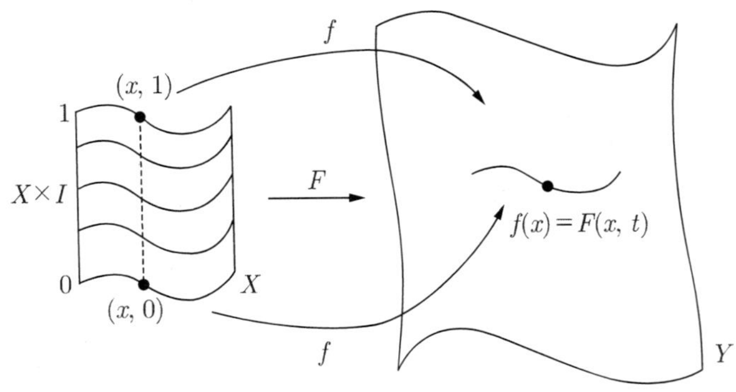

그림 11-4

(2) F: $f \simeq g$라 하자. $G(x,\ t) = F(x,\ 1-t)$라 놓으면

$$G\colon g \simeq f$$

가 성립한다(그림 11-5 참조).

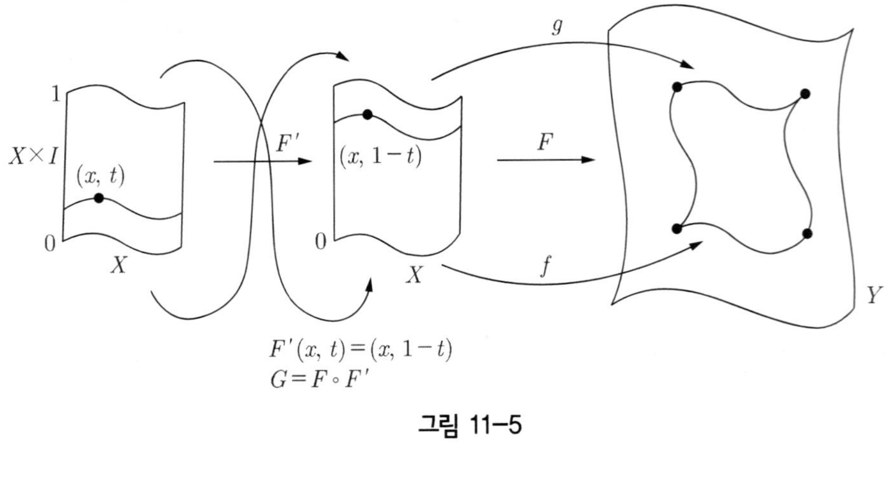

그림 11-5

(3) F: $f \simeq g$, G: $g \simeq h$이라 하자. H: $X \times I \longrightarrow Y$를

$$H(x,\ t) = \begin{cases} F(x,\ 2t), & 0 \le t \le \dfrac{1}{2} \\ G(x,\ 2t-1), & \dfrac{1}{2} \le t \le 1 \end{cases}$$

로 정의하면 3.1.9 정리에 의하여 H: $X \times I \longrightarrow Y$는 연속사상이 되고, $H(x,\ 0) = F(x,\ 0) = f(x)$이고 $H(x,\ 1) = G(x,\ 1) = h(x)$이므로 H: $f \simeq h$이다(그림 11-6 참조).

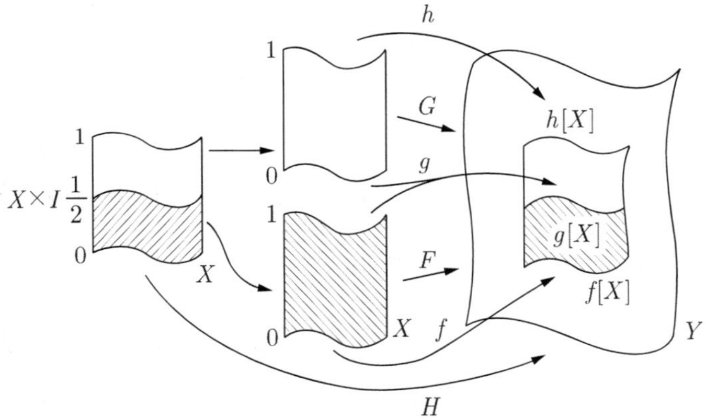

그림 11-6

(1), (2), (3)에 의하여 호모토픽 관계는 $C(X,\ Y)$상에서 동치관계이다. ■

임의의 $f \in C(X,\ Y)$에 대하여 $[f] = \{g \in C(X,\ Y) \mid f \simeq g\}$는 한 동치류이고

$$C(X,\ Y)/\simeq\ = \{[f] \mid f \in C(X,\ Y)\}$$

이다.

11.1.4 정의 연속사상 $f: X \longrightarrow Y$와 $g: Y \longrightarrow X$가 존재하여

$$g \circ f \simeq 1_X, \quad f \circ g \simeq 1_Y$$

일 때 X와 Y는 **같은 호모토피형**(same homotopy type)을 갖는다고 하고, X와 Y는 **호모토피 동치**(homotopy equivalent)이라고 한다(단, 1_X와 1_Y는 각각 X와 Y상에서 항등사상이다).

X와 Y가 위상동형인 경우, 호모토피 동치가 된다는 것은 명백하다. 그러나 그 역은 일반적으로 성립하지 않는다.

예 11.1.2 $\boldsymbol{R}^2$에서 한 점 p를 취하여

$$D = \{q \in \boldsymbol{R}^2 \mid d(p,\ q) \leq \varepsilon\}$$

이라 하자. $p \in D$이다.

$$f : \{p\} \longrightarrow D, \qquad g : D \longrightarrow \{p\}$$
$$(p \longmapsto f(p) = p) \qquad (x \longmapsto g(x) = p)$$

라 하면 f와 g는 연속사상이다.

$$g \circ f : \{p\} \longrightarrow \{p\}, \qquad f \circ g = c_p : D \longrightarrow D$$
$$(p \longmapsto p) \qquad (x \longmapsto (f \circ g) = p)$$

이므로 $g \circ f = 1_{\{p\}}$이고 $F(x,\ t) = (1-t)x + tp$에 의하여 정의되는 연속사상 $F: D \times I \longrightarrow D$가 존재하므로 $f \circ g \simeq 1_D$이다. 따라서 $\{p\}$와 D는 호모토피 동치이다. 그러나 위상동형은 아니다.

11.1.5 정의 위상공간 X가 X상의 한 점 p와 호모토피 동치일 때 X를 **가축**(可縮, contractible)공간이라 한다.

11.1.2 예에 의하여 D는 가축이다. 직관적으로 한 위상공간이 가축이라는 것은 그 공간이 그 안에서 한 점에 연속적으로 축소될 수 있음을 나타내는 것이다. 원둘레는 그 안에서 원둘레상의 한 점에 연속적으로 축소불가능하다. 따라서 가축이 아니다.

연.습.문.제

1. X를 위상공간이라 하고 $S^1=\{(x,\ y)\mid x^2+y^2=1\}$, $D=\{(x,\ y)\mid x^2+y^2\leq 1\}$이라 하자. 연속사상 $f: S^1 \longrightarrow X$가 한 정치사상에 호모토픽이기 위한 필요충분조건은 연속사상 $g: D \longrightarrow X$로서 $g\mid S^1=f$를 만족하는 것이 존재하는 것임을 밝혀라.

Hint $p\in X$에 대해서 $c_p: S^1 \longrightarrow X$를 임의의 $(x,\ y)\in S^1$에 대해서 $c_p((x,\ y))=p$로 정의하자. $F: c_p\simeq f$라 할 때 $(x,\ y)\in S^1$, $r\in I=[0,\ 1]$에 대해서 $g(r\cdot(x,\ y))=F((x,\ y),\ r)$로 g를 정의하여라.

2. X와 Y를 위상공간이라 하고

$$C(X,\ Y)=\{f\mid f: X\longrightarrow Y(\text{연속사상})\}$$

에 컴팩트개위상을 주자. $f\simeq g: X\longrightarrow Y$일 때 f로부터 g로의 위상공간 $C(X,\ Y)$ 상에서의 호가 존재함을 증명하여라.

X가 컴팩트, T_2공간일 때, $C(X,\ Y)$상에서 f로부터 g로의 호가 존재하기 위한 필요충분조건은 $f\simeq g: X\longrightarrow Y$임을 증명하여라.

3. 원기둥 $C=\{(x,\ y,\ z)\in \boldsymbol{R}^3\mid x^2+y^2=1,\ -1\leq z\leq 1\}$과 원둘레 $S^1=\{(x,\ y,\ z)\in \boldsymbol{R}^3\mid x^2+y^2=1,\ z=0\}$은 호모토피 동치임을 보여라.

4. 위상공간 X와 X의 한 부분집합 A에 대해서 연속사상 $r: X\longrightarrow A$로서 $r\mid A: A\longrightarrow A$가 항등사상이 되는 것이 존재할 때 A를 X의 **리트랙트**(retract)라 한다. 또 사상 $r: X\longrightarrow A$를 **리트랙션**(retraction)이라 한다.

X의 부분집합 A가 X의 **변형**(deformation) 리트랙트라는 것은 리트랙션 $r: X\longrightarrow A$로서 $ir\simeq 1_X: X\longrightarrow X$를 만족하는 것이 존재할 때를 말한다(단, $i: A\longrightarrow X$인 포함사상).

X의 부분집합 A가 X의 **강변형**(strong deformation) 리트랙트라는 것은 리트랙션 $r: X \longrightarrow A$로서 $ir \simeq 1_X: X \longrightarrow X(\text{rel. } A)$를 만족하는 것이 존재할 때를 말한다. 뫼비우스(Möbius) 띠상의 원주로서 뫼비우스 띠의 강변형 리트랙트인 것이 존재함을 보여라. 또 이 사실로부터 뫼비우스 띠와 원기둥이 호모토피 동치임을 보여라.

11.2 호의 곱

이 절에서는 한 위상공간에서 호들의 곱을 좀 더 자세히 살펴보고자 한다.

위상공간 X상의 두 호 $f, g: I \longrightarrow X$가 $f(1)=g(0)$일 때

$$(f * g)(t)=\begin{cases} f(2t), & 0 \leq t \leq \frac{1}{2} \\ g(2t-1), & \frac{1}{2} \leq t \leq 1 \end{cases}$$

로 호 $f * g: I \longrightarrow X$를 정의하였다(8.3.5 정리). $f * g$를 f와 g의 **곱**이라 한다.

11.2.1 정의 위상공간 X상의 두 개의 호 f와 g가 $\{0, 1\}$을 고정하고 호모토픽일 때 f와 g를 **동치**(同値, equivalent)라 하고

$$f \sim g$$

로 나타낸다(그림 11-7 참조).

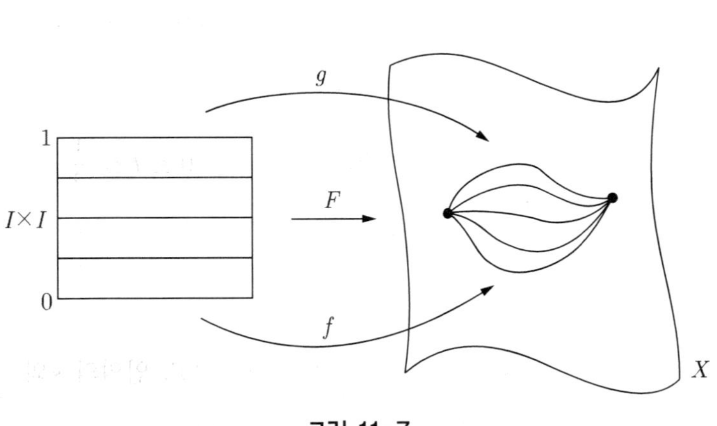

그림 11-7

X상의 두 개의 호 f, g가 동치치기 위해서는 연속사상

$$F: I \times I \longrightarrow X$$

가 존재해서 $F(t, 0) = f(t)$, $F(t, 1) = g(t)$이고, $F(0, s) = f(0) = g(0)$, $F(1, s) = f(1) = g(1)$이어야 한다. 이 경우 F를 $F: f \sim g$로 나타낸다.

11.1.3 정리에서와 같은 방법으로 $C(I, X)$상의 관계 $\sim$은 동치관계임을 쉽게 보일 수 있다. 그러므로 임의의 $f \in C(I, X)$에 대하여

$$[f] = \{g \in C(I, X) \mid f \sim g\}$$

는 f를 품는 동치류이고

$$C(I, X)/\sim \; = \{[f] \mid f \in C(I, X)\}$$

이다. f, $g \in C(I, X)$이고, $f(1) = g(0)$인 경우

$$[f] \cdot [g] = [f * g]$$

라 하면 잘 정의된 연산이 된다. 다음 정리에서 이것을 밝히자.

11.2.2 정리 f_0, f_1, g_0, g_1을 위상공간 X상의 호들로서 $f_0(1) = g_0(0)$이고 $f_1(1) = g_1(0)$일 때, $f_0 \sim f_1$, $g_0 \sim g_1$이면 $f_0 * g_0 \sim f_1 * g_1$이다. 즉 $[f_0] = [f_1]$, $[g_0] = [g_1]$이면 $[f_0 * g_0] = [f_1 * g_1]$이다.

•증명• $F: f_0 \sim f_1$이고, $G: g_0 \sim g_1$을 $\{0, 1\}$을 고정한 호모토피라 하자. 연속사상 $H: I \times I \longrightarrow X$를

$$H(t, s) = \begin{cases} F(2t, s), & 0 \le t \le \dfrac{1}{2} \\ G(2t-1, s), & \dfrac{1}{2} \le t \le 1 \end{cases}$$

이라고 정의하자(그림 11-8 참조).

$H(t, s)$는 임의의 s와 $0 \le t \le \frac{1}{2}$에서 연속이고, 임의의 s와 $\frac{1}{2} \le t \le 1$에서 연속이다. 그 경계상의 임의의 한 점 $\left(\frac{1}{2}, s\right)$에서

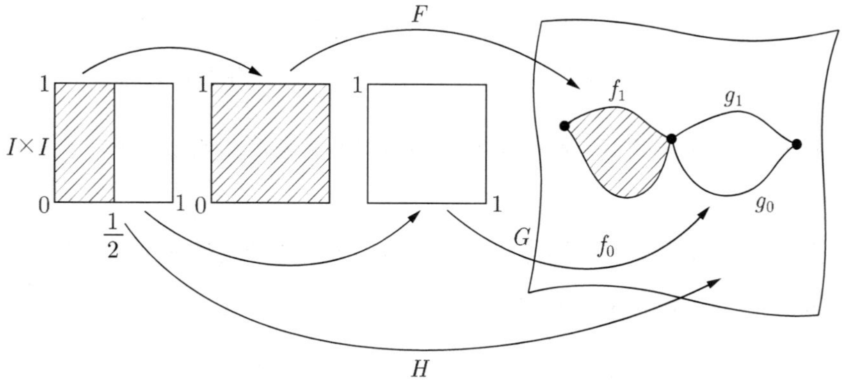

그림 11-8

$$F\left(2\cdot\frac{1}{2},\ s\right)=G\left(2\cdot\frac{1}{2}-1,\ s\right)=f_0(1)=f_1(1)=g_0(0)=g_1(0)$$

이므로 3.1.9 정리에 의하여 H는 연속사상이다.

$$H(t,\ 0)=\begin{cases} F(2t,\ 0), & 0\le t\le \frac{1}{2} \\ G(2t-1,\ 0), & \frac{1}{2}\le t\le 1 \end{cases}$$

$$=\begin{cases} f_0(2t), & 0\le t\le \frac{1}{2} \\ g_0(2t-1), & \frac{1}{2}\le t\le 1 \end{cases}$$

$$=(f_0 * g_0)(t)$$

$$H(t,\ 1)=\begin{cases} F(2t,\ 1), & 0\le t\le \frac{1}{2} \\ G(2t-1,\ 1), & \frac{1}{2}\le t\le 1 \end{cases}$$

$$=\begin{cases} f_1(2t), & 0\le t\le \frac{1}{2} \\ g_1(2t-1), & \frac{1}{2}\le t\le 1 \end{cases}$$

$$=(f_1 * g_1)(t)$$

$$(f_0 * g_0)(0) = f_0(0) = f_1(0) = (f_1 * g_1)(0)$$
$$(f_0 * g_0)(1) = g_0(1) = g_1(1) = (f_1 * g_1)(1)$$

이므로 $f_0 * g_0 \sim f_1 * g_1$이다. 따라서 $[f_0 * g_0] = [f_1 * g_1]$가 성립한다. ■

다음 정리로부터 호의 동치류의 곱이 결합법칙을 만족함을 알 수 있다. 즉 $f(1) = g(0)$, $g(1) = h(0)$인 호 f, g, h에 대하여

$$([f] \cdot [g]) \cdot [h] = [f] \cdot ([g] \cdot [h])$$

가 성립함을 다음 정리로부터 알 수 있다.

11.2.3 정리 f, g, h가 위상공간 X상의 세 개의 호이고, $f(1) = g(0)$, $g(1) = h(0)$일 때 $(f * g) * h \sim f * (g * h)$가 성립한다.

•증명• 8.3.5 정리로부터

$$(f * g)(t) = \begin{cases} f(2t), & 0 \le t \le \dfrac{1}{2} \\ g(2t-1), & \dfrac{1}{2} \le t \le 1 \end{cases}$$

이므로

$$(f * g)(2t) = \begin{cases} f(4t), & 0 \le 2t \le \dfrac{1}{2} \ \left(0 \le t \le \dfrac{1}{4}\right) \\ g(4t-1), & \dfrac{1}{2} \le 2t \le 1 \ \left(\dfrac{1}{4} \le t \le \dfrac{1}{2}\right) \end{cases}$$

이다.

$$((f * g) * h)(t) = \begin{cases} (f * g)(2t), & 0 \le t \le \dfrac{1}{2} \\ h(2t-1), & \dfrac{1}{2} \le t \le 1 \end{cases}$$

$$= \begin{cases} f(4t), & 0 \le t \le \frac{1}{4} \\ g(4t-1), & \frac{1}{4} \le t \le \frac{1}{2} \\ h(2t-1), & \frac{1}{2} \le t \le 1 \end{cases}$$

이다. 같은 방법으로

$$(f * (g * h))(t) = \begin{cases} f(2t), & 0 \le t \le \frac{1}{2} \\ g(4t-2), & \frac{1}{2} \le t \le \frac{3}{4} \\ h(4t-3), & \frac{3}{4} \le t \le 1 \end{cases}$$

이다.

$(f * g) * h$와 $f * (g * h)$ 사이에 $\{0, 1\}$을 고정한 호모토픽 관계가 있음을 보이기 위하여 호모토피를 만들자.

그림 11-9에서 F의 정의역 $I \times I$의 y축상에 s를 고정하고 f를 구간 $\left[0, \frac{s+1}{4}\right]$에서, g를 구간 $\left[\frac{s+1}{4}, \frac{s+2}{4}\right]$에서 h를 구간 $\left[\frac{s+2}{4}, 1\right]$에서 적절히 사용하여 $F: I \times I \longrightarrow X$을 다음과 같이 정의한다.

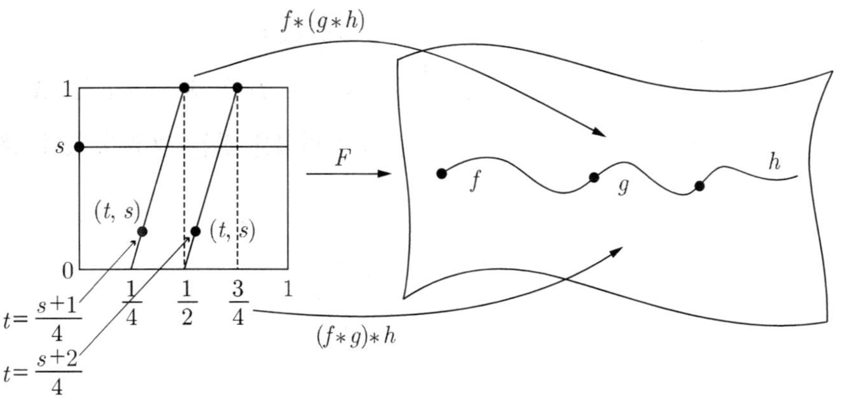

그림 11-9

$$F(t,\ s) = \begin{cases} f\left(\dfrac{4t}{s+1}\right), & 0 \le t \le \dfrac{s+1}{4} \\ g(4t-s-1), & \dfrac{s+1}{4} \le t \le \dfrac{s+2}{4} \\ h\left(\dfrac{4t-s-2}{2-s}\right), & \dfrac{s+2}{4} \le t \le 1 \end{cases}$$

주의 $0 \le t \le \dfrac{s+1}{4} \Longleftrightarrow 0 \le \dfrac{4t}{s+1} \le 1$

$$\frac{s+1}{4} \le t \le \frac{s+2}{4} \Longleftrightarrow 0 \le 4t-s-1 \le 1$$

$$\frac{s+2}{4} \le t \le 1 \Longleftrightarrow 0 \le \frac{4t-s-2}{2-s} \le 1$$

사상 F는 연속이고

$$\begin{aligned} F(t,\ 0) &= [(f * g) * h](t) \\ F(t,\ 1) &= [f * (g * h)](t) \\ F(0,\ s) &= f(0) = [(f * g) * h](0) = [f * (g * h)](0) \\ F(1,\ s) &= f(1) = [(f * g) * h](1) = [f * (g * h)](1) \end{aligned}$$

을 만족한다. 따라서

$$F: (f * g) * h \sim f * (g * h)$$

이다. ■

일반적으로 $(f * g) * h \neq f * (g * h)$인 것은 분명하다.

$p \in X$일 때 한 상수함수 $c_p: I \longrightarrow X\,(c_p(x) = p,\ x \in I)$일 때 $c_p \in C(I,\ X)$의 동치류 $[c_p]$는 동치류의 연산에 관하여 좌 또는 우단위 원의 역할을 하는 경우가 있다. 호 f의 시점을 p, 종점을 q라 하면

$$[c_p] \cdot [f] = [f] = [f] \cdot [c_p]$$

이다. 이것을 다음 정리에서 증명하자.

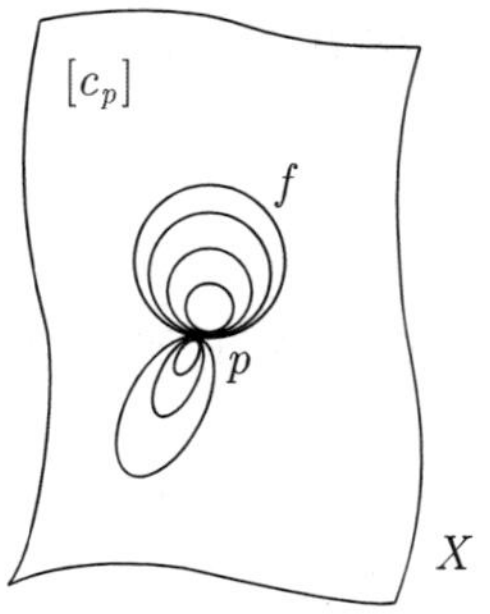

그림 11-10

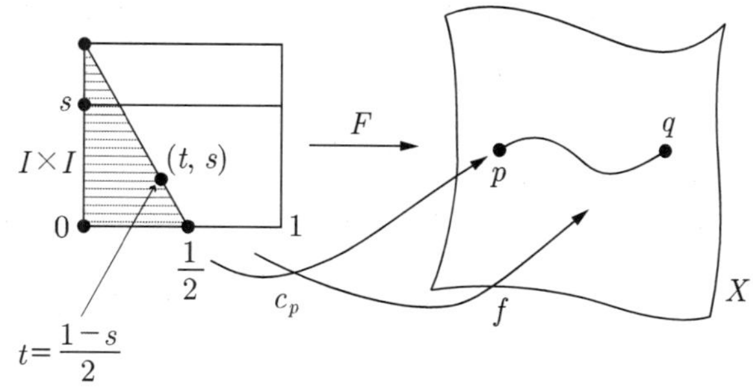

그림 11-11

그림 11-10에서 $[c_p]=\{f\in C(I,\ X)\mid c_p\sim f\}$에 속하는 호 f는 $f(0)=p$, $f(1)=p$이고 연속적으로 점 p로 줄어든다.

| 11.2.4 정리 | 호 f의 시점을 p, 종점을 q라 할 때

$$c_p * f\sim f,\quad f * c_q\sim f$$

가 성립한다.

•증명• 호 $f: I\longrightarrow X$가 $f(0)=p$, $f(1)=q$라 하자.
$c_p: I\longrightarrow X\,(c_p(x)=p,\ x\in I)$에 대해서 $c_p * f\sim f$임을 보이자. 그림 11-11에서 사상 F의 정의역 $I\times I$의 y축상에 s를 고정하고 c_p를 구간 $\left[0,\ \dfrac{1-s}{2}\right]$에서, f를 $\left[\dfrac{1-s}{2},\ 1\right]$에 적절히 사용하여 $F: I\times I\longrightarrow X$를 다음과 같이 정의한다.

$$F(t,\ s)=\begin{cases} p, & 0\le t\le \dfrac{1-s}{2} \\ f\left(\dfrac{2t-1+s}{1+s}\right), & \dfrac{1-s}{2}\le t\le 1 \end{cases}$$

주의 $\dfrac{1-s}{2}\le t\le 1 \Longleftrightarrow 0\le \dfrac{2t-1+s}{1+s}\le 1$

사상 F는 연속이고 $F(t,\ 0)=(c_p * f)(t)$, $F(t,\ 1)=f(t)$, $F(0,\ s)=p$, $F(1,$

$s)=f(1)=q$이므로 $c_p * f \sim f$가 성립한다. 위와 같은 방법으로 $f * c_q \sim f$도 증명할 수 있다. ■

호 $f: I \longrightarrow X$에 대하여 $\overline{f}(t)=f(1-t)$라 하자. $\overline{f}: I \longrightarrow X$도 호가 된다. 더욱이

$$F: f \sim g \Longleftrightarrow G: \overline{f} \sim \overline{g} \quad (\text{단, } G(t,\ s)=F(1-t,\ s))$$

가 성립한다.

호 f가 $f(0)=p$, $f(1)=q$일 때

$$[f] \cdot [\overline{f}]=[c_p], \quad [\overline{f}] \cdot [f]=[c_q]$$

가 성립함을 다음 정리에서 보이자. $[\overline{f}]$는 $[f]$에 대하여 역원으로 작용하고 있음을 알 수 있다.

만일 호 f가 $f(0)=p=f(1)$일 경우

$$[f] \cdot [\overline{f}]=[\overline{f}] \cdot [f]=[c_p]$$

가 되고 단위원 $[c_p]$에 대하여 $[\overline{f}]$는 동치류 사이의 곱셈에 관하여 $[f]$의 역원소(inverse element)임이 분명하다.

11.2.5 정리 호 f의 시점을 p, 종점을 q라 할 때

$$f * \overline{f} \sim c_p, \quad \overline{f} * f \sim c_q$$

가 성립한다.

•증명• 호 f가 $f(0)=p$, $f(1)=q$라 하자. $f * \overline{f}$는

$$(f * \overline{f})(t)=\begin{cases} f(2t), & 0 \leq t \leq \dfrac{1}{2} \\ \overline{f}(2t-1), & \dfrac{1}{2} \leq t \leq 1 \end{cases}$$

이었다. 따라서

$$(f * \bar{f})(t) = \begin{cases} f(2t), & 0 \le t \le \frac{1}{2} \\ f(2-2t), & \frac{1}{2} \le t \le 1 \end{cases}$$

이다. $F: I \times I \longrightarrow X$를

$$F(t,\ s) = \begin{cases} f(2t), & 0 \le 2t \le s \\ f(s), & s \le 2t \le 2-s \\ f(2-2t), & 2-s \le 2t \le 2 \end{cases}$$

로 정의하자.

$I \times I$의 y축상에 s를 고정하면, $0 \le 2t \le s$를 만족하는 첫 번째 선분의 F에 의한 상은 그림 11-12의 우측도형 X상에서 p에서 $f(s)$까지의 곡선이다. $s \le 2t \le 2-s$를 만족하는 두 번째 선분의 F에 의한 상은 $\{f(s)\}$의 한 점집합이다. $2-s \le 2t \le 2$를 만족하는 세 번째 선분의 F에 의한 상은 $f(s)$에서 p까지의 곡선이 되어 점 p로 되돌아 온다.

$f(2t)$ $0 \le 2t \le s$, $f(s)$ $s \le 2t \le 2-s$, $f(2-2t)$ $2-s \le 2t \le 2$들은 연속이고, 각 경계선에서 함숫값들이 일치하므로 3.1.9 정리에 의하여 $F(t,\ s)$는 연속사상이다.

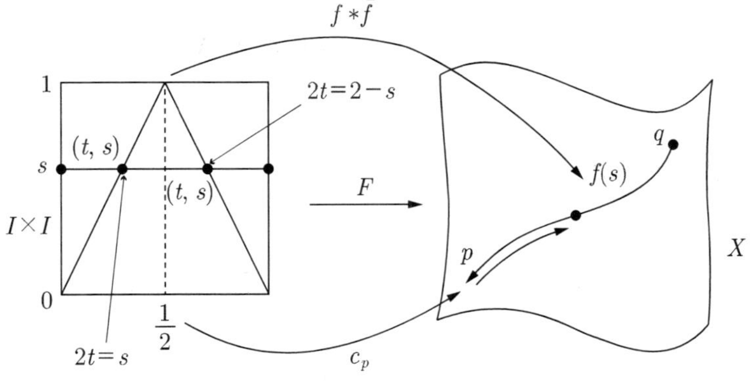

그림 11-12

$$F(t,\ 0)=\begin{cases} f(2t), & 0 \le 2t \le 0 \\ f(0), & 0 \le 2t \le 2 \\ f(2-2t), & 2 \le 2t \le 2 \end{cases} \qquad = f(0)=p=c_p(t)$$

$$F(t,\ 1)=\begin{cases} f(2t), & 0 \le 2t \le 1 \\ f(1), & 1 \le 2t \le 1 \\ f(2-2t), & 1 \le 2t \le 2 \end{cases}$$

$$=\begin{cases} f(2t), & 0 \le t \le \dfrac{1}{2} \\ f(2-2t), & \dfrac{1}{2} \le t \le 1 \end{cases} \qquad = (f * \overline{f})(t)$$

이므로 $F: c_p \sim f * \overline{f}$가 성립한다.

$\overline{f} * f \sim c_q$도 같은 방법으로 증명된다. ■

이 절에서의 내용을 종합하면 다음과 같다.

$f,\ g \in C(I,\ X)$일 때

$$f \simeq g \text{ rel. } \{0,\ 1\} \Longleftrightarrow f \sim g$$

로 $C(I,\ X)$상의 관계 $\sim$을 정의하면 $\sim$은 동치관계이다.

$$[f] = \{g \in C(I,\ X) \mid f \sim g\}$$

이라 놓으면

$$C(I,\ X)/\sim\ = \{[f] \mid f \in C(I,\ X)\}$$

가 된다.

$C(I,\ X)/\sim$상에서 다음 성질 등이 성립한다.

11.2.6 $[f],\ [g] \in C(I,\ X)/\sim$이고, $f(1) = g(0)$이면 $[f] \cdot [g] = [f * g] \in C(I,\ X)/\sim$이다.

11.2.7 $[f]$, $[g]$, $[h] \in C(I,\ X)/\sim$이고, $f(1)=g(0)$, $g(1)=h(0)$이면 $([f]\cdot[g])\cdot[h]=[f]\cdot([g]\cdot[h])$이다.

11.2.8 $[f]\in C(I,\ X)/\sim$이고, $f(0)=p$, $f(1)=q$일 때 $[c_p]$, $[c_q]\in C[I,\ X]/\sim$가 존재해서 $[c_p]\cdot[f]=[f]$, $[f]\cdot[c_q]=[f]$이다.

11.2.9 $[f]\in C(I,\ X)/\sim$이고, $f(0)=p$, $f(1)=q$일 때, $[\overline{f}]\in C(I,\ X)/\sim$가 존재해서 $[f]\cdot[\overline{f}]=[c_p]$, $[\overline{f}]\cdot[f]=[c_q]$이다.

연.습.문.제

1. 위상공간 X상의 호 $f,\ g,\ h$로서 $f(1)=g(0),\ g(1)=h(0)$이고, (i) $(f * g) * h \neq f * (g * h)$, (ii) $(f * g) * h = f * (g * h)$을 만족하는 보기를 각각 들어라.

2. f를 위상공간 X상의 호라 하고 $h: I \longrightarrow I$를 $h(0)=0,\ h(1)=1$을 만족하는 연속사상이라 할 때 $f \sim f \circ h$임을 증명하여라. (단, $I=[0,\ 1]$)

3. $f,\ g: I \longrightarrow X$를 x로부터 y로의 X상의 호들이라 하자. $f \sim g$이기 위한 필요충분조건은 $f * \overline{g} \sim c_x$임을 증명하여라.

4. $h: I \longrightarrow I$를 $h(0)=1,\ h(1)=0$을 만족하는 연속사상이라 하자. f를 한 호라 하면 $\overline{f} \sim f \circ h$임을 증명하여라.

11.3 기본군

이 절에서는 이 장에서 가장 중요한 개념인 기본군과 기본군의 성질을 설명하고자 한다.

11.3.1 정의 호 f가 $f(0)=f(1)$일 때 f를 **폐호**(閉弧, closed path or loop)라 한다. $f(0)=f(1)=p$일 때 f는 점 p를 **기점**(基點, base point)으로 한다고 한다.

$\pi(X,\ p)=\{[f]\mid f\in C(I,\ X),\ f(0)=f(1)=p\}\subset C(I,\ X)/\sim$라 하자.

11.3.2 정리 $\pi(X,\ p)$는 군(群, group)이다.

•증명• 임의의 $[f],\ [g],\ [h]\in\pi(X,\ p)$에 대하여

$$f(0)=f(1)=g(0)=g(1)=h(0)=h(1)=p$$

이다.

(1) $[f]\cdot[g]=[f*g]$이고 $f*g\in C(I,\ X)$, $(f*g)(0)=f(0)=p$

$(f*g)(1)=g(1)=p$이므로 $[f*g]\in\pi(X,\ p)$

이다.

(2) 11.2.7에 의하여

$$([f]\cdot[g])\cdot[h]=[f]\cdot([g]\cdot[h])$$

가 성립한다.

(3) 11.2.8에 의하여 $[c_p]\in\pi(X,\ p)$가 존재해서 임의의 $[f]\in\pi(X,\ p)$에 의하여

$$[c_p]\cdot[f]=[f]\cdot[c_p]=[f]$$

가 성립한다.

(4) 11.2.9에 의하여 임의의 $[f]\in\pi(X,\ p)$에 대하여 $[\overline{f}]\in\pi(X,\ p)$가 존재하여

$$[f]\cdot[\overline{f}]=[\overline{f}]\cdot[f]=[c_p]$$

가 성립한다.

(1), (2), (3), (4)에 의하여 $\pi(X,\ p)$는 군이다. ■

군 $\pi(X,\ p)$에서 $[c_p]$는 단위원(單位元, identity)이고 $[\overline{f}]$는 $[f]$의 역원(逆元, inverse element) $[f]^{-1}$이다.

11.3.3 정의 $\pi(X,\ p)$를 점 p를 기점으로 하는 위상공간 X의 **기본군**(基本群, fundamental group)이라 한다.

예 11.3.1 위상공간 $X=\{p\}$라 하면 $\pi(X,\ p)=\{[c_p]\}$이다. 따라서 단위원 하나뿐인 군이다. 단위원 $[c_p]$를 $[c_p]=1$로 나타내기로 한다.

두 개의 서로 다른 기점 $p,\ q\in X$에 대하여 $\pi(X,\ p)$와 $\pi(X,\ q)$는 일반적으로 아무런 관계도 없다. 그러나 p와 q가 호로 연결될 때 다음과 같은 중요한 관계가 존재한다.

11.3.4 정리 $p,\ q\in X$라 하자. p로부터 q로의 호가 존재하면 $\pi(X,\ p)$와 $\pi(X,\ q)$는 군동형(群同型, group isomorphic)이다.

•증명• 호 $f: I\longrightarrow X$가 $f(0)=p,\ f(1)=q$라 하자. 임의의 $[g]\in\pi(X,\ p)$에 대하여 $(\overline{f}*g)*f$는

$$(\overline{f}*g)*f: I\longrightarrow X,$$
$$((\overline{f}*g)*f)(0)=\overline{f}(0)=q,$$

$$((\overline{f} * g) * f)(1) = f(1) = q$$

인 X상의 한 폐호이다. 따라서 $[(\overline{f} * g) * f] \in \pi(X, q)$이다.

$$\theta_f : \pi(X, p) \longrightarrow \pi(X, q)$$
$$([g] \longmapsto \theta_f[g] = [\overline{f} * g * f])$$

로 사상 θ_f를 정의하자. 임의의 $[g]$, $[h] \in \pi(X, p)$에 대하여

$$\begin{aligned}\theta_f([g] \cdot [h]) &= \theta_f[g * h] \\ &= [\overline{f} * g * h * f] \\ &= [\overline{f} * g * f * \overline{f} * h * f] \\ &= [\overline{f} * g * f] \cdot [\overline{f} * h * f] \\ &= \theta_f[g] \cdot \theta_f[h]\end{aligned}$$

이다. 따라서 θ_f는 군준동형사상이다.

q로부터 p로의 호 $\overline{f}$를 이용하여

$$\theta_{\overline{f}} : \pi(X, q) \longrightarrow \pi(X, p)$$
$$([h] \longmapsto \theta_{\overline{f}}[h] = [f * h * \overline{f}])$$

로 $\theta_{\overline{f}}$를 정의하면, 앞에서와 같은 방법으로, 군준동형사상임을 보일 수 있다. 임의의 $[g] \in \pi(X, p)$와 $[h] \in \pi(X, q)$에 대하여

$$(\theta_{\overline{f}} \circ \theta_f)[g] = \theta_{\overline{f}}[\overline{f} * g * f] = [f * \overline{f} * g * f * \overline{f}] = [g]$$
$$(\theta_f \circ \theta_{\overline{f}})[h] = [h]$$

이므로 θ_f는 전단사가 되어 군동형사상이 된다. ■

11.3.5 따름정리 위상공간 X가 호상연결공간인 경우 임의의 p, $q \in X$에 대하여 $\pi(X, p)$와 $\pi(X, q)$는 군동형이다.

•증명• X가 호상연결공간이면 임의의 p, $q \in X$에 대하여 p로부터 q로의 호 f가 존재

한다. 따라서 앞 정리로부터 $\pi(X, p)$와 $\pi(X, q)$는 군동형이다. ■

위상공간들 사이의 연속사상이 기본군에 어떤 영향을 주는지를 생각해보자. $\varphi: X \longrightarrow Y$를 연속사상이라 하면 다음 (a), (b), (c)가 성립한다.

(a) f와 g가 X상에서 호일 때 φf, φg는 Y상에서 호이다.

(b) X상에서 $F: f \sim g$일 때 $G = \varphi \circ F$라 하면 Y상에서 $G: \varphi f \sim \varphi g$이다.

(c) $[f] \in \pi(X, p)$이면 $[\varphi f] \in \pi(Y, \varphi(p))$가 성립한다.

따라서 다음과 같은 사상 φ_*의 정의가 가능하다.

$\varphi: X \longrightarrow Y$가 연속사상일 때 사상 φ_*를

$$\varphi_*: \pi(X, p) \longrightarrow \pi(Y, \varphi(p))$$
$$([f] \longmapsto \varphi_*[f] = [\varphi f])$$

로 정의한다.

11.3.6 정리

$$\varphi_*: \pi(X, p) \longrightarrow \pi(Y, \varphi(p))$$
$$([f] \longmapsto \varphi_*[f] = [\varphi f])$$

는 군준동형사상이다.

•증명• 임의의 $[f]$, $[g] \in \pi(X, p)$에 대하여

$$\begin{aligned}\varphi_*([f] \cdot [g]) &= \varphi_*[f * g] = [\varphi \circ (f * g)] \\ &= [\varphi f * \varphi g] = [\varphi f] \cdot [\varphi g] = \varphi_*[f] \cdot \varphi_*[g]\end{aligned}$$

이므로 φ_*는 군준동형사상이다. ■

11.3.7 정의 $\varphi: X \longrightarrow Y$가 연속사상일 때

$$\varphi_*: \pi(X, p) \longrightarrow \pi(Y, \varphi(p))$$
$$([f] \longmapsto \varphi_*[f] = [\varphi f])$$

을 **φ에 의하여 유도된 준동형사상**(induced homomorphism by φ)이라 한다.

11.3.8 정리 (a) $\varphi: X \longrightarrow Y$와 $\phi: Y \longrightarrow Z$가 연속사상일 때 $(\phi\varphi)_* = \phi_*\varphi_*$가 성립한다.

(b) $1_X: X \longrightarrow X$를 항등사상이라 할 때 $1_{X_*}: \pi(X, p) \longrightarrow \pi(X, p)$는 항등동형사상이다.

•증명• (a) $\varphi: X \longrightarrow Y$와 $\phi: Y \longrightarrow Z$가 모두 다 연속사상일 때 $\phi\varphi: X \longrightarrow Z$도 연속사상이다. 임의의 $[f] \in \pi(X, p)$에 대하여

$$\begin{aligned}(\phi\varphi)_*[f] &= [(\phi\varphi)f] = [\phi(\varphi f)] = \phi_*[\varphi f] \\ &= \phi_*(\varphi_*[f]) = (\phi_*\varphi_*)[f]\end{aligned}$$

이므로 $(\phi\varphi)_* = \phi_*\varphi_*$이다.

(b) $1_X: X \longrightarrow X$를 항등사상이라 하자. 임의의 $[f] \in \pi(X, p)$에 대하여 $1_{X_*}[f] = [1_X f] = [f]$이므로 1_{X_*}는 항등사상이고 따라서 항등동형사상이다. ■

위 정리를 이용하여 다음 중요한 결과를 얻을 수 있다.

11.3.9 따름정리 $\varphi: X \longrightarrow Y$가 위상동형사상일 때 $\varphi_*: \pi(X, p) \longrightarrow \pi(Y, \varphi(p))$는 군동형사상이다.

•증명• $\varphi: X \longrightarrow Y$를 위상동형사상이라 하면 $\varphi^{-1}: Y \longrightarrow X$도 위상동형사상이다. $\varphi^{-1} \circ \varphi$, $\varphi \circ \varphi^{-1}$들은 항등사상이므로 11.3.8 정리의 (a), (b)에 의하여 $(\varphi^{-1} \circ \varphi)_* = \varphi_*^{-1} \circ \varphi_*$, $(\varphi \circ \varphi^{-1})_* = \varphi_* \circ \varphi_*^{-1}$은 항등군동형사상이다. φ_*는 전단사 군준동형사상이므로 군동형사상이 된다. ■

11.3.10 정리 $\varphi, \phi: X \longrightarrow Y$를 연속사상이라 하고, $F: \varphi \simeq \phi$라 하자. $p \in X$에 대해서 $f: I \longrightarrow Y$를 $f(t) = F(p, t)$로 정의된 $\varphi(p)$로부터 $\phi(p)$로의 호라 하자. 두 준동형사상

$$\varphi_*: \pi(X,\ p) \longrightarrow \pi(Y,\ \varphi(p))$$
$$\phi_*: \pi(X,\ p) \longrightarrow \pi(Y,\ \phi(p))$$

사이에는 $\phi_* = \theta_f \circ \varphi_*$가 성립한다(단, θ_f는 호 f에 의하여 결정되는 군동형사상 θ_f: $\pi(Y,\ \varphi(p)) \longrightarrow \pi(Y,\ \phi(p))$이다).

•증명•

$$\begin{array}{ccc} \pi(X,\ p) & \xrightarrow{\varphi_*} & \pi(Y,\ \varphi(p)) \\ & \searrow^{\phi_*} & \downarrow \theta_f \\ & & \pi(Y,\ \phi(p)) \end{array}$$

위 도형이 가환임을, 즉 $\phi_* = \theta_f \circ \varphi_*$임을 보이자.

임의의 $[g] \in \pi(X,\ p)$를 취하자.

$$((\overline{f} * \varphi g) * f)(t) = \begin{cases} \overline{f}(4t), & 0 \le t \le \frac{1}{4} \\ \varphi g(4t-1), & \frac{1}{4} \le t \le \frac{1}{2} \\ f(2t-1), & \frac{1}{2} \le t \le 1 \end{cases}$$

$$= \begin{cases} f(1-4t), & 0 \le t \le \frac{1}{4} \\ \varphi g(4t-1), & \frac{1}{4} \le t \le \frac{1}{2} \\ f(2t-1), & \frac{1}{2} \le t \le 1 \end{cases}$$

$f(t) = F(p,\ t)(t \in I)$이고, $\varphi(x) = F(x,\ 0)$이므로

(1) ⋯ $$((\overline{f} * \varphi g) * f)(t) = \begin{cases} F(p,\ 1-4t), & 0 \le t \le \frac{1}{4} \\ F(g(4t-1),\ 0), & \frac{1}{4} \le t \le \frac{1}{2} \\ F(p,\ 2t-1), & \frac{1}{2} \le t \le 1 \end{cases}$$

이다. 한편 $\phi(x)=F(x,\ 1)$이므로

$$\phi g(t)=F(g(t),\ 1),\quad (t\in I)$$

이 성립한다. $\phi(p)=y$라 하자. $(\phi g)(0)=\phi(p)=y=(\phi g)(1)$이므로

$$\phi g\sim(c_y*\phi g)*c_y$$

이다.

$$((c_y*\phi g)*c_y)(t)=\begin{cases} c_y(4t), & 0\le t\le \frac{1}{4} \\ (\phi g)(4t-1), & \frac{1}{4}\le t\le \frac{1}{2} \\ c_y(2t-1), & \frac{1}{2}\le t\le 1 \end{cases}$$

이다. $c_y(4t)=y=\phi(p)=F(p,\ 1)$이고, $\phi(x)=F(x,\ 1)$이므로

$$(2)\cdots\qquad ((c_y*\phi g)*c_y)(t)=\begin{cases} F(p,\ 1), & 0\le t\le \frac{1}{4} \\ F(g(4t-1),\ 1), & \frac{1}{4}\le t\le \frac{1}{2} \\ F(p,\ 1), & \frac{1}{2}\le t\le 1 \end{cases}$$

이다. 따라서 $H\colon I\times I\longrightarrow Y$를

$$H(t,\ s)=\begin{cases} F(p,\ 1-4t(1-s)), & 0\le t\le \frac{1}{4} \\ F(g(4t-1),\ s), & \frac{1}{4}\le t\le \frac{1}{2} \\ F(p,\ 1+2(t-1)(1-s)), & \frac{1}{2}\le t\le 1 \end{cases}$$

이라 정의하면 H는 연속이고 또한 (1), (2)식으로부터

$$H(t,\ 0)=((\overline{f}*\varphi g)*f)(t)$$
$$H(t,\ 1)=((c_y*\phi g)*c_y)(t)$$

이고

$$H(0,\ s) = F(p,\ 1) = H(1,\ s) = \phi(p) = y$$

이므로 $(\overline{f} * \varphi g) * f \sim (c_y * \phi g) * c_y \sim c_y * \phi g \sim \phi g$이다. 따라서

$$\theta_f \varphi_*[g] = \theta_f[\varphi g] = [\overline{f} * \varphi g * f] = [\phi g] = \phi_*[g]$$

이다. 그러므로 $\theta_f \varphi_* = \phi_*$가 성립한다. ■

위 정리를 이용하여 다음 명제를 얻을 수 있다.

11.3.11 정리 연속사상 $\varphi: X \longrightarrow Y$에 의하여 X와 Y가 호모토피동치라면 임의의 $p \in X$에 대하여

$$\varphi_*: \pi(X,\ p) \longrightarrow \pi(Y,\ \varphi(p))$$

는 군동형사상이다.

•증명• $\varphi: X \longrightarrow Y$에 의하여 X와 Y가 호모토피동치이므로 연속사상 $\phi: Y \longrightarrow X$가 존재해서 $\phi\varphi \simeq 1_X$, $\varphi\phi \simeq 1_Y$이다(단, $1_X: X \longrightarrow X$, $1_Y: Y \longrightarrow Y$는 각각 항등사상이다).

11.3.10 정리에 의하여

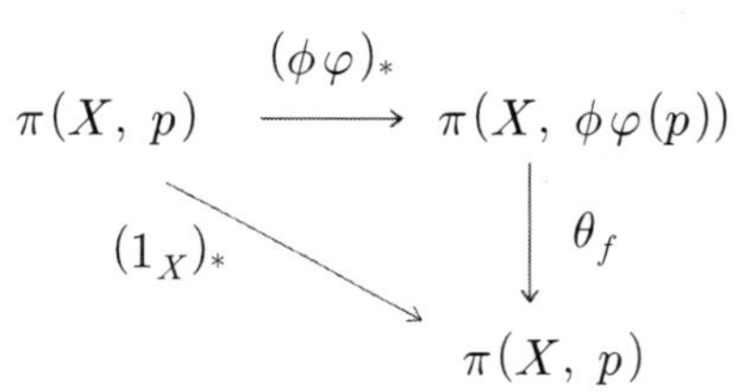

위 도형은 가환이다. 즉 $\theta_f(\phi\varphi)_* = (1_X)_*$이다(단, f는 $\phi\varphi(p)$로부터 p로의 호이다). θ_f와 $(1_X)_*$가 군동형사상이므로 $(\phi\varphi)_* = \phi_*\varphi_*$도 군동형사상이고 φ_*는 단사이다. 한편 $(\varphi\phi)_* = \varphi_*\phi_*$도 군동형사상이므로 φ_*는 전사이다. φ_*가 전단사 군준동형사상이므로 군동형사상이다. ■

11.3.12 따름정리 위상공간 X가 가축(contractible)일 때 X는 자명한 기본군(自明한 基本群, trivial fundamental group)을 갖는다. 즉 $\pi(X,\ p)=\{1\}$이다.

•증명• X가 가축이므로 한 점집합 $Y=\{y\}$와 호모토피동치이다. 11.3.11 정리에 의하여 임의의 $p\in X$에 대하여 $\pi(X,\ p)$와 $\pi(Y,\ y)$는 군동형이다. 11.3.1 예에 의하여 $\pi(Y,\ y)=\{1\}$이므로 $\pi(X,\ p)=\{1\}$이다. ■

호상연결공간으로서 자명한 기본군을 갖는 공간의 명칭을 다음과 같이 정한다.

11.3.13 정의 위상공간 X가 호상연결공간이고, 임의의 $p\in X$에 대하여 $\pi(X,\ p)=\{1\}$인 경우 X를 **단순연결**(單連結, simply connected) 공간이라 한다.

적공간 $X\times Y$에서의 기본군에 관한 다음 명제를 증명하자.

11.3.14 정리 X와 Y를 각각 호상연결공간이라 하자. 적공간 $X\times Y$의 기본군은 X와 Y의 기본군의 직적에 동형이다.

•증명• $p\colon X\times Y\longrightarrow X$와 $q\colon X\times Y\longrightarrow Y$를 각각 사영이라 하자.

$$\varphi\colon \pi(X\times Y,\ (x,\ y))\longrightarrow \pi(X,\ x)\times\pi(Y,\ y)$$
$$([f]\longmapsto \varphi[f]=(p_*[f],\ q_*[f]))$$

로 사상 φ를 정의하자. φ가 잘 정의되었음을 먼저 보이자.

$[f]=[g]$라 하자. 즉 $f\sim g$라 하자. $f\simeq g$ rel. $\{0,\ 1\}$이므로 연속사상 $F\colon I\times I\longrightarrow X\times Y$가 존재해서

$$F(t,\ 0)=f(t),\ \ F(t,\ 1)=g(t),\ \ F(0,\ s)=F(1,\ s)=(x,\ y)$$

이다. 따라서 연속사상

$$pF\colon I\times I\longrightarrow X,\quad qF\colon I\times I\longrightarrow Y$$

에 의하여 $pf\sim pg$, $qf\sim qg$가 주어진다. 그러므로

$$p_*[f]=[pf]=[pg]=p_*[g]$$
$$q_*[f]=[qf]=[qg]=q_*[g]$$

이다. 따라서

$$\varphi[f]=(p_*[f],\ q_*[f])=(p_*[g],\ q_*[g])=\varphi[g]$$

이므로 φ는 잘 정의된 사상이다.

φ가 군준동형사상임을 보이자. $[f],\ [g]\in\pi(X\times Y,\ (x,\ y))$에 대해서

$$\begin{aligned}\varphi([f]\cdot[g])&=\varphi[f*g]=(p_*[f*g],\ q_*[f*g])\\&=([pf*pg],\ [qf*qg])\\&=([pf]\cdot[pg],\ [qf]\cdot[qg])\\&=([pf],\ [qf])\cdot([pg],\ [qg])\\&=\varphi[f]\cdot\varphi[g]\end{aligned}$$

이다. 고로 φ는 군준동형사상이다.

φ가 전사임을 보이기 위하여 $([f_1],\ [f_2])\in\pi(X,\ x)\times\pi(Y,\ y)$이라 하자. $f(t)=(f_1(t),\ f_2(t))$라 하면 f는 $f: I\longrightarrow X\times Y$인 연속사상이다. $f(0)=(f_1(0),\ f_2(0))=(x,\ y)=(f_1(1),\ f_2(1))=f(1)$이므로 $[f]\in\pi(X\times Y,\ (x,\ y))$이다.

$$\varphi[f]=(p_*[f],\ q_*[f])=([pf],\ [qf])=([f_1],\ [f_2])$$

이므로 φ는 전사이다.

φ가 단사임을 보이기 위하여 $\varphi[f]=\varphi[g]$라 하자.

$$\varphi[f]=([pf],\ [qf])=([pg],\ [qg])=\varphi[g]$$

이므로 $pf\sim pg,\ qf\sim qg$이다. 그러므로 호모토피

$$F: I\times I\longrightarrow X,\quad G: I\times I\longrightarrow Y$$

가 존재해서 $F: pf\sim pg,\ G: qf\sim qg$이다. 사상 H를

$$H(t,\ s)=(F(t,\ s),\ G(t,\ s))$$

라 정의하면 $H: I\times I \longrightarrow X\times Y$는

$$H(t,\ 0)=(F(t,\ 0),\ G(t,\ 0))=(pf(t),\ qf(t))=f(t)$$
$$H(t,\ 1)=(F(t,\ 1),\ G(t,\ 1))=(pg(t),\ qg(t))=g(t)$$
$$H(0,\ s)=(F(0,\ s),\ G(0,\ s))=(pf(0),\ qf(0))=(x,\ y)$$
$$H(1,\ s)=(F(1,\ s),\ G(1,\ s))=(pf(1),\ qf(1))=(x,\ y)$$

이므로 $f\sim g$가 되어 $[f]=[g]$이다. 따라서 φ는 단사이다.

위의 결과를 종합하면 φ는 군동형사상이다. ■

기본군 $\pi(X,\ x)$를 $\pi_1(X,\ x)$라고 쓰기도 한다. 일반적으로 I^n으로부터 X로의 사상을 이용하여 $\pi_n(X,\ x)$를 정의할 수도 있다. 이것을 x에서의 X의 n차원 호모토피군(the n-th homotopy group)이라 한다. 그러나 여기서는 생략한다.

연.습.문.제

1. X가 이산위상공간이면 $\pi(X, x) = \{1\}$임을 보여라.

2. X를 $\pi(X, x) = \{1\}$을 만족하는 위상공간이라 하자. f, g를 $f(0) = g(0) = x = f(1) = g(1)$을 만족하는 호라 할 때 $f \sim g$를 보여라.

3. x, y를 위상공간 X상의 두 점이라 하자. x로부터 y로의 두 개의 호 f, g가 $\pi(X, x)$로부터 $\pi(Y, y)$로의 같은 동형사상을 정의하는 필요충분조건은 $[g * \overline{f}]$가 $\pi(X, x)$의 중심(center)에 속하는 것이다. 이것을 증명하여라.

4. 유리수 집합 $\boldsymbol{Q}$를 실직선 $(\boldsymbol{R}, \mathcal{U})$의 부분공간이라 할 때, $\pi(\boldsymbol{Q}, 0)$을 구하여라.

5. A를 X의 리트랙트라 하고 $r: X \longrightarrow A$를 리트랙션이라 하자. 임의의 점 $a \in A$에 대하여 $i_*: \pi(A, a) \longrightarrow \pi(X, a)$는 단사준동형사상이고 $r_*: \pi(X, a) \longrightarrow \pi(A, a)$는 전사준동형사상임을 밝혀라($i: A \longrightarrow X$는 포함사상이다).

6. A가 강변형 리트랙트일 때 임의의 $a \in A$에 대해서 $i_*: \pi(A, a) \longrightarrow \pi(X, a)$가 동형사상임을 증명하여라.

7. $\varphi: X \longrightarrow X$가 $\varphi \simeq 1_X$을 만족하는 연속사상일 때 임의의 $x_0 \in X$에 대해서 $\varphi_*: \pi(X, x_0) \longrightarrow \pi(X, x_0)$가 동형사상임을 보여라.

8. 두 개의 단순연결위상공간의 적공간은 단순열결임을 보여라.

11.4 원둘레의 기본군

이 절에서는 원둘레 S^1의 기본군을 구하고 그 응용을 다루도록 한다.

S^1을 단위원이라 하자.

$$S^1 = \{\exp(2\pi it) \mid t \in \boldsymbol{R}\} \text{ (단, } \boldsymbol{R}\text{은 실수공간)}$$

이고, $\exp(2\pi it) = \cos 2\pi t + i\sin 2\pi t$ 이다.

$$\theta : \boldsymbol{R} \longrightarrow S^1$$
$$(t \longmapsto \exp(2\pi it))$$

로 θ를 정의하면 θ는 개사상이고, 또한 연속사상이다. 그 이유는 다음과 같다.

G를 $\boldsymbol{R}$에서 개집합이라 하자. 임의의 점 $p \in \theta(G) \subset S^1$을 취하면 적당한 $t \in G$가 존재해서 $\theta(t) = p$이다. G가 $\boldsymbol{R}$에서 개집합이므로 적당한 $\varepsilon > 0$이 존재해서, $(t-\varepsilon,\ t+\varepsilon) \subset G$이다. $0 < \varepsilon < \frac{1}{2}$이라 하자.

$(t-\varepsilon,\ t+\varepsilon)$과 $\theta(t-\varepsilon,\ t+\varepsilon)$은 θ에 의하여 위상동형이고, $\theta(t-\varepsilon,\ t+\varepsilon)$은 p의 개근방

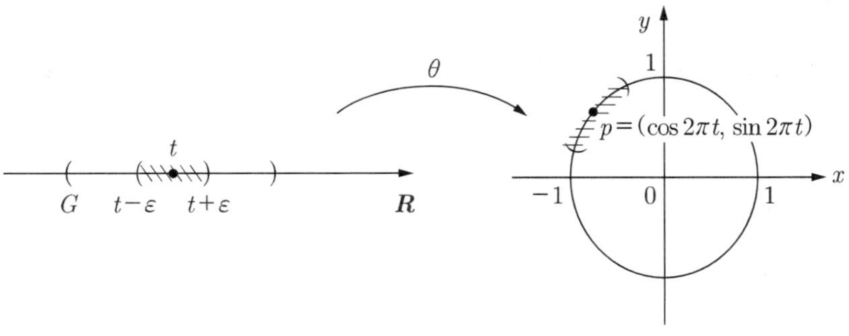

그림 11-13

이다. 따라서 $p \in \theta(t-\varepsilon,\ t+\varepsilon) \subset \theta(G)$이므로 $\theta(G)$는 S^1에서 개집합이 되고 θ는 개사상이다.

$\theta(t) = \exp(2\pi i t) = (\cos 2\pi t,\ \sin 2\pi t)$이고, $\cos 2\pi t$와 $\sin 2\pi t$가 연속이므로 θ도 연속이다.

사상 θ의 정의역을 $\left(-\frac{1}{2},\ \frac{1}{2}\right)$로 제한하였을 때 전단사가 되므로 $\left(-\frac{1}{2},\ \frac{1}{2}\right)$과 $\theta\left(-\frac{1}{2},\ \frac{1}{2}\right) = S^1 - \{-1\}$은 위상동형이다. 사상 ϕ를

$$\phi : S^1 - \{-1\} \longrightarrow \left(-\frac{1}{2},\ \frac{1}{2}\right)$$
$$(\theta(t) = p \longmapsto t)$$

로 정의하자. 즉 $\left(-\frac{1}{2},\ \frac{1}{2}\right)$ 범위 안에서 θ의 역사상으로 ϕ를 정의하자.

11.4.1 보조정리 f를 S^1에서의 한 호라 하고 $f(0) = 1 \in S^1$이라 하면 $\boldsymbol{R}$상에 시점을 0으로 하는 유일한 호 f'이 존재해서 $\theta \circ f' = f$이다.

•증명• $f : I \longrightarrow S^1$를 $f(0) = 1$인 S^1상의 한 호라 하자. $I = [0,\ 1]$이 컴팩트이므로 f는 평등연속이다. 따라서 적당한 $\delta > 0$가 존재해서

$$(*) \cdots \qquad |t - t'| < \delta \Longrightarrow \| f(t) - f(t') \| < 1$$

이다. 특히 $|t - t'| < \delta$인 t와 t'에 대해서 $f(t) \neq -f(t')$이다. 왜냐하면, $f(t) = -f(t')$이면

$$\| f(t) - f(t') \| = \| f(t) + f(t) \| = 2 \| f(t) \| = 2$$

가 되고 (*)에 모순되기 때문이다.

따라서 $\dfrac{f(t)}{f(t')} \neq -1$이므로 $\dfrac{f(t)}{f(t')} \in S^1 - \{-1\}$이고, $\phi\left(\dfrac{f(t)}{f(t')}\right) \in \left(-\frac{1}{2},\ \frac{1}{2}\right)$이다.

$0 < \delta$이므로 적당한 자연수 n이 존재하여 $0 < \dfrac{1}{n} < \delta$이다. 임의의 $t \in I$에 대하여 사상 f'을

$$f'(t) = \phi\left(f(t)\Big/ f\left(\frac{n-1}{n}t\right)\right) + \phi\left(f\left(\frac{n-1}{n}t\right)\Big/ f\left(\frac{n-2}{n}t\right)\right)$$
$$+ \cdots + \phi\left(f\left(\frac{1}{n}t\right)\Big/ f(0)\right)$$

라 하자. ϕ와 f가 연속이므로 $f' : I \longrightarrow \boldsymbol{R}$도 연속이다.

$f'(0) = \phi(1) + \phi(1) + \cdots + \phi(1) = 0$이고

$$\begin{aligned}(\theta \circ f')(t) &= \theta\left(\phi\left(f(t)\Big/ f\left(\frac{n-1}{n}t\right)\right) + \cdots + \phi\left(f\left(\frac{1}{n}t\right)\Big/ f(0)\right)\right) \\ &= \theta\phi\left(f(t)\Big/ f\left(\frac{n-1}{n}t\right)\right) \cdot \theta\phi\left(f\left(\frac{n-1}{n}t\right)\Big/ f\left(\frac{n-2}{n}t\right)\right) \\ &\quad \cdots \theta\phi\left(f\left(\frac{1}{n}t\right)\Big/ f(0)\right) \\ &= \left[f(t)\Big/ f\left(\frac{n-1}{n}t\right)\right] \cdot \left[f\left(\frac{n-1}{n}t\right)\Big/ f\left(\frac{n-2}{n}t\right)\right] \\ &\quad \cdots \left[f\left(\frac{1}{n}t\right)\Big/ f(0)\right] \\ &= f(t)\end{aligned}$$

이다. 따라서 $\theta \circ f' = f$가 성립한다.

호 $f'' : I \longrightarrow \boldsymbol{R}$이 존재해서 $f''(0) = 0$이고, $\theta \circ f'' = f$라 하자.

$$\begin{aligned}(\theta(f' - f''))(t) &= \theta(f'(t) - f''(t)) \\ &= \frac{\theta f'(t)}{\theta f''(t)} = \frac{f(t)}{f(t)} = 1\end{aligned}$$

이므로 $(f' - f'')(t) \in \theta^{-1}(1) = \boldsymbol{Z}$(단, $\boldsymbol{Z}$는 정수 전체의 집합)이다.

$I = [0,\ 1]$이 연결집합이므로 $(f' - f'')[I] = \{(f' - f'')(t) \mid t \in I\}$도 연결집합이어야 한다. $(f' - f'')[I] \subset \boldsymbol{Z}$이므로 $f' - f''$는 상수함수이다.

임의의 $t \in I$에 대해서 $(f' - f'')(t) = n \in \boldsymbol{Z}$이라 하자.

$$n = (f' - f'')(0) = f'(0) - f''(0) = 0$$

이므로 $f' - f'' = 0$이다. $f' = f''$이다. 그러므로 $f' : I \longrightarrow \boldsymbol{R}$, $f'(0) = 0$, $\theta \circ f' = f$인 호 f'는 유일하게 존재한다. ■

11.4.2 보조정리 f와 g가 S^1에서 호이고, $f(0)=g(0)=1$이라 하자. 만일 $F: f \simeq g$ rel $\{0, 1\}$이면 연속사상 $F': I\times I \longrightarrow \boldsymbol{R}$이 유일하게 존재해서 $F': f' \simeq g'$ rel $\{0, 1\}$, $\theta \circ F' = F$이다(단, f', g'은 11.4.1 보조정리에서의 f, g에 대응하는 사상들이다).

•증명• $F: I\times I \longrightarrow S^1$이 연속이고, $F(t, 0)=f(t)$, $F(t, 1)=g(t)$, $F(0, s)=f(0)=g(0)=1$, $F(1, s)=f(1)=g(1)\in S^1$이라 하자. $I\times I$는 컴팩트이므로 연속사상 F는 평등연속이다. 따라서 적당한 $\delta>0$가 존재해서

$$(*) \qquad \|p-p'\|<\delta \Longrightarrow \|F(p)-F(p')\|<1$$

이다(단, $\|p-p'\|$는 p와 p' 사이의 거리이다).

특히 $\|p-p'\|<\delta$인 p와 p'에 대해서 $F(p)\neq -F(p')$이다. 왜냐하면, $F(p)=-F(p')$이면 $\|F(p)-F(p')\|=2\|F(p)\|=2$가 되어 (*)에 모순이 되기 때문이다.

$\dfrac{F(p)}{F(p')}\neq -1$이므로 $\dfrac{F(p)}{F(p')}\in S^1-\{-1\}$이다. 임의의 $p\in I\times I$에 대하여 적당한 자연수 n이 존재해서 $\|p\|<n\delta$ 즉 $\left\|\dfrac{1}{n}p\right\|<\delta$가 성립한다. 사상 $F': I\times I \longrightarrow \boldsymbol{R}$을 임의의 $p\in I\times I$에 대해서

$$F'(p)=\phi\left(F(p)\Big/F\left(\frac{n-1}{n}p\right)\right)+\phi\left(F\left(\frac{n-1}{n}p\right)\Big/F\left(\frac{n-2}{n}p\right)\right)$$
$$+\cdots+\phi\left(F\left(\frac{1}{n}p\right)\Big/F(0, 0)\right)$$

라 정의하자. ϕ와 F가 연속이므로 F'도 연속사상이다.

$F'(0, 0)=\phi(1)+\phi(1)+\cdots+\phi(1)=0$이고 각 $p\in I\times I$에 대하여 $(\theta \circ F')(p)=F(p)$이므로 $\theta \circ F'=F$이다.

임의의 $s\in I$에 대하여 $(\theta \circ F')(0, s)=F(0, s)=f(0)=g(0)=1$이므로 $F'(0, s)\in \boldsymbol{Z}$이다. I가 연결집합이므로 적당한 정수 n이 존재하여 $F'(\{0\}\times I)=\{n\}$이고, $F'(0, 0)=0\in F'(\{0\}\times I)=\{n\}$이므로 $n=0$이다. 따라서 $F'(0, s)=0$이다. $(\theta \circ F')(\{1\}\times I)=F(\{1\}\times I)=\{f(1)\}=\{g(1)\}$이다.
$r\in \theta^{-1}(f(1))$이라 하면

$$F'(\{1\}\times I)\subset r+\boldsymbol{Z}=\theta^{-1}(f(1))$$

이고 I가 연결집합이므로 $F'(\{1\}\times I)$는 $\boldsymbol{R}$상의 한 점집합이다.

$f'(t)=F'(t,\ 0)$, $g'(t)=F'(t,\ 1)$이라 하면 $F': f'\simeq g'$ rel $\{0,\ 1\}$이고, $\theta\circ f'=f$, $\theta\circ g'=g$, $f'(0)=g'(0)=0$이다. F'존재의 유일성은 앞 보조정리에서와 같은 방법으로 증명한다. ■

위 보조정리들을 이용하여 단위원 S^1의 기본군을 계산하자.

11.4.3 정리 $\pi(S^1,\ 1)\cong\boldsymbol{Z}$이다.

•증명• 사상 φ를

$$\begin{aligned}\varphi: \pi(S^1,\ 1) &\longrightarrow \boldsymbol{Z}\\ ([f] &\longmapsto \varphi[f]=f'(1))\end{aligned}$$

으로 정의하자. φ가 잘 정의된 사상임을 보이자.

$[f]=[g]$ 즉 $F: f\sim g$이라 하자. $F: f\simeq g$ rel $\{0,\ 1\}$이므로 11.4.2 보조정리에 의하여 $F': f'\simeq g'$ rel $\{0,\ 1\}$이다. $f(1)=g(1)=1$이므로

$$\varphi[f]=f'(1)=g'(1)=\varphi[g]\in\boldsymbol{Z}$$

가 되고, φ는 잘 정의된 사상이다. $\cdots(1)$

φ가 군준동형사상임을 보이자. $[f]$, $[g]\in\pi(S^1,\ 1)$이라 하자. 적당한 정수 m, n이 존재하여 $f'(1)=m$, $g'(1)=n$이다.

$$g': I\longrightarrow\boldsymbol{R}$$

을 이용하여 사상 g''을

$$\begin{aligned}g'': I &\longrightarrow \boldsymbol{R}\\ (t &\longmapsto g'(t)+m)\end{aligned}$$

이라 하자.

$$\begin{aligned}(\theta \circ g'')(t) &= \theta(g'(t)+m) = \exp(2\pi i(g'(t)+m)) \\ &= \exp 2\pi i \cdot g'(t) = (\theta \circ g')(t) = g(t)\end{aligned}$$

이므로

$$\theta \circ g'' = g$$

이다.

$\theta \circ (f' * g'') = f * g$이고, $(f' * g'')(0) = 0$임을 보이자.

$$\begin{aligned}\theta \circ (f' * g'')(t) &= \begin{cases}(\theta \circ f')(2t), & 0 \le t \le \frac{1}{2} \\ (\theta \circ g'')(2t-1), & \frac{1}{2} \le t \le 1\end{cases} \\ &= \begin{cases} f(2t), & 0 \le t \le \frac{1}{2} \\ g(2t-1), & \frac{1}{2} \le t \le 1\end{cases} \\ &= (f * g)(t)\end{aligned}$$

이므로 $\theta \circ (f' * g'') = f * g$이고 $(f' * g'')(0) = f'(0) = 0$이다. 따라서

$$\begin{aligned}\varphi([f] \cdot [g]) &= \varphi([f * g]) = (f' * g'')(1) = g''(1) \\ &= g'(1) + m = n + m \\ &= f'(1) + g'(1) = \varphi[f] + \varphi[g]\end{aligned}$$

이다. 그러므로 $\varphi : \pi(S^1, 1) \longrightarrow \boldsymbol{Z}$는 군준동형사상이다. … (2)

φ가 전사임을 보이자. 임의의 $n \in \boldsymbol{Z}$에 대하여 사상 f'을

$$\begin{aligned} f' : I &\longrightarrow \boldsymbol{R} \\ (t &\longmapsto nt)\end{aligned}$$

로 정의하자. $\theta \circ f' = f$라 놓으면 θ와 f'이 연속이므로 $f : I \longrightarrow S^1$도 연속이고, $f(0) = (\theta \circ f')(0) = 1$, $f(1) = (\theta \circ f')(1) = \theta(n) = 1$이므로 $[f] \in \pi(S^1, 1)$이다.

$$\varphi[f] = f'(1) = n$$

이 되고 φ는 전사이다. $\cdots$ (3)

φ가 단사임을 보이자. $\varphi[f]=0$이라 하면 $f'(1)=0$이다. $f'(0)=0$이므로 f'은 $\boldsymbol{R}$ 안에서 한 폐호이다. $f' \sim 0$임을 보이자.

$$F: I\times I \longrightarrow \boldsymbol{R}$$
$$((t,\ s) \longmapsto F(t,\ s)=(1-s)f'(t))$$

라 하면 F는 연속이고,

$$F(t,\ 0)=f'(t), \qquad F(t,\ 1)=0$$
$$F(0,\ s)=(1-s)f'(0)=0 \qquad F(1,\ s)=(1-s)f'(1)=0$$

이므로 $F: f' \sim 0 \text{ rel } \{0,\ 1\}$이다. $\theta \circ f'=f$, $\theta(0)=1$이므로

$$\theta \circ F: f \sim 1 \text{ rel } \{0,\ 1\}$$

이다. 따라서 $[f]=[1]$이고, $[f]$는 $\pi(S^1,\ 1)$에서 단위원이 된다. 그러므로 φ는 단사이다. $\cdots$ (4)

(1), (2), (3), (4)에 의하여 φ는 군동형사상이 되고

$$\pi(S^1,\ 1) \cong \boldsymbol{Z}$$

이다. ■

11.4.4 따름정리 토러스(torus) $S^1\times S^1$의 기본군은 $\boldsymbol{Z}\times\boldsymbol{Z}$이다.

•증명• 11.4.3 정리에 의하여 $\pi(S^1,\ 1)\cong\boldsymbol{Z}$이다. 11.3.14 정리에 의하여 $\pi(S^1\times S^1,\ (1,\ 1))\cong\boldsymbol{Z}\times\boldsymbol{Z}$이다. ■

다음 정리는 평면의 Brouwer의 부동점정리(Brouwer's fixed point theorem in the plane)로 알려져 있다. 8.1.22 정리에서는 $I=[0,\ 1]$상의 부동점정리를 증명하였지만 다음 결과는 원판 D에 대한 유사한 정리이다. 이 결과는 고차원에서도 성립한다.

11.4.5 정리 평면상에서 한 원을 택하여 원둘레와 그 내부점을 포함한 도형을 D라 하면 임의의 연속사상 $f : D \longrightarrow D$는 한 부동점(不動點, fixed point)를 갖는다.

•증명• 평면상에 직교좌표계를 도입하여

$$D = \{(x_1,\ x_2) \mid x_1^2 + x_2^2 \leq 1\}$$

이라 하고, 연속사상 $f : D \longrightarrow D$는 부동점을 갖지 않는다고 가정하자. 임의의 $x \in D$에 대하여 $f(x) \neq x$이므로 g함수를

$$g(x) = tx + (1-t)f(x),\ t \geq 1,\ \|g(x)\| = 1$$

이라 놓으면 $g(x)$는 그림 11-14와 같이 원둘레 상의 점이 된다. $\|g(x)\| = 1$로부터 $(tx + (1-t)f(x))^2 = 1$(단, $t \geq 1$)이 되어 t는 x에 관한 연속함수임을 알 수 있다. $f(x)$가 연속이므로 $g(x) = tx + (1-t)f(x)$는 x에 관한 연속함수이다. 즉

$$\begin{aligned} g : D &\longrightarrow S^1 \\ (x &\longmapsto g(x) = tx + (1-t)f(x))\ (\text{단, } t \geq 1) \end{aligned}$$

는 연속함수이다.

$$j : S^1 \longrightarrow D$$

를 포함사상(包含寫像, inclusion map)이라 하면

$$\begin{aligned} g \circ j : S^1 &\longrightarrow S^1 \\ (x &\longmapsto x) \end{aligned}$$

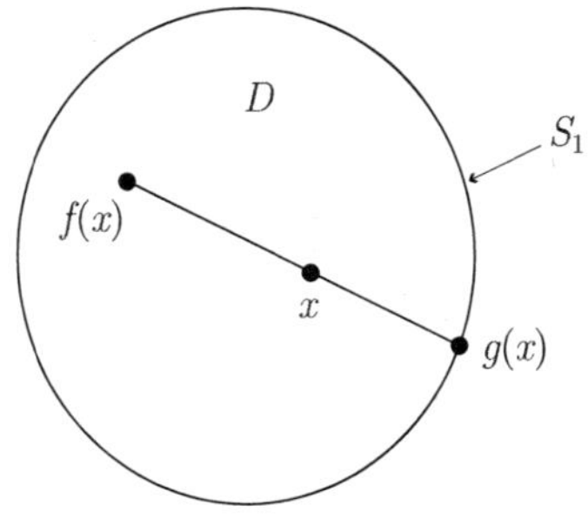

그림 11–14

가 되고, $g \circ j = 1_{S^1}$은 항등사상이다.

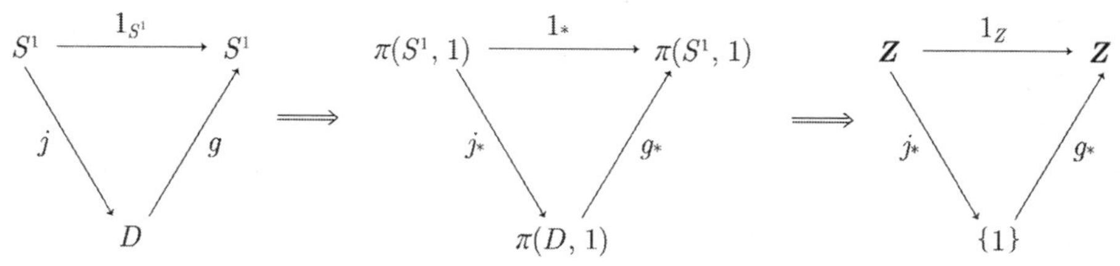

원판 D는 가축(contractible)이므로 $\pi(D,\ 1) = \{1\}$이다. 위 도식에서 좌측 도식은 가정에 의하여 가환(可換)이므로 우측 도식도 가환이어야 한다. 그러나 사실상 우측도식은 가환이 아니므로 모순이다. 따라서 $f(x) = x$인 x가 존재해야 한다.

■

연.습.문.제

1. $f: X \longrightarrow S^1$이 전사가 아닌 연속사상일 때, f는 정치사상과 호모토픽임을 밝혀라 (단, $S^1 = \{(x, y) \mid x^2 + y^2 = 1\}$).

2. $D - \{z\}$가 단열결공간이 되는 $z \in D$의 집합은 S^1임을 증명하여라 (단, $D = \{(x, y) \mid x^2 + y^2 \leq 1\}$).

3. $f: D \longrightarrow D$이 위상동형사상이면 $f[S^1] = S^1$임을 증명하여라.

4. $\boldsymbol{C} - \{0\}$상의 한 점을 z_0라 할 때 $\pi(\boldsymbol{C} - \{0\}, z_0)$을 구하여라(단, $\boldsymbol{C}$는 복소수 전체의 집합이다).

제12장

호몰로지론

공간의 기하구조를 대수구조로 나타내는 몇 가지 방법 중에 호몰로지론이 있다. 이 장에서는 호몰로지론의 도입방법 중에서 특이 호몰로지론을 다루기로 한다. 이 방법이 다른 방법보다 비교적 간편하게 이론 전개가 가능하다.

12.1 특이 호몰로지론

보통위상을 갖는 실직선 $\boldsymbol{R}$의 무한가산개의 적공간을 $\boldsymbol{R}^{\omega}$라 하자.

$$\boldsymbol{R}^{\omega}=\{(a_1,\ a_2,\ \cdots,\ a_n,\ \cdots)\mid a_n\in\boldsymbol{R},\ n=1,\ 2,\ 3,\ \cdots\}$$

이다. $\boldsymbol{R}^{n}$을

$$\boldsymbol{R}^{n}=\{(a_1,\ a_2,\ \cdots,\ a_n,\ 0,\ 0,\ \cdots)\mid a_i\in\boldsymbol{R},\ i=1,\ 2,\ \cdots,\ n\}$$

이라 하면 $\boldsymbol{R}^{n}\subset\boldsymbol{R}^{\omega}$로 볼 수 있다.

$$\begin{aligned}
v_0&=(0,\ 0,\ \cdots,\ 0,\ \cdots)\\
v_1&=(1,\ 0,\ \cdots,\ 0,\ \cdots)\\
v_2&=(0,\ 1,\ 0,\ \cdots,\ 0,\ \cdots)\\
&\ \vdots
\end{aligned}$$

이라 놓자.

$$\begin{aligned}
\Delta_0&=\{v_0\},\\
\Delta_1&=\{x_1v_1\mid 0\le x_1\le 1\}\\
\Delta_2&=\{x_1v_1+x_2v_2\mid 0\le x_1+x_2\le 1,\ 0\le x_1,\ x_2\}\\
\Delta_3&=\{x_1v_1+x_2v_2+x_3v_3\mid 0\le x_1+x_2+x_3\le 1,\ 0\le x_1,\ x_2,\ x_3\}\\
&\ \vdots
\end{aligned}$$

라 하고, 일반적으로

$$\Delta_n=\left\{\sum_{i=1}^{n}x_iv_i\ \middle|\ 0\le\sum_{i=1}^{n}x_i\le 1,\ 0\le x_i,\ i=1,\ 2,\ \cdots,\ n\right\}$$

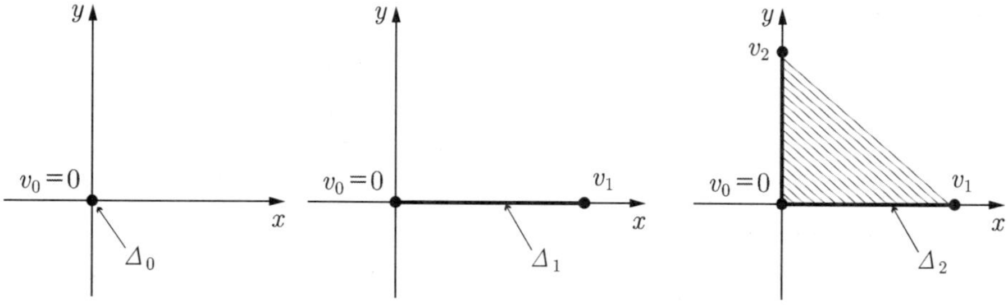

그림 12-1

을 **표준 n-단체**(標準 n-單體, standard n-simplex)라 한다(그림 12-1 참조).

12.1.1 정의 X를 한 위상공간이라 하자.

연속사상 $\sigma: \Delta_n \longrightarrow X$를 **특이 n-단체**(特異 n-單體, singular n-simplex)라 한다.

12.1.2 정의 한 위상공간 X상에서의 특이 n-단체 전체에 의하여 생성된 자유가환군(自由可換群, free abelian group)을 $S_n(X)$로 나타내고, X상의 **n차원 특이 체인군**(n次元特異체인群, singular chain group of X in dimension n)이라 부른다.

$S_n(X)$는 특이 n-단체들의 일차결합 $\sum_\sigma k_\sigma \sigma$ 전체의 집합이다(단, $\sigma: \Delta_n \longrightarrow X$는 특이 n-단체이고 k_σ는 정수, $\sum_\sigma$는 형식적인 유한합이다).

$n > 0$이라 하자. $\phi_n^i: \Delta_{n-1} \longrightarrow \Delta_n (0 \le i \le n)$을 다음과 같이 정의하자.

임의의 $x_0 v_0 + x_1 v_1 + \cdots + x_{n-1} v_{n-1} \in \Delta_{n-1}$(단, $x_0 + x_1 + \cdots + x_{n-1} = 1$, $x_k \ge 0$, $k=0, 1, \cdots, n-1$)에 대하여

$$\begin{aligned}&\phi_n^i(x_0 v_0 + x_1 v_1 + \cdots + x_{n-1} v_{n-1})\\&= x_0 v_0 + \cdots + x_{i-1} v_{i-1} + x_i v_{i+1} + \cdots + x_{n-1} v_n\end{aligned}$$

$n=2$인 경우

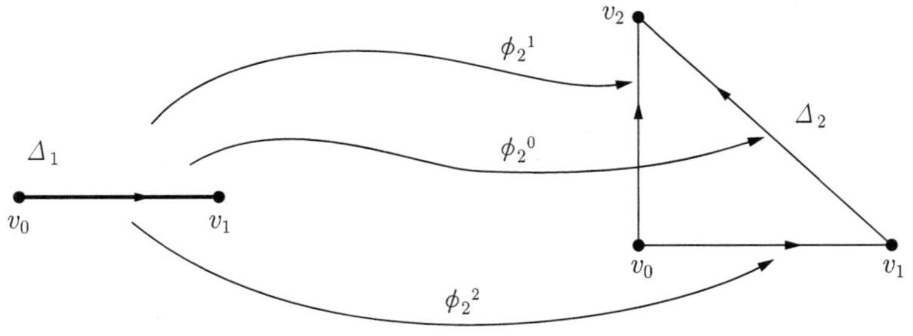

그림 12-2

한 위상공간 X에서의 임의의 특이 n-단체 σ에 대하여 특이$(n-1)$-단체 $\sigma \circ \phi_n^i : \Delta_{n-1} \longrightarrow X$를 $\sigma \circ \phi_n^i = \sigma^{(i)}$로 나타내고 특이 n-단체 σ의 i번째 면(the i-th face)이라 부른다.

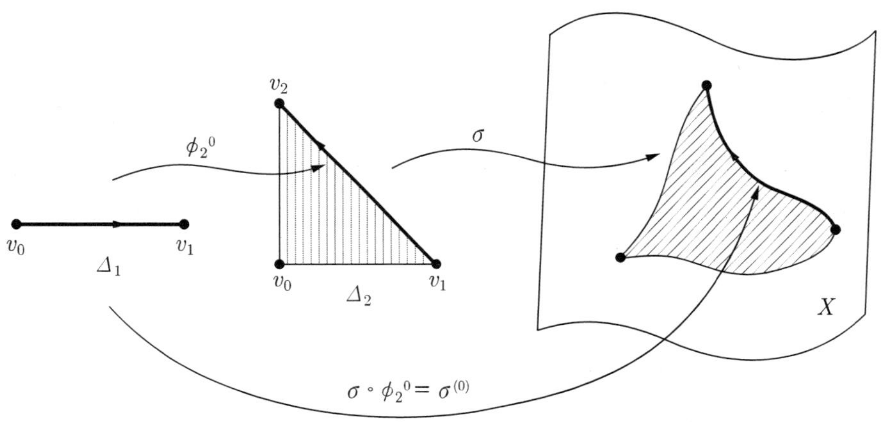

그림 12-3

그림 12-3에서 $\sigma \circ \phi_2^0 : \Delta_1 \longrightarrow X$는 특이 2-단체 σ의 0번째 면이라 할 수 있다.

12.1.3 정의 (1) 한 특이 n-단체 $\sigma : \Delta_n \longrightarrow X$에 대하여

$$\partial(\sigma) = \sum_{i=0}^{n} (-1)^i \sigma^{(i)}$$

로 연산자 ∂를 정의하고

(2) (1)에서의 정의를 확장하여, 임의의 $\sum_{\sigma} k_{\sigma}\sigma \in S_n(X)$에 대해서 $\partial\left(\sum_{\sigma} k_{\sigma}\sigma\right) = \sum_{\sigma} k_{\sigma}\partial(\sigma)$로 정의한다.

위 정의에 의하여 $\partial: S_n(X) \longrightarrow S_{n-1}(X)$는 군준동형사상(群準同型寫像, group homomorphism)이 되고, 이 경우 ∂를 **경계연산자**(境界演算子, boundary operator) 혹은 **경계준동형사상**(境界準同型寫像, boundary homomorphism)이라 한다.

$n=0$인 경우 특이 0-단체 $\sigma: \Delta_0 \longrightarrow X$에 대한 0-체인 $\sum_{\sigma} k_{\sigma}\sigma$의 $\partial\left(\sum_{\sigma} k_{\sigma}\sigma\right)$는 0으로 정의한다.

12.1.4 $\partial \circ \partial = 0$

•증명• $\sigma: \Delta_n \longrightarrow X$를 특이 n-단체라 하자.

$$\begin{aligned}
\partial \circ (\partial\sigma) &= \partial \circ \left(\sum_{i=0}^{n}(-1)^i \sigma^{(i)}\right) = \partial \circ \left(\sum_{i=0}^{n}(-1)^i \sigma \circ \phi_n^i\right) \\
&= \sum_{i=0}^{n}(-1)^i \partial \circ (\sigma \circ \phi_n^i) \\
&= \sum_{i=0}^{n}(-1)^i \left(\sum_{j=0}^{n-1}(-1)^j (\sigma \circ \phi_n^i) \circ \phi_{n-1}^j\right) \\
&= \sum_{i=0}^{n}(-1)^i \left(\sum_{j=0}^{n-1}(-1)^j \sigma \circ (\phi_n^i \circ \phi_{n-1}^j)\right) \\
&= \sum_{0 \le i \le j \le n-1}(-1)^{i+j}\sigma \circ (\phi_n^i \circ \phi_{n-1}^j) \\
&\quad + \sum_{0 \le j < i \le n}(-1)^{i+j}\sigma \circ (\phi_n^i \circ \phi_{n-1}^j) \qquad \cdots(*)
\end{aligned}$$

$j<i$인 경우 $\phi_n^i \circ \phi_{n-1}^j = \phi_n^j \circ \phi_{n-1}^{i-1}$이 성립한다. 왜냐하면

$$\begin{aligned}
&(\phi_n^i \circ \phi_{n-1}^j)(x_0v_0 + x_1v_1 + \cdots + x_{n-2}v_{n-2}) \\
&= \phi_n^i(x_0v_0 + \cdots + x_{j-1}v_{j-1} + x_jv_{j+1} + \cdots + x_{n-2}v_{n-1}) \\
&= x_0v_0 + \cdots + x_{j-1}v_{j-1} + x_jv_{j+1} + \cdots
\end{aligned}$$

$$+ x_{i-2}v_{i-1} + x_{i-1}v_{i+1} + \cdots + x_{n-2}v_n$$

$$\begin{aligned}
&(\phi_n^j \circ \phi_{n-1}^{i-1})(x_0v_0 + x_1v_1 + \cdots + x_{n-2}v_{n-2}) \\
&= \phi_n^j(x_0v_0 + \cdots + x_{i-2}v_{i-2} + x_{i-1}v_i + \cdots + x_{n-2}v_{n-1}) \\
&= x_0v_0 + \cdots + x_{j-1}v_{j-1} + x_jv_{j+1} + \cdots + x_{i-1}v_{i+1} + \cdots + x_{n-2}v_n
\end{aligned}$$

이기 때문이다. 따라서 (*) 식은

$$\begin{aligned}
(\partial \circ \partial)(\sigma) &= \sum_{0 \le i \le j \le n-1} (-1)^{i+j}\sigma \circ (\phi_n^i \circ \phi_{n-1}^j) \\
&\quad + \sum_{0 \le j < i \le n} (-1)^{i+j}\sigma \circ (\phi_n^j \circ \phi_{n-1}^{i-1}) \qquad (**) \\
&= \sum_{0 \le i \le j \le n-1} (-1)^{i+j}\sigma \circ (\phi_n^i \circ \phi_{n-1}^j) \\
&\quad + \sum_{0 \le k \le l \le n-1} (-1)^{k+l+1}\sigma \circ (\phi_n^k \circ \phi_{n-1}^l) \\
&= 0
\end{aligned}$$

(단, (**) 식의 두 번째 항에서 $j=k$, $i-1=l$로 대체하였음)
이다. 그러므로 $\partial \circ \partial = 0$이다. ■

12.1.5 정의 (a) 한 특이 n-체인 c가 $\partial(c)=0$일 때 c를 **n차원윤체**(n次元輪體, n-dimensional cycle)이라 한다.

$$Z_n(X) = \{c \in S_n(X) : \partial(c) = 0\}$$

은 n차원윤체의 집합을 나타낸다.

(b) 한 특이 n차원체인 $d \in S_n(X)$에 대하여 적당한 $e \in S_{n+1}(X)$가 존재해서 $d = \partial(e)$일 때 d를 **n차원경계윤체**(n次元境界輪體, n-dimensional boundary)라 한다. n차원경계윤체 전체의 집합을

$$B_n(X) = \{d \in S_n(X) \mid \text{적당한 } e \in S_{n+1}(X)\text{가 존재해서 } d = \partial(e)\}$$

로 나타낸다.

$$S_{n+1}(X) \xrightarrow{\partial} S_n(X) \xrightarrow{\partial} S_{n-1}(X)$$

일 때 $\partial: S_n(X) \longrightarrow S_{n-1}(X)$의 **핵**(核, kernel)이 $Z_n(X) = \ker \partial$이고 $\partial: S_{n+1}(X) \longrightarrow S_n(X)$의 **상**(像, image)이 $B_n(X) = \operatorname{Im} \partial$이다. 따라서 $Z_n(X) \subset S_n(X)$, $B_n(X) \subset S_n(X)$이다.

특이 0차원체인은 모두 0차원윤체인 것으로 간주한다. 즉 $Z_0(X) = S_0(X)$이다.

12.1.4에 의하여 $(\partial \circ \partial)[S_{n+1}(X)] = \partial[\partial S_{n+1}(X)] = 0$이므로

$$\operatorname{Im} \partial = B_n(X) \subset \operatorname{Ker} \partial = Z_n(X)$$

가 성립한다.

$S_n(X)$는 아벨군이므로 $B_n(X)$는 $Z_n(X)$의 정규부분군(正規部分群, normal subgroup)이 되어, 상군(商群, quotient group)이 정의된다.

12.1.6 정의 $Z_n(X)/B_n(X)$를 **n차원호몰로지군**(n-th homology group)이라 하고

$$H_n(X) = Z_n(X)/B_n(X)$$

로 나타낸다.

c, $c' \in Z_n(X)$에 대하여

$$c \sim c' \Longleftrightarrow c - c' \in B_n(X)$$

로 정의할 때 $\sim$은 $Z_n(X)$상에서 한 동치관계를 형성하고 $Z_n(X)/\sim$가 $H_n(X)$이다. 즉 $H_n(X)$의 원은 동치관계 $\sim$에 의한 $Z_n(X)$상의 한 동치류이다. $c \sim c'$일 때 c와 c'은 **호몰로그**(homologue)인 윤체라 한다.

예 12.1.1 위상공간 X가 한 점 집합이라 하자. 모든 $n \geq 0$에 대하여 특이 n단체 $\sigma_n: \Delta_n \longrightarrow X$는 일의적으로 존재한다. 따라서 $S_n(X) = \{k\sigma_n \mid k \in \boldsymbol{Z}\} \cong \boldsymbol{Z}$이다. $n > 0$인 경우 $\sigma_n^{(i)} = \sigma_{n-1}$이므로

$$\partial\sigma_n = \sum_{i=0}^{n}(-1)^i\sigma_n^{(i)} = \sum_{i=0}^{n}(-1)^i\sigma_{n-1}$$

$$= \begin{cases} 0 & (n\text{이 홀수}) \\ \sigma_{n-1} & (n\text{이 짝수}) \end{cases}$$

이다.

$n=0$인 경우 $\sigma_0: \Delta_0 \longrightarrow X$는 0차원윤체이므로 $\partial\sigma_0 = 0$이다. 따라서

$$Z_n(X) = \begin{cases} S_n(X) & (n=0 \text{ 혹은 홀수}) \\ 0 & (n>0\text{이고 } n\text{은 짝수}) \end{cases}$$

$$B_n(X) = \begin{cases} S_n(X) & (n\text{은 홀수}) \\ 0 & (n\text{은 짝수}) \end{cases}$$

그러므로

$$H_n(X) = \begin{cases} S_n(X) \cong \boldsymbol{Z} & (n=0) \\ 0 & (n>0) \end{cases}$$

이다(그림 12-4 참조).

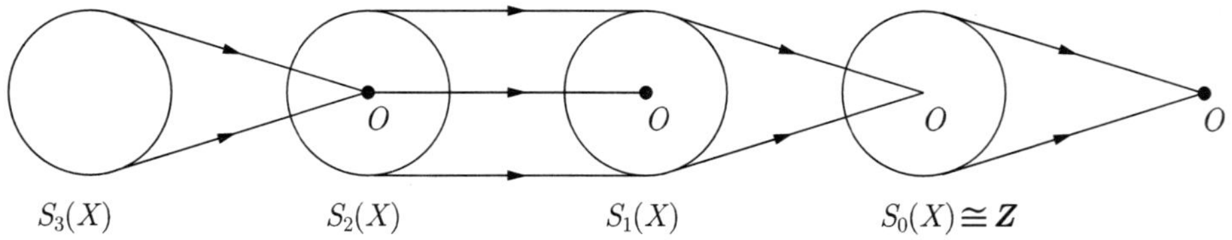

그림 12-4

12.1.7 정리 한 위상공간 X의 호상연결성분 전체를 $\{X_\lambda \mid \lambda \in \Lambda\}$이라 하면

$$H_n(X) \cong \bigoplus_{\lambda} H_n(X_\lambda) \quad (n \geq 0)$$

가 성립한다.

•증명• 임의의 $n(\geq 0)$에 대하여 Δ_n는 호상연결집합이다. 따라서 임의의 한 특이 n-단체 $\sigma: \Delta_n \longrightarrow X$는 적당한 λ가 존재하여

$$\sigma(\Delta_n) \subset X_\lambda \subset X$$

가 성립한다. 따라서 임의의 n체인 $c \in S_n(X)$는

$$c = \sum c_\lambda \text{ (단, } c_\lambda \text{는 } X_\lambda \text{ 상에서 특이 } n\text{체인이다)}$$

로 유일하게 분해된다. 그러므로

$$S_n(X) \cong \bigoplus_\lambda S_n(X_\lambda)$$

가 성립한다.

$$Z_n(X) \cong \bigoplus_\lambda Z_n(X_\lambda)$$

$$B_n(X) \cong \bigoplus_\lambda B_n(X_\lambda)$$

이므로

$$H_n(X) = Z_n(X)/B_n(X) \cong \bigoplus_\lambda H_n(X_\lambda)$$

가 성립한다. ■

12.1.8 정리 한 위상공간 X가 호상연결공간일 때 $H_0(X) \cong \boldsymbol{Z}$가 성립한다.

•증명• 사상 $\tilde{\partial}: S_0(X) \longrightarrow \boldsymbol{Z}$를 다음과 같이 정의하자.

$$\tilde{\partial}: S_0(X) \longrightarrow \boldsymbol{Z}$$
$$\left(\sum_x k_x \sigma_x \longmapsto \sum_x k_x\right)$$

단, $\sum_x$는 유한합이고 σ_x는 $\sigma_x: \Delta_0 \longrightarrow X$이고 $\sigma_x(0) = x$이다. $\tilde{\partial}$가 전사사상인 것은 분명하다. $\tilde{\partial}$는 또한 군준동형사상도 된다.

$$\ker \tilde{\partial} = B_0(X)$$

임을 보이자. $B_0(X) = \partial(S_1(X))$이므로 $B_0(X)$의 임의의 한 원소는 $\partial\left(\sum_\sigma k_\sigma \sigma\right)$와 같다(단, σ는 특이 단체이다). 따라서

$$\begin{aligned}\tilde{\partial}\left[\partial\left(\sum_\sigma k_\sigma \sigma\right)\right] &= \tilde{\partial}\left[\sum_\sigma k_\sigma \partial(\sigma)\right] = \tilde{\partial}\left[\sum_\sigma k_\sigma (\sigma^{(0)} - \sigma^{(1)})\right] \\ &= \left(\sum_\sigma k_\sigma\right) - \left(\sum_\sigma k_\sigma\right) = 0\end{aligned}$$

가 되어 $\partial\left(\sum_\sigma k_\sigma \sigma\right) \in \ker \tilde{\partial}$이다. 그러므로 $B_0(X) \subset \ker \tilde{\partial}$가 성립한다.

$$\ker \tilde{\partial} \subset B_0(X)$$

임을 보이면 된다. $\ker \tilde{\partial}$의 임의의 한 원소 $\sum_x k_x \sigma_x$를 취하자. $\sum_x k_x = 0$이다. 한 점 $a \in X$를 취하자.

$$\sum_x k_x \sigma_x = \sum_x k_x \sigma_x - \left(\sum_x k_x\right)\sigma_a = \sum_x k_x (\sigma_x - \sigma_a) \qquad \cdots(*)$$

가 성립한다. X는 호상연결공간이므로 적당한 특이 1단계

$$\tau_x : \Delta_1 \longrightarrow X$$

가 존재하여 $\partial(\tau_x) = \sigma_x - \sigma_a$(단, $\tau_x^{(0)} = \sigma_x$, $\tau_x^{(1)} = \sigma_a$)가 성립한다. 따라서 (*)식은

$$\sum_x k_x \sigma_x = \sum_x k_x \partial(\tau_x) = \partial\left(\sum_x k_x \tau_x\right) \in B_0(X)$$

이다. 그러므로 $\ker \tilde{\partial} \subset B_0(X)$가 성립한다.
군론에서의 제1동형정리에 의하여

$$\boldsymbol{Z} \cong S_0(X)/\ker \tilde{\partial} = Z_0(X)/B_0(X) = H_0(X)$$

를 얻을 수 있다. ■

$$\tilde{\partial}: S_0(X) \longrightarrow \boldsymbol{Z}$$
$$\left(\sum_x k_x \sigma_x \longmapsto \sum_x k_x\right)$$

와 경계사상 $\partial: S_1(X) \longrightarrow S_0(X)$의 합성사상은

$$\tilde{\partial} \circ \partial = 0$$

이 성립함을 알 수 있다. 왜냐하면 일반적으로 $\ker \tilde{\partial} \supset \partial(S_1(X))$이기 때문이다.

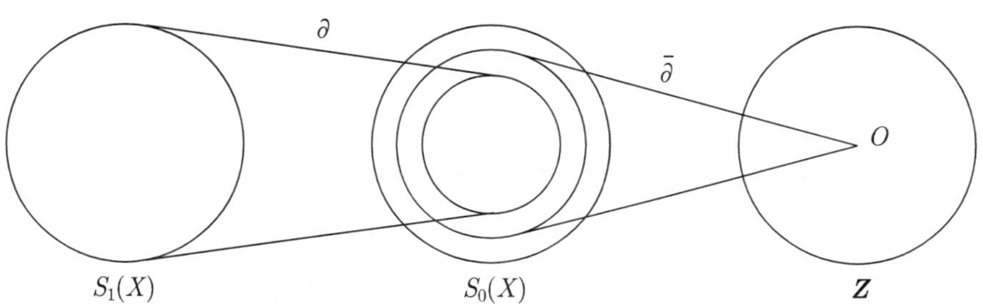

그림 12-5

따라서 $\widetilde{H_0}(X) = \ker \tilde{\partial} / \partial(S_1(X)) = \ker \tilde{\partial} / B_0(X)$라 놓으면 X가 호상연결공간인 경우 $\widetilde{H_0}(X) = 0$이 성립한다.

12.1.9 정의 한 위상공간 X에 대하여

$$\widetilde{H_0}(X) = \ker \tilde{\partial} / B_0(X)$$

을 **간약 0차원 호몰로지군**(reduced 0-th homology group)이라 한다.

$n > 0$인 경우 $\widetilde{H_n}(X) = H_n(X)$로 정의한다.

12.1.10 정리 한 위상공간 X가 r개의 호상연결성분을 갖는 $\widetilde{H_0}(X)$는 $r-1$개의 생성원을 갖는 자유가환군이다.

•증명• 위상공간 X의 r개의 호상연결성분을 각각

$$X_1, X_2, \cdots, X_r$$

이라 하자. 각 $X_k\,(k=1, \cdots, r)$에서 한 점 $a_k \in X_k$를 취하자. 임의의 한 특이 0-체인 $c=\sum_x m_x \sigma_x \in \ker \tilde{\partial}$를 취하면 적당한 특이 0-체인 $c'=\sum_{k=1}^{r} n_k \sigma_{a_k}$가 존재하여 $c \sim c'$이고 $\tilde{\partial}(c)=\tilde{\partial}(c')=\Sigma\, n_k=0$이 성립한다. 이 경우 $c'=\sum_{k=1}^{r} n_k \sigma_{a_k}-(\Sigma\, n_k)\sigma_{a_1}$이므로

$$c'=\sum_{k=1}^{r} n_k(\sigma_{a_k}-\sigma_{a_1})=\sum_{k=2}^{r} n_k(\sigma_{a_k}-\sigma_{a_1})$$

이고 따라서

$$c+B_0(X)=c'+B_0(X)=\sum_{k=2}^{r} n_k[(\sigma_{a_k}-\sigma_{a_1})+B_0(X)] \in \widetilde{H}_0(X)$$

이고 $c+B_0(X)$는 일의적으로 표시되므로 $\widetilde{H}_0(X)$는

$$(\sigma_{a_k}-\sigma_{a_1})+B_0(X) \quad (k=2, \cdots, r)$$

을 기저로 갖는 자유가환군임을 알 수 있다. ■

한 연속사상 $f: X \longrightarrow Y$와 한 특이 n단체 $\sigma: \Delta_n \longrightarrow X$가 주어졌을 때 $f \circ \sigma$는 Y 상에서의 특이 n단체가 된다.

$S_n(f): S_n(X) \longrightarrow S_n(Y)$를 임의의 $\sum_\sigma k_\sigma \sigma \in S_n(X)$에 대하여 $S_n(f)(\Sigma\, k_\sigma \sigma)=\Sigma\, k_\sigma(f \circ \sigma)$로 정의하면 $S_n(f)$는 군준동형사상이 되고

(1) S_n(항등사상)$=$ 항등사상

(2) $S_n(g \circ f)=S_n(g) \circ S_n(f)$

가 성립한다는 것은 명백하다.

12.1.11 정리 $f: X \longrightarrow Y$가 연속사상일 때 $\partial S_n(f)=S_{n-1}(f)\partial$가 성립한다.

•증명•

$$
\begin{array}{ccccccccc}
\cdots \longrightarrow & S_{n+1}(X) & \xrightarrow{\partial} & S_n(X) & \xrightarrow{\partial} & S_{n-1}(X) & \longrightarrow \cdots \\
 & \Big\downarrow S_{n+1}(f) & & \Big\downarrow S_n(f) & & \Big\downarrow S_{n-1}(f) & \\
\cdots \longrightarrow & S_{n+1}(Y) & \xrightarrow{\partial} & S_n(Y) & \xrightarrow{\partial} & S_{n-1}(Y) & \longrightarrow \cdots
\end{array}
$$

임의의 $\sum_{\sigma} k_\sigma \sigma \in S_n(X)$에 대하여

$$\partial S_n(f)\left(\sum_{\sigma} k_\sigma \sigma\right) = \partial(\Sigma\, k_\sigma f\sigma) = \Sigma\, k_\sigma \partial(f\sigma)$$

$$S_{n-1}(f)\partial\left(\sum_{\sigma} k_\sigma \sigma\right) = S_{n-1}(f)(\Sigma\, k_\sigma \partial(\sigma)) = \Sigma\, k_\sigma f(\partial\sigma)$$

이다. 따라서 $\partial(f\sigma) = f(\partial\sigma)$임을 보이면 충분하다. 12.1.3 정의에 의하여

$$\partial(f\sigma) = \sum_{i=0}^{n}(-1)^i(f\sigma)\phi_n^i = \sum_{i=0}^{n}(-1)^i f(\sigma\phi_n^i) \qquad \cdots(*)$$

$$f(\partial\sigma) = f\left(\sum_{i=0}^{n}(-1)^i \sigma\phi_n^i\right) = \sum_{i=0}^{n}(-1)^i f(\sigma\phi_n^i) \qquad \cdots(**)$$

(*) = (**)가 성립한다. ∎

z를 X상에서 n차원윤체(n-cycle)라 하고, $\bar{z}$를

$$\bar{z} = z + B_n(X) \in H_n(X)$$

라 놓자.

12.1.12 정의 한 연속사상 $f: X \longrightarrow Y$에 대하여

$$H_n(f): H_n(X) \longrightarrow H_n(Y)$$

를 임의의 $\bar{z} \in H_n(X)$에 대하여 $H_n(f)(\bar{z}) = \overline{S_n(f)(z)}$로 정의한다.

위 정의는 12.1.11 정리에 의하여 잘 정의된 사상임을 알 수 있다. 또한 $H_n(f)$는 군준동형사상이 되고,

(I) H_n(항등사상)= 항등사상

(II) $H_n(gf)=H_n(g)H_n(f)$

가 성립한다. 왜냐하면 (I)의 경우,

$$1_X : X \longrightarrow X \ \text{(항등사상)}$$

일 때

$$\begin{aligned} H_n(1_X)(\overline{z}) &= \overline{S_n(1_X)(z)} \\ &= \overline{z} \qquad \text{((1)에 의하여)} \end{aligned}$$

따라서 (I)이 성립한다.

(II)의 경우

$$\begin{aligned} (H_n(g)H_n(f))(\overline{z}) &= H_n(g)(H_n(f)(\overline{z})) \\ &= H_n(g)\overline{S_n(f)(z)} \\ &= \overline{S_n(g)(S_n(f)(z))} \\ &= \overline{S_n(gf)(z)} \qquad \text{((2)에 의하여)} \\ &= H(gf)(\overline{z}) \end{aligned}$$

따라서 (II)가 성립한다.

(I)(II) 성질을 사용하면 두 위상공간 X, Y가 $X \approx Y$일 때, 즉 위상동형일 때 각각의 n차원 호몰로지군 $H_n(X)$, $H_n(Y)$는 $H_n(X) \cong H_n(Y)$, 즉 군동형임을 알 수 있다.

예 12.1.2 연속사상 $\sigma : \Delta_1 \longrightarrow X$가 한 폐호(loop)라 하자. 즉 $\sigma(v_0)=\sigma(v_1)$이라 하자.

$$\partial(\sigma)=\sigma(v_1)-\sigma(v_0)=0$$

이므로 σ는 1차원윤체이다.

예 12.1.3 연속사상 $\sigma : \Delta_1 \longrightarrow X$에 대하여 $\overline{\sigma} : \Delta_1 \longrightarrow X$를 $\overline{\sigma}(tv_1)=\sigma((1-t)v_1)$이

라 놓으면 $\overline{\sigma}$도 연속사상이다. 이 경우 $\sigma+\overline{\sigma}\in S_1(X)$이고 $\partial(\sigma+\overline{\sigma})=\partial(\sigma)+\partial(\overline{\sigma})=0$이다. 따라서 $\sigma+\overline{\sigma}$는 1차원윤체가 된다.

예 12.1.4 $\dot{\Delta}_n$을 표준 n단체 Δ_n의 경계라 하자.

$\dot{\Delta}_n=\bigcup_{i=0}^{n}\phi_n^i(\Delta_{n-1})$이 된다. 한 연속사상 $f:\dot{\Delta}_n\longrightarrow X$에 대하여 $\sigma_i=f\circ\phi_n^i$ $(0\le i\le n)$라 놓으면 $\sum_{i=0}^{n}(-1)^i\sigma_i\in S_{n-1}(X)$은 $n-1$차원윤체이다.

연.습.문.제

1. 한 위상공간 X상의 영차원 호몰로지군 $H_0(X)$는 자유가환군임을 보여라. 이 경우 X상의 호상연결성분들의 집합을 $\{X_\lambda \mid x \in \Lambda\}$이라 하고 각 λ에 대해서 $T_\lambda : \Delta_0 \longrightarrow X_\lambda$(연속)이라 하면 $\{T_\lambda + B_0(X) \mid \lambda \in \Lambda\}$는 $H_0(X)$의 기저를 형성한다는 것을 보여라.

2. 영차원 간약특이 호몰로지군 $\widetilde{H}_0(X)$는 X가 호상연결공간일 때 $\widetilde{H}_0(X) = \{0\}$임을 보여라. X상의 호상연결성분들의 집합을 $\{X_\lambda \mid \lambda \in \Lambda\}$이라 할 때 한 $\lambda_0 \in \Lambda$와 $T_\lambda : \longrightarrow X_\lambda$(연속)에 대해서 $\{(T_\lambda - T_{\lambda_0}) + B_0(X) \mid \lambda \in \Lambda\}$은 자유가환군 $\widetilde{H}_0(X)$의 기저임을 보여라.

3. 특이 1-단체 α_1, $\alpha_2 : \Delta_1 \longrightarrow X$가 $\alpha_1(v_1) = \alpha_2(v_0)$일 때 $(\alpha_1 + \alpha_2) + B_1(X) = \alpha_1 * \alpha_2 + B_1(X)$임을 보여라.

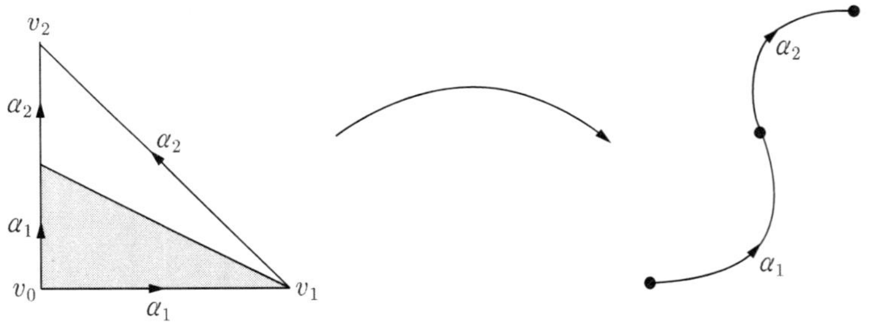

12.2 체인복체

이 절에서는, 앞 절에서 다룬 특이 체인군의 대수적 성질을 일반화하여 그 성질을 조사하고자 한다.

12.2.1 정의 $G_n\,(n\in \boldsymbol{Z})$을 자유가환군(自由可換群, free abelian group)이라 하고, 군준동형사상

$$\partial_n : G_n \longrightarrow G_{n-1}$$

이 $\partial_n \partial_{n+1} = 0$

$$G_{n+1} \xrightarrow{\partial_{n+1}} G_n \xrightarrow{\partial_n} G_{n-1}$$

이라 할 때, 한 열(列, sequence) $G=\{G_n,\ \partial_n\}$을 **체인복체**(chain complex)라 한다. $n<0$인 경우 $G_n=\{0\}$로 약속한다. 한 원소 $g\in G_n$은 차원 n을 갖는다고 한다.

12.1절에서의 n차원 특이 체인군 $S_n(X)$와 경계사상

$$(\partial =)\partial_n : S_n(X) \longrightarrow S_{n-1}(X)$$

는 한 체인복체 $S(X)=\{S_n(X),\ \partial\}$를 형성한다.

12.2.2 정의 두 체인복체 $G=\{G_n,\ \partial_n\}$, $G'=\{G'_n,\ \partial'_n\}$와 군준동형사상 $f_n : G_n \longrightarrow G'_n\,(n\in \boldsymbol{Z})$가 $\partial'_n f_n = f_{n-1}\partial_n$일 때 $\{f_n\}$을 **체인사상**(chain map)이라 한다.

예를 들면 연속사상 $f: X \longrightarrow Y$에 대해서

$$S_n(f): S_n(X) \longrightarrow S_n(Y)$$

는 12.1.11 정리에 의하여 한 체인사상 $S(f) = \{S_n(f)\}$를 만든다.

12.1절에서와 같이 $Z_n(G)$와 $B_n(G)$를

$$Z_n(G) = \ker \partial_n \quad (n\text{차원윤체들의 집합})$$
$$B_n(G) = \operatorname{Im} \partial_{n+1} \quad (n\text{차원경계윤체들의 집합})$$

으로 놓자.

12.2.3 정의 한 체인복체 $G = \{G_n, \partial_n\}$에 대하여

$$H_n(G) = Z_n(G) / B_n(G)$$

를 G의 **n차원 호몰로지군**(n-th homology group)이라 부른다.

두 체인복체 $G = \{G_n, \partial_n\}$, $G' = \{G'_n, \partial'_n\}$에 대하여 한 체인사상 $f = \{f_n\}: G \longrightarrow G'$는 윤체는 윤체로, 경계윤체는 경계윤체로 사상하므로(12.2.2 정의 참조) 군준동형사상

$$H_n(f): H_n(G) \longrightarrow H_n(G')$$
$$(\bar{z} \longmapsto \overline{f_n(z)})$$

이 정의될 수 있다.

12.2.4 정의 두 체인복체 $G = \{G_n, \partial_n\}$, $G' = \{G'_n, \partial'_n\}$와 두 체인사상 $f = \{f_n: G_n \longrightarrow G'_n\}$, $g = \{g_n: G_n \longrightarrow G'_n\}$이 주어졌을 때 군준동형사상의 한 열 $D = \{D_n: G_n \longrightarrow G'_{n+1}\}$이 존재하여

$$\partial'_{n+1} D_n + D_{n-1} \partial_n = f_n - g_n$$

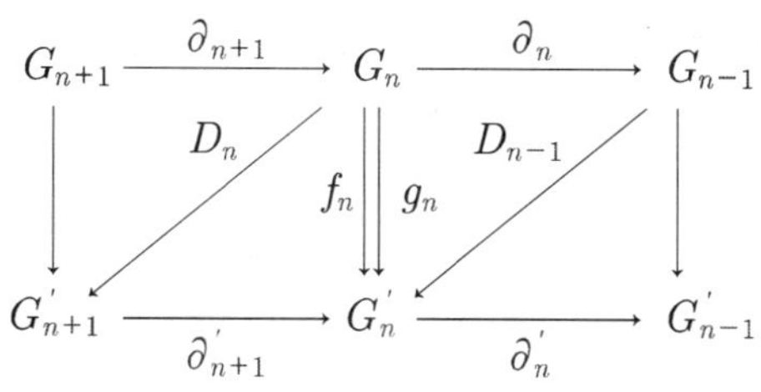

일 때 $f \simeq g$(혹은 $f \overset{D}{\simeq} g$)로 나타내고 **체인 호모토피**(chain homotopy) D에 의하여 f와 g는 **호모토픽**(homotopic)하다고 한다.

12.2.5 정리 두 체인 사상 $f = \{f_n : G_n \longrightarrow G'_n\}$, $g = \{g_n : G_n \longrightarrow G'_n\}$가 $f \simeq g$일 때 $H_n(f) = H_n(g)$(단, $n \in \boldsymbol{Z}$)가 성립한다.

•증명• 임의의 한 원소 $\bar{z} = z + B_n(G) \in H_n(G)$를 취하자.

$z \in Z_n(G)$이다.

$$f_n(z) - g_n(z) = \partial'_{n+1} D_n(z) \in B_{n+1}(G')$$

이므로 $\overline{f_n(z)} = \overline{g_n(z)}$이다. 따라서 $H_n(f)(\bar{z}) = H_n(g)(\bar{z})$가 성립한다. ■

12.2.6 정의 한 체인복체 $G = \{G_n, \partial_n\}$이 모든 $n \in Z$에 대하여 $H_n(G) = \{0\}$일 때 G를 **완전계열**(完全系列, exact sequence)이라 한다.

$H_n(G) = \{0\}$은 $\mathrm{Im}\,\partial_{n+1} = \ker \partial_n$임을 의미한다.

12.2.7 정의 $G = \{G_n, \partial_n\}$을 한 체인복체라 하자.

한 전사군준동형사상 $\varepsilon : G_0 \longrightarrow \boldsymbol{Z}$가 $\varepsilon \partial_1 = 0$,

$$G_1 \xrightarrow{\partial_1} G_0 \xrightarrow{\varepsilon} \boldsymbol{Z}$$

을 만족할 때 즉 $\mathrm{Im}\,\partial_1 \subset \ker \varepsilon$일 때 ε을 체인복체 G에 대한 한 **첨가사상**(添加寫像, augu-mentation)이라 한다.

군론의 제1동형정리에 의하면 $G_0/\ker\varepsilon \cong \boldsymbol{Z}$가 성립한다.

12.1절에서 정의되었던

$$\tilde{\partial}: S_0(X) \longrightarrow \boldsymbol{Z}$$
$$\left(\sum_x k_x \partial_x \longmapsto \sum_x k_x\right)$$

는 전사군준동형사상이고 $\tilde{\partial}\partial = 0$,

$$S_1(X) \xrightarrow{\ \partial\ } S_0(X) \xrightarrow{\ \tilde{\partial}\ } \boldsymbol{Z}$$

이므로 $\tilde{\partial}$는 특이체인복체 $S(X) = \{S_n(X), \partial\}$의 한 첨가사상이다.

12.2.8 정의 한 첨가사상 $\varepsilon: G_0 \longrightarrow \boldsymbol{Z}$가 주어진 한 체인복체 $G = \{G_n, \partial_n\}$에 대하여 $n \geq 1$일 때 $G_n = \widetilde{G}_n$, $\partial_n = \tilde{\partial}_n$이라 놓고 $G_0 = \widetilde{G}_0$, $\widetilde{G}_{-1} = \boldsymbol{Z}$, $\tilde{\partial}_0 = \varepsilon$, $\tilde{\partial}_{-1} = 0$라 할 때 $\widetilde{G} = \{\widetilde{G}_n, \tilde{\partial}_n\}$을 G의 **간약체인복체**(簡約체인複體, reduced chain complex)라 한다.

12.1.9 정의에서의 간약호몰로지군 $\widetilde{H}_n(X)$는 간약특이복체(reduced singular complex) $\widetilde{S}(X)$의 호몰로지군이다.

12.2.9 정의 한 체인복체 $G = \{G_n, \partial_n\}$이 한 첨가사상 ε을 갖는다고 하자. 간약체인복체 $\widetilde{G} = \{\widetilde{G}_n, \tilde{\partial}_n\}$가 완전계열일 때 첨가사상 ε을 갖는 체인복체 G는 **비윤상**(非輪狀, acyclic)이라 부른다.

예 12.2.1 위상공간 X가 한 점 집합일 때 첨가사상

$$\varepsilon_0: S_0(X) \longrightarrow \boldsymbol{Z}$$
$$\left(\sum_x k_x \sigma_x \longmapsto \sum_x k_x\right)$$

를 갖는 체인복체 $S(X) = \{S_n(X), \partial\}$는 비윤상이다.

12.2.10 정리 한 첨가사상 $\varepsilon: G_0 \longrightarrow \boldsymbol{Z}$를 갖는 체인복체 $G = \{G_n, \partial_n\}$이 비윤상이기 위한 필요충분조건은

$$H_n(G) = \{0\} \quad (n > 0)$$
$$H_0(G) \cong \boldsymbol{Z}$$

이다.

•증명• ($\Rightarrow$) 가정으로부터 $H_n(G) = 0 \, (n > 0)$이고 $\operatorname{Im} \partial_1 = \ker \varepsilon$이다. 따라서

$$H_0(G) = G_0 / \operatorname{Im} \partial_1 = G_0 / \ker \varepsilon \cong \boldsymbol{Z}$$

가 성립한다.

($\Leftarrow$) 가정으로부터 $\widetilde{H}_n(G) = H_n(G) = \{0\} \, (n \geq 1)$이 성립한다. $H_0(G) = G_0 / \operatorname{Im} \partial_1 \cong \boldsymbol{Z}$이므로

$$\varepsilon: G_0 \longrightarrow G_0 / \operatorname{Im} \partial_1$$

을 사영으로 정의하면 ε은 군준동형사상이 되고

$$\ker \varepsilon = \operatorname{Im} \partial_1$$

이 성립한다. 따라서 $\widetilde{H}_0(G) = \ker \varepsilon / \operatorname{Im} \partial_1 = \{0\}$이다. 그러므로 첨가사상을 ε을 갖는 체인복체 G는 비윤상이다. ■

한 첨가사상 $\varepsilon: G_0 \longrightarrow \boldsymbol{Z}$를 갖는 체인복체 $G = \{G_n, \partial_n\}$을 생각하자. $1 \in \boldsymbol{Z}$에 대하여 적당한 $a \in G_0$가 존재하여 $\varepsilon(a) = 1$이 성립한다. τ사상을

$$\tau: \boldsymbol{Z} \longrightarrow G_0$$
$$\begin{pmatrix} 1 \longrightarrow a \\ n \longrightarrow na \end{pmatrix}$$

이라 놓으면 $\varepsilon\tau = 1_Z$(항등사상)이다. 이 경우 τ를 ε의 우역사상이라 한다. ε을 $\varepsilon(G_n) = \{0\} \, (n \geq 1)$이라 놓으면 체인복체 $G = \{G_n, \partial_n\}$에 대하여 $\tau\varepsilon: G \longrightarrow G$은 한 체인사상이다. 체인사상 $\tau\varepsilon$에 관하여 다음 정리가 성립한다.

12.2.11 정리 만일 $\tau\varepsilon \overset{D}{\cong} 1$(항등사상)이면 체인복체 $G=\{G_n, \partial_n\}$는 첨가사상 ε을 갖는 비윤상이다.

•증명• $\tau\varepsilon \overset{D}{\cong} 1$이므로

$$\partial_{n+1}D_n + D_{n-1}\partial_n = 1-\tau\varepsilon$$

이 성립한다. 따라서 $n \geq 1$일 때 임의의 $z \in \ker\partial_n$을 취하면

$$(\partial_{n+1}D_n + D_{n-1}\partial_n)(z) = (1-\tau\varepsilon)(z)$$
$$\partial_{n+1}(D_n(z)) = z$$

이다. 그러므로 $z \in \mathrm{In}\,\partial_{n+1}$이고 $\mathrm{Im}\,\partial_{n+1} = \ker\partial_n$이 성립한다.

$n=0$인 경우 임의의 $z \in \ker\varepsilon$에 대하여

$$(\partial_1 D_0 + D_{-1}\partial_0)(z) = (1-\tau\varepsilon)(z)$$
$$\partial_1(D_0(z)) = z$$

이므로 $z \in \mathrm{Im}\,\partial_1$이 된다. 따라서 $\mathrm{Im}\,\partial_1 = \ker\varepsilon$이 성립한다. 정의 12.2.9에 의하여 첨가사상 ε을 갖는 체인복체 $G=\{G_n, \partial_n\}$는 비윤상이다. ■

12.2.12 정의 X를 한 위상공간이라 하고, S^n을 n차원 단위구면, B^{n+1}을 단위구, 즉

$$B^{n+1} = \{x \in \boldsymbol{R}^{n+1} \mid \|x\| \leq 1\}$$

이라 하자. 임의의 한 연속사상 $f: S^n \longrightarrow X(n \geq 0)$가 한 연속사상 $\overline{f}: B^{n+1} \longrightarrow X$로 확장될 때 위상공간 X를 **비구면체**(非球面體, aspherical)라 한다. (단, $\| \ \|$은 Euclidean norm이다.)

12.2.13 정리 한 위상공간 X가 비구면체이면 한 첨가사상 ε을 갖는 $S(X)=\{S_n(X), \partial\}$는 비윤상이다.

•증명• $\varepsilon: S_0(X) \underset{D}{\longrightarrow} \boldsymbol{Z}$를 첨가사상, $\tau: \boldsymbol{Z} \longrightarrow S_0(X)$를 ε의 우역원이라 하자. 체인 호모토피 $1 \cong \tau\varepsilon$을 만들자. $n+1$차원 표준단체 Δ_{n+1}의 경계점의 집합을 $\dot{\Delta}_{n+1}$로 나타내자. $\dot{\Delta}_{n+1}$은 Δ_{n+1}의 $n+2$개의 면 $\phi^i_{n+1}(\Delta_n)(0 \le i \le n+1)$의 합집합이다. 쌍 $(\Delta_{n+1}, \dot{\Delta}_{n+1})$과 (B^{n+1}, S^n)은 위상동형이다. 가정에 의하여 X는 비구면체이므로 임의의 연속사상 $\dot{\Delta}_{n+1} \longrightarrow X$는 한 연속사상 $\Delta_{n+1} \longrightarrow X$로 확장된다.

σ를 X상의 한 특이 n단체라 하자. $D_n(\sigma) \in S_{n+1}(X)$를 n에 관한 귀납법과 $\dot{\Delta}_{n+1}$의 각 면에서의 상을 결정하는 것에 의하여 정의하자. 먼저 D_0를 정의하자.

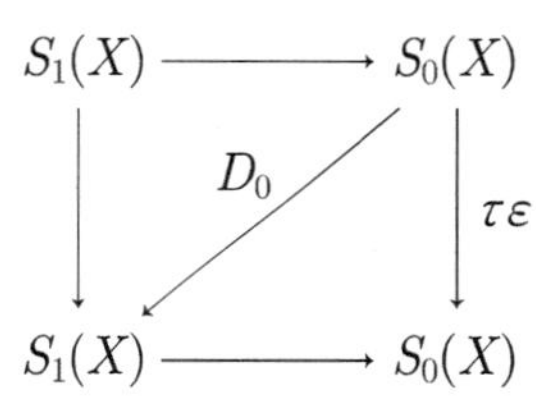

임의의 특이 0-단체 σ에 대하여 가정을 적용하면

$$D_0(\sigma)\phi^0_1 = \sigma, \quad D_0(\sigma)\phi^1_1 = \tau\varepsilon(\sigma)$$

를 만족하는 특이 1-단체 $D_0(\sigma) \in S_1(X)$가 존재하게 된다. 따라서 $D_0: S_0(X) \longrightarrow S_1(X)$인 군준동형사상이 정의된다.

$n \ge 1$이라 하고 모든 $k(< n)$에 대하여 $D_k: S_k(X) \longrightarrow S_{k+1}(X)$가 잘 정의되었다고 하자. 임의의 특이 n-단체 σ에 대하여

$$D_n(\sigma)\phi^0_{n+1} = \sigma, \quad D_n(\sigma)\phi^i_{n+1} = D_{n-1}(\sigma\,\phi^{i-1}_n)$$

으로 정의하자. $\dot{\Delta}_{n+1}$ 안에 있는, $n+1$ 표준단체 Δ_{n+1}의 두 개의 면들의 공통부분은 $\phi^i_{n+1}(\Delta_n) \cap \phi^j_{n+1}(\Delta_n)$(단, $j < i$)의 형태로 나타난다. 12.1.4 정리의 증명 과정에서

(*)⋯ $$\phi^i_{n+1} \circ \phi^j_n = \phi^j_{n+1} \circ \phi^{i-1}_n \text{ (단, } j < i)$$

임을 밝혔다. 즉 다음 그림은 가환이다.

$$\begin{array}{ccc} \Delta_{n-1} & \xrightarrow{\phi_n^j} & \Delta_n \\ {\scriptstyle \phi_n^{i-1}}\downarrow & & \downarrow{\scriptstyle \phi_{n+1}^i} \\ \Delta_n & \xrightarrow[\phi_{n+1}^j]{} & \Delta_{n+1} \end{array}$$

따라서 $\phi_{n+1}^i(\Delta_n) \cap \phi_{n+1}^j(\Delta_n) = \phi_{n+1}^i \phi_n^j(\Delta_{n-1}) = \phi_{n+1}^j \circ \phi_n^{i-1}(\Delta_{n-1})$이 성립한다.

$D_n(\sigma)$가 중복된 부분 $\phi_{n+1}^i(\Delta_n) \cap \phi_{n+1}^j(\Delta_n)$에서 잘 정의되어 있음을 보이자.

$$\begin{aligned} D_n(\sigma)\phi_{n+1}^i \phi_n^j &= D_{n-1}(\sigma\phi_n^{i-1})\phi_n^j \\ &= \begin{cases} \sigma\phi_n^{i-1} & (j=0\text{인 경우}) \\ \tau\varepsilon(\sigma\phi_n^{i-1}) & (n=1,\ j\neq 0\text{인 경우}) \\ D_{n-2}(\sigma\phi_n^{i-1}\phi_{n-1}^{j-1}) & (\text{기타의 경우}) \end{cases} \end{aligned}$$

$$\begin{aligned} D_n(\sigma)\phi_{n+1}^j \phi_n^{i-1} &= \begin{cases} \sigma\phi_n^{i-1} & (j=0\text{인 경우}) \\ D_{n-1}(\sigma\phi_n^{j-1})\phi_n^{i-1} & (\text{기타의 경우}) \end{cases} \\ &= \begin{cases} \sigma\phi_n^{i-1} & (j=0\text{인 경우}) \\ \tau\varepsilon(\sigma\phi_n^{j-1}) & (n=1,\ j\neq 0\text{인 경우}) \\ D_{n-2}(\sigma\phi_n^{j-1}\phi_{n-1}^{i-2}) & (\text{기타의 경우}) \end{cases} \end{aligned}$$

$\tau\varepsilon$의 정의와 (*)식으로부터 위의 두 식의 결과가 같다는 것을 알 수 있다. 따라서 $D_n(\sigma)$는 중복된 부분에서 잘 정의되었음을 알 수 있다.

$$\dot{\Delta}_{n+1} = \phi_{n+1}^0(\Delta_n) \cup \phi_{n+1}^1(\Delta_n) \cup \cdots \cup \phi_{n+1}^{n+1}(\Delta_n)$$

이고 각 $\phi_{n+1}^i(\Delta_n)(i=0, \cdots, n+1)$은 폐집합이므로 3.1.9 정리에 의하여 $D_n(\sigma)$는

$$D_n(\sigma): \dot{\Delta}_{n+1} \longrightarrow X$$

인 연속사상이 되고 X는 비구면체이므로 Δ_{n+1}로 확장되어

$$D_n(\sigma): \Delta_{n+1} \longrightarrow X$$

인 연속사상이 존재한다. 즉 $D_n(\sigma) \in S_{n+1}(X)$이다. 따라서 군준동형사상 D_n: $S_n(X) \longrightarrow S_{n+1}(X)$가 얻어진다.

D_n가 $1 \overset{D}{\simeq} \tau\varepsilon$임을 보이자.

$$\partial_1 D_0(\sigma) = D_0(\sigma)\phi_1^0 - D_0(\sigma)\phi_1^1 = \sigma - \tau\varepsilon(\sigma) = (1 - \tau\varepsilon)\sigma$$

$$\begin{aligned}
&\partial_{n+1} D_n(\sigma) + D_{n-1}\partial_n(\sigma) \\
&= \sum_{i=0}^{n+1}(-1)^i D_n(\sigma)\phi_{n+1}^i + D_{n-1}\left(\sum_{i=0}^{n}(-1)^i \sigma\phi_n^i\right) \\
&= \sigma + \sum_{i=1}^{n+1}(-1)^i D_{n-1}(\sigma\phi_n^{i-1}) + \sum_{i=0}^{n}(-1)^i D_{n-1}(\sigma\phi_n^i) = \sigma \\
&= (1 - \tau\varepsilon)\sigma \ \ (\text{단, } n \geq 1)
\end{aligned}$$

■

예 12.2.2 유클리드공간의 볼록부분집합 A는 비구면체이다. 이것을 보이기 위하여 한 점 $a \in A$를 취하자. B^{n+1}의 임의의 점 p는 $0 \leq t \leq 1$, $x \in S^n$을 이용하여 $p = (t, x)$로 좌표를 나타내기로 한다. 따라서 $(0, x)$는 원점을 나타내는 좌표이다(그림 12-6 참조).

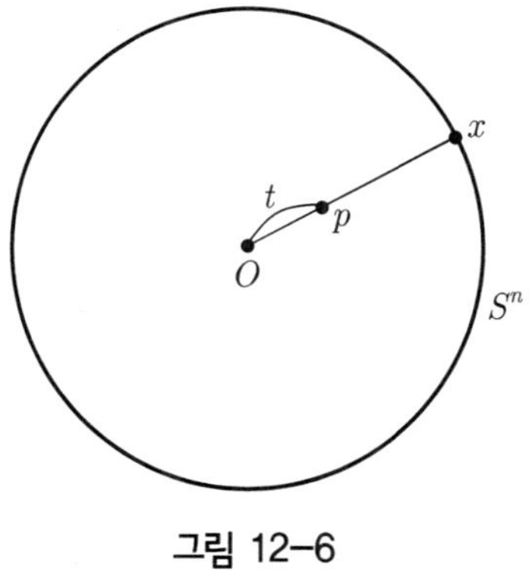

그림 12-6

S^n상의 점의 좌표는 $(1,\ x)$이다. 임의의 연속사상

$$f: S^n \longrightarrow A$$

에 대하여 F: $B^{n+1} \longrightarrow A$를 $F(t,\ x) = (1-t)a + tf(x)$로 정의하자. F는 연속사상으로 f의 확장이다.

따라서 A는 비구면체이다.

연.습.문.제

1. 한 위상공간 X가 가축공간(contractible space)일 때 X는 비구면체임을 보여라(11.1.5 정의 참조).

Hint $p \in X$라 하고 가축 호모토피 H를

$$H: X \times I \longrightarrow X\,(H(x,\ 0) = x,\ H(x,\ 1) = p)$$

라 하고 $f: S^n \longrightarrow X$에 대해서 f의 확장사상

$$F: B^{n+1} \longrightarrow X\text{를 } F(t,\ x) = H(f(x),\ 1-t),\ t \in I = [0,\ 1]$$

로 정의한다.

2. 체인 호모토피관계 $\simeq$는 동치관계임을 보여라.

3. $f_1,\ f_2: G \longrightarrow G',\ g_1,\ g_2: G' \longrightarrow G''$가 체인사상이고 $f_1 \simeq f_2,\ g_1 \simeq g_2$일 때 $g_1 f_1 \simeq g_2 f_2$임을 보여라.

12.3 호모토피와 호몰로지의 관계

12.3.1 정리 두 연속사상 $f,\ g: X \longrightarrow Y$가 $f \simeq g$일 때 $S(f)$와 $S(g)$는 $S(f),\ S(g)$: $S(X) \longrightarrow S(Y)$인 체인 호모토픽사상이다.

•증명• 가정에 의하여 두 연속사상 $f,\ g: X \longrightarrow Y$가 $f \simeq g$이므로 적당한 연속사상 $F: X\times I \longrightarrow Y$(단, $I=[0,\ 1]$)가 존재하여 $F(x,\ 0)=f(x),\ F(x,\ 1)=g(x)$ 이다.

$$i,\ j: X \longrightarrow X\times I$$

를 임의의 $x\in X$에 대하여 $i(x)=(x,\ 0),\ j(x)=(x,\ 1)$이라 놓으면 $f=Fi$, $g=Fj$가 된다. $S(i),\ S(j): S(X) \longrightarrow S(X\times I)$가 체인 호모토픽임을 보이자.

$$\begin{array}{ccccccccc}
\cdots & \longrightarrow & S_{n+1}(X) & \longrightarrow & S_n(X) & \longrightarrow & S_{n-1}(X) & \longrightarrow & \cdots \\
 & & \downarrow & & S_n(i)\ \downarrow\downarrow\ S_n(j) & & \downarrow & & \\
\cdots & \longrightarrow & S_{n+1}(X\times I) & \longrightarrow & S_n(X\times I) & \longrightarrow & S_{n-1}(X\times I) & \longrightarrow & \cdots
\end{array}$$

귀납법으로 증명하자. $\Delta_0=\{0\}$이다. $\Delta_1=\Delta_0\times I$(단, $v_0=(0,\ 0)$, $v_1=(0,\ 1)\in\Delta_0\times I$)로 생각하기로 한다. 임의의 특이 0-단체 σ에 대하여

$$D_0(\sigma)=\sigma\times 1: \Delta_0\times I \longrightarrow X\times I \text{ (단, 1은 } I\text{상에서의 항등사상)}$$

로 정의하면 $D_0(\sigma)$는 연속사상이 되어 $D_0(\sigma)\in S_1(S\times I)$이다. 따라서 선형성을 이용하여 $S_0(X)$에 확장하면 군준동형사상

$$D_0: S_0(X) \longrightarrow S_i(X\times I)$$

을 얻게 된다.

한편 한 연속사상 $h: X \longrightarrow X'$에 대하여 다음 도형은 가환이다.

$$\begin{array}{ccc} S_n(X) & \xrightarrow{D_0} & S_1(X \times I) \\ {\scriptstyle S_0(h)} \downarrow & & \downarrow {\scriptstyle S_1(h \times 1)} \\ S_0(X') & \xrightarrow{D_0} & S_1(X' \times I) \end{array}$$

왜냐하면 임의의 특이 0-단체 $\sigma \in S_0(X)$에 대하여

$$S_{s1}(h \times 1) D_0(\sigma) = (h \times 1) \circ (\sigma \times 1) = h\sigma \times 1 = D_0(h\sigma) = D_0 S_0(h)(\sigma)$$

이기 때문이다.

n에 관한 귀납법으로 D_n을 구하자. 귀납법의 가정은 다음과 같다. 체인 호모토피

$$D_k: S_k(X) \longrightarrow S_{k+1}(X \times I) \ (\text{단, } k < n)$$

가 존재하여

(1) $\partial_{k+1} D_k + D_{k-1} \partial_k = S_k(j) - S_k(i)$이고

(2) 한 연속사상 $hX \longrightarrow X'$에 대하여 $D_k S_k(h) = S_{k+1}(h \times 1) D_k$를 만족한다.

(1)식에서 $k = n-1$이라 놓으면

$$\partial_n D_{n-1} + D_{n-2} \partial_{n-1} = S_{n-1}(j) - S_{n-1}(i)$$

이고 양변에 우측에서 ∂_n을 작용하면

$$\partial_n D_{n-1} \partial_n + D_{n-2} \partial_{n-1} \partial_n = (S_{n-1}(j) - S_{n-1}(i)) \partial_n$$

이다. 따라서

$$\begin{aligned} (S_{n-1}(j) - S_{n-1}(i)) \partial_n &= \partial_n (S_n(j) - S_n(i)) \\ &= \partial_n D_{n-1} \partial_n \ (\text{다음 도식 참조}) \end{aligned}$$

$$\begin{array}{ccc} S_n(X) & \xrightarrow{\partial_n} & S_{n-1}(X) \\ {\scriptstyle S_n(j)-S_n(i)}\downarrow & & \downarrow{\scriptstyle S_{n-1}(j)-S_{n-1}(i)} \\ S_n(X\times I) & \xrightarrow{\partial_n} & S_{n-1}(X\times I) \end{array}$$

(3) $\partial_n(S_n(j)-S_n(i)-D_{n-1}\partial_n)=0$을 얻는다.

$\delta_n : \Delta_n \longrightarrow \Delta_n$(항등사상)이라 하면 $\delta_n \in S_n(\Delta_n)$이고 (3)식에 적용하면

$$\partial_n(S_n(j)-S_n(i)-D_{n-1}\partial_n)(\delta_n)=0$$

이고

$$(S_n(j)-S_n(i)-D_{n-1}\partial_n)(\delta_n)$$

은 한 n차원윤체이다. $\Delta_n \times I$가 유클리드공간에서 볼록집합(convexset)이므로 비구면체이다. 따라서 12.2.13 정리에 의하여 $S(\Delta_n \times I)$는 비윤상이다. 그러므로 적당한 $\omega \in S_{n+1}(\Delta_n \times I)$가 존재하여

$$\partial_{n+1}(\omega)=(S_n(j)-S_n(i)-D_{n-1}\partial_n)(\delta_n)$$

과 같다.

$$D_n(\delta_n)=\omega$$

라 놓자. 양변에 ∂_{n+1}을 작용하고 정리하면

$$\partial_{n+1}D_n(\delta_n)+D_{n-1}\partial_n(\delta_n)=(S_n(j)-S_n(i))(\delta_n)$$

이다. 한 특이 n-단체 $\sigma \in S_n(X)$에 대하여 D_n을

$$D_n(\sigma)=S_{n+1}(\sigma\times 1)D_n(\delta_n)$$

으로 정의하자. 선형성에 의하여 D_n을

$$D_n : S_n(X) \longrightarrow S_{n+1}(X\times I)$$

로 확장할 수 있다.

D_n이 (2)를 만족함을 보이자. 한 연속사상 $h: X \longrightarrow X'$에 대하여

$$\begin{aligned} D_n S_n(h)(\sigma) &= D_n(h\sigma) = S_{n+1}(h\sigma \times 1) D_n(\delta_n) \\ &= S_{n+1}(h \times 1) S_{n+1}(\sigma \times 1) D_n(\delta_n) \\ &= S_{n+1}(h \times 1) D_n(\sigma) \end{aligned}$$

이므로 (2)가 만족된다.

D_n이 (1)을 만족함을 보이자.

$$\begin{aligned} \partial_{n+1} D_n(\sigma) &= \partial_{n+1} S_{n+1}(\sigma \times 1) D_n(\delta_n) \\ &= S_n(\sigma \times 1) \partial_{n+1} D_n(\delta_n) \end{aligned}$$

$$\begin{array}{ccc} S_{n+1}(\Delta_n \times I) & \xrightarrow{\partial_{n+1}} & S_n(\Delta_n \times I) \\ {\scriptstyle S_{n+1}(\sigma\times 1)} \downarrow & & \downarrow {\scriptstyle S_n(\sigma \times 1)} \\ S_{n+1}(X \times I) & \xrightarrow{\partial_{n+1}} & S_n(X \times I) \end{array}$$

$\sigma = \sigma\delta_n = S_n(\sigma)(\delta_n)$이고 양변에 ∂_n을 작용하면

$$\partial_n \sigma = \partial_n S_n(\sigma)(\delta_n) = S_{n-1}(\sigma) \partial_n(\delta)$$

이다. 따라서

$$\begin{aligned} D_{n-1}\partial_n \sigma &= D_{n-1} S_{n-1}(\sigma) \partial_n(\delta_n) \\ &= S_n(\sigma \times 1) D_{n-1} \partial_n(\delta_n) \quad \text{((2)에 의하여)} \end{aligned}$$

를 얻는다. 위의 결과를 이용하여 다음 식을 얻는다.

$$\begin{aligned} (\partial_{n+1} D_n + D_{n-1}\partial_n)(\sigma) &= S_n(\sigma \times 1)(\partial_{n+1} D_n + D_{n-1}\partial_n)(\delta_n) \\ &= S_n(\sigma \times 1)(S_n(j) - S_n(i))(\delta_n) \\ &= (S_n(j) - S_n(i)) S_n(\sigma)(\delta_n) \\ &= (S_n(j) - S_n(i))(\sigma) \end{aligned}$$

$(\sigma\times 1)j = j\sigma$이고 $(\sigma\times 1)i = i\sigma$이기 때문이다. ■

여기서는 기본군 $\pi(X,\ p)$와 호몰로지군 $H_1(X)$ 사이의 관계를 다음 정리에서 논하려고 한다.

12.3.2 정리 $\chi: \pi(X,\ p) \longrightarrow H_1(X)$를 임의의 $[\sigma]\in\pi(X,\ p)$에 대하여 $\chi[\sigma] = \sigma + B_1(X)$라 하면 χ는 군준동형사상이다. 만일 위상공간 X가 호상연결공간이면 χ는 전사상이고 $\ker\chi$는 $\pi(X,\ p)$에서 교환자 부분군이다.

•증명• 단위폐구간 $I = [0,\ 1]$에서 정의된 연속사상 $\sigma: I \longrightarrow X$는 $I = \Delta_1$으로 볼 수 있으므로 $\sigma\in S_1(X)$라고 할 수 있다. 사상 χ가 잘 정의되었음을 보이자. $[\sigma] = [\sigma'] \in\pi(X,\ p)$라 하자. 즉 σ와 σ'은 p를 기점으로 하는 폐호이고

$$F:\ \sigma \simeq \sigma' \text{ rel. } \{0,\ 1\}$$

이라 하자.

특이 2-단체 τ를 다음과 같이 정의하자. $\tau(v_0) = p$라 하고, Δ_2에서 v_0와 다른 임의의 점 q를 취하여 두 점 v_0, q를 지나는 직선이 v_0의 반대편의 Δ_2의 변과 만나는 점을 q'이라 하면 적당한 s, $t(0\le s,\ t\le 1)$가 존재하여

$$q' = tv_2 + (1-t)v_1, \quad q = sq' + (1-s)v_0$$

와 같이 쓸 수 있다.

$$\tau:\ \Delta_2 \longrightarrow X$$
$$(q \longmapsto \tau(q) = F(s,\ t))$$

로 정의하자.

Δ_2가 사영 $(s,\ t) \longmapsto q$에 의하여 $I^2 = [0,\ 1]\times[0,\ 1]$의 사영공간이므로 위에서 정의한 $\tau:\ \Delta_2 \longrightarrow X$는 $\tau = FP^{-1}$로서 연속사상이다. 따라서 $\tau\in S_n(X)$이고

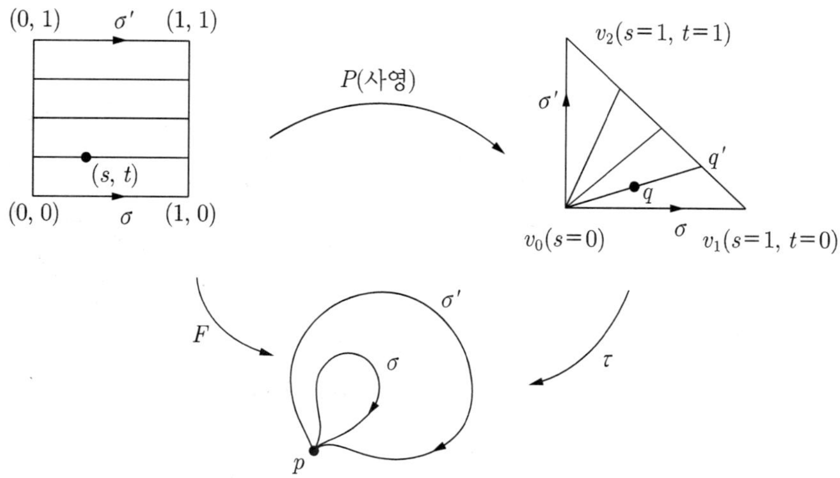

그림 12-7

$$\partial(\tau) = \sigma - \sigma' + c_p \ \ (\text{단, } c_p : I \longrightarrow X,\ c_p(x) = p,\ x \in I)$$

이다. 따라서 $\sigma - \sigma' + c_p \in B_1(X)$이다. 한편

$$\eta : \Delta_2 \longrightarrow X$$
$$(x \longmapsto \eta(x) = p)$$

인 상수함수라 하면 $\eta \in S_2(X)$이고 $\partial(\eta) = c_p$이다. 그러므로 $\tau - \eta \in S_2(X)$에 대하여

$$\partial(\tau - \eta) = \sigma - \sigma' \in B_1(X)$$

이므로

$$\sigma + B_1(X) = \sigma' + B_1(X)$$

가 되어 $\chi : \pi(X, p) \longrightarrow H_1(X)$는 잘 정의된 사상이다.

사상 χ가 군준동형사상임을 보이자. 임의의 $[\sigma]$, $[\sigma'] \in \pi(X, p)$를 취하자.

그림 12-8에 의하면 처음 사상은 사영이고 두 번째 사상은 $\sigma * \sigma'$이다. 따라서 두 사상의 합성 τ는

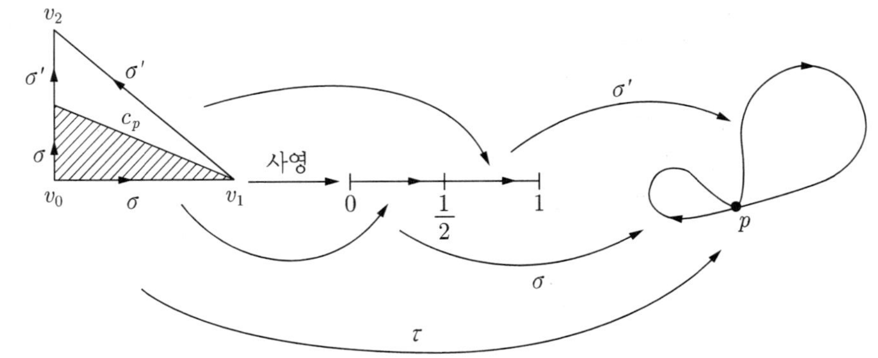

그림 12-8

$$\tau\colon \Delta_2 \longrightarrow X$$

인 연속사상이 되어 $\tau \in S_2(X)$이다. $\partial(\tau)$는

$$\partial(\tau) = \sigma + \sigma' - \sigma * \sigma'$$

이고 $(\sigma + \sigma') + B_1(X) = \sigma * \sigma' + B_1(X) \in H_1(X)$이다.

다음 연산이 성립한다.

$$\begin{aligned}\chi([\sigma]\cdot[\sigma']) &= \chi([\sigma * \sigma'])\\ &= \sigma * \sigma' + B_1(X)\\ &= (\sigma + \sigma') + B_1(X)\\ &= (\sigma + B_1(X)) + (\sigma' + B_1(X))\\ &= \chi([\sigma]) + \chi([\sigma'])\end{aligned}$$

그러므로 사상 $\chi: \pi(X,\ p) \longrightarrow H_1(X)$는 군준동형사상이다.

위상공간 X를 호상연결공간이라 하자. 임의의 한 원소

$$z + B_1(X) \in H_1(X)$$

를 취하면 z는 $z \in Z_1(X)$이다. 따라서 적당한 유한개의 특이 1-단체 $\sigma_i \in S_1(X)$

가 존재하여

$$z = \sum k_i \sigma_i \text{ (유한합)}$$

으로 나타난다. z는 1차원윤체이므로

(#) ⋯ $$\partial z = \sum k_i(\sigma_i(1) - \sigma_i(0)) = 0$$

이다. $\partial z = 0$이므로 위 식을 정리하면 모든 계수는 0이 된다. 위상공간 X가 호상연결공간이므로 p점으로부터 $\sigma_i(0)$점으로의 한 호 α_i가 존재하고 p점으로부터 $\sigma_i(1)$점으로의 한 호 β_i가 또한 존재한다. 이들 호는 종점에 따라 유일하게 결정한다. 위의 결과 (#)에 의하여

$$\sum k_i(\beta_i - \alpha_i) = 0$$

이 성립한다. γ_i를

$$\gamma_i = \alpha_i + \sigma_i - \beta_i$$

라 놓자.

$$z = \sum k_i \sigma_i = \sum k_i \gamma_i$$

이다. η_i를

$$\eta_i = \alpha_i * \sigma_i * \beta_i^{-1}$$

이라 놓으면 연습문제 12-1 3.에 의하여

$$\chi[\prod_i \eta_i^{k_i}] = \sum k_i \gamma_i + B_1(X) = z + B_1(X) \in H_1(X)$$

이고 $[\prod_i \eta_i^{k_i}] \in \pi(X, p)$이다. 따라서 사상 χ는 전사이다.

다음은 $\ker \chi$가 $\pi(X, p)$의 교환자부분군임을 보이자.

점 p를 기점으로 하는 한 폐호를 η라 하자. η는

$$\eta = \prod_i \sigma_i^{\varepsilon_i}$$

와 같은 모양을 하고 있다. 단, σ_i는 i에 따라서 반드시 서로 다른 것은 아니며 $\varepsilon_i = \pm 1$이다.

$$\exp(\sigma_i) = \sum_j \varepsilon_j$$

라 하고 Σ는 $\sigma_i = \sigma_j$인 모든 j에 관하여 합친 것이다.

한 폐호 $\eta = \prod_i \sigma_i^{\varepsilon_i}$의 서로 다른 σ_i에 대하여 $\exp(\sigma_i) = 0$이면 $[\eta]$는 $\pi(X, p)$의 교환자부분군의 한 원소이다. $\cdots$ (*)

그 이유는 다음과 같다.

점 p로부터 $\sigma_i(0)$까지의 호 α_i를 선택하고 점 p로부터 $\sigma_i(1)$까지의 호 β_i를 선택하자. 이들 호는 종점에 따라 유일하게 결정한다.

$$\eta = \prod_i \sigma_i^{\varepsilon_i} \simeq \prod_i (\alpha_i \sigma_i \beta_i^{-1})^{\varepsilon_i} \quad \text{rel. } \{0, 1\}$$

가 성립한다. 기본군 $\pi(X, p)$의 교환자 부분군을 π'라 하면 π'는 $\pi(X, p)$의 정규부분군이 되므로 (1.5.14) 상군

$$\bar{\pi} = \pi(X, p)/\pi'$$

이 존재하고 $\bar{\pi}$는 아벨군이다. $[\eta] \in \pi(X, p)$이므로 $\overline{[\eta]} = [\eta]\pi'$이라 놓으면 $\eta_i = \alpha_i \sigma_i \beta_i^{-1}$라 할 때

$$\overline{[\eta]} = \prod_i \overline{[\eta_i]}^{\varepsilon_i} = \prod \overline{[\eta_i]}^{\exp(\sigma_i)} = 1 (= \pi')$$

이므로 $\overline{[\eta]} = \pi'$가 되어 $[\eta] \in \pi'$이다.

$[\eta_i] \in \ker \chi$라 하자. $\chi([\eta]) = \eta + B_1(X) = B_1(X)$이다. 따라서 $\eta \in B_1(X)$이여야 한다. η는 특이 1-단체이다. $B_1(X) = \partial(S_2(X))$이므로 적당한 $\sum k_i \tau_i \in S_n(X)$가 존재하여

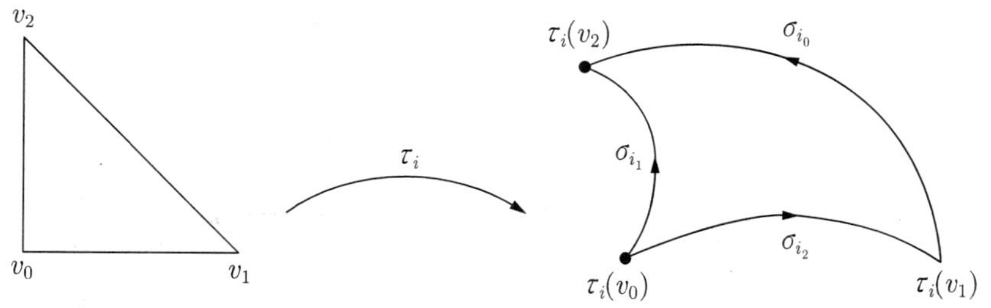

그림 12-9

$$\eta = \partial(\sum k_i \tau_i) = \sum k_i \partial(\tau_i)$$

이다.

$$\partial(\tau_i) = \sigma_{i_0} - \sigma_{i_i} + \sigma_{i_2}$$

이라 하자.

$$\eta = \sum k_i(\sigma_{i_0} - \sigma_{i_1} + \sigma_{i_2})$$

이다. η는 특이 1-단체이므로 위의 우변식에 적당한 σ_{ij}가 존재하여

$$\eta = \sigma_{ij}$$

이고 그 계수는 1이다. 그러나 다른 모든 특이 1-단체 σ_{ik}는 그 계수가 0이다. … (**)

$\partial(\tau_i) = \sigma_{i_0} - \sigma_{i_1} + \sigma_{i_2}$인 특이 1-단체 σ_{i_0}; σ_{i_1}, σ_{i_2}에 대하여 p점으로부터 각 $\sigma_{i_0}(0)$, $\sigma_{i_1}(1)$, $\sigma_{i_2}(0)$을 종점에 따라 유일하게 정해지는 호들을 α_{i_0}, α_{i_1}, α_{i_2}라 할 때 다음은 p점에서의 폐호(loop)들이 된다.

$$\beta_{i_0} = \alpha_{i_0} \sigma_{i_0} \alpha_{i_1}^{-1}$$

$$\beta_{i_1} = \alpha_{i_2} \sigma_{i_1} \alpha_{i_1}^{-1}$$ (단, $*$ 연산은 생략하였음)

$$\beta_{i_2} = \alpha_{i_2} \sigma_{i_2} \alpha_{i_0}^{-1}$$

따라서

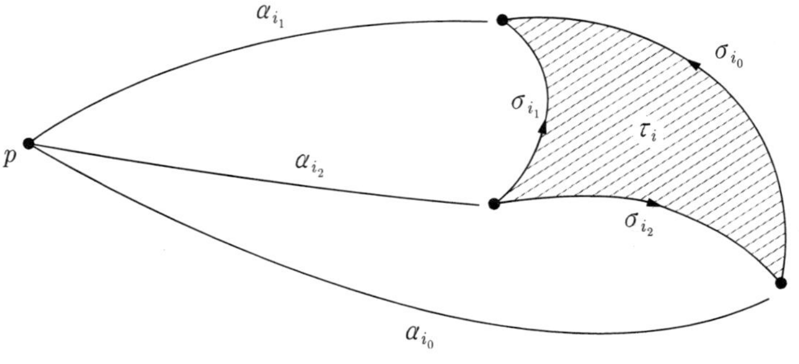

그림 12-10

$$\beta_i = \beta_{i_0}\beta_{i_1}^{-1}\beta_{i_2} \simeq \alpha_{i_0}\sigma_{i_0}\sigma_{i_1}^{-1}\sigma_{i_2}\alpha_{i_0}^{-1} \simeq c_p \quad \text{rel. } (0.\ 1)$$

가 얻어진다. 그러므로 $[\beta_i] = 1$이다. 이 결과를 이용하면

$$\prod_i [\beta_i]^{k_i} = 1$$

을 얻는다. 따라서

$$[\eta(\prod_i \beta_i^{k_i})^{-1}] = [\eta](\prod_i [\beta_i]^{k_i})^{-1} = [\eta]$$

이다. $\eta(\prod_i \beta_i^{k_i})^{-1}$의 서로 다른 인자들의 exp는 (**)에 의하여 모두 0이므로 (*)에 의하여

$$[\eta(\prod_i [\beta_i]^{k_i})^{-1}] = [\eta]$$

은 $\pi(X,\ p)$의 교환자부분군의 한 원소이다. 따라서 $\ker \chi$는 $\pi(X,\ p)$의 교환자부분군에 포함된다. 한편 $\pi(X,\ p)/\ker \chi \cong H_1(X)$이고 $H_1(X)$가 아벨군이므로 $\ker \chi$는 $\pi(X,\ p)$의 교환자부분군을 포함한다. ■

연.습.문.제

1. 8자형 도형 X의 기본군 $\pi(X, p)$은 두 개의 생성원을 갖는 자유군(free group)임을 보여라.

2. 8자형 도형 x의 일차원 호몰로지군 $H_1(X)$는 두 개의 생성원을 갖는 자유가환군(free abelian group) $\boldsymbol{Z} \times \boldsymbol{Z}$임을 보여라.

3. 폐곡선 $\sigma: S^1 \longrightarrow X$가 $\chi[\sigma] = 0$이기 위한 필요충분조건은 σ가 $\bar{\sigma}: B^2 \longrightarrow X$로 확장가능일 때임을 보여라.

REFERENCE
참고문헌

C1 Y.S. Chang, *A note on new separation axioms and Their Characteristics*, Ann, Math. Stat. Dankook Univ. Vol. 5, 1972.

C2 Y.S. Chang, *On the new spaces between* T_1, T_2, Ann. Math. Stat. Dankook Univ. Vol. 8, 1974.

C3 Coom, *Basic Concepts of Algebraic Topology*, Springer Verlag, New York, 1978.

D J. Dugundji, *Topology*, Allyn and Bacon, Inc. 1966.

G1 M.C. Gemignani, *Elementary Topology*, Addison-Wesley publishing Company, 1967.

G2 B. Gray, *Homotopy Theory*, Academic Press, 1975.

G3 M.J. Greenberg and J.R. Harper, *Algebraic Topology*, The Benjamin Cummings Publishing Company, 1980.

K J.L. Kelley, *General Topology*, Van Nostrand Co. Inc., princeton N.J., 1955.

L S. Lipschutz, *General Topology*, Schaum's outline series, McGraw-Hill, Inc. 1965.

N J. Nagata, *Mordern General Topology*, North-Holland and Publishing Company, 1974.

S E.H. Spanier, *Algebraic Topology*, McGraw-Hill, Inc. 1966.

W1 A. Wilansky, *Topology for Analysis*, Ginn and Company, 1970.

W2 S. Willard, *General Topology*, Addison-Wesley publishing company, 1970.

INDEX
찾아보기

ㄱ

etc

위상수학 기초론

지은이 장영식
펴낸이 조경희
펴낸곳 경문사
펴낸날 1998년 2월 25일 1판 1쇄
2021년 7월 1일 3판 1쇄
2023년 8월 1일 3판 2쇄
등 록 1979년 11월 9일 제1979–000023호
주 소 04057, 서울특별시 마포구 와우산로 174
전 화 (02)332–2004 팩스 (02)336–5193
이메일 kyungmoon@kyungmoon.com

값 30,000원

ISBN 979–11–6073–202–3